中国科学院院长 白春礼院士题

论低维并筑器件
致广大而尽精微

白春礼

戊戌冬月

中国科学院科学出版基金资助出版

低维材料与器件丛书

成会明 总主编

低维材料与锂硫电池

张 强 黄佳琦 著

科学出版社

北京

内 容 简 介

本书为“低维材料与器件丛书”之一。本书基于作者对于锂硫电池体系的理解，总结低维材料在锂硫电池中的应用的同时，结合团队研究成果，对低维材料在锂硫电池工作过程中发挥的作用进行科学性的阐述和解释，主要介绍低维材料及其在锂硫电池器件中应用的前沿进展，拟涵盖的材料体系包括多类常见的低维正极、隔膜、负极材料等。本书将系统地展示低维材料在能源存储领域中的应用前景，并将深入讨论这一领域未来研究中面临的问题和挑战。

本书适合低维材料与能源相关专业研究人员阅读，也可作为高年级本科生和研究生的专业参考书目。

图书在版编目（CIP）数据

低维材料与锂硫电池 / 张强，黄佳琦著. —北京：科学出版社，2020.5
（低维材料与器件丛书/成会明总主编）

ISBN 978-7-03-064787-0

Ⅰ. ①低… Ⅱ. ①张… ②黄… Ⅲ. ①纳米材料－硫－锂电池 Ⅳ. ①TM911.3

中国版本图书馆 CIP 数据核字（2020）第 057343 号

责任编辑：翁靖一 孙 曼 / 责任校对：杜子昂
责任印制：吴兆东 / 封面设计：耕者设计工作室

科学出版社出版
北京东黄城根北街 16 号
邮政编码：100717
http://www.sciencep.com
北京建宏印刷有限公司印刷
科学出版社发行 各地新华书店经销
*
2020 年 5 月第 一 版 开本：720×1000 1/16
2025 年 2 月第四次印刷 印张：19 1/4
字数：349 000

定价：168.00 元

（如有印装质量问题，我社负责调换）

低维材料与器件丛书

编 委 会

总 序

人类社会的发展水平，多以材料作为主要标志。在我国近年来颁发的《国家创新驱动发展战略纲要》、《国家中长期科学和技术发展规划纲要（2006—2020年）》、《“十三五”国家科技创新规划》和《中国制造2025》中，材料都是重点发展的领域之一。

随着科学技术的不断进步和发展，人们对信息、显示和传感等各类器件的要求越来越高，包括高性能化、小型化、多功能、智能化、节能环保，甚至自驱动、柔性可穿戴、健康全时监/检测等。这些要求对材料和器件提出了巨大的挑战，各种新材料、新器件应运而生。特别是自 20 世纪 80 年代以来，科学家们发现和制备出一系列低维材料（如零维的量子点、一维的纳米管和纳米线、二维的石墨烯和石墨炔等新材料），它们具有独特的结构和优异的性质，有望满足未来社会对材料和器件多功能化的要求，因而相关基础研究和应用技术的发展受到了全世界各国政府、学术界、工业界的高度重视。其中富勒烯和石墨烯这两种低维碳材料的发现者还分别获得了 1996 年诺贝尔化学奖和 2010 年诺贝尔物理学奖。由此可见，在新材料中，低维材料占据了非常重要的地位，是当前材料科学的研究前沿，也是材料科学、软物质科学、物理、化学、工程等领域的重要交叉，其覆盖面广，包含了很多基础科学问题和关键技术问题，尤其在结构上的多样性、加工上的多尺度性、应用上的广泛性等使该领域具有很强的生命力，其研究和应用前景极为广阔。

我国是富勒烯、量子点、碳纳米管、石墨烯、纳米线、二维原子晶体等低维材料研究、生产和应用开发的大国，科研工作者众多，每年在这些领域发表的学术论文和授权专利的数量已经位居世界第一，相关器件应用的研究与开发也方兴未艾。在这种大背景和环境下，及时总结并编撰出版一套高水平、全面、系统地反映低维材料与器件这一国际学科前沿领域的基础科学原理、最新研究进展及未来发展和应用趋势的系列学术著作，对于形成新的完整知识体系，推动我国低维材料与器件的发展，实现优秀科技成果的传承与传播，推动其在新能源、信息、光电、生命健康、环保、航空航天等战略新兴领域的应用开发具有划时代的意义。

为此，我接受科学出版社的邀请，组织活跃在科研第一线的三十多位优秀科学家积极撰写“低维材料与器件丛书”，内容涵盖了量子点、纳米管、纳米线、石墨烯、石墨炔、二维原子晶体、拓扑绝缘体等低维材料的结构、物性及其制备方法，并全面探讨了低维材料在信息、光电、传感、生物医用、健康、新能源、环境保护等领域的应用，具有学术水平高、系统性强、涵盖面广、时效性高和引领性强等特点。本套丛书的特色鲜明，不仅全面、系统地总结和归纳了国内外在低维材料与器件领域的优秀科研成果，展示了该领域研究的主流和发展趋势，而且反映了编著者在各自研究领域多年形成的大量原始创新研究成果，将有利于提升我国在这一前沿领域的学术水平和国际地位、创造战略新兴产业，并为我国产业升级、提升国家核心竞争力提供学科基础。同时，这套丛书的成功出版将使更多的年轻研究人员和研究生获取更为系统、更前沿的知识，有利于低维材料与器件领域青年人才的培养。

历经一年半的时间，这套“低维材料与器件丛书”即将问世。在此，我衷心感谢李玉良院士、谢毅院士、俞书宏教授、谢素原教授、张跃教授、康飞宇教授、张锦教授等诸位专家学者积极热心的参与，正是在大家认真负责、无私奉献、齐心协力下才顺利完成了丛书各分册的撰写工作。最后，也要感谢科学出版社各级领导和编辑，特别是翁靖一编辑，为这套丛书的策划和出版所做出的一切努力。

材料科学创造了众多奇迹，并仍然在创造奇迹。相比于常见的基础材料，低维材料是高新技术产业和先进制造业的基础。我衷心地希望更多的科学家、工程师、企业家、研究生投身于低维材料与器件的研究、开发及应用行列，共同推动人类科技文明的进步！

成会明

中国科学院院士，发展中国家科学院院士

清华大学，清华-伯克利深圳学院，低维材料与器件实验室主任

中国科学院金属研究所，沈阳材料科学国家研究中心先进炭材料研究部主任

Energy Storage Materials 主编

SCIENCE CHINA Materials 副主编

前　言

20 世纪 60 年代，锂硫电池体系被证实具有极高的理论容量，并且作为一次电池取得了市场的认可。但是受制于金属锂的安全性隐患，锂硫二次电池始终未能实现商业化。90 年代以后属于锂离子电池的时代，随着工艺的逐步完善，锂离子电池走进了千家万户，成为储能行业和电池市场的“无冕之王”，锂硫电池渐渐淡出了研究者的视线。而今，信息家电（computer，communication，consumer，3C）产品和新能源汽车的普及，大型储能电站和家庭储能系统的兴起，对储能电池的容量、寿命和成本提出了更高的要求，锂离子电池体系难以独自承担起满足人类日益增长需求的重任。在新型电池体系不断涌现的同时，锂硫电池也因其极高的“性价比”再次受到研究者们的青睐。然而，电池体系的开发并不总是一帆风顺的，锂硫电池在具备卓越潜在性能的同时也存在一些待解决的问题：一是采用金属锂负极所带来的枝晶生长问题；二是正极活性物质硫导电性差的问题；三是电池过程中间产物多硫化物“穿梭效应”带来的电池副反应。因而，调节活性物质硫的导电性、抑制多硫化物穿梭效应和负极锂枝晶生长，成为近几年来锂硫电池的研究热点。

随着材料科学的不断发展，研究者们开始向锂硫电池体系中引入新型材料以期解决这些难题。基于对锂硫电池电化学过程的理解，在应对硫正极带来的问题上，研究者们采用零维、一维和二维碳材料用于构建导电网络，增强正极动力学，并通过低维材料的引入增强吸附和催化转化等方式来阻挡多硫化物向正极之外的迁移。针对负极锂枝晶的生长问题，研究者们在两个维度上进行设计，采用骨架结构建立起纵向上锂离子均匀沉积的通道，以及界面调控等方法在界面处稳定锂离子流，引导锂离子的沉脱行为，抑制锂枝晶的产生。低维材料的引入在锂硫电池体系中发挥了重要作用，推动了锂硫电池的商业化进程。尽管如此，目前的锂硫电池体系仍然在循环寿命和容量衰减上难以与传统锂离子电池相媲美，实际器件的能量密度也远逊于预期中的理论值。因此，在真正实现锂硫电池商业化并普及的道路上，需要探索新的方法，开发出更具优异性能的低维材料体系，系统性地集成锂硫电池所需元件，彻底解决穿梭效应和枝晶生长等问题，实现长循环寿命高比能电池的构建，最终打破锂离子电池难以为继的僵局。

本书作者团队在锂硫电池领域内深入研究近十年，对于锂硫电池体系具有较为系统性的认识。相关研究包括对锂硫电池正负极和电解质界面行为的理论研究及实验调控，电池组分材料的改性和修饰以及从纽扣电池到软包电池的放大尝试，获得了较多研究成果，并得到了国内外研究团队的关注和认同。本书将基于作者对于锂硫电池体系的理解，在总结低维材料在锂硫电池中的应用的同时，结合团队研究成果，对低维材料在锂硫电池工作过程中发挥的作用进行科学性的阐述和解释。本书将以十一个章节的内容系统性地讲述锂硫电池的电化学原理和物质输运及反应调控原理，首先介绍在对锂硫电池正极、电解质、负极、非活性物质组分研究中国际上的最新进展和研究现状，接着介绍现阶段研究锂硫电池中所涉及的先进表征手法和研究手段，最后结合锂硫电池实用化器件和新构型锂硫电池对锂硫电池应用领域做出展望。

在本书即将付梓出版之际，感谢成会明院士组织“低维材料与器件丛书”。感谢清华大学张强教授团队以及北京理工大学黄佳琦教授团队师生的参与和付出，尤其是彭翃杰、程新兵、闫崇、张学强、李博权、袁洪、陈翔、沈馨、赵梦、许睿、徐磊、张戈、张泽文、孔龙、谢瑾、陈筱薷、肖也、魏俊宇、侯立鹏、李滔、元喆、王岱玮、秦金磊、刘晓斐、朱林等同事的贡献。感谢科学出版社翁靖一编辑精益求精的工作。感谢国家自然科学基金委员会、科技部、北京市科学技术委员会的支持。在此谨对上述支持和帮助者一并致谢。

限于作者时间和精力，书中欠妥和疏漏之处在所难免，恳请广大读者不吝批评指正！

张　强　黄佳琦

2019 年 11 月于清华园

目　录

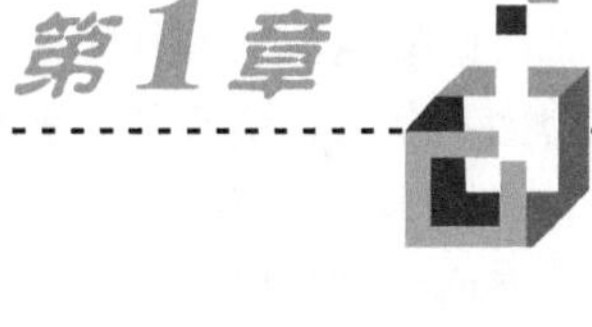

第1章 绪论

1.1 能源社会与锂硫电池

人类发展的历程中，能源起着举足轻重的作用。从钻木取火开始，人类利用火取暖、烹制食物、驱赶野兽，从此走向文明。18 世纪末，煤炭替代了薪柴，推动了第一次工业革命，极大地解放了人类生产力，促使人类文明走上新征程。19 世纪中后期，石油逐渐替代煤炭，人类走入电气时代，生产力又一次实现重大飞跃。直到今天，人类对能源的需求日益提升，其中绝大部分由以石油、天然气、煤炭为代表的化石能源提供。

然而，在能源消耗逐渐增长的今天，人类也面临着巨大的环境和资源危机。首先，化石燃料的巨大消耗需要数亿年计的再生周期，其在可预期的时间内的枯竭将成为必然结果。其次，化石燃料燃烧释放的温室气体给环境带来了诸多不可逆的影响。大气中的二氧化碳含量已从工业革命开始前的 278 ppm（1 ppm = 10^{-6}）提升到 400 ppm 以上[1]。大气中二氧化碳浓度的提升造成了较为严重的温室效应，导致全球气候迅速变暖，这改变了地球原有的气候特征，使得极端干旱、暴雨、极端高温、极端低温、暴雪等极端气候出现概率显著提升。再加上海洋滞后的热效应，使得即使现在停止一切温室气体排放，自然界仍然需要数百年时间来缓解人类之前对环境造成的破坏[2]。因此，人类迫切需要开发可再生清洁能源，以满足人类对能源持续增长的需求，缓解滥用化石能源带来的环境问题[3]。

随着技术革新，廉价干净的可再生能源发展迅速，太阳能发电、风力发电和水力发电在部分地区已经超越了火力发电的价格优势。例如在海湾地区，太阳能发电的成本已经低至每千瓦时 3～4 美分[4]。技术的进步和成本的进一步降低将推动可再生能源的广泛应用。在可再生能源的利用过程中，对电能的存储是重要的环节。一方面，可再生能源产生的电能需要通过储能设备和智能电网进行再分布和再集中，即“削峰填谷”，以用于后续的高效利用。另一方面，在可移动设备（如电动汽车、无人机、智能手机、计算机等）的应用中，高性能的、可反复利用的化学电源决定着设备的续航能力和功率极限。可以说，储能设备在提高能源的利用效率和应用能力等方面都发挥着关键作用。

最早的电化学储能体系可以追溯到埃及人研制的电池雏形，直到 1800 年，伏打电池的出现开启了电化学研究的新时代。在可再生的储能体系中，铅酸电池首先获得了大规模的应用，其构造简单，体系稳定安全。然而，铅酸电池的能量密度较低，随着小型智能设备和高功率移动设备的发展逐渐显得力不从心。更高能量密度的锂离子电池在 1991 年后获得了迅速发展，并占领了大部分的移动设备电源市场。一些更高能量密度的电池体系也还在研发当中，为将来更严格的储能需求提供了选择。图 1.1 比较了现有不同储能体系的质量能量密度和功率密度[5]。质量能量密度越高预示着相同质量的器件能储存和释放更多的能量，功率密度越高说明同等质量的器件储存和释放能量的速度更快。燃烧化石燃料对外做功的内燃机具有最高的质量能量密度（>1000 $Wh \cdot kg^{-1}$）和功率密度（>800 $W \cdot kg^{-1}$），要实现电动汽车的大规模应用，势必要求其电源的质量能量密度和功率密度尽可能接近内燃机水平。在各类化学电源中，铅酸电池和镍镉电池/镍氢电池价格最低廉且安全，但其质量能量密度仅为 40～80 $Wh \cdot kg^{-1}$，难以满足离散消耗设备的储能需求。超级电容器的功率密度极高（500～1000 $W \cdot kg^{-1}$），可实现快速充放电，但无法实现长行驶里程，因而目前仅适用于城市内交通如电动公交车等[6]。目前应用最广泛的锂离子电池具有可观的质量能量密度（100～300 $Wh \cdot kg^{-1}$），且无记忆效应，开路电压高。因而，自从其在 20 世纪 90 年代实现商业化应用以来，革新了人们的交流和交通方式，促进了便携式摄像机、手机、笔记本电脑以及最近的电动汽车的发展。但其质量能量密度和功率密度仍然难以满足人们未来对于储能的需求。

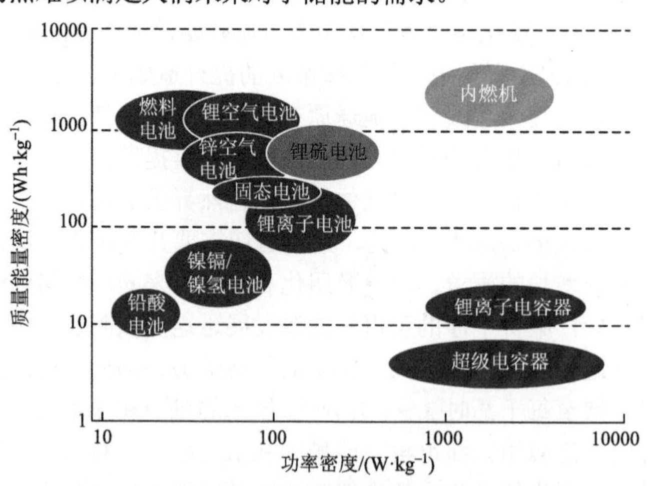

图 1.1 不同储能体系的质量能量密度和功率密度[5]

随着锂离子电池的实际能量密度逐渐接近其理论可达到的极限值（图 1.2[7]），研究能量密度高于锂离子电池的新型电化学储能体系势在必行[8]。

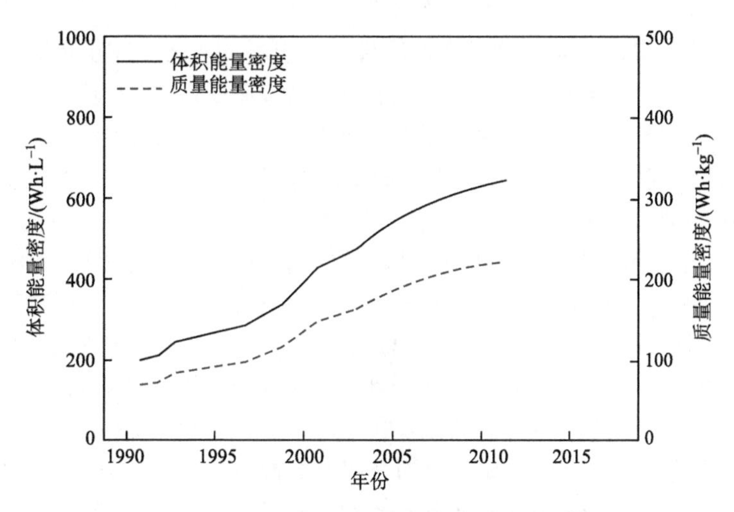

图 1.2 锂离子电池能量密度发展趋势图[7]

在诸多替代锂离子电池的储能体系中，采用空气作为正极、氢气或者金属（如金属锂和金属锌）作为负极的燃料电池或者金属-空气电池具有最高的质量能量密度（800～2000 Wh·kg^{-1}）。但其寿命短、空气气氛复杂、催化剂成本高等难题制约其实际应用。通过图 1.1 的比较可发现，锂硫电池是目前最接近实用化、最具前景的下一代电池体系之一。

1.2 锂硫电池概念的提出和发展

锂硫电池，是一类利用单质硫和金属锂之间的电化学反应进行化学能和电能转化的化学电源。早在 1962 年，Herbet 和 Ulam 首次提出以硫作为正极材料[9]。早期的锂硫电池被作为一次电池研究，甚至实现了商业化生产。1976 年 Whitingham 等提出以 TiS_2 为正极，金属锂为负极的 Li-TiS_2 二次电池，但最终因为锂枝晶带来的严重安全问题未实现商业化。20 世纪 90 年代，在锂离子电池的商业化背景下，锂硫电池的研究因稳定性和安全性方面的问题一度陷入低谷。经过多年的发展，锂离子电池工艺日益完善，但受限于其理论能量密度，难以满足人类未来对于储能的需求。因而，以高能量密度著称的锂硫电池再度受到广泛关注。2009 年，Nazar 课题组提出将有序介孔碳 CMK-3 与硫复合，实现了 1320 mAh·g^{-1} 的高比容量[10]，开启了锂硫电池发展的新篇章。

1.3 低维材料：提升锂硫电池性能的关键

锂硫电池多电子反应在充放电过程中存在固—液—固相态转变，会形成多硫化物中间产物，其溶于电解液并在浓度梯度和电场的驱使下在正负极之间扩散，并与金属锂负极发生副反应，导致电池的库仑效率降低，即发生穿梭效应。并且负极的锂枝晶的生长也给电池带来严重的安全隐患。同时，锂硫电池正极活性物质的导电性很差，难以直接用作电极主体。针对这些问题，近些年来研究人员采用过诸多手段。例如抑制穿梭效应，采用过如下手段：①将单质硫负载在多孔、导电的骨架材料上，这些材料通常为各类碳材料[11, 12]；②在硫颗粒表面[13]、正极表面[14]、多孔高分子隔膜[15]面向正极的一侧采用包覆或涂覆的方式构筑一层物理或化学的“屏障”以阻挡多硫化物（LiPS）向正极之外扩散；③基于对硫正极各步反应的理解和动力学研究，针对性地设计导电极性的骨架材料，提升多硫化物的表面吸附，强化其表面反应[16]。这些手段在抑制穿梭效应、提升活性物质利用率、延长电池循环寿命等方面起到了显著效果。而针对负极侧的锂枝晶生长，研究人员从固体界面层设计和结构负极设计两个维度采用了诸多方法：①采用合金化负极 LiX[17]（X 可以是硅、石墨、锡等转化型负极）；②电解液修饰[18, 19]；③采用固态电解质[20, 21]；④负极引入亲锂骨架或导电骨架[22, 23]。这些策略均取得了优异的效果。

上述方法策略大多都离不开低维材料的参与，具体将在下面章节详细展开讨论。目前锂硫电池仍然存在容量衰减快、循环寿命短和实际器件能量密度远低于理论值的严峻问题。在锂硫电池的实用化道路上，仍需要探索更具有创新性的方法，开发设计更优异的低维材料体系，系统集成电池组分以解决锂硫电池中穿梭效应和锂枝晶生长问题，从而提升锂硫电池性能。

1.4 低维材料与锂硫电池的研究思路

广阔的发展前景和市场需求持续推动着以高比能著称的锂硫电池的研究进程，抑制穿梭效应、解决锂枝晶问题、全面提升锂硫电池的性能是实现锂硫电池实用化进程的关键。开发设计适用于锂硫电池的低维材料具有重要的作用与意义。本书试图以国际上近些年来锂硫电池的研究成果为基础，力求反映出国际上该领域的最新进展。本书首先介绍锂硫电池化学原理（第 2 章），再从基础的电化学反应和化工传递原理出发理解锂硫电池中的物质输运及反应调控规律（第 3 章），随后从正极材料（第 4 章）、电解质（第 5 章）、负极材料（第 6 章）、非活性材料（第 7 章）、锂硫电池研究方法（第 8 章）、锂硫电池实用化（第 9 章）、特殊构型锂硫电池与柔性锂硫电池（第 10 章）几个方面来全面系统地介绍锂硫电池研究现状。

参考文献

[1] Chu S，Cui Y，Liu N. The path towards sustainable energy. Nature Materials，2017，16（1）：16-22.

[2] 苏京志，温敏，丁一汇，等. 全球变暖趋缓研究进展. 大气科学，2016，40（6）：1143-1153.

[3] Chu S，Majumdar A. Opportunities and challenges for a sustainable energy future. Nature，2012，488（7411）：294-303.

[4] Shahan Z. Low solar price scaring companies away from solar action. https://cleantechnica.com/2016/07/27/low-solar-prices-scaring-companies-away-solar-auctions/. 2016.

[5] Van Noorden R. Sulphur back in vogue for batteries. Nature，2013，498（7455）：416-417.

[6] Wang Y G，Song Y F，Xia Y Y. Electrochemical capacitors：Mechanism，materials，systems，characterization and applications. Chemical Society Reviews，2016，45（21）：5925-5950.

[7] Janek J，Zeier W G. A solid future for battery development. Nature Energy，2016，1（9）：16141.

[8] Lin D C，Liu Y Y，Cui Y. Reviving the lithium metal anode for high-energy batteries. Nature Nanotechnology，2017，12（3）：194-206.

[9] Herbert D，Ulam J. Electric dry cells and storage batteries：USA，US3043896. 1962-07-10.

[10] Ji X L，Lee K T，Nazar L F. A highly ordered nanostructured carbon-sulphur cathode for lithium-sulphur batteries. Nature Materials，2009，8（6）：500-506.

[11] Wang D W，Zeng Q C，Zhou G M，et al. Carbon-sulfur composites for Li-S batteries：Status and prospects. Journal of Materials Chemistry A，2013，1（33）：9382-9394.

[12] 张强，程新兵，黄佳琦，等. 碳质材料在锂硫电池中的应用研究进展. 新型炭材料，2014，29（4）：241-264.

[13] Nan C Y，Lin Z，Liao H G，et al. Durable carbon-coated Li_2S core-shell spheres for high performance lithium/sulfur cells. Journal of the American Chemical Society，2014，136（12）：4659-4663.

[14] Huang J Q，Zhang Q，Zhang S M，et al. Aligned sulfur-coated carbon nanotubes with a polyethylene glycol barrier at one end for use as a high efficiency sulfur cathode. Carbon，2013，58：99-106.

[15] Huang J Q，Zhang Q，Peng H J，et al. Ionic shield for polysulfides towards highly-stable lithium-sulfur batteries. Energy & Environmental Science，2014，7（1）：347-353.

[16] Peng H J，Zhang Z W，Huang J Q，et al. A cooperative interface for highly efficient lithium-sulfur batteries. Advanced Materials，2016，28（43）：9551-9558.

[17] Rao B M L，Francis R W，Christopher H A. Lithium-aluminum electrode. Journal of the Electrochemical Society，1977，124（10）：1490-1492.

[18] Peled E. The electrochemical-behavior of alkali and alkaline-earth metals in non-aqueous battery systems—The solid electrolyte interphase model. Journal of the Electrochemical Society，1979，126（12）：2047-2051.

[19] Xu K. Nonaqueous liquid electrolytes for lithium-based rechargeable batteries. Chemical Reviews，2004，104（10）：4303-4417.

[20] Chen R J，Qu W J，Guo X，et al. The pursuit of solid-state electrolytes for lithium batteries：From comprehensive insight to emerging horizons. Materials Horizons，2016，3（6）：487-516.

[21] Motoyama M，Ejiri M，Iriyama Y. Modeling the nucleation and growth of Li at metal current collector/LiPON interfaces. Journal of the Electrochemical Society，2015，162（13）：A7067-A7071.

[22] Liang Z，Lin D C，Zhao J，et al. Composite lithium metal anode by melt infusion of lithium into a 3D conducting scaffold with lithiophilic coating. Proceedings of the National Academy of Sciences of the United States of America，2016，113（11）：2862-2867.

[23] Lin D C，Liu Y Y，Liang Z，et al. Layered reduced graphene oxide with nanoscale interlayer gaps as a stable host for lithium metal anodes. Nature Nanotechnology，2016，11（7）：626-633.

第2章 锂硫电池化学原理

2.1 锂硫电池的化学反应

锂硫电池是通过金属锂与单质硫之间的电化学反应来实现化学能与电能之间的转换[1]。在开路状态，锂硫电池具有最大电位差，即开路电压 Φ_{oc}，即硫正极与锂负极之间的电化学势之差$[(\mu_a-\mu_c)/e]$[2]，如图 2.1（a）所示。放电时，单质硫首先会逐渐被还原并与锂离子结合生成中间产物多硫化物（Li_2S_x，$3\leqslant x\leqslant 8$），最终被还原为硫化锂（Li_2S）。由于电池极化，锂硫电池的放电过程会持续到工作电压减小至截止电压（$\Phi\leqslant 1.5$ V），如图 2.1（b）所示。当给外电路施加一定的电压时，由硫化锂分解成金属锂和硫单质的逆反应便会发生。在此期间，正极电化学势会逐渐升高直至电池电动势又达到开路电压，如图 2.1（c）所示。以上的氧化还原过程可以很好地与锂硫电池的循环伏安曲线相吻合。图 2.1（d）中两对氧化还原峰分别对应电池充放电电压平台。然而，细心观察可以发现第Ⅲ段放电平台在循环伏安曲线中并无体现，这主要是因为第Ⅱ段与第Ⅲ段放电平台之间过渡比较平缓，电压差不大[3]。

单质硫具有三十多种固态同素异形体，而其中最为常见且又稳定的就是环形冠状硫八分子（S_8）形式[4]。根据上述氧化还原过程，锂硫电池的总反应为

$$S_8 + 16Li^+ + 16e^- \rightleftharpoons 8Li_2S$$

虽然该反应看上去很简单，但是实际的充放电过程十分复杂[5-8]，如图 2.2 所示[9]。一方面，电池反应涉及多步电化学以及化学过程，会生成一些具有不同链长度的多硫化物中间产物[6, 10]；另一方面，穿梭效应的存在使得体系更加混乱：在正极侧，初始形成的多硫化物会溶解到电解液中，其中一些高阶多硫化物一旦扩散到负极侧便会被电化学还原或者化学还原[11]，生成低阶多硫化物或者不溶性的 Li_2S_2 和 Li_2S：

电化学还原：$$(n-1)Li_2S_n + 2Li^+ + 2e^- = nLi_2S_{n-1}$$

化学还原：$$(n-1)Li_2S_n + 2Li = nLi_2S_{n-1}$$

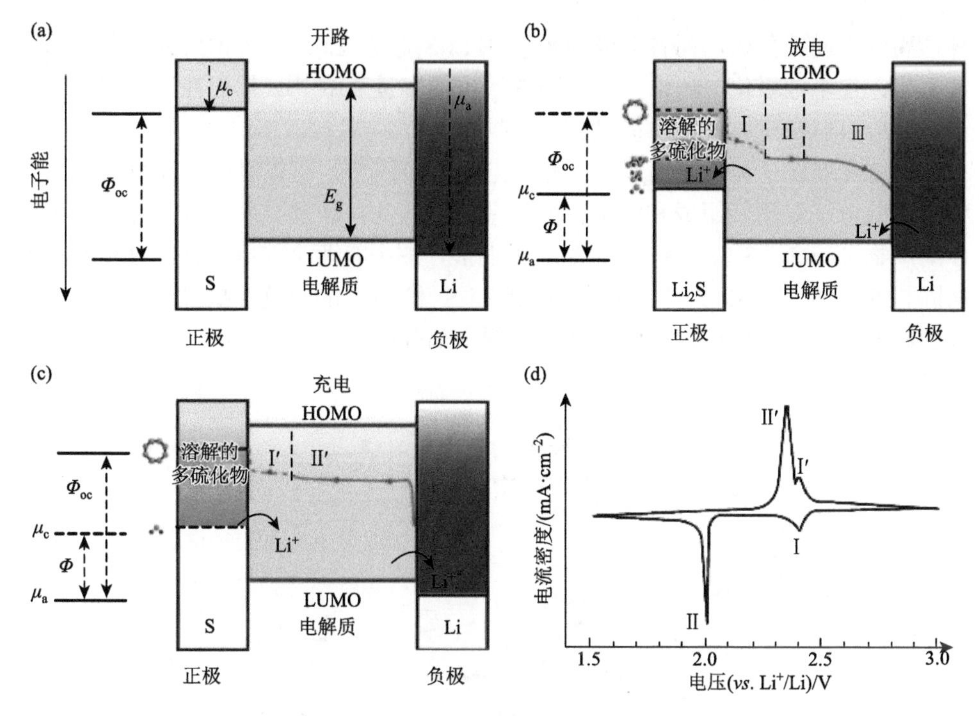

图 2.1　锂硫电池在不同阶段的电化学示意图以及硫正极的循环伏安曲线[3]

HOMO：最高占据分子轨道；LUMO：最低未占分子轨道

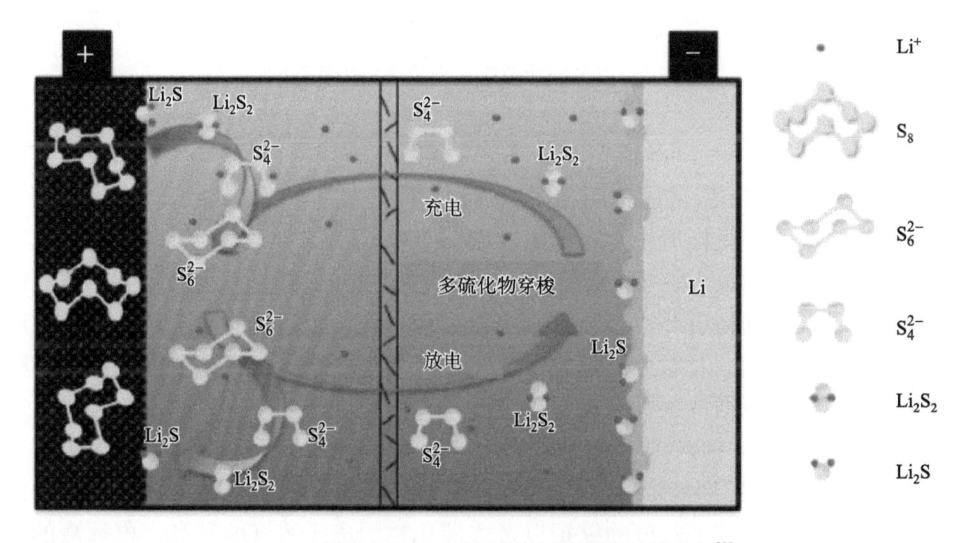

图 2.2　锂硫电池工作机制以及穿梭效应示意图[9]

负极侧的低阶多硫化物也会扩散到正极侧而被重新氧化为高阶多硫化物。溶解的多硫化物在两极之间来回迁移、反应，即为穿梭效应。其不仅消耗活性硫物种、腐蚀金属锂负极，而且形成的不溶性 Li_2S_2 以及 Li_2S 会沉积到锂表面，恶化锂负极，使电池极化电压增大，从而导致电池容量衰减[11]。然而在某种程度上，穿梭效应可以在充电过程中提供过充保护[12]。

图 2.3 展现了锂硫电池典型的充放电电压曲线[13]，可以看出，在氧化还原过程中，S_8 分子经历了组成和结构上的复杂变化，并且涉及一系列可溶性多硫化物中间产物（Li_2S_x，$3 \leqslant x \leqslant 8$）的形成。很明显，图中有两个放电平台，对应着一个从固相 S_8 分子到液相多硫化物再到固相 Li_2S_2 和 Li_2S 的硫链变短过程。基于硫物种的相态变化，放电过程可以被划分为四个部分[11]。

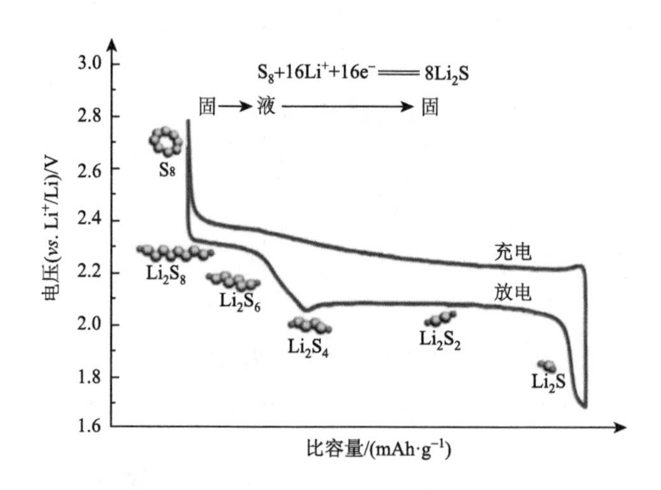

图 2.3 典型的锂硫电池充放电电压曲线[13]

1）$S_8 + 2Li = Li_2S_8$

从 S_8 分子到 Li_2S_8 的固液两相还原过程，对应 2.2～2.3 V 处较高的电压平台。该平台约贡献了硫正极理论比容量的 12.5%(209 mAh·g^{-1})[14]。由于长链多硫化物较高的溶解性，该阶段具有更快的转化速率，生成的 Li_2S_8 会很快溶解到电解液中成为液态正极活性物质[13]，而正极则变得疏松多孔。正极硫的溶解对于电池反应至关重要，密切影响着电池的充放电性能，因为表面硫的溶解会使得内部硫暴露在电解液中，进而维持正极的还原反应[9]。

2）$Li_2S_8 + 2Li = Li_2S_{8-n} + Li_2S_n$

从溶解的 Li_2S_8 到低阶多硫化物的液液均相还原过程，对应第一电压平台的下降阶段。伴随着硫链长度的缩短以及多硫化物阴离子浓度的升高，电解液的黏度会逐渐增加直至该阶段结束。

3）$2Li_2S_n + (2n-4)Li = nLi_2S_2$；$Li_2S_n + (2n-2)Li = nLi_2S$

从溶解的低价多硫化物到不溶的 Li_2S_2 和 Li_2S 的两相还原过程，对应 1.9～

2.1 V 处较低的电压平台。上述两反应相互竞争，贡献了硫正极理论比容量的 75%（1256 mAh·g^{-1}）[14]。

4）$Li_2S_2 + 2Li = 2Li_2S$

从 Li_2S_2 到 Li_2S 的固固两相还原过程，对应第二电压平台较陡的下降阶段。由于 Li_2S_2 和 Li_2S 的不溶性以及较差的导电性，该过程反应速率缓慢并且极化程度较大。

在以上四个过程中，第一和第二阶段更易发生穿梭效应，导致电池放电容量的损失。第三阶段贡献了锂硫电池的主要容量。除了电化学反应之外，电解液中还存在着多硫化物阴离子之间的复杂化学反应：

$$Li_2S_n + Li_2S = Li_2S_{n-m} + Li_2S_{1+m}$$

$$Li_2S_n = Li_2S_{n-1} + 1/8S_8$$

这些反应受到溶剂种类、多硫化物阴离子的浓度和温度等条件的影响[15]。

随着反应的进行，锂硫电池中发生着固—液—固的化学转换。该电池体系与发生插层化学的锂离子电池等电池体系不同，这也是锂硫电池商业化应用过程颇具挑战性的原因[16]。锂硫电池放电平台的平均电压大约在 2.2 V（*vs.* Li/Li^+），尽管这比采用传统正极材料的锂离子电池的工作电压低，但是硫较高的理论比容量弥补了这一点，仍使其成为能量密度最高的固体正极材料[17]。

2.2 锂硫电池体系的能量密度

2.2.1 理论能量密度

理论能量密度是指电池反应中每单位质量或体积的反应物所能产生的以瓦时为单位的能量。通过计算理论能量密度，我们能够了解到任何一种电化学体系所能达到的电能存储上限，并可据此筛选潜在的体系。一旦正负极电极材料被选定，任何电池的理论能量密度都可以利用热力学数据简便地计算出来[18]。

任何包含两种不同反应物并且伴随电荷转移的化学反应都有可能被用于电化学储能体系。这样的反应可用式（2-1）表示：

$$\alpha A + \beta B = \gamma C + \delta D \tag{2-1}$$

在标准条件下，该反应的吉布斯自由能（$\Delta_r G^{\ominus}$）可由反应物和产物的生成吉布斯自由能之和计算得出：

$$\Delta_r G^{\ominus} = \gamma \Delta_f G_C^{\ominus} + \delta \Delta_f G_D^{\ominus} - \alpha \Delta_f G_A^{\ominus} - \beta \Delta_f G_B^{\ominus} \tag{2-2}$$

如果 $\Delta_r G^{\ominus}$ 为负值，则沿着式（2-1）方向的电化学反应可自发进行，并可作为电化学储能系统考虑。

电池的能量密度可表示为质量能量密度（$Wh \cdot kg^{-1}$）或者体积能量密度（$Wh \cdot L^{-1}$），分别可用以下两式进行计算：

$$\varepsilon_M = -\Delta_r G^{\ominus} / \sum M \quad (2\text{-}3)$$

$$\varepsilon_V = -\Delta_r G^{\ominus} / \sum V_m \quad (2\text{-}4)$$

式中：$\sum M$ 和 $\sum V_m$ 分别为反应物的总摩尔质量与总摩尔体积。

根据式（2-1）～式（2-4）可知，当反应物的生成吉布斯自由能较高而产物具有较低的生成吉布斯自由能时，电化学体系将具有更高的能量密度。当反应物的生成吉布斯自由能以及密度可查时，电池的理论能量密度才能直接计算得到。然而，对于生成吉布斯自由能尚不清楚的物质，如果已知所有参与反应物质的晶体结构，则可通过基于密度泛函理论的第一性原理计算，计算出材料的生成吉布斯自由能[19]；如果不知道晶体结构，也可以通过第一性原理计算先获得弛豫后的晶体结构，再计算获得反应物的生成吉布斯自由能。另外，对于具有插层反应机制的锂离子电池来说，多数材料脱嵌锂的热力学数据匮乏，此时可以利用平均开路电压和理论比容量来估算电池的能量密度[20]。对于给定的电极材料，其充放电的理论比容量为

$$C = nF / 3.6X$$

式中，n 为单位物质的量的电极材料在氧化或还原反应中转移电子的摩尔数，量纲为一；F 为法拉第常量，单位为 $C \cdot mol^{-1}$；X 可为反应物的摩尔质量或摩尔体积，单位为 $g \cdot mol^{-1}$ 或 $L \cdot mol^{-1}$。

对于锂硫电池来说，其总反应为

$$S_8 + 16Li = 8Li_2S \quad (2\text{-}5)$$

查阅热力学数据手册[21-23]可知：

$$\Delta_f G^{\ominus}_{S_8,\alpha} = 49.16\ kJ \cdot mol^{-1}$$

$$\Delta_f G^{\ominus}_{Li,s} = 0$$

$$\Delta_f G^{\ominus}_{Li_2S,s} = -439.0\ kJ \cdot mol^{-1}$$

则反应（2-5）的吉布斯自由能为

$$\begin{aligned}\Delta_r G^{\ominus} &= 8\Delta_f G^{\ominus}_{Li_2S,s} - \Delta_f G^{\ominus}_{S_8,\alpha} - 16\Delta_f G^{\ominus}_{Li,s} \\ &= 8\times(-439.0) - 49.16 - 16\times 0 \\ &= -3561.16(kJ \cdot mol^{-1})\end{aligned}$$

反应物 S_8 与锂的摩尔质量和密度分别为

$$M_{S_8,\alpha} = 256.48\ g \cdot mol^{-1}, \rho_{S_8,\alpha} = 2.07\ g \cdot cm^{-3}$$

$$M_{Li,s} = 6.941\ g \cdot mol^{-1}, \rho_{Li,s} = 0.534\ g \cdot cm^{-3}$$

则相应的摩尔体积分别为

$$V_{S_8,\alpha} = M_{S_8,\alpha} / \rho_{S_8,\alpha} = \frac{256.48}{2.07 \times 1000} = 0.1239(\text{L} \cdot \text{mol}^{-1})$$

$$V_{\text{Li,s}} = M_{\text{Li,s}} / \rho_{\text{Li,s}} = \frac{6.941}{0.534 \times 1000} = 0.0130(\text{L} \cdot \text{mol}^{-1})$$

故锂硫电池的理论质量能量密度为

$$\begin{aligned}
\varepsilon_M &= -\Delta_r G^{\ominus} / \sum M \\
&= \frac{-(-3561.16)}{\dfrac{1 \times 256.48 + 16 \times 6.941}{1000}} \\
&= 9689.28(\text{kJ} \cdot \text{kg}^{-1}) \\
&= 2691.47(\text{Wh} \cdot \text{kg}^{-1})
\end{aligned}$$

理论体积能量密度为

$$\begin{aligned}
\varepsilon_V &= -\Delta_r G^{\ominus} / \sum V \\
&= \frac{-(-3561.16)}{1 \times 0.1239 + 16 \times 0.0130} \\
&= 10729.62(\text{kJ} \cdot \text{L}^{-1}) \\
&= 2980.45(\text{Wh} \cdot \text{L}^{-1})
\end{aligned}$$

2.2.2　实际能量密度

储存化学能的活性物质的质量或体积仅仅是电池总质量或总体积的一部分，锂硫电池中还存在着多种非活性物质，如导电添加剂、黏结剂、集流体、隔膜、电解液、封装材料等[20]。另外，正极较低的硫负载量和电极密度以及负极过量锂的使用会进一步降低锂硫电池的能量密度，故而电池实际的能量密度总是要比理论计算值低。鉴于众多的影响因素，我们可以利用电池放电时的实际工作电压以及比容量来计算锂硫电池的实际能量密度。另外，由于电池在放电过程中的电压和电流是不断变化的，须对电压和电流进行积分才可求得电能[12]：

$$E = \int V \cdot I \mathrm{d}t$$

再除以电池总质量或总体积便可得到相应的实际能量密度。

目前，在软包电池水平锂硫电池可以实现 350 $\text{Wh} \cdot \text{kg}^{-1}$ 的实际能量密度[24]，一些像 Sion Power、Oxis Energy 等先进锂硫电池制造商已经能达到 500 $\text{Wh} \cdot \text{kg}^{-1}$ 的水平，几乎是常规锂离子电池质量能量密度的两倍，但体积能量密度却仅有

700 Wh·L^{-1}，这就严重阻碍了锂硫电池在电动车以及便携式电子设备上的实际应用[25]。为了最大限度地发挥出锂硫电池的优势，提高其质量能量密度和体积能量密度，建议达到以下条件[13, 24]：

（1）高硫含量［≥70 wt%（质量分数）］以及高比容量（≥800 mAh·g^{-1}）。硫作为正极活性物质其含量直接影响电极的比容量，而提高硫的比容量则是提高电池能量密度的直接手段，硫的比容量每提高 100 mAh·g^{-1}，电池的能量密度即可提高 20～30 Wh·kg^{-1}[26]。可是，锂硫电池正极的比容量还与硫利用率有关，要实现高能量密度，需要高的硫含量以及硫利用率。然而，由于硫较差的离子和电子导率，通常硫的利用率是随着硫含量的增加而减小的。因此必须平衡好两者，才能制备出高比容量的锂硫电池。

（2）高硫面载量（≥5 mg·cm^{-2}）。李巨等[24]指出，当硫的面载量低于 2 mg·cm^{-2} 时，即使硫含量高达 85%，电池的能量密度也很低。这表明，高硫面载量的正极对于制备高能量密度的锂硫电池也很关键。此外，当硫的面载量达到一定程度时，即便继续增大面载量，电池的能量密度也会因硫的利用率有限而不再升高。通常，高硫面载量意味着更厚的电极，这会限制锂离子和电子的传输，从而极大地限制硫的利用，所以应当在考虑到硫的利用率的前提下，尽可能地提高硫的面载量。

（3）低孔隙率（＜70%）。电池的能量密度同样也对电极的孔隙率敏感。更大的孔隙率意味着更多的空间被电解液等非活性物质所占据，这些物质虽然对电池的运行至关重要，但并不贡献电极容量，这就增加了电池的质量和体积，导致实际能量密度的降低。

（4）低 E/S 值（≤4 μL·mg^{-1}）。电解质溶液与硫的用量比（E/S 值，液硫比）是锂硫电池中一个十分重要的参数。一方面，电解液作为非活性物质参与决定了锂硫电池的实际能量密度。另一方面，电解液的用量直接关系到多硫化物的溶解问题，从而会影响到硫的利用率、电池的循环稳定性以及库仑效率。较高的 E/S 值势必会降低电池整体的能量密度，然而若采用较低的 E/S 值，则电极的不充分浸润以及在循环中电解液的不断消耗会使得硫的利用率下降，电池的循环寿命也会大大缩短。因此，为实现锂硫电池的商业化应用，值得探索在低 E/S 值下改善电池性能的途径。

（5）负极过量低于 50%。减少金属锂负极的质量在一定程度上可以提高电池的能量密度。

（6）软包或圆柱型电池尺寸。纽扣电池通常被用于实验室阶段的材料研究，而较大的软包电池更符合实际的应用，两者之间存在着显著的性能差异。对于具有相等硫面载量的极片，较小面积的硫正极往往具有更出色的电化学性能，尤其是在硫面载量较高时。

参考文献

[1] 索鎏敏，胡勇胜，李泓，等. 高比能锂硫二次电池研究进展. 科学通报，2013，58（31）：3172-3188.

[2] Goodenough J B，Park K S. The Li-ion rechargeable battery：A perspective. Journal of the American Chemical Society，2013，135（4）：1167-1176.

[3] Yin Y X，Xin S，Guo Y G，et al. Lithium-sulfur batteries：Electrochemistry，materials，and prospects. Angewandte Chemie International Edition，2013，52（50）：13186-13200.

[4] Earnshaw A，Greenwood N. Chemistry of the Elements. 2nd ed. Oxford：Butterworth-Heinemann，1998.

[5] Fronczek D N，Bessler W G. Insight into lithium-sulfur batteries：Elementary kinetic modeling and impedance simulation. Journal of Power Sources，2013，244（4）：183-188.

[6] Fu Y，Su Y S，Manthiram A. Highly reversible lithium/dissolved polysulfide batteries with carbon nanotube electrodes. Angewandte Chemie International Edition，2013，52（27）：6930-6935.

[7] Manthiram A，Fu Y，Chung S H，et al. Rechargeable lithium-sulfur batteries. Chemical Reviews，2014，114（23）：11751-11787.

[8] Song M K，Cairns E J，Zhang Y. Lithium/sulfur batteries with high specific energy：Old challenges and new opportunities. Nanoscale，2013，5（6）：2186-2204.

[9] Liu M N，Ye F M，Li W F，et al. Chemical routes toward long-lasting lithium/sulfur cells. Nano Research，2016，9（1）：94-116.

[10] Chung S H，Singhal R，Kalra V，et al. Porous carbon mat as an electrochemical testing platform for investigating the polysulfide retention of various cathode configurations in Li-S cells. The Journal of Physical Chemistry Letters，2015，6（12）：2163-2169.

[11] Zhang S S. Liquid electrolyte lithium/sulfur battery：Fundamental chemistry，problems，and solutions. Journal of Power Sources，2013，231：153-162.

[12] Aifantis K E，Hackney S A，Kumar R V. High Energy Density Lithium Batteries：Materials，Engineering，Applications. Weinheim：Wiley-VCH，2010：53-80.

[13] Fang R P，Zhao S Y，Sun Z H，et al. More reliable lithium-sulfur batteries：Status，solutions and prospects. Advanced Materials，2017，29（48）：1606823.

[14] Wang D W，Zeng Q，Zhou G，et al. Carbon-sulfur composites for Li-S batteries：Status and prospects. Journal of Materials Chemistry A，2013，1（33）：9382-9394.

[15] Barchasz C，Molton F，Duboc C，et al. Lithium/sulfur cell discharge mechanism：An original approach for intermediate species identification. Analytical Chemistry，2017，84（9）：3973-3980.

[16] Seh Z W，Sun Y，Zhang Q，et al. Designing high-energy lithium-sulfur batteries. Chemical Society Reviews，2016，45（20）：5605-5634.

[17] Demir-Cakan R. Li-S Batteries：The Challenges，Chemistry，Materials，and Future Perspectives. London：World Scientific Publishing Europe Ltd.，2017.

[18] Zu C X，Li H. Thermodynamic analysis on energy densities of batteries. Energy & Environmental Science，2011，4（8）：2614-2624.

[19] Ceder G，Chiang Y M，Sadoway D R，et al. Identification of cathode materials for lithium batteries guided by first-principles calculations. Nature，1998，392（6677）：694-696.

[20] 彭佳悦，祖晨曦，李泓. 锂电池基础科学问题（Ⅰ）——化学储能电池理论能量密度的估算. 储能科学与技术，2013，2（1）：55-62.

[21] Barin I，Platzki G. Thermochemical Data of Pure Substances. 3rd ed. Weinheim：VCH Publishers，1995.

[22] Lide D R. Handbook of Chemistry and Physics. 90th ed. Boca Raton：CRC Press，2009.

[23] Speight J G. Lange's Handbook of Chemistry. 16th ed. New York：McGraw-Hill，2005.

[24] Xue W J，Miao L X，Qie L，et al. Gravimetric and volumetric energy densities of lithium-sulfur batteries. Current Opinion in Electrochemistry，2017，6（1）：92-99.

[25] McCloskey B D. Attainable gravimetric and volumetric energy density of Li-S and Li ion battery cells with solid separator-protected Li metal anodes. The Journal of Physical Chemistry Letters，2015，6（22）：4581-4588.

[26] 王维坤，王安邦，金朝庆，等. 高性能锂硫电池正极材料研究进展及构建策略. 储能科学与技术，2017，6（3）：331-344.

第3章 锂硫电池输运及反应调控规律

3.1 中间产物多硫化物的产生

在传统锂硫电池中，单质硫作为电池正极，金属锂作为电池负极。电解液通常为 1 mol·L^{-1} LiTFSI 溶解在体积比为 1∶1 的 1, 3-二氧戊环（DOL）与乙二醇二甲醚（DME）混合溶液中，并加入 2 wt%的 $LiNO_3$ 作为电解液的添加剂。锂硫电池中最大的问题是放电过程中所形成的一系列多硫化物（Li_2S_x，$x = 3$～8）会溶解于电解液中。在电池充放电过程中的电压阶梯分布，以及不同电压平台对应的中间产物多硫化物的产生如图 3.1 所示。

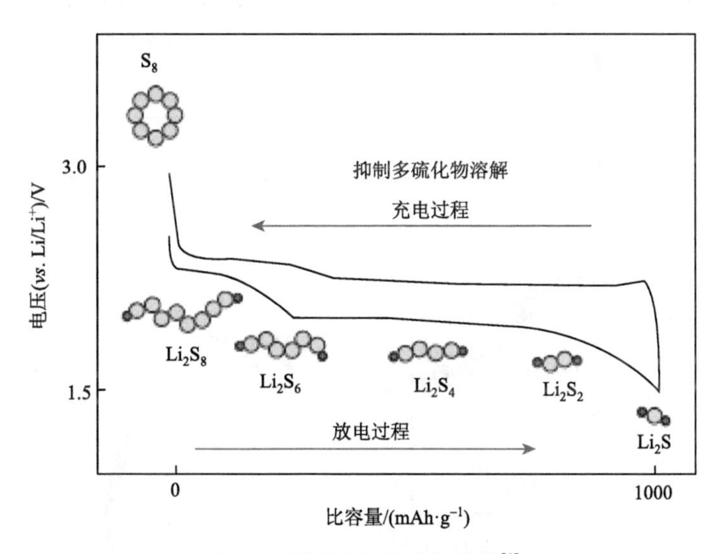

图 3.1 锂硫电池的电压曲线[1]

在电池放电过程初始阶段，金属锂失去电子，以锂离子的形式溶解进入电解液；电子由外电路传递至硫正极，难溶性的单质硫得到电子，同时与从负极迁移而来的锂离子在正极表面结合生成可溶的放电中间产物多硫化物。这对应充放电曲线的高平台区域（2.3～2.4 V）：

$$Li + S_8 \longrightarrow Li_2S_8 \tag{3-1}$$

随着反应的进行，中间产物多硫化物的链长会在电解液中逐渐变短（由 Li_2S_8 逐步变为 Li_2S_6、Li_2S_4）。这一过程对应充放电曲线中的电压斜坡区域(2.1～2.3 V)：

$$Li_2S_8 + Li \longrightarrow Li_2S_6 \tag{3-2}$$

$$Li_2S_6 + Li \longrightarrow Li_2S_4 \tag{3-3}$$

在放电进程的最后，可溶性的短链多硫化物（Li_2S_4）进一步转化为难溶性的放电终产物（Li_2S_2 或 Li_2S），沉积在电极的表面。这对应充放电曲线的低平台区域（小于 2.1 V）：

$$Li_2S_4 + Li \longrightarrow Li_2S_2或Li_2S \tag{3-4}$$

随着表征手法以及模拟技术的不断提升，锂硫电池充放电过程中的反应机理以及多硫化物的产生机制已经获得人们很高的关注。经过各种原位表征的研究，各类含硫组分（硫、多硫化物和 Li_2S）已经可以得到较为精确的指认。

Barchasz 等采用高效液相色谱（high performance liquid chromatography，HPLC)、紫外-可见光谱（UV-visible spectrum，UV-Vis）和电子自旋共振谱（electron spin resonance，ESR），研究了四乙二醇二甲醚（TEGDME）基电解质中不同放电电位下的多硫物种，提出了锂硫电池的放电机理：硫的三步还原历程（图 3.2）[2]。

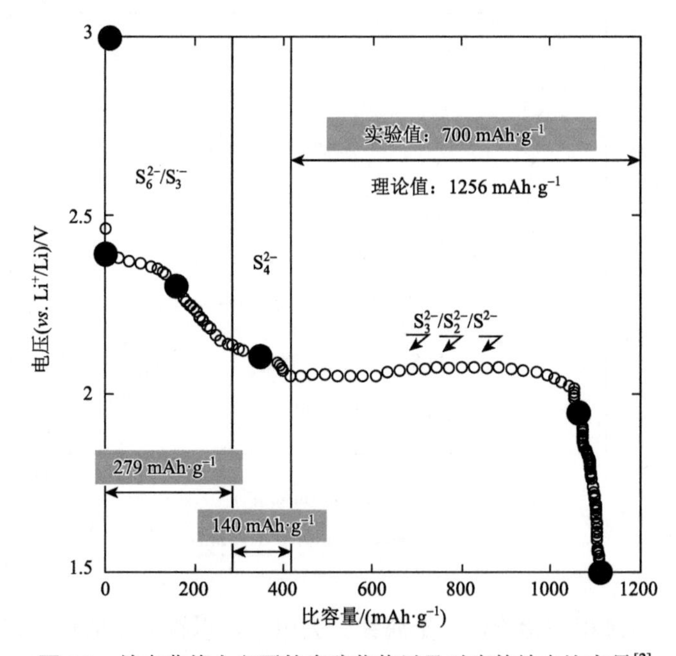

图 3.2 放电曲线上主要的多硫化物以及对应的放电比容量[2]

由 HPLC 和 UV-Vis 结果得出，长链的多硫化物如 S_8^{2-} 和 S_6^{2-} 在第一个还原步骤（2.4～2.2 V）中生成。由于长链多硫化物的歧化反应，S_3^{-} 自由基同样可以在此步骤产生。长链多硫化物在第二平台（2.15～2.1 V）上链长缩短，因为 S_4^{2-} 在这一步骤中产生。短链多硫化物如 S_3^{2-}、S_2^{2-} 和 S^{2-} 在最后一个步骤（2.1～1.9 V）上产生。

Nazar 团队通过原位 X 射线吸收近边结构（X-ray absorption near edge structure，XANES）谱研究了锂硫电池中常用的 DOL/DME 电解液下的各种含硫组分，获得了充放电过程变化的曲线，并较为精确地指认了其中的各种含硫组分（图 3.3）[3]。该测试揭示了锂硫电池氧化还原化学的循环机理，给出了含硫组分的转化过程。在充电过程中，Li_2S 的含量单调减少，同时伴随着短链多硫化物的生成。S_6^{2-} 作为一种过渡产物，在电池充电开始时生成，并且随着 S_4^{2-} 的出现而增加，使 Li_2S 氧化为更加稳定的 Li_2S_6。

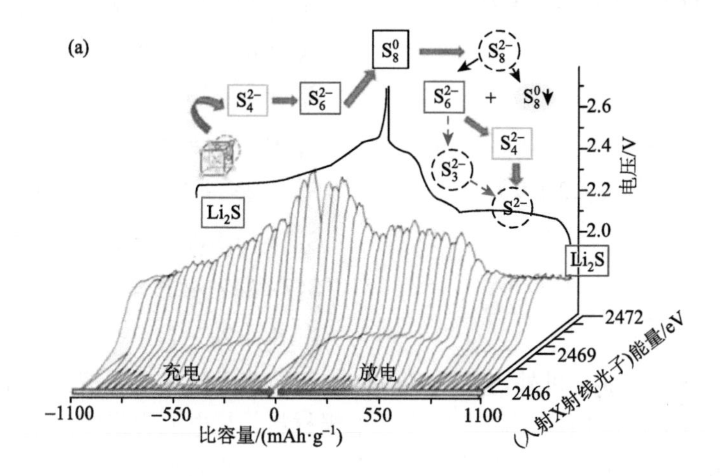

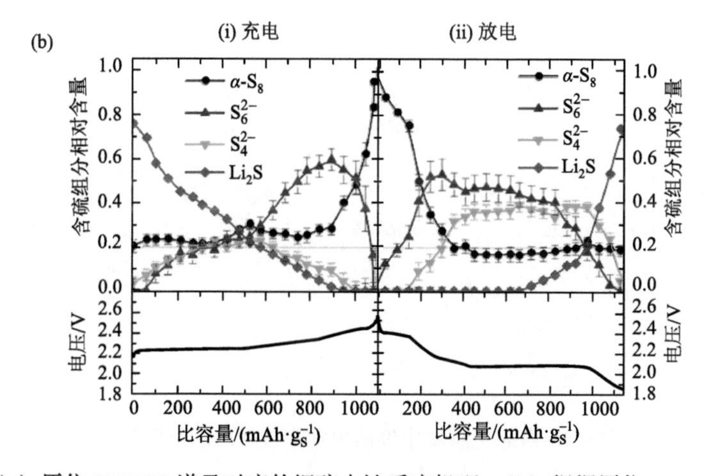

图 3.3　（a）原位 XANES 谱及对应的锂硫电池反应机理；（b）根据原位 XANES 谱所得含硫组分相对含量随充放电历程变化曲线[3]

在充电末期，Li_2S 与 Li_2S_4 含量的骤降与S_6^{2-}氧化为S_8^{2-}过程的电压上升保持一致。在放电时，S_6^{2-}在放电初期被检测到，与其他研究证实存在的S_8^{2-}反应迅速歧化为S_6^{2-}与 S_8（或歧化为S_6^{2-}和 Li_2S_2 或S_2^{2-}）的过程一致。随着放电进行，S_4^{2-}同样会发生歧化反应，使得电解液出现过饱和现象，标志着 S_8 的耗尽，而且意味着多硫化物在电解液中达到最大浓度。

根据原位 XANES 谱的结果和其他表征和理论计算结果[4, 5]，多硫化物在 DOL/DME 电解液中生成、转化可能的机理为

高电压平台（2.3～2.4 V）：

$$S_8 + 2e^- = S_8^{2-}$$

$$S_8^{2-} \rightleftharpoons S_6^{2-} + 1/4S_8$$

电压斜坡（2.1～2.3 V）：

$$S_8^{2-} + 2e^- = 2S_4^{2-}$$

$$S_8^{2-} + 2e^- = S_6^{2-} + S_2^{2-}$$

$$S_6^{2-} = 2S_3^{\cdot-}$$

$$S_3^{\cdot-} + e^- = S_3^{2-}$$

低电压平台（<2.1 V）：

$$S_4^{2-} + 2e^- + 4Li^+ = 2Li_2S_2$$

$$S_4^{2-} + Li_2S_2 \rightleftharpoons 2Li^+ + 2S_3^{2-}$$

$$S_3^{2-} + 2e^- + 4Li^+ = Li_2S + Li_2S_2$$

$$Li_2S_2 + 2e^- + 2Li^+ = 2Li_2S$$

除 Li_2S_2 与 Li_2S 以外，其余多硫化物都易溶于醚类电解液。由于固有的电子绝缘性，单质硫和 Li_2S 不能直接作为电极材料，其电池容量实际上是通过生成可溶的多硫化物来实现的。然而长链多硫化物在电解液中的高溶解性及随之而来的穿梭效应，会造成电池容量衰减、库仑效率降低（图 3.4）。

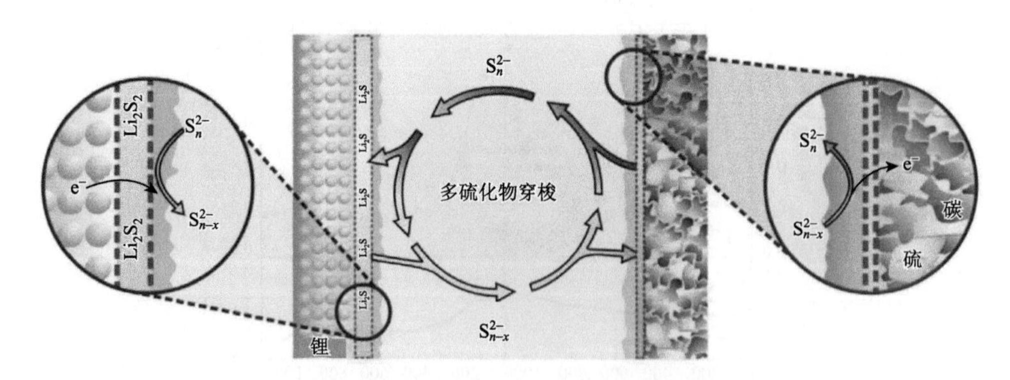

图 3.4　液态电解质中锂硫电池穿梭效应示意图[6]

多硫化物作为充放电过程中的中间产物，其状态、转化过程对于锂硫电池的

性能有着至关重要的影响。大量的实验以及计算模拟为多硫化物的初期鉴定做出了巨大的贡献。

3.2 中间产物多硫化物的性质及指认

锂硫电池中硫组分还原为多硫化物的过程包含一系列的阶梯氧化还原反应而且伴随着复杂的歧化反应，多种中间产物多硫化物（Li_2S_x，$x=3\sim8$）在此过程中生成[5]。这些中间产物在锂硫电池电解液中的溶解带来了一系列的问题，如正极活性物质的损失及表面钝化、单质硫的反复沉积导致的正极结构改变、多硫化物引起的穿梭效应造成的低库仑效率以及金属锂负极的腐蚀。上述问题对锂硫电池性能有很大的影响，因此需要对于锂硫电池电化学反应以及多硫化物进行分子层面的研究，尤其是不同电位下电解质中多硫化物的指认，对高性能锂硫电池的设计具有重要意义。

不过，由于长链多硫化物中间产物在电解液中的高溶解性，常规的原位材料表征手法大多只适用于研究硫单质、Li_2S 等固相物质的相转化和形貌变化，对于多硫化物很难进行准确的指认。多硫化物中间产物的表征监测更适合采用一些元素成分与价态研究的表征手段[7]。

在锂硫电池的充放电过程中，中间产物多硫化物在电解液中的溶解会导致电解液和隔膜的颜色变化，如图 3.5（a）所示。所以，可以使用原位紫外-可见光谱（UV-Vis）对循环过程中溶解在电解液中的多硫化物进行指认[8, 9]。如图 3.5（b）所示，晏成林团队采用带有玻璃窗口的纽扣电池，在其充放电过程中进行紫外-可见测试，从而通过原位紫外-可见光谱进行分析。在紫外-可见光谱中，通过测量不同吸收波长下的反射率随电池放电状态的变化，得到不同物种浓度的实时变化信息，原位紫外-可见光谱测试所选择的放电电位如图 3.5（c）所示。在图 3.5（d）中可以清楚地看到在 $\lambda=560$ nm 和 $\lambda=530$ nm 处，所对应的分别为长链的多硫化物 Li_2S_8 和 Li_2S_6。随着进一步放电，在 435 nm、470 nm 和 505 nm 处的峰分别对应短链的 Li_2S_2、Li_2S_3 和 Li_2S_4。由图 3.5（e）和（f）不难看出，在放电过程中，短链多硫化物 Li_2S_2 和 Li_2S_3 是最主要的中间产物。

除了通过原位 UV-Vis 对多硫化物进行指认，HPLC 作为一种广泛应用于鉴定和定量分析的技术也可以用于监测锂硫电池充放电过程中的中间产物。屈德阳课题组通过 HPLC 对充放电进程中的含硫组分进行了实时定量测定[10]。为了避免中间产物自身发生歧化反应而影响结果，多硫化物都被转化为更加稳定的甲基多硫化物。利用该技术，研究者可以指认锂硫电池电解液中溶解的多硫化物离子。在图 3.6 中可以清楚地看出，在电池的充放电循环中，从单质硫到长链多硫化物再到短链多硫化物的中间转化过程的不同阶段，含硫组分都可以被明确指认。这项工作为锂硫电池中间产物的表征提供了新思路。

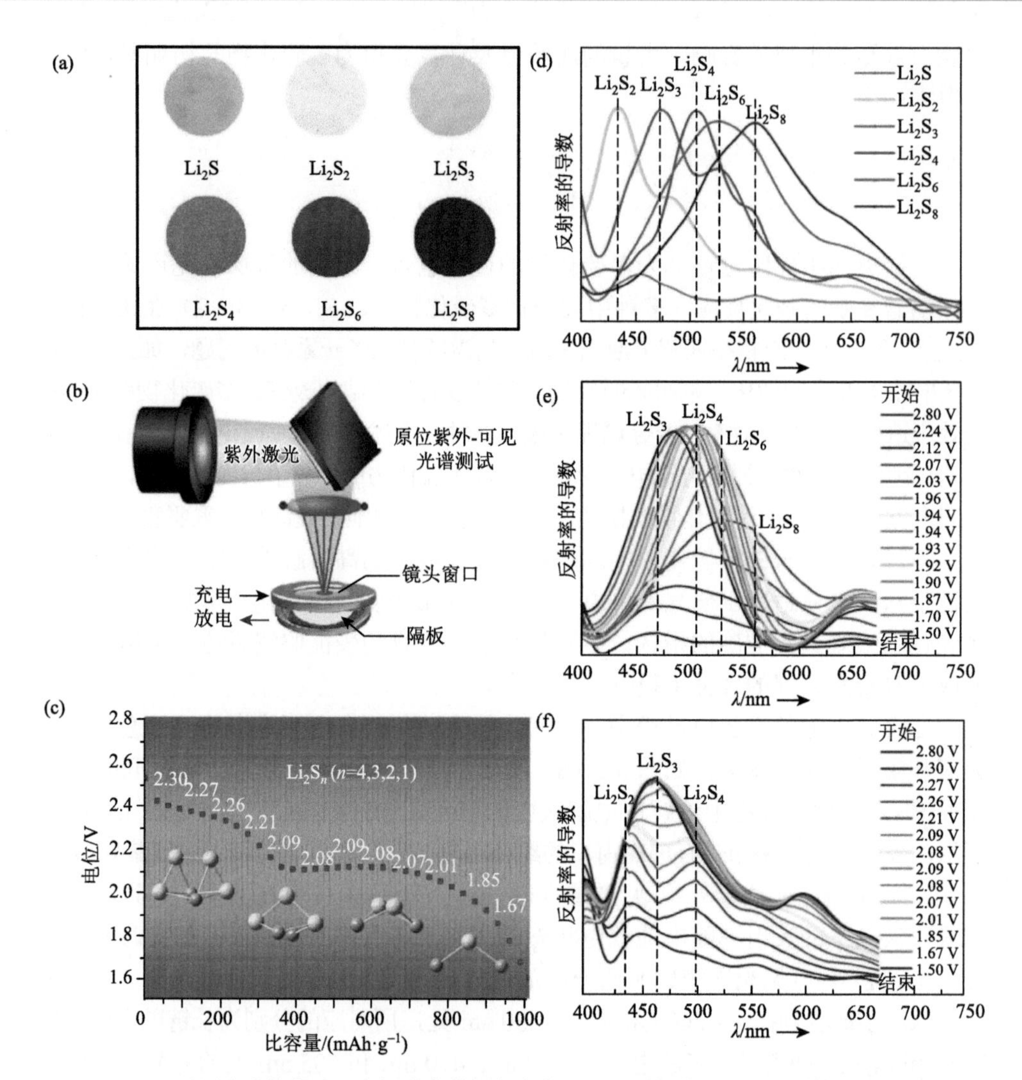

图 3.5 （a）不同多硫化物溶于电解液中的颜色变化；（b）原位紫外-可见光谱测试实验装置图；（c）在原位紫外-可见光谱测试中选择的放电电位；（d）各种多硫化物所对应的紫外-可见光谱测试结果的一阶导数曲线；（e）C/3 倍率放电下 S-rGO 复合材料的紫外-可见光谱测试结果的一阶导数曲线；（f）C/3 倍率放电下 S-GSH 复合材料的紫外-可见光谱测试结果的一阶导数曲线[8]

更进一步地，液相色谱（liquid chromatography，LC）与质谱（mass spectrometry，MS）的组合联用在指认不同链长的多硫化物离子上是最有效的方法之一。高效反相液相色谱的保留时间随着多硫化物离子的链长增加单调递增[2, 11, 12]。再经由质谱分析，各个不同链长的多硫化物都可以与液相色谱中的每个峰一一对应。在这个方法中，虽然 S_8 与 Li_2S_8 很难分离，以及 Li_2S 由于不溶于电解液无法被检测到，但是毫无疑问，除此之外的所有其他多硫化物都可以被精确地定量分析。同理，

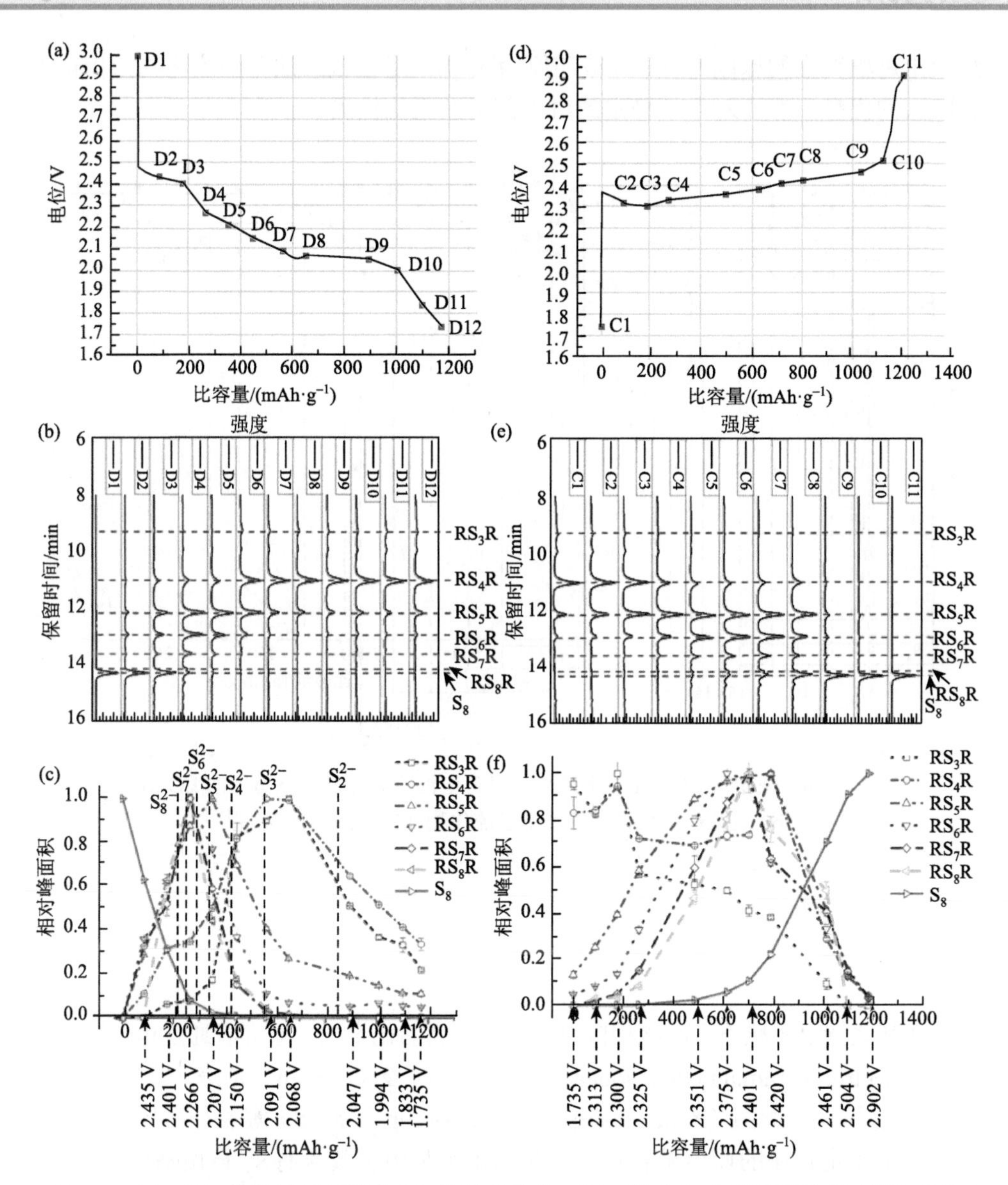

图 3.6　(a) C/70 倍率循环下锂硫电池的放电曲线；(b) 图 (a) 中不同测量点对应的 HPLC 图；(c) 放电过程中不同多硫化物 ($R = CH_3$) 的标准色谱峰；(d) 充电曲线；(e) 图 (d) 中不同测量点对应的 HPLC 图；(f) 充电过程中不同多硫化物 ($R = CH_3$) 的标准色谱峰[11]

为了保证多硫化物不发生歧化，其都被转化为相应的甲基或苄基多硫化物进行测定[11]。Takata 课题组通过这个方法定量地指认了锂硫电池中每一种多硫化物组分 (图 3.7)[12]。通过分析，研究者指出了锂硫电池充放电机理：高平台与 S_8 及其他的长链多硫化物的还原有关，而低平台则主要是由于 S_3^{2-} 还原为 S^{2-}，而造成电池放电进程终止的原因是 Li_2S_2 被还原为 Li_2S。尽管该方法在多硫化物的指认上有较大的优势，然而对于不稳定的自由基仍然无法检测。

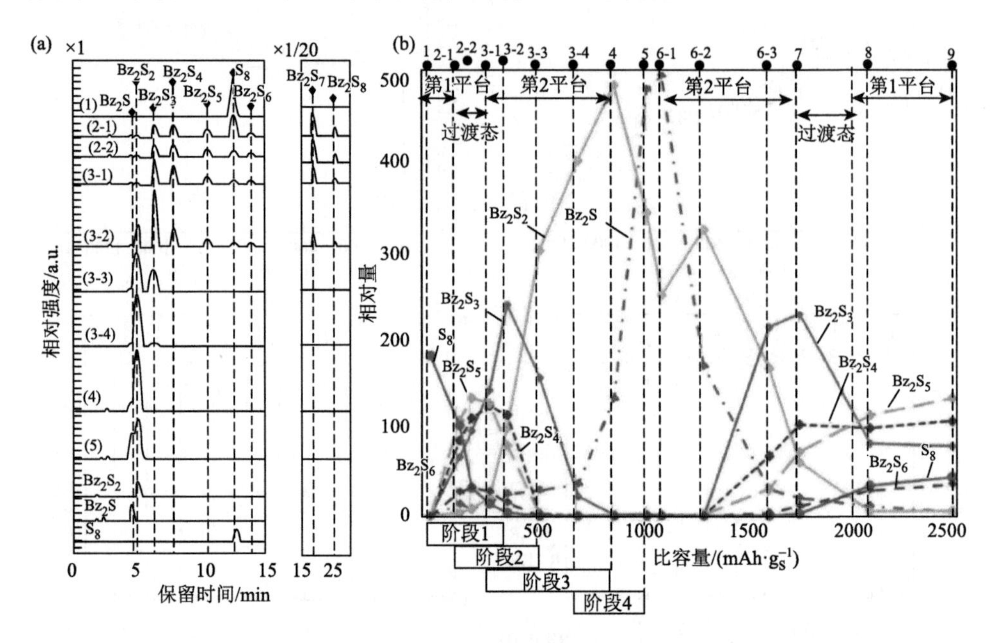

图 3.7 （a）使用 LC-MS 指认多硫化物时在电池不同充放电状态下的 LC 结果；（b）由 LC 结果计算的苄基多硫化物（Bz_2S_n）的相对量[13]

3.3 自由基中间产物的指认

在某些特定环境下多硫化物自由基具有极高的稳定性。研究者通过电子顺磁共振谱（electron paramagnetic resonance，EPR）、拉曼（Raman）光谱、紫外-可见光谱和 X 射线吸收谱图（X-ray absorption spectroscopy，XAS）等表征手段，确认了自然界中稳定存在的蓝色矿石青金石显示蓝色是由于其含有 S_3^- 自由基离子[13-15]。青金石晶体的笼状结构分隔开了单个自由基离子，避免其相互接触发生反应，从而使得 S_3^- 自由基离子得以稳定存在[16]。由于含硫自由基在自然界中有着极高的稳定性，自由基在锂硫电池中也得到了很高的关注。大量研究表明，电池电解液中始终存在着多种不同结构的多硫化物。由于彼此之间性质相似，目前仍然无法实现精确的定量分析。不过，随着模拟和理论计算，以及 UV-Vis[17-19]、拉曼光谱[20-22]、核磁共振谱[23-25]、X 射线吸收谱和 XANES 等多种原位或非原位表征手法的发展与应用[3, 26-29]，对于多硫化物时空分布进行定性或半定量的分析成为可能。研究发现，多硫化物在电解液中存在的主要形式为中性多硫化物分子 Li_2S_n($3\leqslant n\leqslant 8$)、聚硫阴离子 S_n^{2-}

（3≤n≤8）和聚硫自由基离子S_n^-。复杂的动态平衡在三种不同形式的多硫化物之间普遍存在，而且会由于溶剂的溶剂化能力以及其中阳离子的种类等性质而受到影响。

Balsara 团队使用 EPR 与 UV-Vis 组合的表征，在 TEGDME 与聚氧化乙烯（PEO）电解液中量化分析了通过化学反应合成的多硫化物，在上述醚基溶剂中多硫化物自由基的存在被证实，得出了多硫化物自由基的浓度是与多硫化物种类和浓度相关的复杂函数的结论[30]。尽管电子对给体（EPD）数较低并且溶液呈现绿、红和棕等不同颜色，EPR 结果说明了多硫化物自由基的确存在于 TEGDME 与 PEO 溶液中，如图 3.8（a）～（g）所示。在图 3.8（h）中绘制了 UV-Vis 谱波长 617 nm 下的峰面积与不同溶液浓度下的锂硫比（x_{mix}）的关系图，在图 3.8（i）中绘出了相同浓度下的 EPR 谱图的二重积分获得的峰面积与 x_{mix} 的关系图，从而建立了 EPR 信号与 UV-Vis 谱数据之间的对应关系。不难看出，图 3.8（h）和（i）中数据变化趋势十分相近。图 3.8（j）中绘制了 UV-Vis 谱 617 nm 波段的峰面积与

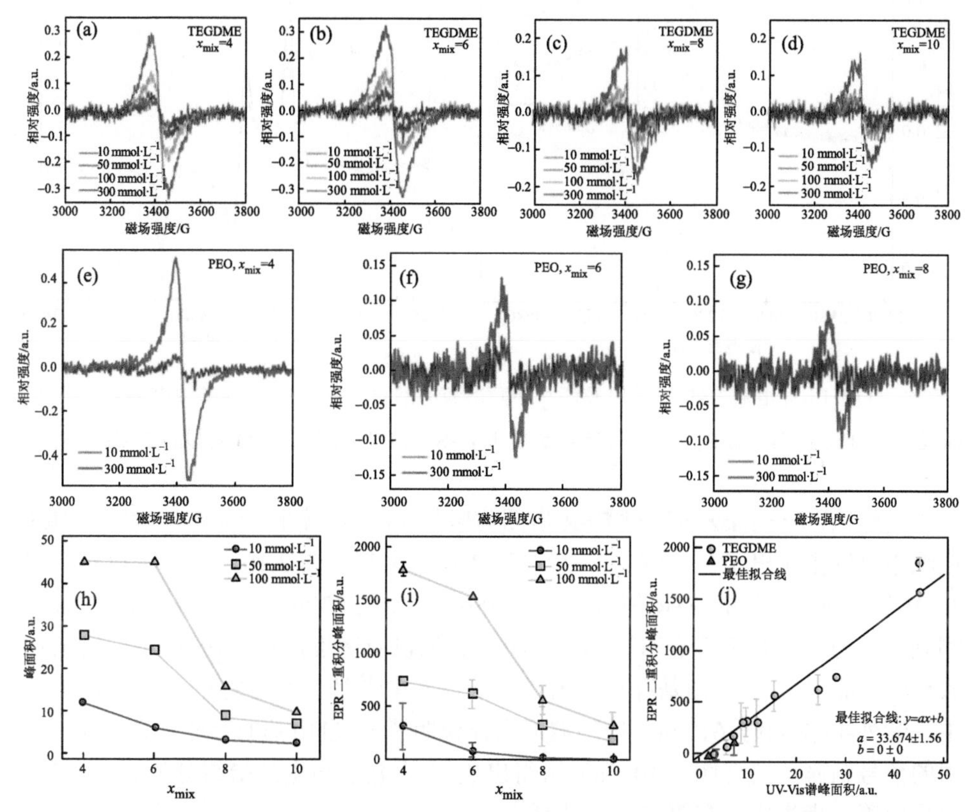

图 3.8　（a）～（d）室温下 x_{mix} 分别为 4、6、8、10 的 TEGDME 溶液中的 EPR 谱图（1 G = 10^{-4} T）；（e）～（g）x_{mix} 分别为 4、6、8 的 PEO 溶液中的 EPR 谱图；（h）UV-Vis 谱 617 nm 处的峰面积与 x_{mix} 的关系；（i）EPR 谱图的二重积分峰面积与 x_{mix} 的关系；（j）UV-Vis 谱 617 nm 处的峰面积与 TEGDME 和 PEO 溶液的 EPR 谱图二重积分峰面积的关系[30]

EPR 谱图二重积分峰面积的关系图。可以看出，UV-Vis 谱 617 nm 处的峰面积与 EPR 谱图二重积分峰面积呈正相关。在 TEGDME 与 PEO 溶液中 UV-Vis 谱 617 nm 处出现的峰是由多硫化物自由基阴离子引起的。

Vijayakumar 等通过 ESR 光谱来识别电解液为 DMSO 的电池中的自由基离子（图 3.9）[31]。在 Li_2S_4 和 Li_2S_6 两种溶液中，ESR 谱除峰强度外显示出了相似的特征。图 3.9（a）为 Li_2S_6 溶液在不同温度下的 ESR 谱，在低温下（约 125 K），ESR 谱图具有显著的正交 $S=1/2$（S 为自旋量子数）的特征［放大图像如图 3.9（b）所示］，与其他关于 S_3^- 自由基的文献报道相符，证实了 S_3^- 自由基的存在。然而，在两种溶液中都没有观察到其他多硫化物的自由基如 S_2^- 或 S_4^-，这是由于高阶多硫化物离子（S_n^{2-}，$n>6$）的含量较低。

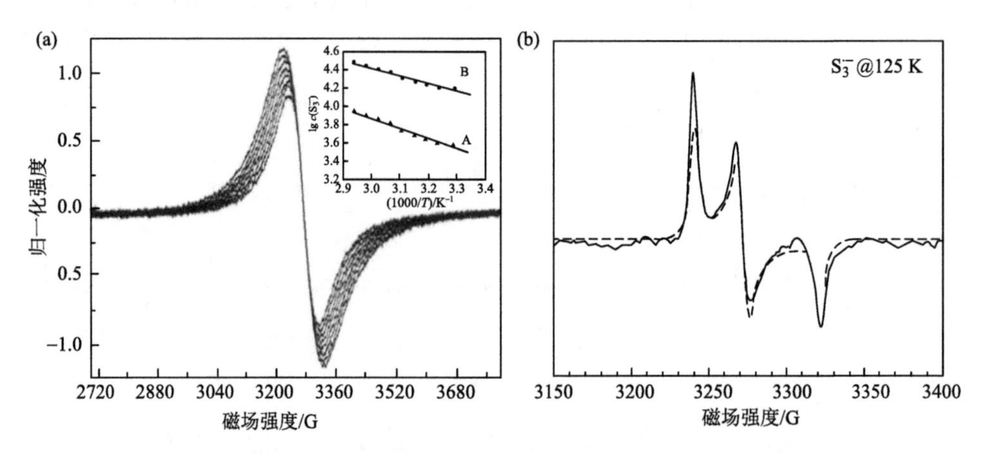

图 3.9 （a）Li_2S_6 溶液 ESR 谱图以及两种不同溶液中不同温度下 S_3^- 自由基浓度的阿伦尼乌斯曲线（A：Li_2S_4；B：Li_2S_6）；（b）125 K 温度下 Li_2S_6 的 ESR 谱图，虚线为拟合的 ESR 曲线[31]

同样地，Barchasz 等通过 ESR 谱图与紫外-可见光谱在电解液为 TEGDME 的电池中仅仅指认出了 S_3^- 这唯一一种多硫化物自由基（图 3.10）[2]。对于 2.3 V 和 2.1 V 的测量，极强的 ESR 信号（$g_x=2.0011$，$g_y=2.0329$，$g_z=2.0529$）可以被观测到。这与先前对于青金石燃料实验测量数据以及密度泛函理论（DFT）计算结果一致，证明了 S_3^- 自由基存在于所检测的体系中[32-35]。除此之外，在图 3.10（b）中，紫外-可见光谱 617 nm 处的波形同样说明了 S_3^- 自由基的存在，证实了 ESR 中的信号归属。结合图 3.10（a）可得出 S_3^- 自由基参与电池硫组分的还原，在放电反应第一步生成，在第二步被消耗。

Wang 等则通过原位 EPR 技术直接观测了在以 DOL/DME 为电解液的电池中 S_3^- 自由基的形成与浓度变化过程，如图 3.11（a）和（b）所示[36]。在电池循环过程中对 S_3^- 自由基的指认，给出了在不同电位下其与多种不同多硫化物之间的平衡关系，而

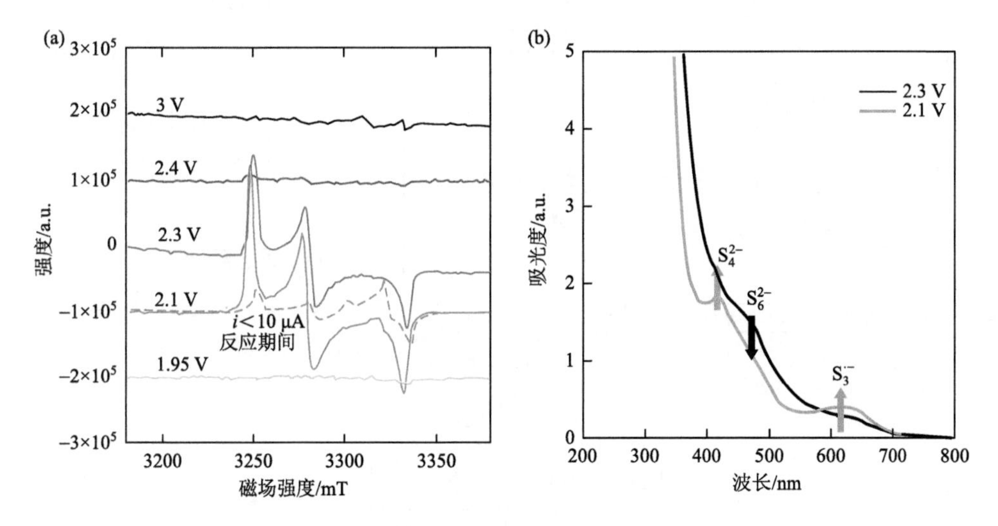

图 3.10　（a）100 K 温度下电池不同放电电位下电池正极电解液的 ESR 谱图；（b）不同电位下电池正极电解液的紫外-可见光谱（使用 1 mm 厚的吸收池）[2]

非仅仅与单一多硫化物组分相关。S_3^- 自由基在不同电位下的浓度变化以及相应电化学测试的结果表明，锂硫电池中的化学与电化学过程以 S_3^- 自由基作为媒介相互促进，致使在电池循环过程中存在两种可能的反应路径，如图 3.11（c）所示。监测 S_3^- 自由基在电池反应中的行为为研究含硫组分与电解液之间的相互作用提供了新的策略。

Nazar 团队使用了原位 XANES 精确观测了二甲基乙酰胺（DMA）为电解液的锂硫电池中的 S_3^- 自由基，并通过比较 DMA 与 DOL/DME 两种电解液的 XAS 测试结果，证明了 S_3^- 自由基在醚类电解液中十分不稳定[37]。在图 3.12（a）中，由实验和第一性原理计算证实了多硫化物阴离子 S_n^{2-} 在 2470.5 eV 的低能量特征，而 S_3^- 自由基的 1s-3p（π^*）跃迁的低能量特征则是在 2468.5 eV[3]。图 3.12（a）～（d）中，S_3^- 自由基的低能量特征在 2468.5 eV，信号强度在 340 mAh·g^{-1} 左右达到最

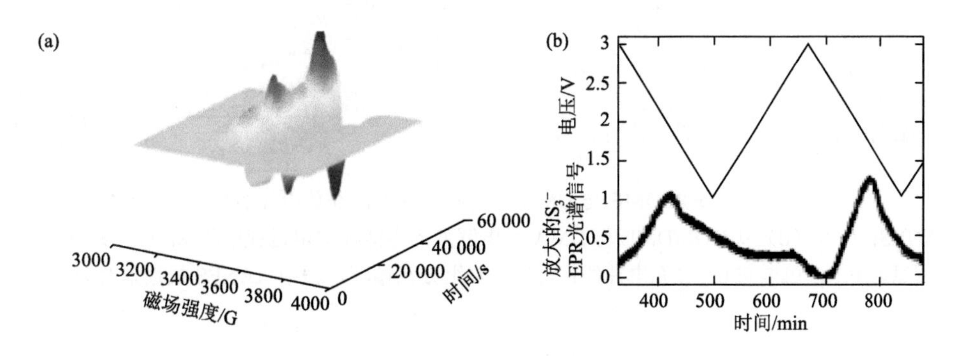

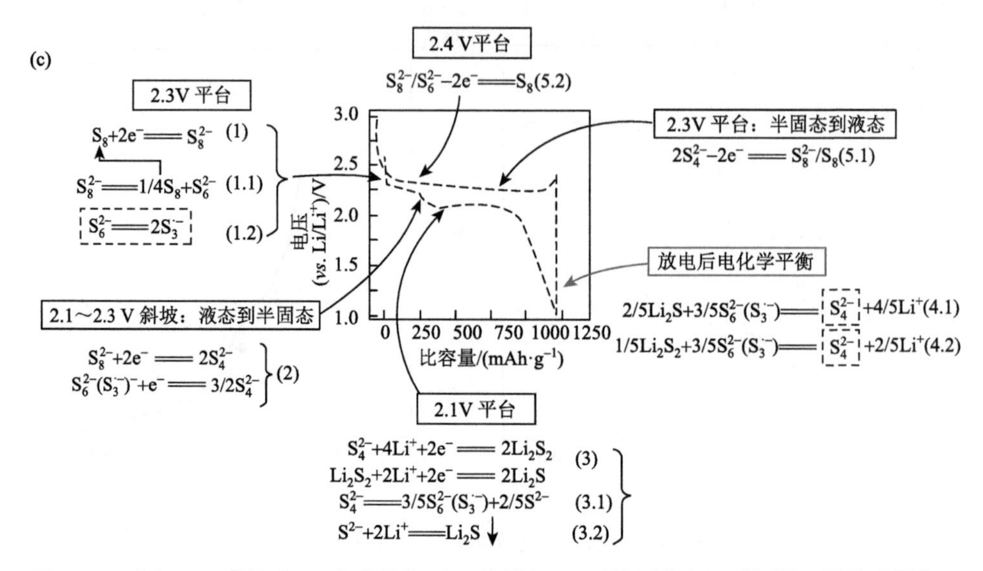

图 3.11 （a）Li-S 电池中 $S_3^{\cdot-}$ 自由基的 EPR 信号与 CV（循环伏安）时间的三维关系图像；（b）$S_3^{\cdot-}$ 自由基在不同时间（电压）下的浓度变化图；（c）Li-S 电池中可能的反应机制[36]

大值，并持续到 850 $mAh·g^{-1}$。如图 3.12（b）和（f）所示，实验结果的线性拟合结果表明多硫化物阴离子仍然是中间产物的主要部分。基于 $S_3^{\cdot-}$ 自由基在 DMA 中的稳定性，除醚类电解液外，EPD 溶剂同样在锂硫电池中具有很大潜力。

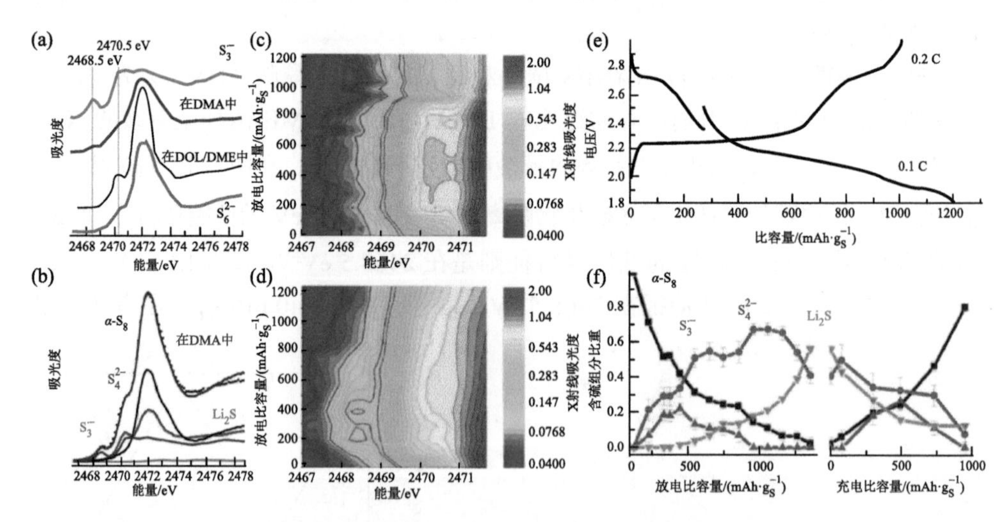

图 3.12 （a）、（b）以 DOL/DME 与 DMA 为电解液的电池在放电比容量为 340 $mAh·g^{-1}$ 时的 XANES；（c）、（d）以 DOL/DME 与 DMA 为电解液的电池在放电过程中的 XAS；（e）XANES 测试时 0.1 C 放电与 0.2 C 充电曲线；（f）含硫组分在循环过程中 XANES 线性拟合分析[37]

3.4 反应动力学描述

传统锂硫电池的放电反应涉及了两种不同状态硫组分的转化，包括 LiPS—LiPS 液液转化和 LiPS—Li_2S_2/Li_2S 液固转化。

在锂硫电池放电过程中液液转化（Li_2S_8—Li_2S_6—Li_2S_4）是穿梭效应比较严重的过程。中间产物多硫化物转化过程中溶解以及其反应滞后会对电池造成一系列的问题，如含硫组分的穿梭效应、更多的副反应等。如图 3.13（a）所示，通过使用极低多硫化物含量的旋转圆盘电极（RRDE）研究分析，证明了液液转化过程具有很高的转化速率[38]。不过在实际电池中却截然不同，为了满足实际需求而达到高能量密度，实际电池中的硫含量显然要更高，动力学行为也不同。由图 3.13（b）、（c）可以看出，锂硫电池与多硫化物-多硫化物对称电池的电化学

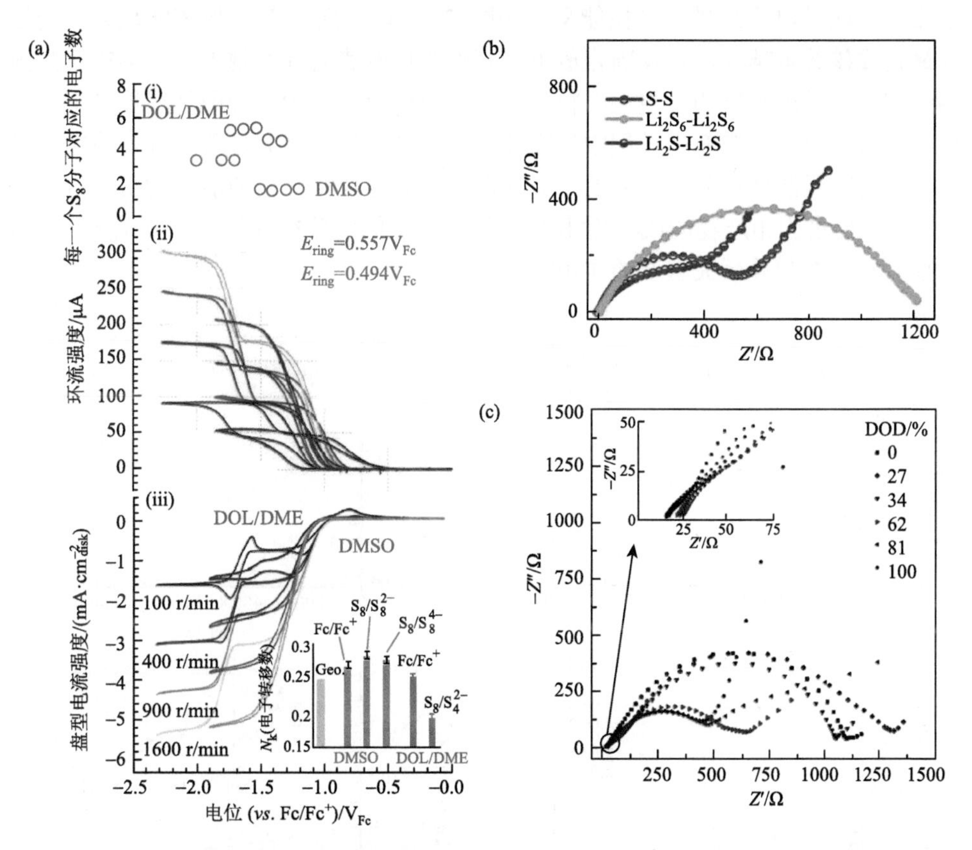

图 3.13　LiPS—LiPS 过渡态的液液转化动力学：（a）4.0×10^{-3} mol·L^{-1} S_8 溶解于二甲基亚砜（DMSO）和 DOL/DME 的 RRDE 实验结果；（b）对称电池（S-S、Li_2S_6-Li_2S_6 和 Li_2S-Li_2S）的 EIS 图谱；（c）纽扣电池在不同放电深度（DOD）下的 EIS 图谱[38-40]

阻抗谱图（electrochemical impedance spectroscopy，EIS）的结果都表明了锂硫电池放电反应中液液转化过程的阻抗比固液转化过程更大[39, 40]。在电解液浓度最高时的阻抗最大，电解液的黏度也达到最大。换句话说，中间产物多硫化物的积累阻碍了反应的进行，不仅造成了电池内部阻抗增大，而且还会导致严重的穿梭效应。因此，在锂硫电池中加速液液转化氧化还原动力学过程来促进多硫化物的转化，不但降低了电解液中的多硫化物浓度，而且可以使反应更加稳定。

在放电过程中，液固转化（通常是指 Li_2S_4 到 Li_2S）占了锂硫电池理论放电比容量的 3/4（1256 mAh·g^{-1}）。为了完全发挥锂硫电池的容量，液相多硫化物向固相放电终产物高效转化过程显得极为重要。不同于多硫化物液液转化（反应物和产物都保持液相），中间产物向放电终产物转化过程中出现了固相。在低放电平台（小于 2.1 V）的起始处可以观察到电压的降低，普遍认为这是最初成核时的能垒。蒋业明团队通过一系列的恒电位测试证实，在固相成核的起始阶段，需要形成一定的过电位来越过形核能垒，如图 3.14（a）所示[41]。形核能垒越大会导致最初成核数量越少，以及固相放电终产物的形成滞后程度越大，而且在这些固相终产物上长出不良的、更大的粒子，从而导致放电产物与导电基底接触不紧密而不会再次反应。在充电过程中还需要额外的过电位，这会显著降低电池的能量效率，同时无法再次参与反应的部分活性物质会导致不可逆的活性物质的持续损失。所以促进固相产物的成核/生长以及控制其空间的分布均匀性十分重要，动力学控制在其中起着至关重要的作用[42]。

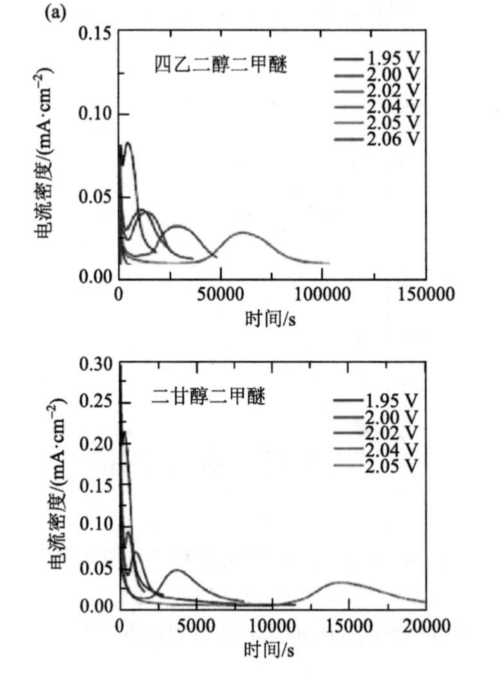

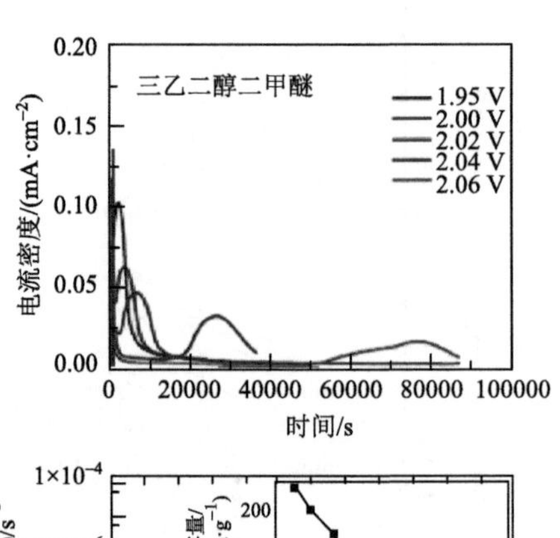

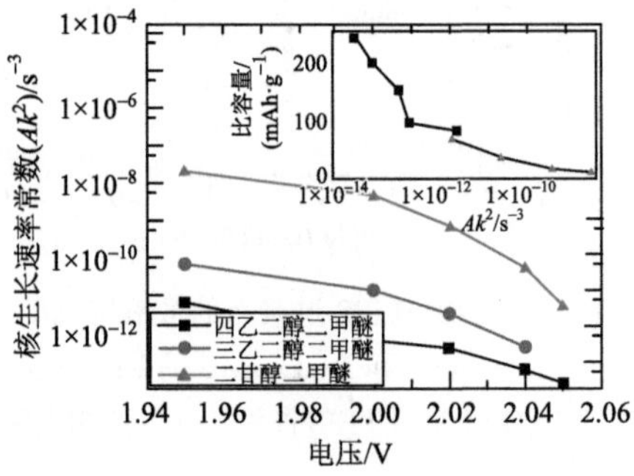

(b)

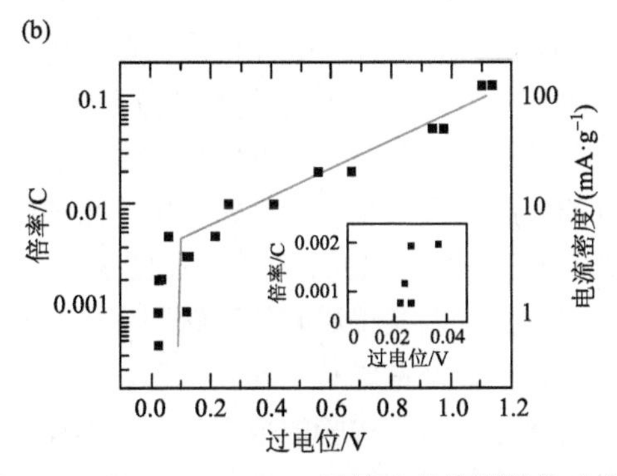

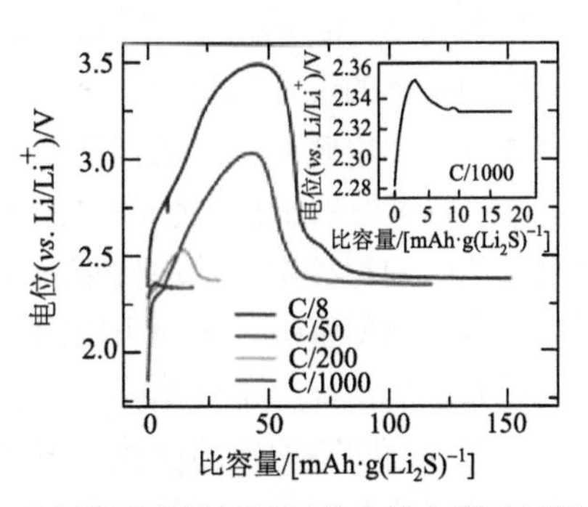

图 3.14　LiPS—Li_2S_2/Li_2S 过渡态的液固转化动力学：(a) 不同溶剂下恒压放电的电流时间图像以及由电流时间图像拟合得到的核生长速率常数随电压的变化曲线；(b) 左：电流密度和倍率与过电位的关系，右：在 C/8、C/50、C/200 和 C/1000（内插图）下 Li_2S 正极的初始电位能垒($1C = 1166\ mA·g^{-1}$)[41, 42]

反过来，在充电时，在固相 Li_2S_2/Li_2S 溶解析出锂离子的过程中，也存在很高的活化能能垒。崔屹团队将 Li_2S 微粒作为起始正极材料进行了系统的研究[43]。对于活性 Li_2S 正极，在正常电流密度下激活 Li_2S 正极需要 1 V 以上的过电位。然而对于单质硫作为起始正极材料，相比之下过电位会更小。因为在电解质中还存在着第一次放电后残余的中间产物多硫化物。这些残余的多硫化物能够作为一种内部的氧化还原介质参与反应。不过以单质硫作为正极的纽扣电池，在最初循环过程中始终能观测到活化能能垒，EIS 结果同样表明在充电循环中最开始的阻抗是最高的。内部阻抗高是由于固相 Li_2S_2/Li_2S 具有绝缘性。总的来说，Li_2S_2/Li_2S 的氧化过程同样需要加速动力学过程，来避免额外的能量效率和活性物质的损失。

3.5　锂硫电池系统的模型化

为了提高锂硫电池实际的能量密度和循环寿命，目前大多数研究是针对限制多硫化物穿梭效应、提高硫组分的利用率、提升材料的性能，或是通过实验表征揭示内在反应机制。然而，锂硫电池的实际应用不仅仅需要上述性能层面的支持，准确预测电池的性能、安全状况和剩余寿命同样是至关重要的[44]。其中，数学建模在关联各项电池参数，对电池结构设计和性能优化上面起到了很关键的作用。

2004 年，Y. V. Mikhaylik 等首次提出了一种基于硫组分两阶段还原的数学模型：S_8 还原为 S_4^{2-}，S_4^{2-} 再还原为 S_2^{2-} 和 S^{2-}[45]。这个模型通过能斯特方程来计算高电压平台和低电压平台。而且长链多硫化物在锂金属负极直接还原也被包括在这个数学模型中。这个工作提供了自放电、充电和效率与穿梭效应密切相关的证据，能够使研究者更好地理解穿梭效应。

如图 3.15（a）所示，K. Kumaresan 等提出了基于 Newman 提出的多孔电极理论的更加精密的电池模型[46]。在这个电池模型中，放电过程中硫组分分五步还原。测试过程中使用硫碳正极的锂硫电池，收集了两个放电平台的电压和容量的表征数据。该模型考虑到了在电解液中含硫组分的溶解以及沉积，假设整个电池系统的电化学反应中的每种电解液中的溶质平衡都遵循 Butler-Volmer 方程。如图 3.15（b）所示，这个模型将锂、隔膜正极侧的多硫化物扩散以及单质硫的溶解跟后来多硫化物的还原与沉积作一维化描述，而正极结构则主要是考虑其平均孔隙率。作者假定了许多必须由实验测定的参数，不过结果与经过一系列实验的数据相符。然而，该模型所预测的非常平坦的第二个放电平台与实验结果相异。这种差异是由于假设电

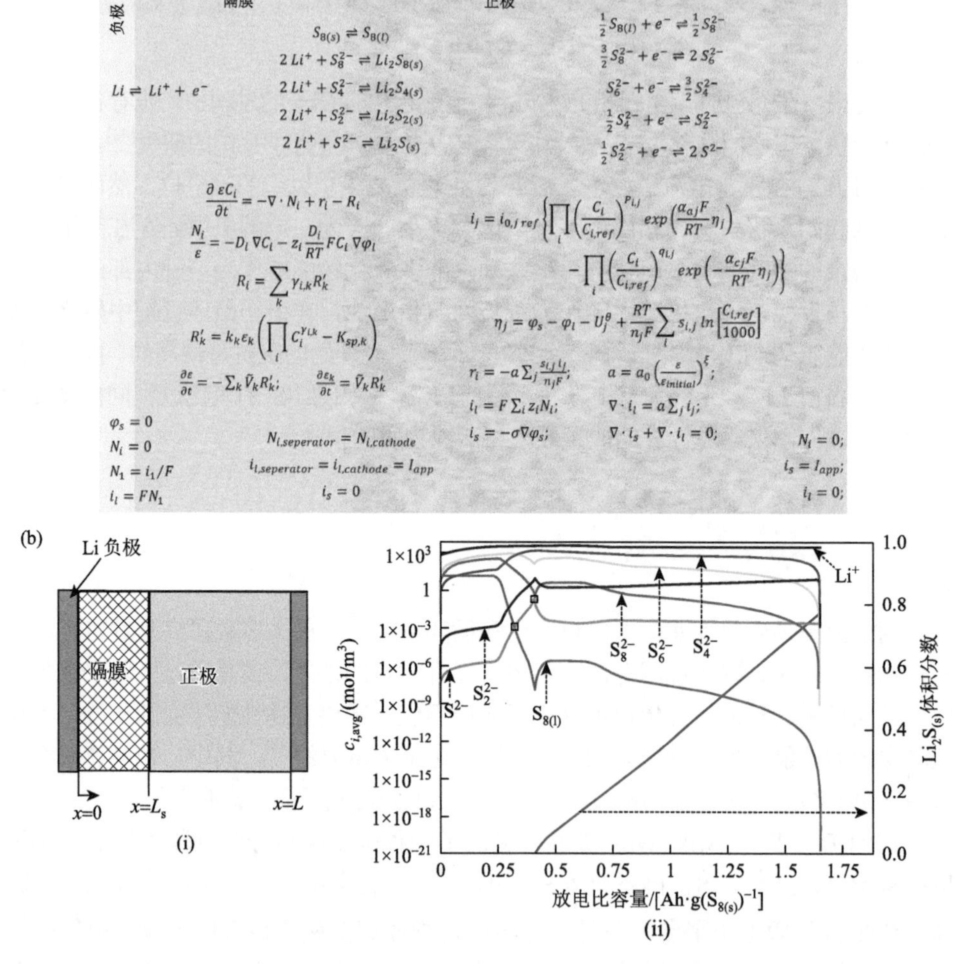

图 3.15　（a）K. Kumaresan 等提出的电池模型以及边界条件示意图；（b）K. Kumaresan 等提出的电池模型的模拟区域以及模拟的放电过程中硫组分浓度变化[46]

化学反应的正极都具有活性表面，认为正极活性表面仅仅与正极孔隙率相关，因此忽略了在导体碳表面由多硫化物沉积而产生的绝缘部分钝化的影响。

随后，Bessler 等提出了一个与上述 Kumaresan 报道的相似的模型，在其中增加了对双电层电容等性质的考量[47, 48]。该模型通过全放电/充电循环和 EIS 实验的模拟证实了其准确性。由于模拟得出的多硫化物浓度较低，总电解液电导率在充放电过程中也更低。此模型中，多硫化物的还原反应被演化为了 S_8 到S_4^{2-}、S_4^{2-} 到S_2^{2-} 以及 Li_2S 的形成和沉积。反应历程的简化是基于假设 S_8 溶解电离只发生在固相硫、碳和电解液的三相界面上。这种三相界面被普遍认为在锂硫电池中是极其小且不稳定的。三相界面是一种过度简化的产物，作者认为硫碳电极是一种均匀的物质，若考虑实际的微观结构，当直接与碳接触时，溶解状态的 S_8 是可以发生电离的。

Ghaznavi 等对 Kumaresan 等的模型做了一系列的敏感性参数实验以确定其局限性[49-51]。以沉积率常数作为硫含量的函数来分析锂硫电池放电过程各物种浓度与电池容量的关系。多硫化物还原反应的动力学参数是调整和预测实验趋势的关键点。其研究指出，该模型可以预测正极上硫含量的上限值，以确保电池最佳性能。此外，模型也预测了正极材料的离子导率的最佳值，当超过最佳值时，容量不会有显著提升。而且还指出了电池充电时的最佳正极厚度，强调还需要更精确的还原反应模型以及考虑硫的绝缘性质。

目前，锂硫电池的模型化仍然不能达到从工程角度预测如不同尺度的孔隙在整个硫正极的空间分布对电池性能的影响等特性。另外，碳的粒径及其分布与充放电过程中的正极微观结构改变对电池的影响还未被深入研究。因此，还需要更多的模型实验来促进锂硫电池模型化的发展。

参 考 文 献

[1] Bruce P G，Freunberger S A，Hardwick L J，et al. Li-O_2 and Li-S batteries with high energy storage. Nature Materials，2012，11（1）：19-29.

[2] Barchasz C，Molton F，Duboc C，et al. Lithium/sulfur cell discharge mechanism：An original approach for intermediate species identification. Analytical Chemistry，2017，84（9）：3973-3980.

[3] Cuisinier M，Cabelguen P E，Evers S，et al. Sulfur speciation in Li-S batteries determined by operando X-ray absorption spectroscopy. The Journal of Physical Chemistry Letters，2013，4（19）：3227-3232.

[4] Hofmann A F，Fronczek D N，Bessler W G. Mechanistic modeling of polysulfide shuttle and capacity loss in lithium-sulfur batteries. Journal of Power Sources，2014，259：300-310.

[5] Xu R，Lu J，Amine K. Progress in mechanistic understanding and characterization techniques of Li-S batteries. Advanced Energy Materials，2015，5（16）：1500408.

[6] Busche M R，Adelhelm P，Sommer H，et al. Systematical electrochemical study on the parasitic shuttle-effect inlithium-sulfur-cells at different temperatures and different rates. Journal of Power Sources，2014，259：289-299.

[7] Tan J，Liu D N，Xu X，et al. *In situ*/operando characterization techniques for rechargeable lithium-sulfur batteries：A review. Nanoscale，2017，9（48）：19001-19016.

[8] Xu N，Qian T，Liu X J，et al. Greatly suppressed shuttle effect for improved lithium sulfur battery performance through short chain intermediates. Nano Letters，2016，17（1）：538-543.

[9] 许娜，王梦凡，钱涛，等. 应用于锂硫电池的原位紫外光谱分析测试. 储能科学与技术，2017，6(3)：522-528.

[10] Zheng D，Liu D，Harris J B，et al. Investigation of Li-S battery mechanism by real-time monitoring the changes of sulfur and polysulfide species during the discharge and charge. ACS Appl Mater Interfaces，2016，9（5）：4326-4332.

[11] Diao Y，Xie K，Xiong S Z，et al. Analysis of polysulfide dissolved in electrolyte in discharge-charge process of Li-S battery. Journal of the Electrochemical Society，2012，159（4）：A421-A425.

[12] Kawase A，Shirai S，Yamoto Y，et al. Electrochemical reactions of lithium-sulfur batteries：An analytical study using the organic conversion technique. Physical Chemistry Chemical Physics，2014，16（20）：9344-9350.

[13] Chivers T，Elder P J W. ChemInform abstract：Ubiquitous trisulfur radical anion：Fundamentals and applications in materials science，electrochemistry，analytical chemistry and geochemistry. Chemical Society Reviews，2013，42（14）：5996-6005.

[14] Fleet M E，Liu X. X-ray absorption spectroscopy of ultramarine pigments：A new analytical method for the polysulfide radical anion S chromophore. Spectrochimica Acta Part B，2010，65（1）：75-79.

[15] Eckert B，Okazaki R，Steudel R，et al. Elemental sulfur and sulfur-rich compounds Ⅱ. Topics in Current Chemistry，2003，231：31-98.

[16] Reinen D，Lindner G G. ChemInform abstract: The nature of the chalcogen color centres in ultramarine-type solids. Chemical Society Reviews，1999，28（20）：75-84.

[17] Patel M U M，Demir-Cakan R，Morcrette M，et al. Li-S battery analyzed by UV/Vis in operando mode. ChemSusChem，2013，6（7）：1177-1181.

[18] Cañas N A，Fronczek D N，Wagner N，et al. Experimental and theoretical analysis of products and reaction intermediates of lithium-sulfur batteries. The Journal of Physical Chemistry C，2014，118（23）：12106-12114.

[19] Zou Q，Lu Y C. Solvent-dictated lithium sulfur redox reactions：An operando UV-vis spectroscopic study. The Journal of Physical Chemistry Letters，2016，7（8）：1518-1525.

[20] Hagen M，Schiffels P，Hammer M，et al. *In-situ* Raman investigation of polysulfide formation in Li-S cells. Journal of the Electrochemical Society，2007，160（8）：A1205-A1214.

[21] Wu H L，Huff L A，Gewirth A A. *In situ* Raman spectroscopy of sulfur speciation in lithium-sulfur batteries. ACS Applied Materials & Interfaces，2015，7（3）：1709-1719.

[22] Hannauer J，Scheers J，Fullenwarth J，et al. The quest for polysulfides in lithium-sulfur battery electrolytes：An operando confocal Raman spectroscopy study. ChemPhysChem，2015，16（13）：2755-2759.

[23] See K，Leskes M，Griffin J M，et al. *Ab initio* structure search and *in situ* ^{7}Li NMR studies of discharge products in the Li-S battery system. Journal of the American Chemical Society，2014，136（46）：16368-16377.

[24] Huff L A，Rapp J L，Baughman J A，et al. Identification of lithium-sulfur battery discharge products through ^{6}Li and ^{33}S solid-state MAS and ^{7}Li solution NMR spectroscopy. Surface Science，2015，631：295-300.

[25] Xiao J，Hu J Z，Chen H，et al. Following the transient reactions in lithium-sulfur batteries using an *in situ* nuclear magnetic resonance technique. Nano Letters，2015，15（5）：3309-3316.

[26] Gao J，Lowe M A，Kiya Y，et al. Effects of liquid electrolytes on the charge-discharge performance of rechargeable lithium/sulfur batteries：Electrochemical and *in-situ* X-ray absorption spectroscopic studies. The Journal of Physical Chemistry C，2011，115（50）：25132-25137.

[27] Wujcik K H，Pascal T A，Pemmaraju C D，et al. Characterization of polysulfide radicals present in an ether-based

electrolyte of a lithium-sulfur battery during initial discharge using *in situ* X-ray absorption spectroscopy experiments and first-principles calculations. Advanced Energy Materials，2015，5（16）：1500285.

[28] Pascal T A，Wujcik K H，Velascovelez J，et al. X-ray absorption spectra of dissolved polysulfides in lithium-sulfur batteries from first-principles. Journal of Physical Chemistry Letters，2015，5（9）：1547-1551.

[29] Patel M U，Arčon I，Aquilanti G，et al. X-ray absorption near-edge structure and nuclear magnetic resonance study of the lithium-sulfur battery and its components. ChemPhysChem，2014，15（5）：894-904.

[30] Wujcik K H，Wang D R，Raghunathan A，et al. Lithium polysulfide radical anions in ether-based solvents. The Journal of Physical Chemistry C，2016，120（33）：18403-18410.

[31] Vijayakumar M，Govind N，Walter E，et al. Molecular structure and stability of dissolved lithium polysulfide species. Physical Chemistry Chemical Physics，2014，16（22）：10923-10932.

[32] Goslar J，Lijewski S，Hoffmann S K，et al. Structure and dynamics of S_3^- radicals in ultramarine-type pigment based on zeolite A：Electron spin resonance and electron spin echo studies. Journal of Chemical Physics，2009，130（20）：204504.

[33] Arieli D，Vaughan D E W，Goldfarb D. New synthesis and insight into the structure of blue ultramarine pigments. Journal of the American Chemical Society，2004，126（18）：5776-5788.

[34] Tobishima S I，Yamamoto H，Matsuda M. Study on the reduction species of sulfur by alkali metals in nonaqueous solvents. Electrochimica Acta，1997，42（6）：1019-1029.

[35] Fehrmann R，Winbush S V，Papatheodorou G N，et al. Negative oxidation states of chalcogens in molten salts. 2. Raman spectroscopic，spectrophotometric，and electron spin resonance studies on chloroaluminate solutions containing an S_3^- entity. Inorganic Chemistry，1982，13（49）：3396-3400.

[36] Qiang W，Zheng J，Walter E，et al. Direct observation of sulfur radicals as reaction media in lithium sulfur batteries. Journal of the Electrochemical Society，2015，162（3）：A474-A478.

[37] Cuisinier M，Hart C，Balasubramanian M，et al. Radical or not radical：Revisiting lithium-sulfur electrochemistry in nonaqueous electrolytes. Advanced Energy Materials，2015，5（16）：1401801.

[38] Lu Y C，He Q，Gasteiger H A. Probing the lithium-sulfur redox reactions：A rotating-ring disk electrode study. The Journal of Physical Chemistry C，2014，118（11）：5733-5741.

[39] Yuan Z，Peng H J，Hou T Z，et al. Powering lithium-sulphur battery performance by propelling polysulphide redox at sulphiphilic hosts. Nano Letters，2015，16（1）：519-527.

[40] Cañas N A，Hirose K，Pascucci B，et al. Investigations of lithium-sulfur batteries using electrochemical impedance spectroscopy. Electrochimica Acta，2013，97（5）：42-51.

[41] Fan F Y，Carter W C，Chiang Y M. Mechanism and kinetics of Li_2S precipitation in lithium-sulfur batteries. Advanced Materials，2015，27（35）：5203-5209.

[42] Peng H J，Huang J Q，Liu X Y，et al. Healing high-loading sulfur electrodes with unprecedented long cycling life：Spatial heterogeneity control. Journal of the American Chemical Society，2017，139（25）：8458-8466.

[43] Yang Y，Zheng G，Misra S，et al. High-capacity micrometer-sized Li_2S particles as cathode materials for advanced rechargeable lithium-ion batteries. Journal of the American Chemical Society，2012，134（37）：15387-15394.

[44] Franco A A. Fuel cells and batteries in silico experimentation through integrative multiscale modeling//Franco A，Doublet M，Bessler W. Physical Multiscale Modeling and Numerical Simulation of Electrochemical Devices for Energy Conversion and Storage. London：Springer-Verlag，2016：191-233.

[45] Mikhaylik Y V，Akridge J R. Polysulfide shuttle study in the Li/S battery system. Journal of the Electrochemical

Society，2004，151（11）：A1969-A1976.

[46] Kumaresan K，Mikhaylik Y，White R E. A mathematical model for a lithium-sulfur cell. Journal of the Electrochemical Society，2008，155（8）：A576-A582.

[47] Fronczek D N，Bessler W G. Insight into lithium-sulfur batteries：Elementary kinetic modeling and impedance simulation. Journal of Power Sources，2013，244（4）：183-188.

[48] Neidhardt J P，Fronczek D N，Jahnke T，et al. A flexible framework for modeling multiple solid，liquid and gaseous phases in batteries and fuel cells. Journal of the Electrochemical Society，2012，159：1528-1542.

[49] Ghaznavi M，Chen P. Sensitivity analysis of a mathematical model of lithium-sulfur cells part Ⅰ：Applied discharge current and cathode conductivity. Journal of Power Sources，2014，257（2）：394-401.

[50] Ghaznavi M，Chen P. Sensitivity analysis of a mathematical model of lithium-sulfur cells part Ⅱ：Precipitation reaction kinetics and sulfur content. Journal of Power Sources，2014，257（3）：402-411.

[51] Ghaznavi M，Chen P. Analysis of a mathematical model of lithium-sulfur cells part Ⅲ：Electrochemical reaction kinetics，transport properties and charging. Electrochimica Acta，2014，137：575-585.

第4章

低维复合正极材料

硫元素在20世纪60年代就已经作为轻金属（Li、Na）基电化学电池的正极材料出现，但是直到20世纪70年代，硫才因其作为正极材料的优点受到极大的关注并被深入研究[1, 2]。作为锂硫电池中最常见的正极材料，单质硫在自然界中最稳定的存在形式为冠状硫八元环结构（α-S_8），其在室温下为淡黄色结晶固体[3]。硫正极通过放电产生硫化锂（Li_2S）的过程，可以提供1675 $mAh \cdot g^{-1}$的理论比容量。这一较高的比容量可以补偿其比过渡金属氧化物正极更低的氧化还原电位，因此锂硫电池可以提供约2600 $Wh \cdot kg^{-1}$的理论能量密度，远大于锂离子电池（$LiMO_2$/石墨系统：约500 $Wh \cdot kg^{-1}$）。在工业上，单质硫作为天然气和石油的脱硫过程的副产物而被生产。据估计，全世界每年生产的硫黄超过6000万吨，然而每吨价格不到30美元，远低于用作锂离子电池正极材料的钴酸锂（$LiCoO_2$）（超过5万美元/吨）。

尽管具有诸多优点，为了开发实用的Li-S电池，硫正极仍面临着巨大的技术挑战。α-S_8晶态的硫在25℃下密度为2.07 $g \cdot cm^{-3}$，而放电产物Li_2S在25℃下的密度为1.66 $g \cdot cm^{-3}$，这将导致充放电过程中会发生大约80%的体积变化，导致硫正极的结构坍塌[4, 5]。另外，单质硫在室温下的电子导率仅为5×10^{-30} $S \cdot cm^{-1}$，Li_2S的电子导率也在10^{-30} $S \cdot cm^{-1}$量级，与钴酸锂相差26个数量级[6]。S和Li_2S的电子绝缘性限制了S与Li_2S之间的固固转换过程。另外，由于较差的电子和离子导率，放电过程中Li_2S在正极表面的形成和生长阻碍了硫的进一步锂化。可溶的多硫化物成为实现单质硫向Li_2S转化过程中的关键中间产物，多硫化物在醚类电解液中的溶解和迁移使其能够在电极/电解液界面得失电子和离子，因此多硫化物的存在使S与Li_2S之间的电化学反应成为可能。同时，溶解的多硫化物也会导致正极活性材料的损失和穿梭效应（溶解的长链多硫化物扩散到金属锂负极的表面并形成不溶的 Li_2S/Li_2S_2 和短链多硫化物，短链多硫化物迁移回正极侧继续失电子氧化的过程，导致电池的库仑效率降低）[7]。通过了解硫正极的反应和失效机理，可以推断出硫正极设计的关键所在：①循环过程中硫正极的机械稳定性；②硫正极较低的电子和离子导率；③控制多硫化物的穿梭效应，同时充分利用多硫化物自身的电化学活性。

目前解决这些问题的主要策略包括：①将单质硫负载在多孔导电的骨架材料上，如碳材料或导电高聚物[8-14]；②通过在硫颗粒表面[15, 16]、正极表面[17, 18]或者多孔高分子隔膜面向正极一侧[19-21]包覆一层“屏障”，通过物理或者化学作用将多硫化物限制在正极侧。导电碳材料的引入提供了电子通路，有利于提高硫正极的比容量；其多孔结构虽然能够提供物理限域作用，但仍无法阻止多硫化物的溶解和扩散。通过空间位阻作用或静电作用，正极表面包覆层和隔膜阻挡层可以阻止多硫化物向负极的扩散，但也会减慢锂离子的扩散速率，降低电池的倍率性能。当阻挡层累积的多硫化物超过空间位阻或静电作用能够限制的阈值时，包覆/阻挡策略所能带来的效果将会降低[22]。导电骨架或包覆层的引入也在一定程度上解决了正极充放电过程中体积变化导致的结构不稳定问题。

本章概述近年来关于硫正极的研究进展，介绍低维复合正极材料的复合方法、典型的低维复合正极材料体系以及正极材料的评测方法。先进的复合材料使得高能量密度锂硫电池的应用前景更为广阔，同时越来越多的关于锂硫电池正极的研究成果可以加速其商业化进程。

4.1 低维复合正极材料复合方法

为了改善多硫化物的溶解扩散问题，许多复杂的电极结构和各种新骨架材料被设计开发出来。但大多数报道的方法较为复杂，难以实现大规模生产。另外，不同的硫包覆方法对硫化合物、硫分布和硫的粒径等有很大影响，进而关系到其电化学性能。熔融扩散过程是将硫载入骨架材料的主要方法，但这种方法得到的硫载量极为有限[23, 24]。锂硫电池的兴起为硫的开发和使用提供了新的机遇和方向。得益于硫和含硫物种的发展，研究人员设计出更多兼具功能性和稳定性的硫正极。本节主要从物理和化学两个方面介绍硫正极材料的复合方法，从而为更好的电池设计和硫正极的组装提供参考。

4.1.1 物理方法

自然界中最常见的稳定形式的硫是具有正交结构的环状 α-S_8，其熔点和沸点分别约为 115℃和 444.6℃[8]。基于这些物理性质，通过一些物理方法可以制备硫正极，包括球磨、沉淀、熔融扩散、气相渗透、涂覆法（纯硫正极制备）和溶解结晶等方法。

球磨法通常是指在封闭的罐中研磨硫和载体材料，该过程可能使活性材料和载体之间通过弱接触以形成硫团聚体，从而导致活性材料利用率降低。因此球磨法不适合制备高性能正极复合材料，而是常用于混合正极浆料。但由于机械混合产生的高能量可以提高温度并产生类似熔融扩散的效果，球磨法仍然是正极制备的重要方法之一。球磨过程可以引起新的化学反应，因而可以实现硫元素的特殊应用[25-27]。Lin 等通过简单且有效的球磨工艺，用石墨和硫黄制备出了自支撑的石墨烯-硫复合材料［图 4.1（a）］[28]，与范德瓦耳斯力相比，硫与石墨层之间产生了更强的亲和力［图 4.1（b）］。球磨与 Scotch 胶的作用类似，可用于石墨片的微机械剥离。这种方法获得的具有少量缺陷的石墨烯的电导率（1820 $S\cdot cm^{-1}$）高于多数其他研究报道的石墨烯，从而有利于硫正极电子/离子的快速传输。Xu 等通过球磨和随后的热处理合成石墨烯-硫复合物，发现硫可以边缘选择性地功能化石墨烯纳米片[29]。由于硫化锂对空气的敏感性，球磨法更适合生产硫化锂正极材料[30]。此外，采用球磨法易于实现大规模生产。

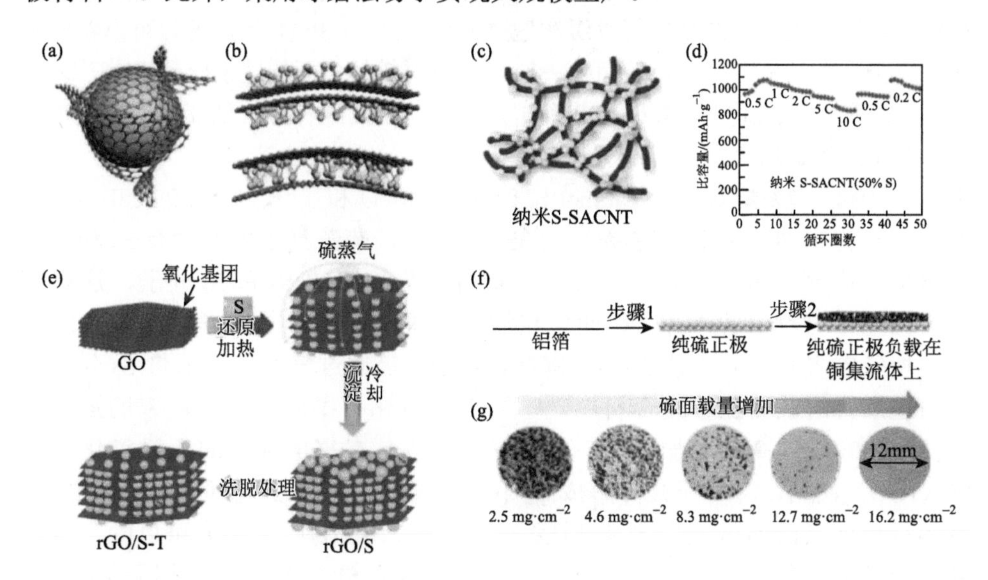

图 4.1　物理方法制备低维复合正极材料：球磨法制备的石墨烯包裹的硫颗粒（a）和分散在石墨烯片上的硫分子（S_8）（b）[28]；物理沉淀法制备的纳米 S-SACNT 复合物示意图（c）和该复合物的倍率性能图（d）[31]；（e）通过气相渗透法制备 rGO/S 复合材料的过程示意图[32]；纯硫正极制备过程示意图（f）和不同硫面载量的纯硫正极的照片（g）[33]

非极性硫可以溶解在一种非极性溶剂中，通过添加其他的极性溶剂可以使硫颗粒重新沉淀出来[14]。基于这种物理沉淀方法，Sun 等通过简单的新型溶液基法制备出无黏结剂的硫-超阵列碳纳米管（S-SACNT）复合材料[31]，通过该方法可以在表面活性剂的帮助下获得超细的硫颗粒。具体而言，SACNT 先均匀分散在非极性溶剂中，当极性的水缓慢滴入悬浮液中时，硫颗粒便会沉淀在 SACNT 的表面上［图 4.1（c）］。这种 S-SACNT 材料可直接作为柔性电极，提供 1071 $mAh\cdot g^{-1}$ 的初始放电比容量和良好的倍率性能（10 C 时可提供 879 $mAh\cdot g^{-1}$ 的放电比容量）［图 4.1（d）］。可见，这种溶液沉淀法对于硫与一维碳纳米管或碳纳米纤维基材料的复合而言是一种较好的选择。另外，石墨烯也被引入

SACNT 以构建用于储硫和多硫化物的三维导电骨架[34]。

熔融硫的黏度在 155℃降至最低，在 160℃以上则会急剧增加。熔融扩散法是指在 155℃左右对预先研磨的硫和主体复合材料进行密闭加热。硫元素通过毛细管力渗透到孔隙中，凝固并收缩形成硫纳米晶体，因此可与复合材料紧密接触。熔融扩散法已成为最广泛使用的制备复合硫正极材料的方法。对于普通的碳添加剂（Super P、乙炔黑等），碳硫复合材料在熔融扩散过程之后会构成两个硫颗粒之间的“点对点”接触。因此这种方法比较适合于多孔纳米材料，如有序介孔碳（CMK-3）[9]。仅用熔融扩散法会导致主体材料中的硫易溶于醚类电解质，但通过熔融扩散过程之后的热处理可以缓解这一问题。200～300℃的热处理可以将硫载体材料表面上的硫蒸气化，从而除去位于主体材料外表面的残余硫元素[35, 36]。原则上，熔融扩散法适用于高硫负载和扩大生产，因此这种方法是商用锂硫电池正极生产可选的策略之一。

由于硫的蒸发焓（≈2.5 $kcal \cdot mol^{-1}$，1 cal = 4.184 J）和升华焓（≈2.9 $kcal \cdot mol^{-1}$）低，在气相中加工硫更为容易[37]。在 450℃下，硫蒸气中主要含有 S_8 和 S_6。当温度升高到 550℃以上时，S_8 分子被分解为较小的 S_4 和 S_2 分子，这有利于硫向主体材料中的渗透。因此气相渗透法不仅可以诱导强碳-硫键合，还可以促使硫向多孔孔隙中渗透[38]。例如，Zheng 等通过气相渗透法将 S_2 分子嵌入石墨烯夹层获得正极复合材料[32]。当硫与氧化石墨烯（GO）粉末的混合物在真空 600℃的高温下加热时，GO 被还原成具有高电导率的还原氧化石墨烯（rGO）网络，S_8 分子被分解成 S_2 小分子并插入 rGO 的层间。在冷却之后，主体材料外表面的 S_2 会重结晶形成 S_8，利用二硫化碳（CS_2）可以除去这层 S_8 以提高循环稳定性［图 4.1（e）］。该 rGO/S 正极在 220 个循环后仍可提供 880 $mAh \cdot g^{-1}$ 的比容量。

由于硫正极中各种添加剂如导电碳、黏结剂等的加入，锂硫电池的能量密度大大降低，当硫含量为 54 wt%时，其能量密度范围为 283～314 $Wh \cdot L^{-1}$，已经低于商用 $LiCoO_2$-石墨锂离子电池[39-41]。为了进一步提高体积能量密度，一些研究人员致力于开发纯硫正极。例如，中国科学院金属研究所成会明教授的团队通过简单的涂层工艺设计了夹层状石墨烯-硫-石墨烯结构[42]。其中的石墨烯起到储硫和集流体的作用，可以显著抑制多硫化物的穿梭效应。得克萨斯大学奥斯汀分校 Arumugam Manthiram 课题组将商用硫粉直接涂覆在铝箔上，然后在硫层上覆盖一层碳纸［图 4.1（f）］[33]，得到的正极硫面载量可控制在 2.5～16.2 $mg \cdot cm^{-2}$ 之间［图 4.1（g）］，具有 16.2 $mg \cdot cm^{-2}$ 硫面载量的电极可以提供 1435 $mAh \cdot g^{-1}$ 的初始放电比容量，表明较大的硫颗粒在放电过程中并不会阻碍锂化过程。类似地，利用在隔膜上涂覆的方法也可以获得碳/硫/碳夹层电极。纯硫正极可以避免设计和制备过程中许多烦琐的步骤，但为了平衡总电化学性能，对纯硫正极有更高的要求[43]。

基于相似相溶理论，硫在非极性溶剂中具有一定的溶解度，如 CS_2、二甲基亚砜（DMSO）、四氢呋喃（THF）和甲苯等。通常将多孔碳主体材料添加到溶解硫的溶剂中，待溶剂蒸发后，硫在碳材料内孔中沉淀出来，即溶解结晶法。Zheng 等通过简单的超声辅助多次湿润浸渍和同步干燥技术，用 C-CS_2 溶液将硫渗透到微孔碳中[44]。类似地，Zhou 等通过一步水热法还原反应制备出石墨烯-硫复合材料，结晶出的硫粒径在 5～10 nm 范围内[45]。与溶解结晶法类似，乙二胺（EDA）也可以起到 CS_2 的作用。硫可以与 EDA 反应形成液体 S-EDA 络合物前驱体，随后硫分子在酸性环境中恢复，利用硫与胺之间的这种化学反应同样可以制备硫正极复合材料。例如，Chen 等采用这种方法合成了石墨烯-硫复合物，硫以单分散的超细硫纳米颗粒形式负载在石墨烯上[46]。超细纳米硫颗粒使其电化学性能得到极大改善，在 4 C 下放电比容量为 1089 $mAh·g^{-1}$，0.5 C 下 500 次循环后比容量仅从 1661 $mAh·g^{-1}$ 降低到 1017 $mAh·g^{-1}$。

4.1.2　化学合成方法

硫元素不溶于水只溶于少量有机溶剂，因此必须使用可溶性含硫化合物作为硫源才能使活性物质渗透进主体材料。多种化学方法被用来合成复合硫正极材料[47-51]，包括化学沉积、共聚、氧化、电化学沉积和还原硫。与物理方法相比，化学合成路线倾向于获得更小的硫颗粒和均匀的硫分布，从而使得硫正极的纳米结构更均匀、组分活性更高。

硫化钠（Na_2S）和硫代硫酸钠（$Na_2S_2O_3$）是化学沉积方法中最常用的两种原料。将硫溶解在 Na_2S 水溶液中，形成多硫化钠（NaS_x）溶液。通常，通过在多硫化物（硫代硫酸盐）溶液中加入盐酸或硫酸进行沉积反应，硫可以在均匀分散的基质上成核。反应过程中剧烈的搅拌使形成的硫颗粒难以锚定在主体材料上，但对于表面具有丰富的成核和锚定活性位点的材料则不同，因此该方法适合于二维材料中硫的引入。通过引入表面活性剂和聚合物［聚乙烯基吡咯烷酮（PVP）和聚乙二醇（PEG）］可以形成超细的硫颗粒，同时，表面活性剂和聚合物有助于形成核壳型硫/碳结构，从而有利于抑制多硫化物的扩散。例如，Wang 等在 TritonX-100 的存在下，通过化学沉积合成了石墨烯-硫复合材料［图 4.2（a）］[52]。其中 PEG 链充当硫颗粒的封端剂以限制硫的粒径，另外也充当柔性骨架以缓冲循环过程中的体积变化［图 4.2（b）］。而 Zhou 等则通过简单的液相反应制备了核壳型硫/聚苯胺纳米结构，并且在 PVP 的协助下将硫颗粒的粒径限制在 300 nm 左右[53]。

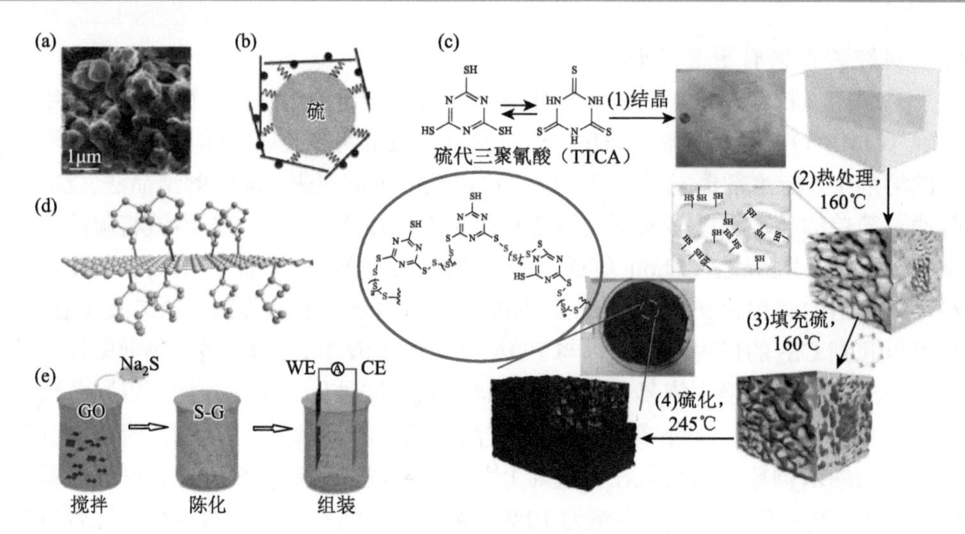

图 4.2 化学方法制备低维复合正极材料：化学沉积法制备石墨烯-硫复合材料的 SEM 表征图（a）、结构示意图（b）[52]；（c）共聚法制备硫基聚合物的合成方法示意图[54]；（d）利用 H_2S 氧化法制备的 G/S 杂化纳米片界面键合的示意图（灰色球代表碳原子，黄色球代表硫原子，粉色键代表石墨烯和硫之间的界面结合）[55]；（e）利用电化学沉积技术在基板上制备垂直排列的 S-G 纳米壁的示意图[56]

大多数硫正极以 S_8 为活性材料，因此在放电期间必然经过一系列固—液—固多相反应，这一过程伴随着可溶性多硫化物的产生，而通过共聚法构建硫和碳之间的强共价键作用能有效抑制多硫化物的溶解扩散。通常，共聚过程涉及反硫化，液相 S_8 单体在 159℃经过开环聚合生成具有双自由基链段的线型聚硫烷，其中长链硫的双自由基可以与官能团反应，如乙烯基[57]、巯基[54]、氰基[58]和乙炔基[59]。共聚获得的有机硫聚合物的主链由长链硫和短链聚合物交联而成，因此其具有与硫单质相似的电化学特性。例如，Kim 等合成的三嗪基有机硫高聚物具有互连的多分散孔和胺基基团，有利于多硫化物的物理和化学吸附［图 4.2（c）］[54]。类似地，Talapaneni 等通过原位硫化使硫嵌入微孔共价三嗪骨架[58]，提高了有机硫聚合物的电导率。Li 等则通过将共聚的硫-1, 3-二异丙烯基苯（DIB）负载在三维石墨烯上制备正极复合材料[60]，将正极的硫含量提高到 80%以上，并且具有良好的循环性能（500 次循环中容量损失率为每圈 0.028%）。共聚作为一种全新的硫复合材料制备方法，其构筑的共价 C—S 键可以抑制多硫化物的穿梭效应，也可以促进硫物质的均匀分散。

H_2S 可以从化石燃料中大量生产，但对大气和生物体具有较高毒性。实际上，H_2S 中超高的硫含量（94 wt%）使其也可以作为硫源。例如，Zhang 等将热的浓 H_2S 鼓泡到 GO 悬浮液中制备 rGO-S 复合材料[51]，其中 H_2S 充当硫源和 GO 的还原剂。Fei 等将 H_2S 引入反应体系在 200℃下制备出硫-石墨烯-硫夹层纳米片[55]，其中石墨烯/硫杂化物通过共价 C—S 键连接，从而可以有效缓解多硫化物向电解质中的溶解并显著提高倍率和循环性能［图 4.2（d）］。另外，金属硫化物也可以作为硫源制备复合正极材料。例如，Ding 等首次利用铁离子氧化 ZnS 从而获得硫/碳的蛋黄/壳结构复合材料[61]。Li 等则以 Na_2S 为硫源，通过简单的三维多孔石墨碳中硫的原位化学沉积获得了三维硫@多孔石墨碳的材料[62]，该材料的硫含量达到 90 wt%，并且具有均匀的硫分布和优异的循环性能。其中，Fe^{3+}氧化的 Na_2S 也与碳材料形成共价 C—S 键，从而可以防止硫的聚集和多硫化物的穿梭效应。该方法是合成碳硫纳米复合材料的有效途径，并且可以调控硫的粒径、形态和含量。这种方法也是一种绿色、节能和低成本的合成方法，其生成的二价盐还可以再循环利用。

由于成本低、速度快、制备纯度高和结构可控等优点，电化学沉积技术引起了研究人员对合成新型纳米材料的兴趣。近年来，电化学沉积工艺也被用于从三维层状三元碳化物和氮化物基质（MAX 相[63, 64]）制备一系列新的二维材料（MXene）。例如，Zhao 等通过电化学沉积选择性提取 Ti，利用 MAX 相 Ti_2SC 制备出了碳/硫纳米层压复合物。该产物由多层 C/S 薄片组成，在纳米层压物中存在 C—S 共价键[65]。南开大学陈军教授课题组使用双电极系统在泡沫镍上沉积硫纳米点[66]，由于使用导电和柔性镍骨架，该电极具有良好倍率性能。另外，北京航空航天大学杨树斌教授课题组利用电化学方法在导电基底上合成了垂直排列的硫-石墨烯（S-G）纳米壁［图 4.2（e）］[56]。由于在每个单独的 S-G 纳米壁上，硫纳米颗粒都均匀地锚定在石墨烯层和垂直于基底排列的有序石墨烯阵列之间，复合材料的电子/离子导率得到提高。因此，该复合物具有 1210 $mAh \cdot g^{-1}$ 的高放电比容量和优异的倍率性能（8 C 时放电比容量为 410 $mAh \cdot g^{-1}$）。通过简单的电解 H_2S 法也可以将硫沉积到高微孔碳中[50]。可见，电化学沉积是一种有效的构筑复合硫正极的方法，可以确保有序的纳米结构和均匀的硫分布。

硫酸盐也可以还原成硫，继而用于制备复合硫正极，但是硫含量比较低（33 wt%）、成本高、制备条件苛刻。通过利用阳极氧化铝（AAO）膜并加入大量硫酸盐，进行化学气相沉积，可以在 AAO 膜上生长碳纳米管（CNT），同时在 560℃高温下将硫酸盐还原成硫[48]。这种高反应温度有利于形成较强的 C—S 键，类似于化学气相沉积方法制备的产物。

不同的硫负载方法会对锂硫电池的电化学性能产生不同影响，硫的负载方法会直接影响硫的分布、粒径和形态。每种制备硫正极的方法都有其各自的特点和适用范围，然而，多数报道的生产方法仍停留在实验室规模，难以扩大生产。因此，低成本、适用范围广、易于实现大规模生产的硫复合材料制备方法仍有待开发。

4.2 典型低维复合正极材料体系

为了抑制或缓解多硫化物的溶解和穿梭，不同的低维导电封装材料作为硫的骨架被引入正极体系中，包括碳纳米材料（如碳纳米管、石墨烯、多孔碳和微孔碳等）[18, 52, 67, 68]、聚合物材料[69-71]、金属复合物[72-74]和其他多相复合材料[75-77]。这些低维封装材料通过传导电荷、限制或吸附多硫化物，在初始循环中可以改善充放电性能，但并不能完全避免多硫化物的溶解和扩散行为。但是当小分子硫被限制在微孔碳中，受限的小分子具有较高的电化学活性和新的电化学行为，在放电过程中不会产生多硫化物[78]。然而，硫含量的提高和较窄的微孔尺寸分布控制成为其实际应用所面临的关键。另外，高温条件下硫与不同的聚合物单体形成硫基高聚物，这种复合材料的碳骨架和硫之间具有强共价键，因此可以有效抑制多硫化物的溶解[79-81]。本节从硫元素和不同基元材料（包括碳材料、聚合物材料和金属化合物等）复合的角度介绍正极体系的进展。

4.2.1 碳材料复合体系

自从加拿大滑铁卢大学 Nazar 教授及其同事在 2009 年将 CMK-3 引入硫正极体系并极大改善其循环性能以来[9]，碳基材料被广泛应用于构筑复合硫正极。通过将硫负载在导电碳材料上，可以提升电极的导电性；通过设计合适的孔结构能够对多硫化物起到物理限域作用，同时可有效缓解硫的体积膨胀[82, 83]。以下分别从不同的基元碳材料角度介绍其对锂硫电池性能的作用和影响。

1. 碳纳米管复合体系

一维碳纳米管（CNT）在电化学储能装置中具有极大的优势。由于高长径比的特性，它不仅可以提供用于锚定硫和多硫化物的高表面积，还可以提供连续的长程导电网络，从而加速正极的反应速率并提高硫的利用率。此外，CNT 的中空孔道提供了容纳硫的较大空间，并且一维材料之间的组合可以提供多孔骨架以缓解循环过程中硫的体积形变问题。这些特性为制备柔性、无黏结剂和自支撑正极创造了条件。

为了提高导电性并防止硫溶解在电解液中，Han 等首次将多壁碳纳米管（MWCNT）引入锂硫电池作为正极的添加剂材料，改善了硫正极的循环寿命和倍率性能[84]。此后，诸多 CNT/S 复合材料被用作正极材料，都表现出增强的电化学性能[85, 86]。例如，通过硫和 MWCNT 之间的毛细作用可以制备出一种硫包覆 MWCNT 的复合材料，这种硫包覆的 MWCNT 表现出典型的核壳结构[87]。与简单混合 MWCNT 的硫正极以及硫涂覆的炭黑复合物相比，该特殊结构使得正极的循环稳定性大大提高，在 60 次循环后仍维持 670 $mAh\cdot g^{-1}$ 的放电比容量。然而，单纯的 CNT 添加剂与硫之间的键合关系较差，并且硫的负载量也只能维持在较低的水平，这些因素都限制了其实际应用。

为了解决结合能力差的问题，通过氮掺杂改性获得氮掺杂阵列 CNT/石墨烯（N-ACNT/G）三明治结构复合材料，其中，阵列 CNT 在石墨烯层中排列并彼此锚定，构建了具有高效三维电子和离子传输通道的硫骨架［图 4.3（a）］[39]。掺杂进去的氮元素在碳骨架中引入了更多的缺陷和活性位点，从而改善了界面吸附和电化学行为。这种新型结构的正极使得电池的倍率性能得到极大提高，即使在 5 C 的倍率下也可以实现大约 770 $mAh\cdot g^{-1}$ 的比容量。在异质原子掺杂后，CNT 骨架不仅可以促进硫的均匀分散，其独特的氮掺杂多孔结构特性赋予它们对多硫化物的双重捕获能力[88-90]。

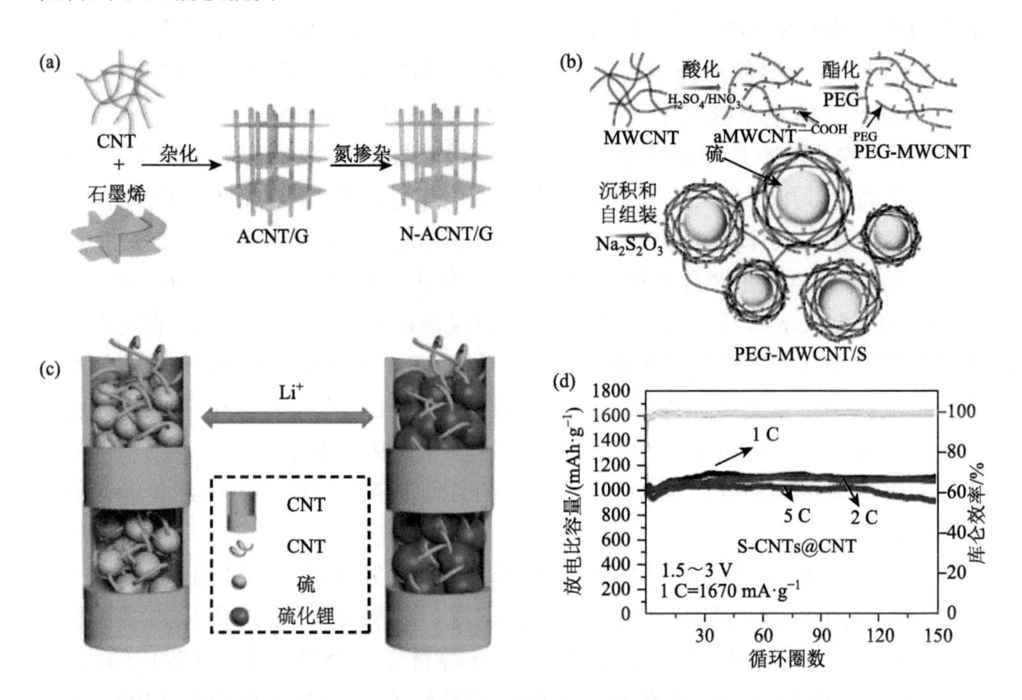

图 4.3　碳纳米管复合体系：（a）使用石墨烯和阵列 CNT 作为基元材料构建 N-ACNT/G 复合材料的示意图[39]；（b）PEG-MWCNT/S 复合材料的合成示意图[91]；S-CNTs@CNT 的可逆电化学反应机理示意图（c）和不同倍率下的循环性能（d）[92]

为了进一步改进碳材料的吸附能力，华东理工大学的王庚超教授团队通过液相沉积和自组装工艺制备出聚乙二醇接枝 MWCNT/S 复合正极，该复合正极具有巢状结构，以活性材料硫为核，PEG-MWCNT 网络为导电壳层［图 4.3（b）］[91]。

这种独特的结构不仅可以提供电荷转移网络以促进反应动力学，也可以最大限度地减少中间产物多硫化物的扩散。得益于这种结构的优势，使用该复合材料的正极表现出高达 99%的库仑效率和 2 C 倍率下 725 $mAh \cdot g^{-1}$ 的放电比容量。尽管不同的 CNT/S 复合物已经被制备出来，电极材料的柔性和电化学性能却仍有待提高，有限的硫负载量和快速的容量衰减依然是主要问题。

为了确定硫的面载量的影响，对于用简单球磨制备的 CNT/S 复合材料，通过调控其涂覆在铝箔上的厚度从而获得了硫面载量从 0.32 $mg \cdot cm^{-2}$ 到 4.77 $mg \cdot cm^{-2}$ 不等的一系列电极[93]。研究人员发现，随着面载量的增加，基于整个电极的初始放电比容量不断增加，当硫面载量达到 3.77 $mg \cdot cm^{-2}$ 时，复合正极可以提供 3.21 $mAh \cdot cm^{-2}$（864 $mAh \cdot g^{-1}$）的初始面积比容量。因此，提高硫的面载量对于电池整体性能提升非常关键。

将 MWCNT 包封在中空多孔碳纳米管中的“管中管”结构（S-TTCN）在增强电极导电性的同时，其较大的孔体积也为提高硫负载量创造了条件[13]。在硫含量达到 71 wt%的前提下，该“管中管”结构仍能赋予正极良好的循环性能，在 500 $mA \cdot g^{-1}$ 的电流密度下，50 次循环后仍可提供 980 $mAh \cdot g^{-1}$ 的放电比容量。提高 CNT 的孔隙率是提高硫负载能力和电极能量密度的另一种方法[94]。通过一步法制备高度多孔的 CNT/S 复合正极[95]，由于阵列 CNT 骨架开放有序的孔结构，可以将硫含量从 50%增加到 90%，CNT/S 复合物的振实密度也从 0.4 $g \cdot cm^{-3}$ 提高到 1.98 $g \cdot cm^{-3}$。硫含量的增加直接将锂硫电池的体积比容量从 200.1 $mAh \cdot cm^{-3}$ 增加到 1116.0 $mAh \cdot cm^{-3}$。具有 90 wt%硫含量的复合材料在 134.3 $W \cdot kg^{-1}$ 的功率密度下可以提供 1249.2 $Wh \cdot kg^{-1}$ 的能量密度。另外，通过低密度 CNT 泡沫的气相渗透和机械压缩可以获得无黏结剂的致密硫正极材料（$\rho > 0.2\ g \cdot cm^{-3}$），从而实现高硫面载量（19.1 $mg \cdot cm^{-2}$）和高面积比容量（1039 $mAh \cdot g^{-1}$）[96]。由于 CNT 泡沫的三维电荷传输路径，这种具有约 79 wt%硫含量的结构也可以显著提高硫的利用率。

CNT 的结构设计可以同时提高循环寿命和硫负载量，通过构建“管中管”CNT 结构也可以有效缓解硫正极的关键问题，如导电性差、多硫化物溶解扩散以及循环过程中电极的体积变化等[92]。Jin 等将许多管径较小的 CNT（直径约 20 nm）和达到 85.2 wt%含量的硫填充在管径较大的 CNT（直径约 200 nm）内［S-CNTs@CNT，图 4.3（c）］。这种结构使得高载硫正极表现出优异的倍率性能和循环稳定性，在 5 C 倍率下循环 150 次后仍维持 954 $mAh \cdot g^{-1}$ 的放电比容量［图 4.3（d）］。部分解压缩的 MWCNT（UZ.CNT）与 MWCNT 和完全解链的纳米带相比具有更大的优势。UZ.CNT 具有更高的比表面积（504.5 $m^2 \cdot g^{-1}$）和孔体积，保留了电子传输途径，其带有的含氧官能团也提供了多硫化物的吸附位点。因此 UZ.CNT/S 复合物使电极在 5 C 倍率下循环 200 圈后放电比容量仍保持在 570.4 mAh·g^{-1}。

CNT 材料与其他孔结构的碳材料结合，可以有效束缚多硫化物并提高硫的负载量[97]。一种阵列层压的介孔碳/CNT 混合电极材料被用于负载活性硫[98]。首先在 160℃下混合硫和 CMK-3 碳颗粒制备复合材料，然后将该 CMK-3/S 复合颗粒的乙醇悬浊液滴加在阵列 CNT 片上。其中，介孔碳充当硫的载体并抑制多硫化物的扩散，CNT 骨架可以固定介孔碳颗粒并为电极提供电子传输路径。该正极材料在 2 C 下可以实现 1000 次的稳定循环，另外，其在≥20 mg·cm^{-2} 的高硫面载量的情况下仍可提供大约 900 mAh·g^{-1} 的放电比容量。

2. 碳纳米纤维复合体系

碳纳米纤维（CNF）具有与 CNT 相同的空心管状形貌，但是没有石墨特征。由于 CNT 的可渗透性和过小的直径，难以将大量的硫包封在 CNT 内。多数情况下硫主要负载在 CNT 的外侧，导致多硫化物发生严重的穿梭效应。而 CNF 的导电性和多孔结构使其易于形成导电的交织网络结构，可以在循环过程中有效地捕获多硫化物。另外，CNF 的中空和分层的多孔结构对于提高硫的负载量也大有益处。

通过电纺丝、碳化和溶液化学沉积法可以将硫包封在多孔 CNF 中，其中化学沉积法能使硫和 CNF 之间的接触更加紧密[99]。由于 CNF 的高电导率和比表面积，硫可以均匀地分散和固定在 CNF 的多孔结构上，从而减轻了穿梭效应并提高了电池的放电比容量和倍率性能。硫含量为 42 wt%的 CNF/S 正极放电比容量高达 1400 mAh·g^{-1}，在 30 次循环后达到了大约 85%的容量保持率。斯坦福大学崔屹教授团队证明中空 CNF 包封的硫复合材料可以提高锂硫电池的性能［图 4.4（a）］[68]。这些空心碳纳米纤维通过以阳极氧化铝为模板的聚苯乙烯碳化制备，其高长径比、中空结构和较薄的管壁增加了硫的负载量和电子/离子传输速率。得益于这些优点，该复合材料使正极在 0.2 C 倍率下循环 150 次后仍具有 730 mAh·g^{-1} 的放电比容量。然而，在循环过程中容量衰减速率非常大。为了缓解容量衰减问题，可以通过引入两亲性聚合物对 CNF 进行表面改性，以增加非极性碳和极性 Li_xS 之间的相互作用[100]。改性硫正极表现出优异的循环性能，在 0.2 C 下的放电比容量可达 1180 mAh·g^{-1}，200 次循环后容量保持率维持在 80%。

通过纺丝工艺制造的碳纳米纤维的比表面积和孔体积仍无法满足要求，由于它们是通过聚合物共混物的部分退火和高温加热工艺制备的，这种 CNF 具有较宽的孔径分布范围。与无序多孔 CNF 相比，有序介孔 CNF 的应用确实延长了锂硫电池的使用寿命[101]。这些 CNF 主要通过铸造和煅烧商用 CNF 获得，经历这样的铸造工艺后 CNF 显示出管状孔结构，在最后的刻蚀过程中产生具有双峰结构的 CNF。这种有序

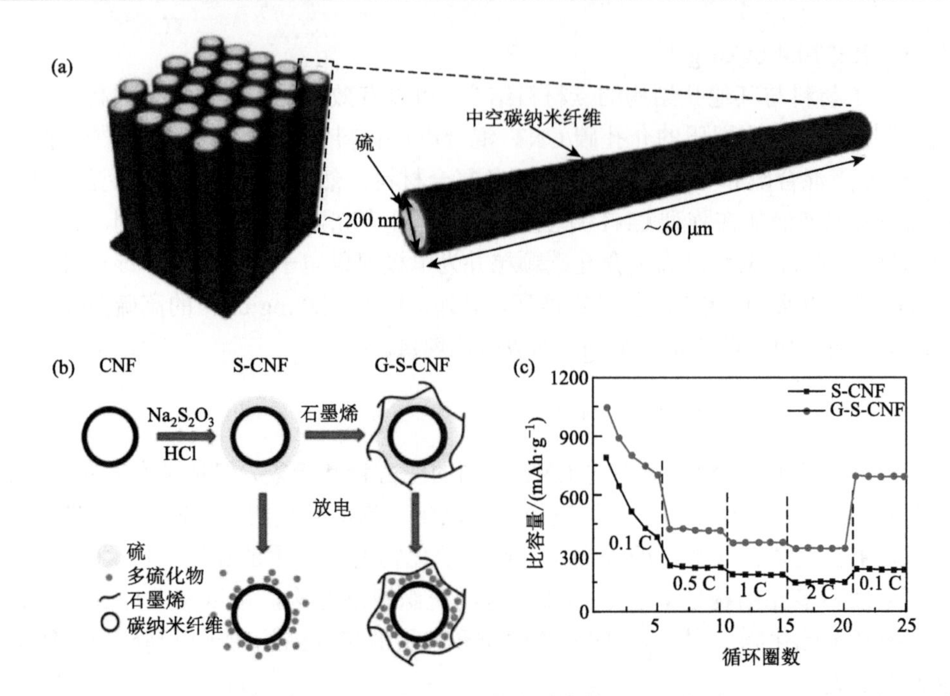

图 4.4 碳纳米纤维复合体系：(a) 中空 S-CNF 复合结构的设计示意图[68]；G-S-CNF 多层同轴纳米复合材料的制备和作用示意图（b）及倍率性能图（c）[102]

介孔 CNF 具有高比表面积（≈1930 $m^2 \cdot g^{-1}$）和孔体积。由于毛细结构内孔隙的独特分布，通过熔融扩散将硫负载在这些多孔 CNF 中可以使电极具有优异的性能。

为了提高循环稳定性和硫负载量，可以将多孔碳纳米结构经过改性以赋予其多种功能[103-106]。例如，氮掺杂 CNF（N-PCNF）作为硫的载体，通过聚吡咯的热解和 KOH 活化可以制备出具有大比表面积（2642 $m^2 \cdot g^{-1}$）和高氮含量（≈4.32%）的高度多孔结构 CNF[104]。这种复合材料可以在 1 C 下循环 200 次，但硫的负载量仍较低。

将 CNF 与其他碳材料复合可以获得新型结构正极[107]，杜克大学刘杰教授课题组制备了一种新型三明治核壳结构复合材料[102]。在核壳结构中，同轴 CNF 涂覆有多层石墨烯纳米片以制备石墨烯(G)-硫(S)-CNF 复合材料［图 4.4（b）］。这种复合材料作为锂硫电池的正极，在 0.1 C 倍率下可以提供 694 $mAh \cdot g^{-1}$ 的可逆比容量，显著高于没有石墨烯包覆的电极［图 4.4（c）］。改善的倍率性能和循环稳定性来源于纳米复合材料独特的同轴结构，其中石墨烯和 CNF 极大地提高了导电性，并且可以更好地捕获可溶性多硫化物，但在这样的体系中比容量的降低仍无法避免。将由 HCNF（中空碳纳米纤维）@聚苯胺碳化后的中空 CNF@氮掺杂多孔碳（HCNF@NPC）核壳复合物作为封装硫导电碳骨架，可以获得硫含量 77.5 wt%的正极复合材料[108]。得益于 HCNF 核的电子传输和机械支撑作用，以及 NPC 壳层的高比表面积（485.244 $m^2 \cdot g^{-1}$）和大孔体积，HCNF@NPC-S 复合材料可以在 0.5 C

下 200 次循环后仍保持 590 mAh·g^{-1} 的放电比容量。

这些结果表明，得益于高长径比和硫含量，CNF 是硫材料的理想载体。然而，为了实现更高的性能，CNF 作为正极的复合材料应符合以下要求：①大比表面积和封闭结构以物理限域多硫化物；②大的孔径分布以提高硫的负载量；③进行功能改性以增强电导率和对多硫化物的化学吸附。

3. 石墨烯复合体系

在碳材料中，石墨烯是一种二维蜂窝状 sp^2 杂化的晶格碳。由于优异的导电性（106 S·cm^{-1}）、极高的机械强度、柔性结构、超高的比表面积（2600 m^2·g^{-1}）和化学惰性，石墨烯广泛应用于多个领域，这些特性也使石墨烯及其衍生物适用于锂硫电池电极材料[109]。石墨烯的引入可以增加硫电极的导电性，作为硫的载体也可以缓解循环过程中的体积变化问题。

1）石墨烯和还原氧化石墨烯

各种石墨烯/硫复合材料已经被引入锂硫电池体系[110]。例如，2011 年，Wang 等通过简单的熔融扩散制备石墨烯/硫纳米复合正极，虽然该复合物中硫的含量仅为 22%，但其导电性与纯硫正极相比有明显提升[111]。之后，将石墨烯纳米材料用作硫的骨架成为一类改性硫正极的方法，为了提高硫的含量和利用率，研究人员尝试了不同的载硫方式[112, 113]。

为了满足锂硫电池商业化应用的需求，提高正极材料中硫的含量，Nazar 课题组通过一步法制备出石墨烯/硫复合材料，将硫含量提高到 87%，并且仍有较高的放电比容量（在 0.2 C 下首次放电比容量为 750 mAh·g^{-1}）。以氧化石墨烯为原料，利用硫化钠、亚硫酸盐作为还原剂，可制备出含量在 20.9%～72.5%可控的石墨烯/硫复合材料。在该过程中，氧化石墨烯表面的含氧官能团被硫离子还原生成巯基，形成巯基修饰的氧化石墨烯，亚硫酸盐的引入则能够让硫离子和巯基被氧化生成单质硫，而氧化石墨烯被还原为石墨烯[114]。

利用石墨烯优异的成膜性可以制备出三维自支撑电极，由于避免了集流体和黏结剂的使用，这种自支撑柔性电极极大地提高了电极中活性硫的含量。Wen 等将石墨烯和纳米硫颗粒混合抽滤成自支撑膜用作硫正极[115]，但该膜中的石墨烯片层呈平行堆垛结构，平面间的导电性和离子传输性能较差，从而导致较大的极化。类似地，Chen 等将还原氧化石墨烯（rGO）与硫混合超声后冻干得到自支撑的 S/rGO[116]。在这种复合电极中活性硫分散均匀，石墨烯提供了三维的电子/离子传输通道。因此在硫含量提高的同时（71 wt%），其电化学性能也得到增强。

由于石墨烯堆叠会产生层间导电性问题，三维结构的石墨烯材料更适用于锂硫电池体系[117-119]。中国科学院金属研究所成会明院士的团队通过一步合成法将硫纳米晶体负载在相互连接的纤维石墨烯上，从而获得了自支撑硫正极[120]。其中，多孔网络能够实现快速的离子传输，相互连接的纤维石墨烯提供高速的电子传输通道，含氧官能团通过化学吸附阻止多硫化物的溶解扩散。加利福尼亚大学洛杉矶分校的段镶锋课题组用一锅法制备了三维石墨烯框架来负载硫颗粒[121]，可以将硫的负载量提高到90%。这种柔性正极具有高度互连的石墨烯网络，提高了导电性，也为离子传输提供了通道。因此，该复合正极可以提供 96 mAh·g^{-1} 的比容量（基于整个硫正极）。三维石墨烯通常由于松散堆积其孔隙的利用率较低，通过制备致密且多孔结构的硫和石墨烯凝胶可以有效提高体积能量密度[122]。此外，其他结构如石墨烯包覆硫纳米球结构[28, 123-125]、硫/硫化锂包覆石墨烯结构[55, 126, 127]、石墨烯/硫层相间堆叠结构[128, 129]、在导电基底上垂直排列的硫/石墨烯纳米片结构[56]等，都可以显著影响电极的性能。

除了整体结构设计之外，在石墨烯上引入丰富且可调的孔结构不仅可以为储硫提供更多空间，合适的孔径对硫化物也具有吸附作用[130-132]。2016 年，清华大学张强教授课题组以氧化钙为模板通过化学气相沉积（CVD）法制备出具有大孔、介孔和微孔的分级多孔结构的石墨烯材料［图 4.5（a）］[133]。得益于分级多孔结构，石墨烯具有对多硫化物的强吸附能力、短距离离子扩散通道、低界面电阻和坚固的骨架，从而使硫正极表现出优异的倍率性能、高库仑效率和循环稳定性，在 5 C 倍率下仍具有 656 mAh·g^{-1} 的初始放电比容量。

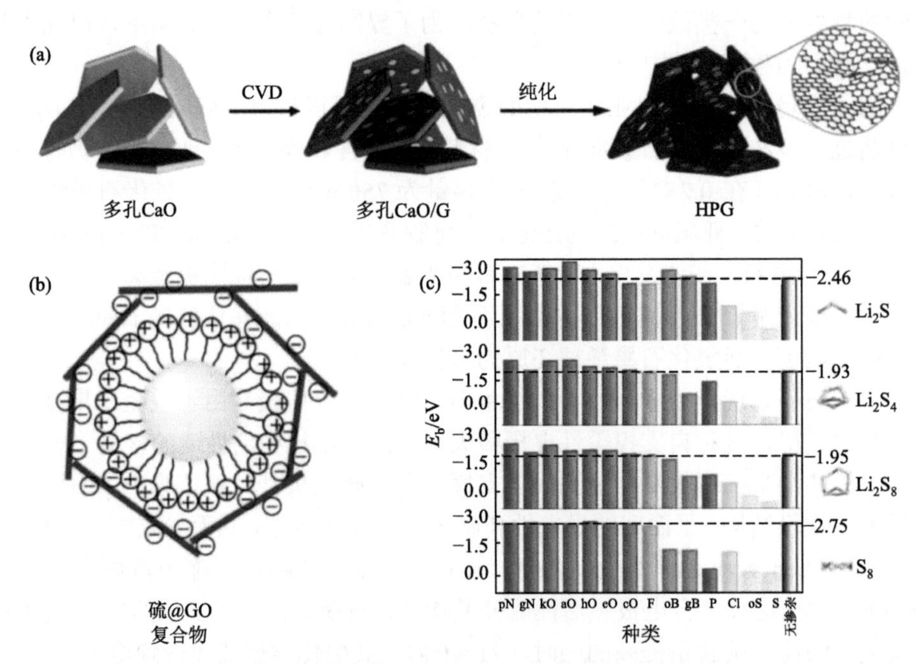

图 4.5 石墨烯复合体系：(a)在 CaO 模板上通过 CVD 法生长获得的分级多孔石墨烯示意图[133]；（b）通过静电作用合成的硫@GO 复合物示意图[134]；（c）Li_2S、Li_2S_4、Li_2S_8 和 S_8 与不同掺杂石墨烯相互作用的结合能 E_b[135]

2）功能化石墨烯

通过向石墨烯表面引入官能团，可以使石墨烯片层更加有效地吸附多硫化物，缓解穿梭效应，从而增加电池的循环稳定性。

氧化石墨烯表面含有大量的含氧官能团，如羟基、羰基、羧基和环氧基团等，因而与多硫化物具有较强的相互作用。Ji 等通过简单的化学反应沉积策略和随后的低温热处理工艺在氧化石墨烯片上负载了均匀的硫涂层（数十纳米厚）[136]。氧化石墨烯与含硫物种之间的强相互作用使电池在 0.1 C 下循环 50 次后放电比容量只从 1000 $mAh·g^{-1}$ 衰减到 954 $mAh·g^{-1}$。在后续工作中，研究人员大多采用氧化石墨烯作为包覆材料来限制多硫化物的扩散[134, 137, 138]。例如，通过静电相互作用原理使硫颗粒及阳离子表面活性剂和负电性氧化石墨烯片自组装，从而获得硫@GO 核壳复合材料［图 4.5（b）］[134]。这种核壳结构可以有效抑制多硫化物的扩散，但由于氧化石墨烯较差的导电性和电解液难以浸润等，电池的极化较严重且需要通过活化过程使电解液浸润硫颗粒。将石墨烯与氧化石墨烯结合可以有效克服这一问题，以高导电石墨烯为集流体，多孔石墨烯为硫载体，部分还原的氧化石墨烯为多硫化物的阻挡层[82]，可以使硫面载量达到 5 $mg·cm^{-2}$，在 400 次循环后仍保持 840 $mAh·g^{-1}$ 的放电比容量。

3）有机聚合物或表面官能团修饰的石墨烯

近年来，过多的注意力被放在抑制多硫化物的溶解和扩散上，但是硫在充放电过程中体积变化造成的张力也是亟待解决的问题。柔性有机聚合物的引入可以起到硫颗粒和石墨烯之间的分子缓冲层的作用，防止循环过程中硫材料粉化失活。例如，2011 年，Wang 等用氧化石墨烯片层包覆由聚乙二醇涂覆的亚微米硫颗粒[52]，其中，聚乙二醇对于硫颗粒的体积变化具有缓冲作用，同时也可以阻止多硫化物的扩散。利用聚二甲基硅氧烷包覆石墨烯泡沫作为硫的柔性骨架，也有利于电池性能的提高[139]。但是聚合物的大量引入会降低电极中硫的含量，也会增加电池成本，因此，进一步开发适用于锂硫电池的低成本、高效的聚合物材料仍是研究者努力的方向。另外，通过水溶液中的原位氧化还原反应合成的苯基磺化石墨烯/硫复合材料被用作电池正极[140]，在 0.2 C 下首次放电比容量达到 1023 $mAh·g^{-1}$，循环 400 次后比容量仍维持在 460 $mAh·g^{-1}$。

4）掺杂石墨烯

通过掺杂的方式在石墨烯上引入杂原子可以使非极性的石墨烯表面产生极性的电活性位点，从而达到吸附多硫化物的目的，另外，掺杂也可以提高导电性。因此掺杂石墨烯被作为硫载体得到广泛研究[52, 135, 141]。

石墨烯掺杂硼元素之后，由于电负性的差异，硼原子呈正电性，周围的碳原子呈负电性，因而硼掺杂使材料表面具有极性，可以化学吸附多硫化物。例如，Xie 等利用水热法制备出三维硼掺杂石墨烯气凝胶，并将其用作硫的骨架材料[142]。

与未掺杂的气凝胶相比，掺杂后的正极在 0.2 C 倍率下循环 100 次后仍能提供 994 $mAh \cdot g^{-1}$ 的比容量。

与硼元素不同，氮元素掺杂使周围的碳原子呈正电性。根据与周围碳原子成键方式的不同，氮掺杂分为吡啶氮、吡咯氮和石墨氮掺杂。Zhang 及其同事通过在氨气气氛下热处理获得了氮掺杂的石墨烯，并利用氮掺杂石墨烯包覆硫纳米颗粒用作正极材料[143]。组装的电池表现出超过 2000 次的循环寿命和 0.028%/圈的容量衰减率。中国科学院金属研究所成会明院士的团队通过对比氮掺杂石墨烯和还原氧化石墨烯[144]，证明了具有良好导电性的氮掺杂石墨烯可以有效降低界面电阻和电荷转移阻抗。随后，该团队通过密度泛函理论研究了三种不同类型的氮掺杂石墨烯与多硫化物相互作用的强度，最终表明在这些掺杂氮中，局域化的吡啶氮的吸附作用最强[145]。对于氮掺杂石墨烯而言，掺杂氮的含量和类型难以控制，导致活性位点数量受限，因此对氮掺杂石墨烯的研究还有很大空间。

除了以上提及的氮掺杂和硼掺杂石墨烯，硫掺杂石墨烯[146]或硫、氮共掺杂石墨烯[147, 148]也可以明显增强石墨烯和多硫化物之间的相互作用。清华大学张强课题组对各种杂原子掺杂纳米碳材料进行了系统的密度泛函理论计算[135]。结果表明，氮或氧掺杂显著增强了碳材料和多硫化物之间的相互作用，从而有效地缓解了多硫化物的穿梭效应［图 4.5（c）］。相反，将硼、氟、硫、磷或氯单一元素掺入碳基质中则没有明显的吸附作用。并且最终提出掺杂碳材料和多硫化物的结合能与掺杂剂的电负性之间呈火山型曲线关系，为应用于锂硫电池的掺杂碳骨架提供了设计思路。

5）其他碳材料与石墨烯复合材料

将其他碳材料与石墨烯结合，不仅可以提高电极导电性，还可以设计出更丰富的孔道结构，获得更大的孔体积，从而实现电极的硫含量的提高，进一步增强电极的电化学性能。

一维 CNT 和二维石墨烯的结合可以构建更有效的导电网络，获得更丰富的孔结构[149, 150]。清华大学张强教授课题组通过化学气相沉积法在层状双氢氧化物上催化生长出石墨烯/CNT 复合材料，并用作硫材料的骨架[151]。其中，CNT 穿插在石墨烯的层间，与片层结构的石墨烯材料一同构成三维导电网络，从而提高了电极中的电子导率。该电极在 60%硫含量的条件下，5 C 下循环 100 次后，仍能提供 650 $mAh \cdot g^{-1}$ 的放电比容量。Yang 等通过自组装制备出具有互连结构的石墨烯/CNT/S 复合正极[152]，将硫含量提高到 70%，并且在 1 C 下 450 次循环后比容量仍为 657 $mAh \cdot g^{-1}$。Xia 等利用树叶状氧化石墨烯和 CNT 复合材料负载硫[153]，其中，氧化石墨烯作为叶片，提供固定硫的位点；CNT 作为叶片上的叶脉，提供电子传输路径，满足电极的导电性需要。这种复合材料可以将硫含量提高到 75 wt%，并且仍具有 1000 次的超长循环寿命。

在硫/多孔碳材料表面包覆石墨烯材料可以大大提高颗粒之间的电子传输效

率，从而降低电极的阻抗[138, 154-157]。Yang 等将多孔碳均匀覆盖在石墨烯层上作为硫的载体[158]，其中，多孔碳的高比表面积和大孔体积提高了硫含量，中间的石墨烯层则作为电子传输通道提高了电极导电性。通过高温处理氧化石墨烯包覆的金属有机框架化合物，氧化石墨烯被还原为石墨烯，金属有机框架则碳化成为多孔碳，从而可以获得高导电性、高载硫量的复合正极[127, 159]。此外，其他金属掺杂的多孔碳与石墨烯的复合材料，结合物理限域和化学吸附作用，作为硫的骨架具有更好的电化学性能。例如，石墨烯包覆的钴掺杂多孔碳可以在 0.3 $A\cdot g^{-1}$ 的电流密度下循环 300 次后仍提供 947 $mAh\cdot g^{-1}$ 的比容量[160]。

4. 多孔碳复合体系

多孔碳材料与碳酸盐基电解质具有良好的相容性，并且由于其稳定性好、无毒、易浸润等优点，多孔碳材料被广泛应用在诸多储能体系中[161-163]。由于不同的孔隙率和结构，多孔碳基材料作为硫载体具有多种优势[164, 165]。一方面，多孔碳材料可以作为导电剂提高电极的导电性[166, 167]；另一方面，多孔碳具有高比表面积，可以物理限域多硫化物，有效缓解穿梭效应[168, 169]。

早在 1989 年就已经有研究者提出多孔碳负载硫的方法，以增加电子导率和体积能量密度[170]。之后，Wang 等设计了孔径约为 2.5 nm 的多孔碳作为载硫基质，显著提高了硫电极的循环性能[171]。直到 2009 年多孔碳改性硫电池开始被广泛研究，如上所述，Nazar 教授课题组使用有序介孔 CMK-3 作为载硫基底[9]。由于较大的比表面积、孔体积和互连结构，碳骨架不仅可以作为导电基质，还可以为氧化还原反应提供更多的反应位点，从而提高硫的利用率。随后，他们将聚乙二醇涂覆在上述复合材料表面，进一步限制了多硫化物的扩散，提高了电化学循环稳定性。迄今，不同的多孔碳骨架被广泛应用于硫复合材料[172]。

1）微孔碳复合体系

孔径小于 2 nm 的孔被称为微孔，微孔碳具有大于 1000 $m^2\cdot g^{-1}$ 的比表面积[173, 174]，其由于较大的比表面积和稳定的电化学性质而在锂硫电池领域被广泛应用[175-178]。微孔碳作为硫载体，不仅可以提高硫负载量和利用率，还可以在循环过程中物理限制多硫化物的扩散，另外，限制在微孔碳中的小分子硫具有完全不同的电化学行为[179]，不仅避免了多硫化物的产生，也可以与碳酸酯类电解质兼容[180-185]。

由于制作工艺简便和产率高，以金属有机框架作为模板和前驱体获得微孔碳材料的方法被广泛应用。南洋理工大学楼雄文教授课题组以具有菱形十二面体结构的 ZIF-8［$Zn(MeIM)_2$，MeIM 为 2-甲基咪唑］作为前驱体，制备出具有均匀和丰富微孔的碳多面体（MPCP）[162]。这种 MPCP 可以作为微孔碳载硫的理想模型来研究复合材料的电化学行为，该课题组通过比较研究揭示了不同参数如硫负载温度、硫含量和电解质对正极的电化学性能的影响。经过优化，MPCP/硫复合材料的电化学性能和库仑效率都有所提高。通过生物质材料制备多孔碳材料来作为硫的载体，也是一种广泛应用的方法。例如，Gu 等通过多孔竹子生物炭的 KOH/退火工艺获得微孔碳材料[186]。经过处理的样品用于载硫，50%硫含量的正极可以提供 1295 mAh·g^{-1} 的初始比容量，150 次循环后仍维持 550 mAh·g^{-1} 的比容量（160 mA·g^{-1} 的电流密度）。

由于微孔碳制备过程的局限性和复杂性，锂硫电池中很少研究具有不同微孔尺寸（0～2 nm）的碳材料对电化学性能的影响。Hu 等通过碱络合物的即时碳化和自活化制备了一系列微孔碳[187]。由于前驱体晶体具有较高的堆积密度，微孔结构的形成是可控和有效的。并且通过改变配合物中的碱离子，获得的微孔主要为超微孔（孔径 $d<0.7$ nm）。据报道，超微孔材料（$d<0.7$ nm）的有效多硫化物吸附量是微孔（$0.7<d<2$ nm）的三倍[188]。该课题组制备的微孔材料/硫复合正极在 1 C 倍率下经 1600 次循环后仍能提供 616.3 mAh·g^{-1} 的比容量。此外，这项工作提供了微孔结构的碳材料作为硫载体应用于碳酸酯类电解质中的新思路。

微孔碳材料中硫的电化学行为也被证明与传统硫正极的充放电行为不同。北京化工大学徐斌教授课题组利用超微孔碳（UMC）封装小分子硫（$S_{2\sim4}$）［图 4.6（a）］[189]。由于避免了 S_8 分子的形成，可以消除穿梭效应，小分子硫/UMC 复合材料（S/UMC）在典型的放电曲线中仅有一个长电压平台［图 4.6（b）］。因为小分子硫可以直接转化为不溶的 Li_2S_2/Li_2S 而不产生可溶性多硫化物，这种复合正极避免了活性物质的损失，同时与碳酸盐基电解质具有良好的相容性。S/UMC 复合材料在 0.1 C 倍率下循环 150 次后仍保持约 852 mAh·g^{-1} 的比容量和 100%的库仑效率。

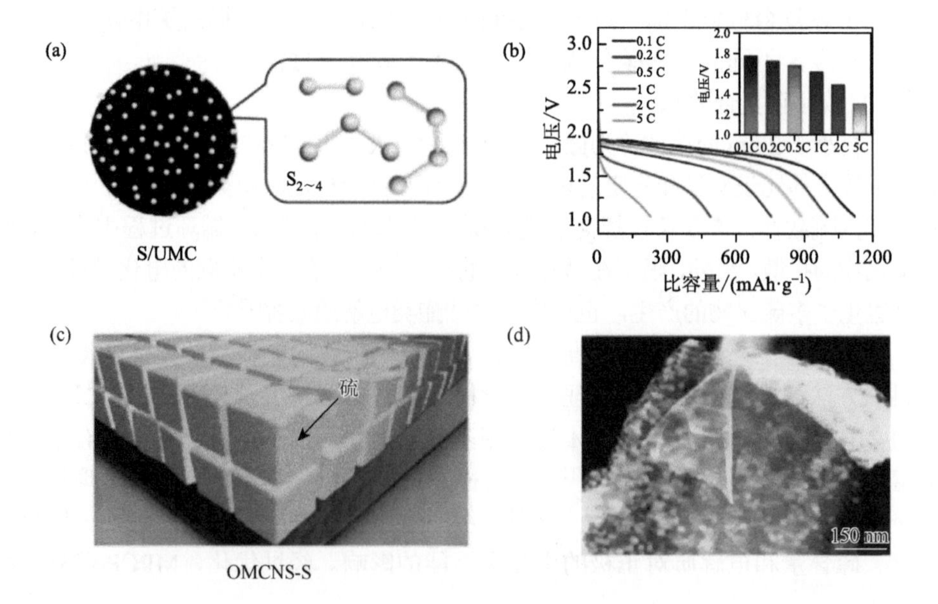

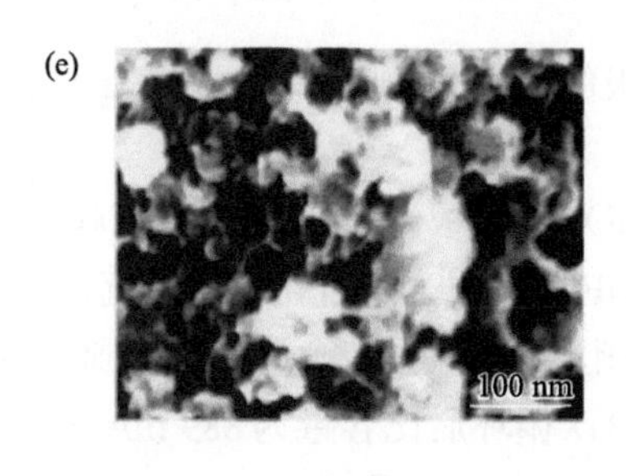

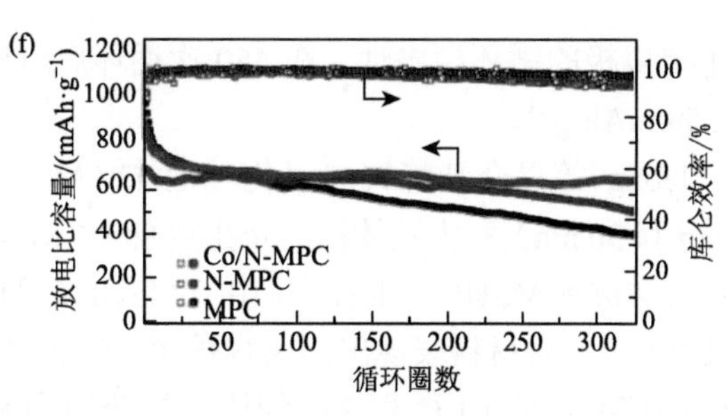

图 4.6 多孔碳复合体系：UMC/小分子硫（$S_{2\sim4}$）复合材料的制备示意图（a）和在不同倍率下的放电曲线（b）[189]；蜂窝状有序介孔碳纳米片/硫（OMCNS-S）复合材料的结构示意图（c）和 SEM 图（d）[190]；Co/N 掺杂的大孔碳/硫复合材料的 SEM 图（e）和循环性能图（f）[191]

2）介孔碳复合体系

介孔碳具有理想的孔径（2～50 nm），并且其高比表面积和孔体积为硫的负载提供了有利条件。另外，超薄的厚度、优异的结构性能和导电性也是介孔碳的重要优势[192-195]。

不同于常规生产介孔碳的方法，Carter 等利用电化学刻蚀的多孔硅为牺牲模板来制备介孔碳材料[196]。该介孔碳对多硫化物具有双重限制：氧化碳表面通过化学吸附固定多硫化物；多孔性质对硫起到物理限制作用。因此该复合材料表现出较高的放电比容量（在 0.1 C 下放电比容量为 1350 mAh·g^{-1}）和良好的循环稳定性（0.2 C 下 100 次循环后比容量保持 830 mAh·g^{-1}）。这种高度可调的特性在优化材料的比表面积和孔结构、提高放电比容量和倍率性能等方面具有广泛的应用空间。

在所有的介孔碳材料中，具有高比表面积的有序介孔碳材料更适合用作硫的载体[197]。其有序的介孔通道可以缩短电荷转移的距离，并提供活性材料和电解质之间良好的接触界面，从而降低电极的电阻，提高复合材料的电化学性能。Park 等通过刻蚀自组装氧化铁纳米立方体和碳杂化纳米片，获得了蜂窝结构的有序介孔碳纳米片［图 4.6（c)］[190]。所制备的二维碳纳米片具有均匀的密堆积立方介孔，边长约 20 nm，孔间距约 4 nm［图 4.6（d)］。该有序介孔碳/硫复合材料在 0.5 C 倍率下 500 次循环后仍可提供 505.7 mAh·g^{-1} 的比容量。此外，这种有序介孔结构易于合成，适合大规模生产，有利于锂硫电池的商业化进程。

近年来，由于环境污染和能源危机，可再生资源的利用被广泛关注。廉价、可再生、环境友好的天然木材超细纤维同样可被用来封装硫材料[198]。天然木材纤维具有独特的分级介孔结构，该结构不会被碳化过程破坏。利用这种分级介孔结构，硫的含量可以提高到 76 wt%。将 5 nm 的 Al_2O_3 原子层沉积在介孔木纤维上，可以获得官能化介孔碳。虽然 Al_2O_3 薄层的引入将硫含量降低到 70%，但显著增强了硫电极的循环稳定性，在 450 次循环后电极的比容量仅从 1115 $mAh·g^{-1}$ 降低到 859 $mAh·g^{-1}$。

Jeong 等以介孔蜂窝二氧化硅泡沫（MSUF）为模板，制备了具有双峰介孔（4 nm 和 30 nm）和大孔体积的介孔碳泡沫（MSUF-C）[199]。通过化学溶液沉积法将硫均匀渗透到 MSUF-C 的孔中，由于 MSUF-C 的孔体积较大，硫含量被提高到 73%。MSUF-C/S 复合材料表现出高比容量（0.2 C 下 100 次循环后比容量为 889 $mAh·g^{-1}$）、增强的倍率性能（1 C 和 2 C 的比容量分别为 879 $mAh·g^{-1}$ 和 420 $mAh·g^{-1}$）和良好的容量保持率（100 次循环的容量衰减率仅为 0.16%/圈）。这些优异的电化学性能可归因于：①酸处理使得 MSUF-C 表面由疏水性转化为亲水性；②用硫代硫酸钠五水合物作为前驱体溶液可以使硫均匀渗透到碳主体中，进一步提高硫的负载量；③MSUF-C 的孔结构有利于限制多硫化物。

3）大孔碳复合体系

具有高比表面积和良好导电性的大孔碳材料（孔径大于 50 nm）是硫载体的选择之一[200, 201]。Ungureanu 等用酚醛树脂浸泡制备出泡沫硬模板后，可以轻易地制备部分石墨化的多孔碳泡沫[202]。随后，Jin 等合成了 CoN_x 改性的大孔碳（MPC）材料来提高硫正极的循环性［图 4.6（e）］[191]。由于 CoN_x 和吡啶氮具有多硫化物吸附位点，该材料在循环过程表现出稳定的性能，在 300 次循环后仍保持 660 $mAh·g^{-1}$ 的放电比容量［图 4.6（f）］。

利用生物炭制备的大孔材料也被用于负载硫材料。Yu 等通过一步碳化/活化的方法利用商用木质素的生物炭合成了大孔/微孔碳骨架[203]。这种大孔碳材料具有高孔体积（0.59 $cm^3·g^{-1}$）和高比表面积（1211 $m^2·g^{-1}$），此外，碳材料表面上的含氧官能团对多硫化物也具有吸附作用。并且该工作证明，控制硫元素渗透到大/微孔碳骨架孔隙中有助于提升该复合材料的电化学性能。

Tang 等以 $CaCO_3$ 为模板，采用简便的方法合成了微/中/大孔碳材料，并研究了多孔碳的总孔体积、比表面积和孔径分布对锂硫电池电化学性能的影响[204]。他们发现孔径分布是影响电极性能的主要因素，微孔体积在总孔体积中的比例在电极性能中起着至关重要的作用。当碳化温度为 950℃时，所得的材料具有最高的放电比容量（0.2 C 下循环 100 次后比容量为 630 $mAh·g^{-1}$）。具有最好性能的样品具有最大的微孔体积比例（47.54%），证明丰富的微孔有效地提高了活性材料利用率。

5. 炭黑复合体系

除了一维 CNT 和 CNF、二维石墨烯以及多孔碳材料之外，因廉价易得、导电性高等优点，炭黑成为另一类常用的正极复合材料添加剂[205]。不同种类的炭黑具有不同的比表面积和孔隙结构，因此在电极中的电化学性能也不同，通过改性或包覆聚合物等方法可以有效提升炭黑/硫复合材料在循环过程中的稳定性。常用的炭黑材料包括科琴黑（KB）、乙炔黑（AB）、Super P 和 BP-2000 等。

不同于常规制备 AB/S 的方法[206]，Tan 等通过简单的“溶液蒸发浓缩结晶”法制备出具有不同硫载量的 AB/S 复合材料［图 4.7（a）］[207]。多孔结构的 AB 可以将硫的含量提高到 50%，且在首次放电过程中产生 1609.67 mAh·g^{-1} 的比容量，在 100 次循环后仍具有 1115.69 mAh·g^{-1} 的比容量。之后，Qin 等利用高能球磨技术制备了边缘功能化 AB/S 复合材料（FAB/S）[208]。得益于制备过程中 AB 的剥离，AB 不仅保持了其固有优势，增加了比表面积，还可以通过 C-S 相互作用化学吸附多硫化物，抑制穿梭效应。因此这种材料在 0.2 C 倍率下循环 200 次后放电比容量仅从 1304 mAh·g^{-1} 降低到 814 mAh·g^{-1}。同样，通过原位硫沉积，将单质硫沉积到导电炭黑 BP-2000 的纳米孔中[209]，得到的碳包覆硫结构对多硫化物具有物理限域作用，因此在硫含量达到 62 wt%时，这种复合材料可以提供 1185.9 mAh·g^{-1} 的比容量（电流密度 160 mA·g^{-1}）。类似地，正极体系中 Super P 的引入也可以提高电极的导电性，从而提高电池的电化学性能[210]。

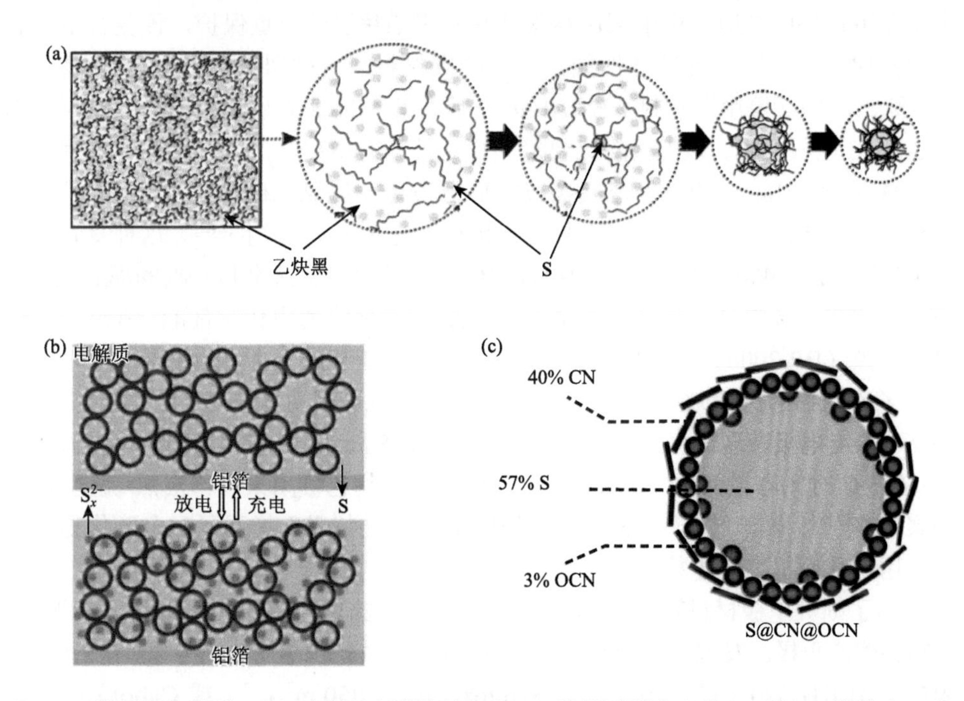

图 4.7　炭黑复合体系：（a）在低溶剂蒸发速率和 AB 浓缩过程中含有 AB 的 CS_2 溶液中 S_8 的形核和晶体生长示意图[207]；（b）AB 衍生的空心碳球/硫正极材料的放电/充电过程示意图（黄色和红色圆点分别代表硫单质和多硫化物）[211]；（c）S@CN@OCN 的结构示意图[212]

由于非极性碳与含硫物种之间的相互作用较弱，单纯的炭黑与硫颗粒复合并不能有效抑制多硫化物的溶解扩散。通过氮或氧等杂原子掺杂可以有效改善这一现象[213]。Li 等对商用炭黑（BP-2000）进行活化处理后用作硫正极的导电基质，随后通过简单的热处理方法制备出硫/活化炭黑复合材料[214]。由于活化过程引入了含氧官能团，硫可以高度分散在活化炭黑基质的孔中并且具有良好的电化学性能。类似地，改性 AB 也可与多硫化物相互作用从而缓解其在电解质中的溶解扩散[215]。

结构改性也可以提高炭黑作为硫载体的性能。例如，Tang 等通过一步酸蒸气工艺合成方法，从原始 AB 制备出空心碳球，并通过水热法将硫与所得空心碳球复合[211]。这种方法得到的空心碳球表面具有丰富的羧基，从而具有较强的吸附含硫物种的能力，可以有效抑制穿梭效应［图 4.7（b）］。由此制备的空心碳球/硫复合材料的硫含量可以达到 57 wt%，循环 100 次后容量保持率为 77%。

此外，利用其他碳材料包覆也可以限制硫的溶解扩散，同时可以一定程度上提高硫电极的导电性[216-218]。He 等通过自组装将 KB/S 与石墨烯组合获得复合正极材料[219]。其中，硫均匀分布在 KB 的微/介孔中，外层覆盖的石墨烯进一步阻止了多硫化物的扩散。由于 KB 纳米孔和石墨烯片层的双重保护，该复合电极表现出高比容量和稳定的循环性能。其他的碳材料也可被用来制备炭黑/硫复合材料。例如，Yang 等用硫包封 AB（AB@S）后，在 AB@S 外层包裹脱氧碳涂层[220]。与 AB@S 电极相比，该电极的比容量和稳定性都有所提高。Chiochan 等则用炭黑纳米球（CN：Super P）包覆硫颗粒之后再覆盖一层氧化碳纳米片（OCN），获得核-双壳结构的 S@CN@OCN 复合电极材料［图 4.7（c）］[212]。这种复合材料在 1 C 倍率下、400 次循环测试中可以提供 77%的容量保持率和 98%的库仑效率。

通过与聚合物复合也可以显著促进炭黑/硫复合物的电化学性能。例如，Zhang 等在炭黑（BP-2000）/S 的复合物上涂覆一层聚多巴胺（pDA）壳层，可以有效阻止多硫化物的穿梭效应[221]。由于导电性的增强和多重阻挡效应的协同作用，S/C@ pDA 电极表现出大容量（0.2 C 下提供 1135 $mAh \cdot g^{-1}$ 的比容量）和大倍率性能（在 5 C 时比容量为 533 $mAh \cdot g^{-1}$）。其他的聚合物也被用来修饰炭黑/硫复合物，如聚吡咯[218]、聚苯胺[222]、聚丙烯腈[223]等，聚合物的引入增强了对多硫化物的吸附作用，从而提高了电极的稳定性。

为了研究电极材料对锂硫电池的电化学性能的影响，研究人员利用不同的炭黑材料构建硫正极，发现硫正极的电化学性能强烈依赖于所用炭黑的类型。高比表面积的炭黑 KB-600（1270 $m^2 \cdot g^{-1}$）、Printex XE-2（950 $m^2 \cdot g^{-1}$）或 Cabot BP-2000（1487 $m^2 \cdot g^{-1}$）表现出比 Super P（62 $m^2 \cdot g^{-1}$）高得多的放电比容量（>1200 $mAh \cdot g^{-1}$）[224]。Zheng 等进一步研究了碳材料的比表面积和孔结构对锂硫电池电化学行为的影响[225]，四种不同的碳骨架，包括 KB（高比表面积和多孔）、石墨烯（高比表面积和无孔）、AB（低比表面积和无孔）和中空碳纳米球（低比表面积和多孔）用于负载硫（控制硫的含量 80 wt%）。研究发现，碳的高比表面积提高了活性硫的利用率并且降低了电化学反应期间的实际电流密度。因此，对于高比表面积的碳材料如 KB/S，放电比容量会显著增加，极化程度则会降低。KB 或中空碳球基质的多孔结构在低倍率（0.2 C）下促进了电极的循环稳定性。类似的研究也表明高比表面积和高孔隙率的炭黑能提供更多的反应位点，从而提高硫的利用率并降低极化程度[226]。

4.2.2　聚合物复合体系

聚合物/硫结构可以提供导电基质，有利于电池工作期间的离子/电子传输。当聚合物用作硫正极的骨架材料时，由于聚合物结构柔软，该复合材料可以缓冲充放电过程中的体积变化。此外，聚合物材料与多硫化物之间具有物理和化学相互作用，从而更有利于正极的循环稳定性。除用聚合物作为硫的载体之外，还可以通过硫与聚合物单体之间的聚合形成硫基高聚物，从而改变硫正极的充放电行为，避免多硫化物中间体的产生，从而可以很大程度上解决活性材料的损失和多硫化物的穿梭问题。

1. 导电聚合物复合体系

由于导电聚合物复合材料具有非局域化的 π 电子共轭体系，通过将导电聚合物引入复合材料可以提高电极的性能。导电聚合物改善硫正极的电化学性能可归因于：①与纯硫正极相比，复合材料可以改善电极的导电性；②由于复合材料具有特殊的结构，如树枝状或多孔状，这些结构可以有效分散含硫物质，稳定电极结构并提高循环性能；③特殊的结构可以有效缓解多硫化物的穿梭效应，提高活性物质的利用率。此外，导电聚合物可作为活性材料的一部分提供额外的容量。常见的导电聚合物有聚吡咯（PPy）、聚苯胺（PANI）、聚噻吩（PTh）、聚丙烯腈（PAN）、聚（2,2-二硫代二苯胺）（PDTDA）、聚苯乙烯磺酸盐（PSS）、聚苯胺纳米管（PANI-NT）、聚（3,4-乙烯二氧噻吩）（PEDOT）和聚酰亚胺（PI）。

聚吡咯/硫（PPy/S）复合材料的合成方法包括原位聚合法[227-229]和先聚合再包封硫颗粒的方法[230, 231]。制备出的复合材料中硫含量从 50 wt%到 80 wt%不等。PPy/S 复合材料具有不同的结构，包括核壳结构[227, 232]、树枝状结构[231]和其他结构。例如，可以通过一层堆叠的导电聚吡咯纳米球原位涂覆正交双锥形硫颗粒[233]。在核壳结构中，元素硫粒子通常在核心，导电聚合物为壳层。复合正极增强的电化学性能表明，PPy 纳米层有助于电子的传输和多硫化物的物理限域及化学吸附[228, 229, 234]。相反，在树枝状结构中，硫离子均匀分布在高度支化的 PPy 纳米线上[231]。这种均匀的硫分布增强了其与导电聚合物的接触，从而提高了硫的利用率。具有高比表面积和吸附能力的多孔支化纳米结构在缓解循环过程中的体积变化的同时，也可以将多硫化物吸附在孔中，这些性能都有利于提高正极的电化学性能和循环稳定性。

Chen 及其团队以氯化铁为氧化剂在硫纳米颗粒表面上原位聚合，制备了具有核壳结构的聚吡咯包覆硫的复合材料（PPy/S）[232]。高分辨 TEM 和能量色散光谱都证明在硫颗粒表面上具有均匀的 PPy 涂层［图 4.8（a）］。这种核壳结构的复合正极在 0.2 C 倍率下初始循环时具有 1200 $mAh·g^{-1}$ 的可逆比容量，50 次循环后比容量维持在 913 $mAh·g^{-1}$。这种优异的电化学性能归因于导电 PPy 纳米涂层，其为含硫物种提供了有效的电子传输路径和较强的物理化学吸附作用。此外，不同的制备核壳结构 PPy/S 复合材料的方法也被研究人员提出[227, 228]。

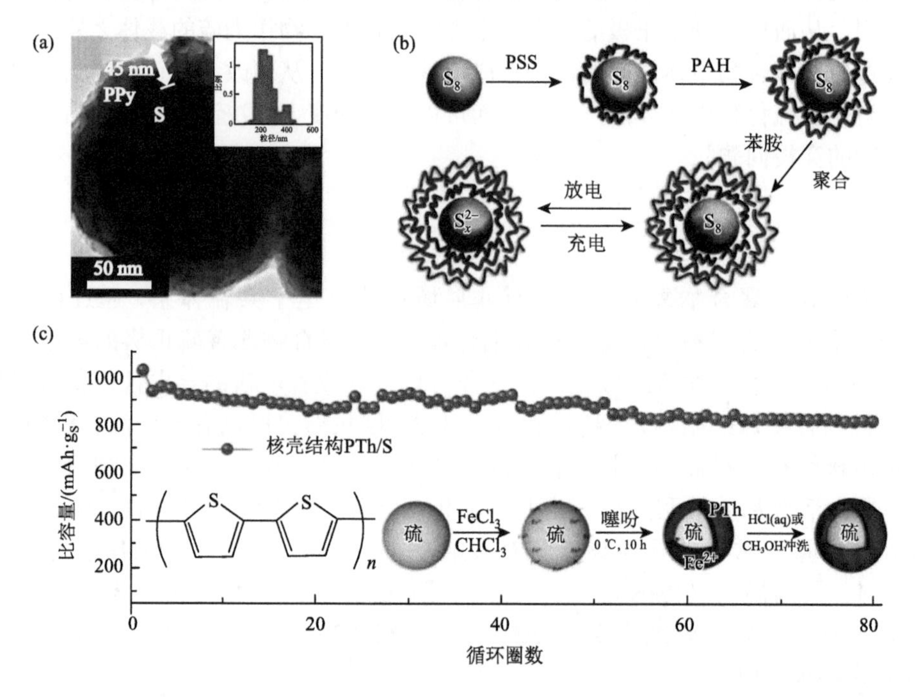

图 4.8 导电聚合物复合体系：（a）PPy/S 复合材料的 HRTEM 图像和粒径分布[232]；（b）通过逐层组装制备的聚苯胺涂覆硫的复合材料示意图[235]；（c）PTh/S 复合材料的合成示意图和循环性能图[69]

Fu 等在通过氧化方法合成的聚吡咯上原位沉积硫，获得了硫含量为 77 wt%、64 wt%和 53 wt%的 PPy/S 聚合物[230]。不同硫含量的正极提供不同的初始放电比容量，但 50 次循环后，硫含量为 53 wt%和 64 wt%的正极具有相同的容量保持率，而 77 wt%含量的硫正极容量保持率仅为 10%。这是由于纳米颗粒形式存在的 PPy 阻止了硫在合成过程中的聚集，从而使小颗粒硫与 PPy 充分混合。由于 PPy 对电极内电子和离子的转移具有促进作用，复合正极表现出更好的电化学稳定性、更低的过电位和更好的循环性。

聚苯胺是另一种经常被用来合成正极复合材料的聚合物。通过简单的合成方法即可获得这种复合材料，甚至不需要使用有机溶剂和热处理过程。Duan 等通过逐层组装技术制备了 PANI 涂覆的硫正极材料[235]。首先，通过逐层自组装将聚烯丙基胺盐酸盐（PAH）和聚苯乙烯磺酸盐（PSS）覆盖在硫表面，带正电的 PAH 和带负电的 PSS 交替吸附在硫颗粒上形成 PAH/PSS 多层。随后为了提高电导率，在制备的颗粒外层通过原位氧化聚合和静电作用覆盖一层 PANI［图 4.8（b）］。由于这种材料并没有真正被用在电池内进行测试，其在锂硫电池中的潜在利用价值仅停留在推测阶段。另外，Wang 及其团队通过非均相硫成核反应和原位氧化聚合合成了具有海胆状结构的 PANI/S 复合材料[236]。该复合材料在 0.1 C 下初始比容量为 1095 $mAh\cdot g^{-1}$，50 次循环后比容量为 964 $mAh\cdot g^{-1}$。利用类似的方法也可以制备出具有核壳结构的 PANI/S 纳米纤维复合材料[237]。

Liu 及其团队则通过原位硫化的方法合成了用于封装硫的自组装聚苯胺纳米管[70]。该合成方法简单且环保，首先在 280℃下用硫处理聚合物，通过链内或链间二硫键的连接，使其与部分硫形成三维、交联且结构稳定的硫-聚苯胺复合物。该硫化 PANI 骨架为硫和多硫化物提供了物理和化学吸附作用，因此该复合物在循环 100 次后比容量仍保持在 568 $mAh\cdot g^{-1}$。

Fan 及其团队通过在硅球模板上连续沉积 PANI、S 和 PANI，制备出一种双壳中空聚苯胺/硫核/聚苯胺（hPANI/S/PANI）复合材料用作硫正极材料[238]。该复合材料在 0.1 C 下 214 次循环后仍可提供 572.2 $mAh\cdot g^{-1}$ 的放电比容量，并且在整个循环中库仑效率都高于 87%。hPANI/S/PANI 复合材料优异的电化学性能可能归因于硫颗粒被均匀沉积在 PANI 表面上，并在循环期间被限制在两个聚合物层中。

Chen 及其团队通过原位氧化聚合，以氯仿为溶剂，氯化铁为氧化剂，在 0℃下合成了具有核壳结构的聚噻吩/硫复合材料[69]。并且通过对比发现硫含量为 71.9%的复合材料具有最好的电化学性能。导电聚噻吩作为导电添加剂和多孔吸附剂被均匀涂覆在硫颗粒的表面，有效地提高了硫正极的电化学性能和循环寿命，初始放电比容量为 1119.3 $mAh\cdot g^{-1}$，在 80 次循环后比容量维持在 830.2 $mAh\cdot g^{-1}$［图 4.8（c）］。

如上所述，近年来大量新的聚合物复合硫正极材料被相继报道。在所有的聚合物中，PANI、PPy 和 PTh 属于导电聚合物，掺入这些聚合物不仅可以改善电极的导电性，还可以通过极性官能团的静电作用或与硫之间的键合作用来吸附多硫化物。另外，导电聚合物 PAN[239, 240]以及不导电的商业橡胶[210, 241]和植物油[242]，不仅可以用作硫的负载材料，还可以通过 S-C 键合作用形成富含硫的新化合物，关于这些将会在下一小节中详细介绍。

2. 硫基高聚物体系

自从上海交通大学王久林教授团队首次提出分子级导电聚合物/硫复合材料并用作硫正极材料[239]，共聚策略在锂硫体系得到越来越多的关注。硫元素加入聚合物材料中，其本身的结构和组成将会改变[57, 81, 243]。在正常环境条件下，硫元素主要以具有 8 个硫原子的环状分子（S_8）的形式存在。一旦将 S_8 单体加热至开环温度（159℃）就得到具有双自由基链段的线型聚硫烷。随着加热温度的持续升高，通过聚合和解聚过程可以获得具有 8～35 个硫原子的聚合硫。通过与不同的聚合物单体共聚，可以获得化学稳定的材料[243-245]。碳骨架与硫之间的强共价键可以在一定程度上抑制多硫化物的溶解[243]。当这种硫基高聚物用作正极材料时，可以有效地改善锂硫电池的性能。本小节从不同连接单体（包括烯烃/炔烃、硫醇和腈）的角度介绍硫基高聚物作为正极活性材料的最新进展，另外也涉及一些掺杂其他元素的新型聚合硫材料。

1）烯烃/炔烃衍生的硫基高聚物体系

元素硫与不含自由基的各种不饱和分子之间的共聚合已经作为生成富硫共聚物的方法被广泛研究。这些分子可以在更高的温度下裂解不饱和键并与开环的硫分子共聚[246-249]。不饱和烃（如烯烃和炔烃）是获得 C-S 共聚物的最简单和最常用的有机化合物单体。复杂的交联确保了硫在共聚物基质中被共价键所束缚。共聚物的锂化/脱锂机理基本相似，长链多硫化物在锂化过程中转化为短链多硫化物并在充电过程中生成—S_x—结构，其中，R—Li 和 Li_2S 是放电过程的最终产物[243, 250]。

Pyun 及其团队直接将元素硫与乙烯基单体共聚合成具有高硫含量的聚合物材料[243]。一般的制备方法是将 1, 3-二异丙烯基苯（DIB）直接溶解在 159℃以上的熔融硫中，S_8 和乙烯基单体的开环聚合在 185℃下进行且无须任何引发剂或有机溶剂。这是首次通过共聚的方法将元素硫引入可加工的聚合物材料。硫共聚物（聚 S-*r*-DIB）可作为正极材料，与常规硫正极相比，该硫基高聚物的循环能力和容量保持率都有所提高。硫基高聚物的电化学行为与元素硫相似，在 2.3～2.4 V 出现的充电电压平台代表长链有机硫 DIB 单元和多硫化物的形成，放电过程中 2.0～2.1 V 的平台对应完全放电产物有机硫 DIB 产物、Li_2S_3 和 Li_2S_2。该硫基高聚物正极使锂硫电池在 0.1 C 下具有 1100 $mAh·g^{-1}$ 的初始放电比容量，100 次循环中的容量保持率约为 74%。通过进一步优化正极涂层可以大大提高初始比容量并抑制容量衰减[57]，100 次循环仅使比容量从 1225 $mAh·g^{-1}$ 降低到 1005 $mAh·g^{-1}$。

Zentel 及其同事设计了一种 C-S 共聚物[251]，其中硫链的一个链端与元素硫相连，另一个链端则与烯丙基封端的聚 3-己基噻吩-2,5-二基（P3HT）相连［图 4.9（a）］。该课题组详细研究了 P3HT 及其与硫复合物的结构，证实了硫与

P3HT 之间的共价连接方式。S-P3HT 的 NMR 测试结果表明，该复合物制备过程中没有发生芳族噻吩环或脂族侧链的显著副反应。S-P3HT 作为正极材料，在 100 次循环后仍可提供 838 $mAh \cdot g^{-1}$ 的比容量。

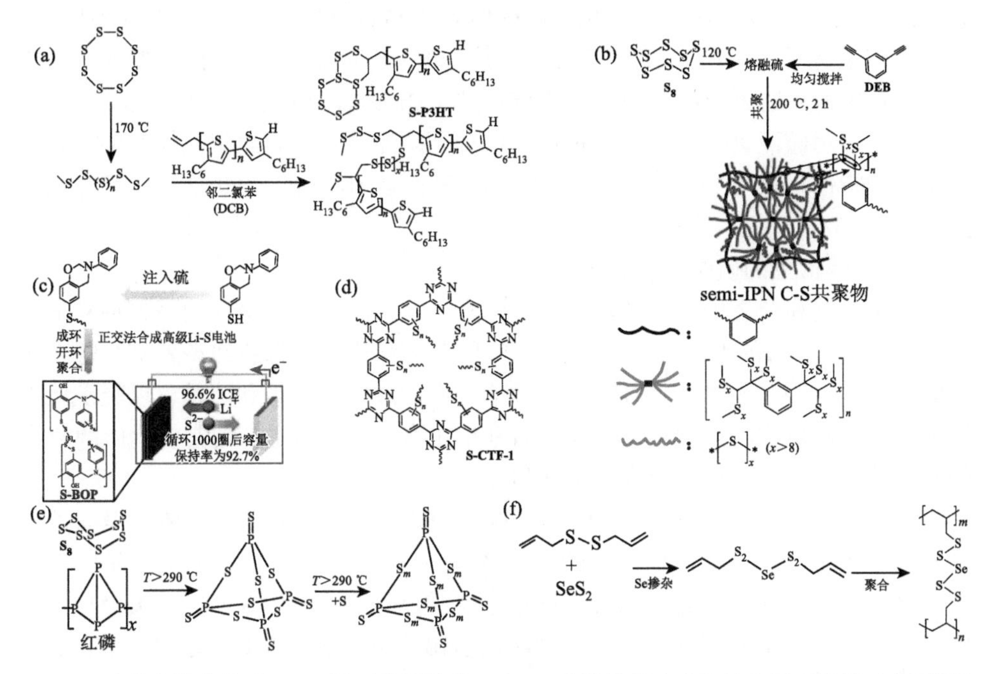

图 4.9　硫基高聚物体系：(a) 烯丙基封端的 S-P3HT 共聚物的合成方法和微观结构示意图[251]；(b) 炔烃衍生的 S-DEB 共聚物的聚合过程示意图[252]；(c) 硫醇衍生的 S-BOP 聚合物的制备和在锂硫电池中的应用示意图[49]；(d) 腈衍生的 S-CTF-1 的结构示意图[58]；(e) P_4S_{10+n} 分子的合成示意图[253]；(f) 硒掺杂聚二烯丙基四硫化物聚合物材料的合成示意图[254]

炔烃也可以与硫元素共聚，以与烯烃类似的方法合成富含硫的聚合物材料。Sun 等通过 1, 3-二乙炔基苯（DEB）和熔融硫的共聚制备了具有高硫含量的聚合物正极材料[252]，其呈现笼状半互穿网络结构[图 4.9(b)]。共聚后，DEB 中的 C≡C 完全转化为 C—C 单键，其特殊的笼状结构有利于抑制多硫化物的溶解扩散。

通过上述反硫化策略可以获得富含硫的聚合物材料（硫含量为 90 wt%），并且有利于提升硫正极的电化学性能。然而，这种复合材料的初始放电比容量仍有很大提升空间，硫基共聚物的低导电性使其只能在低倍率下使用。实际上，多数报道中使用富含硫的聚合物在大倍率 2 C 下，都表现出容量快速衰减的趋势。从这些共聚物策略中汲取灵感，Sung 及其团队设计了一种新的碳和硫基共聚物复合材料[255]，其中硫链共价键合到导电碳介质和共聚物嵌段内。通过将线型硫链和 1, 3-二异丙烯基苯（DIB）共价连接并进一步连接到油胺官能化的还原氧化石墨烯上，构建了聚 S-O-rGO 纳米复合材料。该课题组通过理论研究证明

S-O-rGO 复合材料具有与硫类似的电化学行为[256, 257]。得益于碳材料的高导电性，该复合材料表现出较好的倍率性能；同时，共价键合的硫链缓解了多硫化物的穿梭问题，该电极在 500 次循环后容量保持率为 81.7%。同样地，Li 及其同事认为碳/聚合物正极结构可以在物理/化学限制多硫化物的同时增强正极的导电性[258]。因此他们设计了用于硫正极的硫-1, 3-二异丙烯基苯@CNT（S-DIB@CNT）复合材料，具体为将通过反硫化制备的 S-DIB 共聚物渗入阳极氧化铝（AAO）@CNT 骨架，随后用碱液刻蚀掉 AAO 模板。这种无须黏结剂和金属集流体的电极具有非常好的特性，在 0.1 C 下可实现 1300 $mAh \cdot g^{-1}$ 的比容量，100 次循环后容量损失率小于 2%。

2）硫醇衍生的硫基高聚物体系

除了不饱和烃之外，含巯基的有机化合物是合成富硫共聚物的另一种共聚单体。在高于 180℃的温度下，通过环状 S_8 的开环和聚合可以将线型聚硫烷键合在硫醇表面[259]。这些有机分子本身不能聚合，但通过连接巯基和硫基可以轻易地与熔融硫形成共聚物。因此可以使硫均匀分布在聚合物基质中，通常认为硫醇衍生的有机硫聚合物的充放电行为与不饱和烃-硫共聚物类似。

Kim 等首次通过将开环硫负载在多孔三聚硫氰酸（TTCA）骨架中提高了三维互连富硫聚合物（S-TTCA）的放电比容量和稳定性[54]。S_8 与 TTCA 晶体中的硫醇基反应形成 S—S 键，拉曼光谱和热重实验都可以证明。S-TTCA 聚合物中总硫含量为 63 wt%，得益于硫化聚合物中的多硫化物限制，TTCA 骨架在 450 次循环后仍可提供 850 $mAh \cdot g^{-1}$ 的比容量，容量损失率小于 17%。

为了提高硫含量并将含硫物种固定在骨架中，Choi 及其团队通过正交合成方法制备了硫聚合的苯并噁嗪聚合物（S-BOP）[49]，苯并噁嗪的聚合通过开环热反应实现，其单体的巯基使 S_8 与聚合物基质之间的共价键合成为可能［图 4.9（c）］。S-BOP 可以同时实现优异的热、电和机械性能。该硫基高聚物在 1000 次循环过程中容量仅损失 7.3%。2017 年，Zeng 等通过反硫化使导电聚合物聚间氨基苯硫酚（PMAT）与硫共聚，开发了另一种高硫含量（80 wt%）的硫基共聚物［cp(S-PMAT)］[260]。其交联的纳米结构有助于提高电化学性能，在 5 C 倍率下仍具有 600 $mAh \cdot g^{-1}$ 的放电比容量。

尽管反硫化可以提供具有相对较高的硫负载量的共聚物（硫含量超过 90 wt%），但是嵌入的线型聚硫烷中过多的硫原子将不可避免地产生长链多硫化物。Xu 等将硫元素共价连接到巯基官能化的石墨烯纳米片上（S-GSH）[261]，具体而言，硫共聚物通过巯基乙胺中的氨基和巯基与石墨烯纳米片共价结合。该复合材料使电极具有高库仑效率和稳定性，这归因于一种新的 S—S 键断裂机制。该课题组通过密度泛函理论证明硫链中间的 S—S 键最先断裂，并且在插入两个锂离子时，Li_2S_4 是最稳定的中间体。在随后的锂化过程中，所获得的 Li_2S_4 进一步锂化为 Li_2S_2 或

Li_2S 作为最终的放电产物。另外也通过原位 UV-Vis 分析证明了放电过程中主要产生短链多硫化物而不是长链多硫化物。

3）腈衍生的硫基高聚物体系

硫作为一种脱氢试剂，通过在 280～300℃下氩气保护氛围中加热其和聚丙烯腈粉末的混合物，可以获得具有共轭电子的不饱和链的硫基聚丙烯腈复合材料（SPAN）[81, 262]。脱氢导致 PAN 的环化，有利于骨架结构的形成，从而有利于常规硫的分散和保证更高的硫负载量。虽然硫和 PAN 是绝缘体，但 SPAN 具有 10^{-4} $S\cdot cm^{-1}$ 的优异电导率。在放电过程中，—S_x—首先断裂与 Li^+结合形成—S_yLi 链，随后与 Li^+反应形成不溶的 Li_2S，与此同时—S_yLi 链中的 y 值逐渐减少直至 C—S 键断裂重新形成碳共轭键。在充电过程中，碳共轭键首先失去电子产生阳离子自由基，然后迅速捕获 Li_2S 以产生 C—SLi，并且—S_x—链也可在充电过程中重建[240]。

2003 年 Wang 等发现 SPAN 纳米复合材料可以作为活性正极并且只有一个放电平台，但他们没有进行进一步分析[262]。之后，SPAN 再次受到广泛关注，研究人员对该复合材料的电化学性能进行了大量研究。Yu 等[263]和 Fanous 等[264]提出了两种复合结构，其中短—S_x—链与脱氢和环化的 PAN 骨架发生共价相互作用。Zhang 等则认为这两种结构不准确，因为根据其他四项独立研究[81, 263-265]，它们与 C/H 比值的结果不匹配。元素分析和热重-质谱分析表明，SPAN 中线型硫链的两个端基硫应该共价连接在相邻或相间的两个碳上。并且—S_x—链中 x 的平均值为 3.37，x 的最大值应小于 4，否则—S_x—链在放电过程中将有可能转化为长链多硫化物从而引发穿梭效应。

Archer 及其团队通过聚合物主链上的氰基基团和硫的特定相互作用来获得 SPAN，以便研究其电化学性能[266]，通过热处理获得亚稳的、共价键合的硫物种 S_x（$x = 2～3$）。通过电化学和光谱分析，该课题组假设这种复合材料放电时有四个锂化过程：

反应 1： $$RSSR + 2Li^+ + 2e^- \rightleftharpoons 2RSLi$$

反应 2： $$RSSSR + 4Li^+ + 4e^- \rightleftharpoons 2RSLi + Li_2S$$

反应 3： $$RSSR + 4Li^+ + 4e^- \rightleftharpoons 2R + 2Li_2S$$

反应 4： $$RSSSR + 6Li^+ + 6e^- \rightleftharpoons 2R + 3Li_2S$$

反应 1 和反应 2 假定与导电聚合物主体通过共价键连接的 S—S 键在反应过程中能够可逆地裂解和重新形成。在该硫基共聚物中，每个硫原子都参与单电子转移步骤，最终的放电产物为 RSLi 和 Li_2S，因此电池的理论比容量为 837 $mAh\cdot g^{-1}$。在反应 3 和反应 4 中，R—S 键在锂化过程中完全破裂，产物中唯一含硫的成分为 Li_2S，此时每个硫原子均发生双电子转移过程，因此理论比容量为 1675 mAh·g^{-1}。在该复合正极的充放电曲线中，对应高阶多硫化物还原的电位平台（2.35 V）并没有出现，这意味着活性材料的损失将会大大降低，因此其在 0.4 C 下可以循环 1000 次，但是比容量相对较低。

为了开发具有较强结合能力的骨架，Talapaneni 等利用硫基三嗪骨架（S-CTF-1）实现 S 的共价结合及其在微孔中的均匀分布[58]。硫元素通过 400℃的开环聚合转化成线型聚硫烷，由于同时形成的骨架和硫的聚合/插入，硫可以均匀分布在有序孔内［图 4.9（d）］。高分辨 S 2p X 射线光电子能谱（XPS）证实了硫与 CTF-1 的共价结合。当用作正极材料时，尽管 S-CTF-1 在 300 次循环中仅表现出 14.2%的容量损失，但是复合材料中的硫含量却限制在 62 wt%。

腈衍生的有机硫高聚物的化学结构被认为是短的硫链（以 S_2/S_3 单元存在）与含有吡啶氮单元的环化碳骨架共价键合的一种聚合物[240]。由于共聚物直接转化为不溶性 Li_2S，避免了多硫化物的产生，从而使电池具有优异的循环性能。但是与其他聚合物相比，腈衍生的有机硫高聚物具有明显的缺陷，如硫含量和放电电压较低。

4）杂原子掺杂富硫高聚物体系

由于硫元素的导电性较差，难以同时实现高容量和高硫含量。杂原子掺杂可以提高硫本身的电子传导性，促进碳骨架对含硫物种的吸附[267, 268]。同时，由于放电过程中杂原子-硫键的断裂，使用杂原子掺杂的硫基高聚物作为正极材料是另一种直接形成短链多硫化物的方法。

根据先前对硫化磷类化合物（如 P_2S、P_4S_3、P_4S_5、P_4S_{10}）的研究，合肥微尺度物质科学国家实验室钱逸泰教授的团队设计了一系列新的富含硫的硫化磷分子（P_4S_{10+n}），并研究了其与金属锂的电化学反应机理[257]。通过直接共熔硫元素和 P_4S_{10}，将不同数量的硫插入 P_4S_{10} 基质中以形成六个 P—S_m—P 键而不是原始的 P—S—P 键［图 4.9（e）］。在用作锂电池正极材料时，这些 P_4S_{10+n} 分子表现出独特的电化学反应机制。通过 ^{31}P NMR 波谱和 XPS 分析，该课题组推测 P_4S_{16} 的电化学反应如下：首先发生第一个锂化过程：$P_4S_{16}+12Li^++12e^- = 4Li_3PS_4$，随后的电化学过程为 $Li_3PS_4 - xe^- \rightleftharpoons Li_{3-x}PS_4+xLi^+$，此时另一部分则发生反应 $4Li_3PS_4+12e^- \rightleftharpoons P_4S_{16}+12Li^+$。分析认为 Li_2PS_4 和 Li_2S 是最终产物，P_4S_{22}、P_4S_{28}、P_4S_{34} 和 P_4S_{40} 具有类似的电化学机理。在所有 P_4S_{10+n} 分子中，P_4S_{40} 具有最高的容量，其初始放电比容量在 100 mA·g^{-1} 的电流密度下为 1223 mAh·g^{-1}，500 mA·g^{-1} 电流密度下 100 次循环后比容量稳定在 720 mAh·g^{-1}。

最近，以二烯丙基二硫（DADS）为前驱体，SeS_2 粉末为掺杂剂，苏州大学晏成林教授团队设计并合成了具有四个硫原子和一个硒原子的硒掺杂正极材料［图 4.9（f）］[258]。Se 掺杂可以有效增强电子传导性并改善锂离子的传输速率。同时，DFT 模拟表明 S—Se 键的断裂最有可能发生在放电过程，这可以确保放电的中间产物是短链多硫化物，避免了穿梭效应。质谱测试结果证明 SeS_2 成功共价连接在 DADS 分子上；不同放电电压下的原位 UV-Vis 分析表明放电过程中没有长链多硫化物的产生。该复合材料在 400 次循环后容量损失率仅为 8%，放电比容量为 700 $mAh·g^{-1}$，库仑效率几乎高达 100%。另外，高电子/离子导率和致密的电极结构使电池具有 2457 $mAh·cm^{-3}$ 的体积比容量，面积比容量为 5.0 $mAh·cm^{-2}$，活性材料的面载量高达 7.07 $mg·cm^{-2}$。

由于具有优异的加工性、柔性和较宽的电化学稳定窗口，硫基高聚物作为锂硫电池的正极复合材料被广泛关注。大量关于通过共聚不饱和分子和线型硫链实现的反硫化方法的研究成为生产富硫共聚物的基础。本小节概述了硫基共聚物正极的合成及其在锂硫电池中的应用，主要包括烯烃/炔烃、硫醇和腈衍生的硫基高聚物。与主要由碳或聚合物起吸附作用的聚合物涂覆的硫/碳材料不同，在这些富硫共聚物中，硫链与有机骨架共价连接，并且在锂硫电池循环过程中表现出不同的锂化/脱锂机制，从而改善了电化学性能。最近一些杂原子掺杂的聚合硫材料对于提高电子/离子导率、体积比容量和面积比容量等具有积极作用。

然而，硫基高聚物在实际应用中仍面临一些问题。多数研究中的硫基高聚物具有复合硫结构和较多的长链线型聚硫烷结构，锂化过程中将不可避免地产生可溶性多硫化物，这导致在长循环过程中的容量衰减。另外，一些研究中硫的负载量较低，当硫含量高达约 5 $mg·cm^{-2}$ 时，这些材料将表现出较差的倍率性能。因此，对于硫基高聚物，仍需：①设计更稳定和长度可控的聚硫链键合在聚合物中，使得在放电过程中直接形成短链多硫化物，从而抑制穿梭效应；②寻找合适的有机化合物单体以提高硫基高聚物的导电性；③开发具有良好机械性能的共聚物，以缓冲充放电过程中正极的体积变化。

4.2.3　金属化合物复合体系

为了增加硫正极的振实密度并保持循环稳定性，纳米结构的极性金属化合物，如金属氧化物[269, 270]、金属氢氧化物[271]、金属硫化物[272, 273]、金属碳化物[47]、金属氮化物[274]和金属有机框架（MOF）[275]都被用作硫化物的载体。在大量的研究中，与碳材料、掺杂碳材料和导电聚合物相比，这些金属化合物对多硫化物具有更强的吸附能力[276-279]。此外，与碳材料相比，金属化合物的暴露表面和形貌更易通过化学或物理方法进行调控[280]。因此，多种结构的金属化合物，如空心[270]、多孔[279]、层状结构[277]等，可以有效地束缚多硫化物。本小节概述了金属化合物在锂硫电池正极中的应用，系统总结了金属氧化物、硫化物、碳化物、氮化物作为硫正极的骨架或添加剂等工作。

1. 金属氧化物体系

金属氧化物在极性金属-氧键中具有 O^{2-}的氧阴离子，提供丰富的极性活性位点以吸附多硫化物。本小节将介绍一些典型的极性金属氧化物（TiO_2、Nb_2O_5、MnO_2、Ti_4O_7 等）及其在硫正极中的作用机制。

TiO_2 作为用于硫正极的极性金属氧化物骨架，受到极为广泛的研究。斯坦福大学崔屹教授团队设计了一种 S-TiO_2 蛋黄/壳结构正极材料［图 4.10（a）］[270]。这种复合正极在 0.5 C 倍率下可以提供 1030 $mAh\cdot g^{-1}$ 的初始比容量，在 1000 次循环中每个循环的容量衰减率低至 0.033%；蛋黄/壳结构还可以为硫的体积膨胀提供足够的空间，尽管该工作中没有直接指出多硫化物与极性 TiO_2 壳之间的化学相互作用，但研究者认为 TiO_2 具有亲水性 Ti—O 基团和表面羟基，使其能够与多硫化物具有强烈相互作用。此后，多种纳米结构，如空心球[281]、介孔球[282]、纳米线[283]、纳米管[284-286]、纳米纤维[287]、纳米粒子[288]和鸡毛掸状[289]的 TiO_2 都被设计出来以负载硫元素。

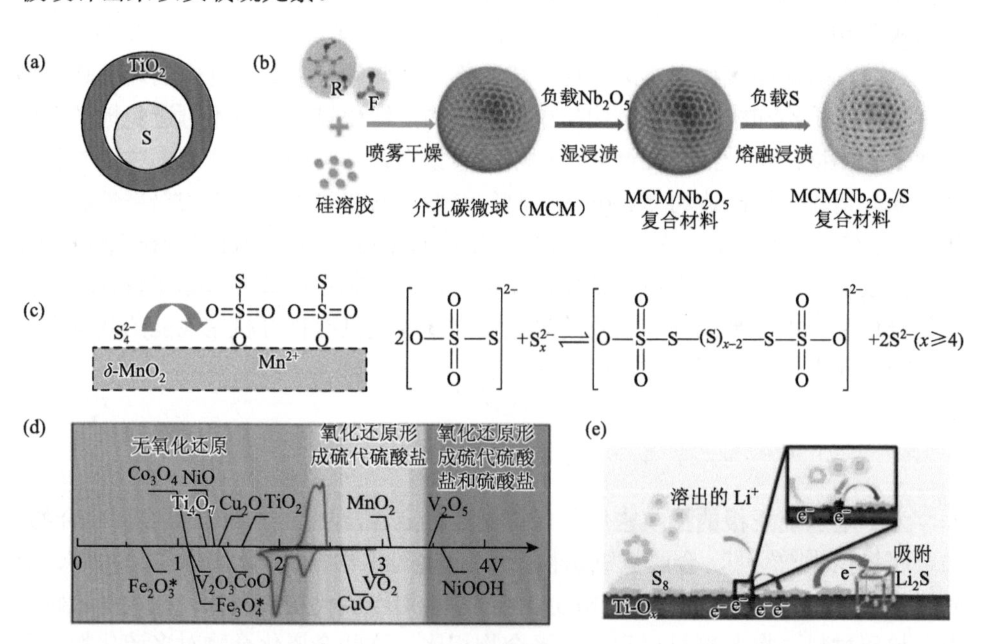

图 4.10 金属氧化物复合体系：（a）S-TiO_2 蛋黄/壳结构示意图[270]；（b）MCM/Nb_2O_5 复合材料合成示意图[290]；（c）MnO_2 与多硫化物相互作用的示意图，MnO_2 表面形成硫代硫酸盐，Mn^{4+} 还原为 Mn^{2+}，随后的电化学反应由右侧化学反应式给出[291]；（d）不同金属氧化物与多硫化物的化学反应性与氧化还原电位的关系［红色曲线代表典型的锂硫电池 CV 曲线］[292]；（e）Ti_4O_7 表面介导的多硫化物还原为 Li_2S 的过程[293]

Nb_2O_5 是一种具有正交相结构的电子半导体，其电导率为 3.4×10^{-6} $S\cdot cm^{-1}$[294]。

Dunn 等发现了 Nb_2O_5 的锂离子嵌入赝电容行为[295]，独特的 Nb-O 晶体结构可以为原子层之间的锂离子提供快速的二维传输路径，从而形成高导电的锂化合物。Tao 等通过湿浸渍法将 Nb_2O_5 分散到介孔碳微球中（MCM/Nb_2O_5）作为载硫骨架［图 4.10（b）］[290]。MCM/Nb_2O_5 正极结合了 MCM 的高导电性和 Nb_2O_5 纳米晶体的高极性，在 0.5 C 倍率下可提供 1289 $mAh\cdot g^{-1}$ 的初始放电比容量，在 200 次循环中容量衰减率低至 0.14%/圈。根据 DFT 计算结果，与碳材料相比，Li_2S_6 和 Nb_2O_5 之间具有强结合能，体现在 Li 与 O 之间的距离为 0.19 nm（Li 和 C 之间距离为 0.24 nm），Nb 和 S 之间的距离为 0.24～0.27 nm，这也部分地改善了吸附能力。此外，Li_2S_6-Nb_2O_5 系统中有四个 Li—O 键和四个 Nb—S 对，而 Li_2S_6-C 体系中只有一个 Li—C 对。

Nazar 教授课题组首次使用 MnO_2 作为硫材料的极性骨架[291]。他们通过用 $KMnO_4$ 还原氧化石墨烯合成超薄 δ-MnO_2 纳米片。原位可视化电化学实验证明 δ-MnO_2 纳米片可以有效捕获多硫化物，并且可以通过将多硫化物氧化使其连接在硫酸盐中形成硫代硫酸盐复合物，在还原过程中则转化为 Li_2S_2/Li_2S，再次氧化过程中继续重复以上过程［图 4.10（c）］。在这种特殊的化学相互作用机制中，硫含量为 75 wt%的 S-MnO_2 纳米片复合材料在 0.05 C 倍率下初始放电比容量为 1300 $mAh\cdot g^{-1}$，2 C 下 2000 次循环中容量衰减速率为 0.036%/圈。随后，该课题组在对多种过渡金属氧化物与多硫化物相互作用的研究中指出，氧化还原电位在合适的窗口内（2.4～3.05 V）的氧化物都具有类似的作用机制［图 4.10（d）］[292]。Wang 等设计了一种由 MnO_2 纳米片修饰的空心硫球纳米复合材料[296]，并且通过 DFT 计算证明了其与多硫化物的极性吸附能力。此外，MnO_2 的绝缘性仍然是性能提升的瓶颈，因此，更复杂的 MnO_2 与高导电碳材料的复合纳米结构被设计出来，以提高锂硫电池的电化学性能，如核壳型硫-MnO_2 复合材料[297-299]、中空碳纳米纤维与 MnO_2 纳米片复合材料[300]、聚吡咯-MnO_2 同轴纳米管骨架[278]、MnO_2@中空碳纳米框架[301]等。

由于上述金属氧化物具有高度绝缘性，纳米结构 Magnéli 相氧化物 Ti_4O_7 被开发为硫正极骨架，它同时具备了金属导电性和对多硫化物的强化学结合能力。Ti_4O_7 含有对多硫化物具有高度吸附能力的 O-Ti-O 单元，理论电导率在 298 K 时为 2×10^3 $S\cdot cm^{-1}$。Nazar 组通过实验证明了 Ti_4O_7 与多硫化物之间强烈的相互作用［图 4.10（e）］[295]。当用作正极材料时，Ti_4O_7/S 正极的放电比容量为 1070 $mAh\cdot g^{-1}$，硫含量达到 70 wt%，并且可以在高倍率下稳定循环 500 次。几乎在同一时间，斯坦福大学崔屹课题组也研究了作为正极骨架的 Ti_4O_7 材料[302]，并且通过 DFT 计算表明，由于形成强烈的化学键合，氧化钛中低配位的 Ti 可以稳定硫簇，而富氧氧化钛可以稳定金属簇。

此外，许多其他极性金属氧化物也作为硫载体被广泛研究，如 Fe_3O_4、CeO_2、$NiFe_2O_4$、Si/SiO_2、Co_3O_4、V_2O_5 和 MoO_2 等，都显著改善了锂硫电池的电化学性能[303-311]。由于金属氧化物固有的绝缘性，较高的内阻可能导致界面氧化还原反应速率缓慢、硫利用率低、倍率性能低等问题。因此将极性金属氧化物与导电碳材料或聚合物复合使用可以增强电极导电性。另外，为了获得丰富的活性位点和可调节的暴露表面，通常需要设计复杂的纳米结构的极性金属氧化物骨架。

2. 金属硫化物体系

金属硫化物是另一类典型的极性无机化合物，可以用作容纳硫和吸附多硫化物的骨架。一般而言，金属硫化物的电导率相对于金属氧化物的电导率要高很多，并且其中一些金属硫化物甚至具有半金属或金属相。研究者已经探索了诸多类型的具有高导电性的金属硫化物并用作硫正极材料。本小节简单介绍了典型的作为硫元素载体的极性金属硫化物。

黄铁矿型 CoS_2 晶体的电导率在 300 K 时高达 6.7×10^3 $S\cdot cm^{-1}$，清华大学张强课题组将极性半金属 CoS_2 引入石墨烯/硫正极[276]。基于 DFT 计算结果，CoS_2 和 Li_2S_4 的结合能高达 1.97 eV（Li_2S_4 与石墨烯的结合能为 0.34 eV），表明 CoS_2 和多硫化物之间具有强相互作用。同时，CoS_2 与电解质之间的接触界面也为极性多硫化物提供了强吸附和活化位点，从而加速多硫化物的氧化还原反应过程［图 4.11（a）］。多硫化物的高反应性可以有效减轻电极的极化，能量效率也因此提高。硫含量为 75 wt%的石墨烯/CoS_2/S 复合材料在 0.5 C 下具有 1368 $mAh\cdot g^{-1}$ 的高初始比容量，在 2 C 下容量衰减率为 0.034%/圈。对称电池实验表明，CoS_2 的存在不仅可以吸附多硫化物，还加速了多硫化物/CoS_2 界面处的电荷转移，增强了电化学性能。

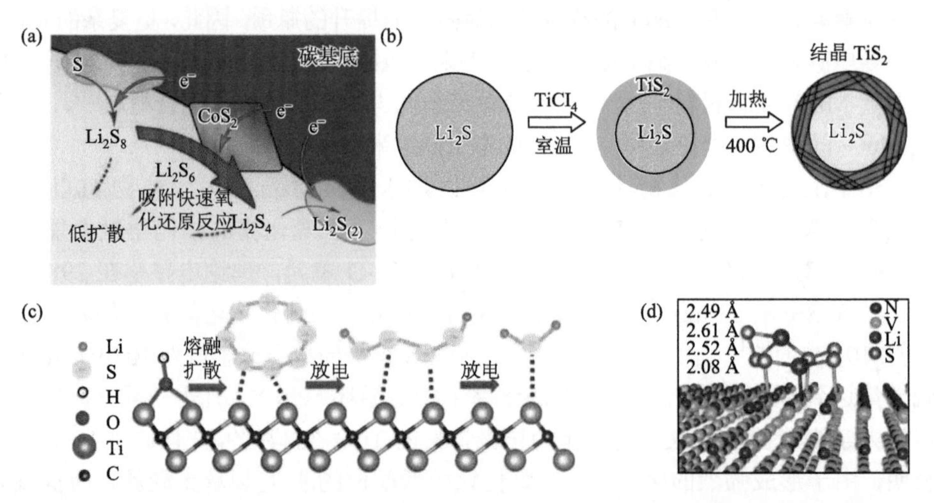

图 4.11 金属硫化物、碳化物和氮化物复合体系：（a）CoS_2 在放电过程中加速多硫化物还原并抑制多硫化物扩散的示意图[276]；（b）$Li_2S@TiS_2$ 核壳纳米结构的合成示意图[273]；（c）在热处理或与多硫化物接触时，MXene 表面上形成 S—Ti—C 键[47]；（d）在 VN（200）晶面上的 Li_2S_6 分子的吸附模型[312]

Co_9S_8 是另一种极性金属硫化物，在室温下具有 290 $S·cm^{-1}$ 的高电导率。Chen 等合成了独特的 Co_9S_8 镶嵌中空纳米多面体，并将其作为硫元素的载体应用在锂硫电池中[313]。这些具有大空隙的中空纳米多面体不仅可以负载大量硫单质，还可以缓冲循环过程中正极的体积变化。DFT 计算和可视化吸附实验证明，高极性的 Co_9S_8 晶体可以有效吸附多硫化物，Co_9S_8（202）晶面与不同 Li_2S_n 物种（Li_2S_8、Li_2S_6、Li_2S_4、Li_2S_2、Li_2S）之间的吸附能分别为−6.08 eV、−4.03 eV、−2.97 eV、−4.52 eV 和−5.51 eV。这种复合正极在 2 C 下 1000 次循环后仍具有 560 $mAh·g^{-1}$ 的放电比容量，相当于每圈 0.041%的容量衰减率。

TiS_2 具有高电子导率和极性，因此也被用来负载硫元素。斯坦福大学崔屹教授课题组通过原位反应合成了 $Li_2S@TiS_2$ 核壳纳米结构，并用作锂硫电池的正极［图 4.11（b）］[273]。经过测量，$Li_2S@TiS_2$ 结构的电子导率为 5.1×10^{-3} $S·cm^{-1}$，比纯 Li_2S（10^{-13} $S·cm^{-1}$）高 10 个数量级，因此可以大大提高电极的电导率。另外，DFT 计算证明 TiS_2 涂层中的极性 Ti—S 基团可与多硫化物相互作用。Li_2S 与单层 TiS_2 之间的结合能为 2.99 eV，而 Li_2S 与单层碳基石墨烯之间的结合能仅为 0.29 eV[100]。与纯 Li_2S 正极相比，$Li_2S@TiS_2$ 复合正极具有 806 $mAh·g^{-1}$ 的初始放电比容量，在 0.2 C 倍率下具有良好稳定性。Archer 团队利用 TiS_2 泡沫作为负载硫的正极骨架[279]，由于高导电性和极性，其在电池中表现出优良的性能。

各种其他金属硫化物，如 MoS_2[314-317]、SnS_2[318, 319]、NiS_2[320]、WS_2[321]、MnS[322]、CuS[323]和 FeS_2[324]等也被作为硫的极性骨架材料进行了研究。尽管金属硫化物的电导率远高于金属氧化物，但仍然需要引入碳基材料以进一步降低内阻并提高活性材料的利用率。此外，金属硫化物和多硫化物之间的多数吸附机制还不明晰，仍需要深入研究。

3. 金属碳化物体系

金属碳化物具有固有的高导电性和高活性的二维表面，通过金属-硫相互作用可以与多硫化物键合[325, 326]。

Naguib 等首次报道的 MXene 相是一类过渡金属碳化物或碳氮化物，他们的体相具有高导电性[63]，表面上具有丰富的官能团。MXene 是通过从层状 MAX 相（$M_{n+1}AX_n$，其中 M 是过渡金属，A 是ⅢA/ⅣA 族中的一种元素，X 是 C 或 N）中选择性地刻蚀 A 原子而产生的，随后使片层在极性溶剂中分层，得到分层的二维 MXene 相。目前已经有几种 Ti_xC_y 型 MXene 相被作为硫正极的极性载体材料[327-329]。Nazar 教授课题组通过刻蚀 Ti_2AlC 中的 Al 原子制备出 Ti_2C，并将其作为硫元素的载体材料[47]。剥离和分层处理后的 Ti_2C 纳米片表面上 Ti 原子未被占据的轨道可以与—OH 或硫化物结合，通过 XPS 光谱分析也证明了 Ti_2C 表面上的—OH 被硫物种取代，从而使得 Ti_2C 与多硫化物之间的相互作用更强烈，提

高了 Ti_2C/S 复合材料的电化学稳定性［图 4.11（c）］。之后，该课题组进一步研究了 MXene 相 Ti_3C_2 和 Ti_3CN 作为硫载体材料的性能[330]，DFT 计算结果也证明了多硫化物与 MXene 相 Ti_3C_2 和 Ti_3CN 之间的强相互作用。

通过使用 TiC 负载硫元素，清华大学张强教授课题组研究了极性骨架在硫正极氧化还原反应动力学中导电性的关键作用[331]。锂硫体系中的界面化学动力学主要由两个因素决定，包括氧化还原反应期间在液固边界上足够的结合能力和有效的电荷转移。作为非极性骨架，碳材料多为惰性且不能吸附多硫化物。例如，TiO_2 的极性绝缘体虽然与多硫化物的结合力足够强，但其低导电性阻碍了其表面上发生直接化学转化。因此，只有具有高导电性和极性的材料才能满足吸附和有效电荷传输的要求，从而可以增强电化学动力学。

其他的金属碳化物也被用来作为载硫材料，如 Fe_3C[325, 332]、W_2C、Mo_2C[333] 等，所有这些过渡金属碳化物都表现出对多硫化物强烈的吸附性。

4. 金属氮化物体系

金属氮化物具有高导电性（高于金属氧化物和碳化物）的优点，并且容易形成氧化物钝化层，其优异的化学稳定性也使其成为载硫材料的良好选择。

Goodenough 课题组通过熔融扩散将硫封装进介孔 TiN 中，所得的介孔 TiN-S 正极比介孔 TiO_2-S 和 Vulcan C-S 正极具有更好的循环稳定性和倍率性能[274]。TiN-S 正极优异的电化学性能可能归因于良好的导电性、坚固的 TiN 骨架以及 TiN 与多硫化物之间的强相互作用。类似地，厦门大学化学系董全峰教授课题组将 Co_4N 介孔球用作载硫骨架[334]。介孔 Co_4N 不仅可以快速吸附多硫化物，还可以催化硫的氧化还原过程。Co_4N@S 复合正极在 0.1 C 倍率下可以实现 1659 $mAh \cdot g^{-1}$ 的比容量，在大倍率 5 C 下 300 次循环后仍可提供 585 $mAh \cdot g^{-1}$ 的放电比容量。

Li 等将导电多孔氮化钒/石墨烯（VN/G）复合材料引入硫正极作为多硫化物的吸附剂[312]，并且通过实验和理论验证证明了 VN 对多硫化物的固定作用。DFT 计算证明 Li_2S_6 和 VN 之间的结合能为 3.75 eV，远高于与吡啶 N 掺杂石墨烯的结合能［图 4.11（d）］。并且 Li_2S_6 和 VN 之间强烈的极性相互作用会导致 Li_2S_6 分子明显的形变。在 Li_2S_6 中加入 VN/G 后，UV-Vis 光谱中 Li_2S_6 的吸收峰消失，而单纯加入 rGO 则没有任何影响。该复合正极表现出良好的倍率性能和循环性能，在 0.2 C 倍率下可以提供 1471 $mAh \cdot g^{-1}$ 的初始放电比容量，100 次循环后的比容量依然维持在 1252 $mAh \cdot g^{-1}$。

除上述工作外，其他金属氮化物，如 Mo_2N[73]等的开发也为锂硫电池改性提供了新的方向。金属氢氧化物[74]、金属磷化物[335, 336]、不同金属化合物的复合结构[337]等也被用来作为硫载体应用于锂硫电池。虽然难以预测哪种金属是最好的添加剂，但仍可以根据目前的研究和知识预测一些金属化合物的关键特性。首先，金属化合物与多硫化物具有强烈的相互作用。其次，当多硫化物固定在导电基底上时，它们应当更容易接受电子，从而加速反应速率。因此具有良好导电性的金属化合物是更好的选择，当然，通过与导电碳材料或聚合物复合也可以增强导电性。再次，极性金属化合物也可以作为电催化剂促进多硫化物氧化还原反应并提高活性材料的利用率。最后，金属化合物的纳米结构参数，即比表面积、孔径、孔体积以及粒径等也是影响锂硫电池性能的重要因素。

4.3　正极材料评测方法

诸多新颖的正极结构和正极材料被设计出来以改善锂硫电池的整体性能。其放电容量、循环稳定性和倍率性能等可以通过标准恒流放电/充电过程来评估。为了阐明电池性能与正极材料之间具体的影响机制，许多评测方法被引入了硫正极体系。因此，本节概述正极主体材料对锂硫电池中电化学反应的影响，主要从硫元素的分布、主体材料对锂硫电池电化学反应的影响以及其对多硫化物传输的影响三个方面的评测方法进行介绍。

4.3.1　硫元素的分布

在循环过程中，硫单质经过多次相变，从可溶性多硫化物转化为不溶性 Li_2S/Li_2S_2。这种不断的溶解和沉积行为将改变正极骨架内硫的空间分布[338, 339]，不均匀的硫分布将显著影响正极的性能，若硫元素发生聚集，部分碳主体材料可能接触不到硫材料，即可用的导电表面积减小。另外，可溶性多硫化物在电解液中的扩散会引起容量衰减[340, 341]。因此，监测循环过程中的硫元素在复合体系中的分布状态是非常重要的。

研究人员使用不同的电镜来监测硫元素的二维分布状态，如扫描光电子显微镜（SPEM）、透射 X 射线显微镜（TXM）、原位 X 射线造影技术等。SPEM 可以观测处于相同化学状态的特定元素的分布，具有比扫描电子显微镜（SEM）和透射电子显微镜（TEM）中实现能量色散的 X 射线光谱更高的能量分辨率表面敏感度[342]。Kim 等利用这一技术发现，在低倍率活化循环期间硫元素的分布更加均匀，减轻了循环初始状态中的硫聚集现象，因此在完全放电时减小了正极骨架中的内应力[343]。Lin 等则将定量模型与 TXM 结合，证明了多硫化物溶解速率对锂化学计量的复杂依赖性，从而表明多硫化物重新分布是由形核限制的[344]。另外，利用原位 X 射线造影也可以观测整个正极内硫浓度的分布[337, 338]。

除了二维元素分布图外，整个电极内硫元素分布的演变过程对于评测复合正极材料至关重要。应用 X 射线显微技术（XRM）可以确定空间中的硫含量分布，中国科学院金属研究所成会明院士团队首次在锂硫电池研究中使用 XRM［图 4.12（a）］[42, 139, 345, 346]，他们利用 XRM 监测了循环后夹层正极中的硫分布，并且定量分析了每个部分硫的比例。Zielke 等通过更高分辨率的相位对比 XRM 观察到正极中活性物质的逐渐损失[347]。与二维元素分布相比，三维 X 射线显微技术可以获得更多的立体信息。除直接成像外，还可以通过其他分析工具如 N_2 等温物理吸附来研究活性相的元素分布[348]。由此可见，通过成像技术和物理化学表征的结合可以获得关于锂硫电池循环中硫元素的分布的更多信息。

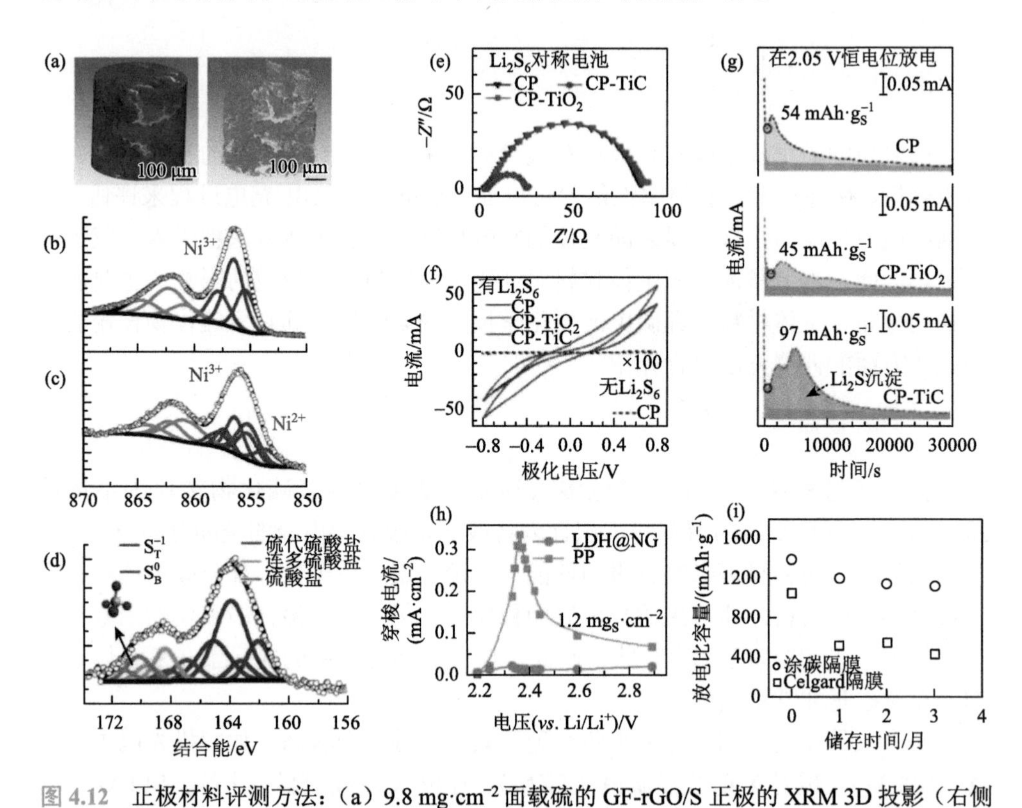

图 4.12　正极材料评测方法：（a）9.8 $mg·cm^{-2}$ 面载硫的 GF-rGO/S 正极的 XRM 3D 投影（右侧图片中石墨烯为灰色，硫为黄色）[346]；NiOOH 的 Ni XPS（b）和与 Li_2S_4 接触后的 NiOOH 固体的 Ni XPS（c）及 S XPS 光谱（d）[292]；采用不同电极的对称电池的 EIS（e）和 CV 谱图（f）；（g）Li_2S_8/四乙二醇二甲醚溶液在 2.05 V 下不同表面上的恒电位放电曲线[331]；（h）不同锂硫电池之间穿梭电流的比较[349]；（i）不同锂硫电池在不同储存时间下的自放电行为[350]

4.3.2　主体材料对锂硫电池电化学反应的影响

4.2 节中介绍了大量以碳材料、聚合物材料和金属化合物材料作为载硫材料的硫正极体系。这些主体材料对锂硫电池的电化学过程具有重要影响，这里从硫化物与主体材料之间的相互作用、多硫化物氧化还原过程以及 Li_2S 沉积三个方面介绍复合正极材料的评测方法。

1. 多硫化物-主体材料之间的相互作用

为了增强主体材料与多硫化物之间的相互作用，不同的掺杂碳材料或极性聚合物、无机化合物被广泛引入复合正极体系[13, 68, 299, 351, 352]。这种相互作用的评测可以通过显微或宏观方法进行。通过可视化吸附实验，可以直观验证对多硫化物吸附的有效性，多数情况下使用静态吸附，一些研究中也涉及动态放电过程中对主体材料吸附作用的观察[353-355]。其中，浸泡主体材料的电解质颜色的变化可以作为吸附多硫化物的证据。另外，这种相互作用的化学本质，如化学键的形成、电子密度的变化和吸附时的轨道重叠等详细评测方法将在以下进行简要介绍。

红外光谱（IR）和拉曼光谱：IR 和拉曼光谱都可用于检测与 p 区元素有关的化学键和官能团。IR 和拉曼光谱通过吸收和散射响应分子中的不同振动模式，两者互为补充。通常 IR 用来分析来自极性物种的振动，拉曼光谱用于非极性物质的检测。Seh 等通过拉曼光谱中 Li_2S 峰的红移来确定 Li_2S 和氧化石墨烯之间的相互作用[356]。Nazar 教授团队首次采用 IR 和拉曼光谱研究多硫化物对二氧化钛（TiO_2）的吸附行为[357]。Lin 等利用拉曼光谱发现了一种新的氧化还原机制，即在聚硫磷酸锂（Li_3PS_{4+n}）正极中 S—S 键断裂/重组，其中硫元素被束缚在硫代硫酸根阴离子的末端巯基上[358]。IR 和拉曼光谱可以用于揭示硫-主体材料之间的相互作用，开辟了探索锂硫电池化学原理的新方法，但其无法阐释电子跃迁的发生以及化学键的形成。

X 射线光电子能谱（XPS）：XPS 是分析材料化学成分及表面附近原子氧化态的最有效的技术之一。在锂硫电池中，XPS 或高能 XPS 适用于检测主体材料的表面化学状态及其与含硫物质之间的相互作用，因为多硫化物的转化主要发生在电极/电解质界面处。另外，XPS 可以清楚地表征部分电荷转移的发生。

对于不同类型的极性主体材料而言，其与多硫化物之间的结合主要通过与 Li^+、S_n^{2-} 或两者的键合来实现。为了确定和区分这些相互作用，对锂硫电池循环后或工作电极的材料进行 XPS 表征十分必要[359, 360]。例如，Nazar 教授团队通过分析 Li 1s 光谱，将石墨碳氮化物中氮原子的电子跃迁与 Li^+相对应，即 Li—N 键[297]。与之不同，中国科学院化学研究所郭玉国研究员课题组则通过 S 2p 光谱发现了电子从硫到碳骨架的轻微迁移，证明硼掺杂石墨烯与多硫化物之间的作用主要通过其与硫的结合而不是锂元素[361]。类似于掺杂富电子元素的碳材料，通过 XPS 表征可以证明杂原子共轭聚合物通常通过 Li-杂原子键结合多硫化物[362, 363]。

除了这些 p 嵌段共价正极骨架外，4.2 节中介绍的金属化合物与多硫化物之间的相互作用也可用 XPS 检测[275]。斯坦福大学崔屹教授团队在理论上预测并用 XPS 证实了 Magnéli 相 Ti_nO_{2n-1} 中的不饱和配位钛（Ti）位点可与 S_T（端基硫）原子结合[302]。Nazar 等也在 Magnéli 相 Ti_4O_7[293]和 MXene 相 Ti_2C[47]中证实了 Ti—S 键的存在。清华大学张强教授课题组通过 XPS 证明了层状双氢氧化物 Ni—S 键及氮掺杂石墨烯上的 N/O—Li 键的存在，进一步验证了其他过渡金属元素如铁和镍与含硫物种之间的相互作用[357]。此外，Liang 等还通过 XPS 证明了锂硫电池中过渡性化合物如水钠锰氧化物的独特表面氧化还原机理[291]，也在随后通过 XPS 光谱的详细分析，证明了当金属氧化物的氧化还原电位高于多硫化物氧化还原电位时，这一硫代硫酸盐—连多硫酸盐转化（Wackenroder's 反应）过程普遍存在于金属氧化物上［图 4.12（b）～（d)］[292]。值得注意的是，虽然 XPS 是化学分析中的重要工具，但它只能检测样品表面附近 10 nm 深度范围的化学信号。此外，它通常在高真空环境下操作，这使得液体体系的原位表征非常困难。并且在数据分析解读方面也应仔细斟酌，避免过度解释或被误导。

X 射线吸收光谱（XAS)：与 XPS 相比，XAS 可以提供有关体积而非表面尺度的信息[364]。Ji 等在 2011 年首次利用 XAS 对以 GO 为正极主体材料的锂硫电池进行研究[136]。他们从 C K-edge 光谱发现硫会部分还原 GO 并形成 C—S 键，此外，他们还通过 S 1s 光谱发现 NG（掺氮石墨烯）正极中的 C—S 键和完全放电状态下的 Li_2S_n—N 键。Song 等通过比较 O K-edge 光谱发现，掺杂的氮元素增强了硫原子与石墨烯上—COOH 或—C ═ O 的氧之间的相互作用[268]。

核磁共振（NMR)：除了物种检测外，NMR 还可以为理解锂硫电池中氧化还原机制提供新的方法。Hu 等利用正极材料的 ^{13}C NMR 溶液光谱，在硫共聚物正极中发现 C—S 键[258]。另外，还可以通过 ^{7}Li NMR 信号观测其他关于氧化还原反应的结果。

在上述关于多硫化物-主体材料相互作用的检测方法中，介绍了许多用于锂硫电池的表征技术。其中 X 射线辐射光谱学的应用最为广泛，特别是 XPS。XPS 和 XAS 可以提供电荷转移、化学状态改变以及成键等多种信息。XPS 使用频繁但只能用于静态或非原位检测；而 XAS 可以提供动态或原位信息，但需要同步辐射源。IR 和拉曼光谱以及 NMR 是常规表征手段，但只能进行定性表征。

2. 液相多硫化物的氧化还原

硫单质在放电过程中首先产生可溶性多硫化物，EIS 测试表明多硫化物在电解液中的溶解会增加电池阻抗，证明液相多硫化物在电池中的氧化还原过程可能相当慢[365, 366]。当绝缘的主体材料被复合在正极中时，尽管可以吸附多硫化物，却会导致更高的阻抗[367]。此外，利用绝缘材料固定多硫化物的同时需要额外的表面扩散步骤来使含硫物种接触导电基质进行得失电子[269]。

清华大学张强教授课题组为了证明主体材料的电导率在锂硫电池中对电化学动力学的影响，设计了一个对称电池模型系统来监测具有不同电导率的同类钛基无机化合物表面的多硫化物氧化还原反应。通过将 Li_2S_6 电解质夹在两个相同的碳纸电极（CP）之间来组装对称电池，该碳纸电极负载有 TiC 或 TiO_2。对称电池的 CV 和 EIS 测试均表明 TiC 表面上的电化学动力学显著增强，而负载 TiO_2 的碳纸与空白碳纸的电化学行为没有差异［图 4.12（e）、（f）］[331]。另外，半金属黄铁矿型二硫化钴（CoS_2）（电导率为 6.7×10^3 $S\cdot cm^{-1}$）对 Li_2S_6 电解质的氧化还原动力学也有积极影响[276]。

通过分析锂硫电池的 CV 曲线也可以证明主体材料的催化性。例如，利用 CV 曲线在一定程度上可以为二硫化钨和 g-C_3N_4 的催化效应提供实验证据[368, 369]，但对称电池模型实验可以提供更为直接和明确的证据。类似地，对称电池实验可以用来检测具有氧化还原活性的非主体材料（黏结剂等）对多硫化物转化的促进作用。例如，Frischmann 等通过对称电池的 CV 测试证明了苝酰亚胺（PBI）超分子黏结剂可以为多硫化物的氧化还原提供额外的电导率和反应位点[370]。

3. Li_2S 沉积

主体材料的性质不仅决定了液液转化的活性，而且在液固边界中也起着至关重要的作用。Li_2S 与复合正极的主体材料之间界面能的变化可能导致 Li_2S 不同的二维生长机制[331]。将用于对称电池的负载了 TiC 或 TiO_2 的相同碳纸电极组装成 Li-多硫化物电池用于恒压形核实验。在相同的程序和条件下，观察到两种材料完全不同的生长机制。根据建模计算，TiC 利于 Li_2S 的沉积，与碳纸相比比容量增加 80%，而 TiO_2 则会导致碳纸表面“中毒”，Li_2S 的沉积量远小于碳纸［图 4.12（g）］。由于金属化合物颗粒本身提供的表面积要比基底小得多，Li_2S 沉积量的差异只能通过生长机制的不同来解释。Fan 等认为 Li_2S 生长的停止是由于绝缘 Li_2S 核之间的连接，直到活性表面被完全覆盖[371]。因此，负载 TiC 的碳纸上沉积量的增加可能是由于径向生长。该结果证明了导电极性主体材料在锂硫电池中的重要作用，类似地，形核实验证明层状双金属氢氧化物（LDH）和掺氮石墨烯（NG）复合物比单独的 LDH 更能促进 Li_2S 沉积[349]。

扫描电子显微镜（SEM）和透射电子显微镜（TEM）都是表征正极材料形貌的有力工具。通过 SEM 可以直观地观测 Li_2S 在基底上的沉积厚度和形态，与原始碳纸相比，恒压放电之后，由导电极性颗粒修饰的碳纸上沉积了厚厚一层 Li_2S，完全覆盖整个表面[331]。另外，恒流放电后正极材料的形态也可以反映不同表面上的形核和生长机制。Yao 等经研究发现，在相同倍率下，沉积在氧化铟锡（ITO）修饰的碳纤维上的 Li_2S 颗粒比原始碳纤维上的更小更密集[372]。

4.3.3　主体材料对多硫化物传输的影响

通过光谱表征可以进一步分析用于可视化实验的多硫化物溶液，从而对穿梭效应进行定量或半定量测量。但是这种评测方法过于复杂，因此需要更先进、简单和直接的评测方法。Helms 及其团队通过 CV 和方波伏安法等电化学测量方法来分析可视化测试中空白侧的多硫化物浓度变化[373]。通过校准，电流可以作为多硫化物浓度的一个度量。然而这种方法仍不适合应用于实际工作的锂硫电池。Moy 等通过开发一种直接测量“穿梭电流”的电化学方法，深入研究了穿梭效应[374]。在多硫化物扩散时，正极侧的电化学电位将下降，整个电池的电压也会下降。为了抵消这种电压降，利用外部电流并将电池电压保持在恒定值。这种外部补偿的电流被认为是“穿梭电流”，因为它抵消了内部多硫化物氧化还原引起的影响。通过测量施加的电流，可以定量表征工作环境中电池的穿梭效应。张强教授课题组通过绘制测量的穿梭电流与电池电压之间的关系曲线进一步扩展了这种方法的应用范围[349]。通过对穿梭电流的测量，可以验证用于抑制穿梭的复合材料的有效性［图 4.12（h）］。穿梭电流的测量作为一种相对较新且有前景的分析方法，它提供了更加详细且简单的动态信息。

上述对使用性能的评估提供了对工作电池中穿梭效应评测的重要方法。然而，由于销售或交付过程中存在不可避免的储存时间，实际使用的锂硫电池不总是处于工作状态。因此锂硫电池内部发生氧化还原反应而导致剩余容量的降低，这种静态条件下的自放电现象也应被考虑在复合正极材料评测范围内。得克萨斯大学奥斯汀分校 Manthiram 课题组首次研究了储存数月后的锂硫电池的放电比容量，并且发现当隔膜和正极之间有碳层时可以显著抑制自放电现象［图 4.12（i）］[350]。

以上简单总结了正极材料的评测方法，对于原位光谱而言，这些方法使研究人员能够原位检测工作状态下锂硫电池中硫物种的种类、数量及其随时间的演变和分布[342, 375-379]。但过于复杂的实验程序和电池结构设计以及难以分析的数据使原位光谱表征不易进行。因此，通过整合非原位表征和原位电化学测试为材料评测提供了新方法。非原位 XPS 和拉曼光谱以及循环后的 SEM 和 TEM 被广泛应用，并且成功表征了电化学过程不同阶段中电极组分的表面化学和形貌信息[276, 372, 380]。但这种表征手段通常需要将电池拆卸、清洗和转移，可能会造成污染。在过去的几年中，一些新的电化学方案被用来评测复合正极体系，包括多硫化物对称电池[331, 370]、恒压形核[349, 371, 381]和穿梭电流的测量[349, 374]等。这些简单的电化学评测方法有利于检测复合材料对多硫化物或硫化锂的氧化还原反应过程的影响，但并不能表征准确的反应途径，只能测量已知过程的关键参数。

用于提高锂硫电池能量和功率密度的方法仍需要继续探索，要实现高于锂离子电池能量密度的目标必须降低锂硫电池中的液硫比（E/S 值）。因此，对于正极而言，更多的精力应放在降低电解液用量上。低电解液用量意味着完全溶解的硫浓度的增加，这将不可避免地导致硫的不完全利用和非活性硫化锂的沉积。高 DN（给体数）溶剂有可能实现低 E/S 值而不会降低容量和稳定性。此外，正极中较高的硫面载量是降低非活性材料质量占比并实现更高能量密度的必要条件。总之，在锂硫电池的科学和工程化方面仍有许多问题亟待解决。只有综合考虑所有部分的改进，同时深入了解其中潜在的机制才有可能实现工业化。同样，通过组合多种互补的表征和分析工具，才能系统评测复杂的正极复合体系。

参考文献

[1] Herbert D，Ulam J. Electric dry cells and storage batteries：USA，US3043896. 1962-07-10.

[2] Cairns E J，Shimotake H. High-temperature batteries. Science，1969，164：1347-1355.

[3] Boyd D A. Sulfur and its role in modern materials science. Angewandte Chemie International Edition，2016，55（50）：15486-15502.

[4] He X M，Ren J G，Wang L，et al. Expansion and shrinkage of the sulfur composite electrode in rechargeable lithium batteries. Journal of Power Sources，2009，190（1）：154-156.

[5] Elazari R，Salitra G，Talyosef Y，et al. Morphological and structural studies of composite sulfur electrodes upon cycling by HRTEM，AFM and Raman spectroscopy. Journal of the Electrochemical Society，2010，157（10）：A1131-A1138.

[6] Tukamoto H，West A R. Electronic conductivity of $LiCoO_2$ and its enhancement by magnesium doping. Journal of the Electrochemical Society，1997，144（9）：3164-3168.

[7] Mikhaylik Y V，Akridge J R. Polysulfide shuttle study in the Li/S battery system. Journal of the Electrochemical Society，2004，151（11）：A1969-A1976.

[8] Wang D W，Zeng Q C，Zhou G M，et al. Carbon-sulfur composites for Li-S batteries：Status and prospects. Journal of Materials Chemistry A，2013，1（33）：9382-9394.

[9] Ji X L，Lee K T，Nazar L F. A highly ordered nanostructured carbon-sulphur cathode for lithium-sulphur batteries. Nature Materials，2009，8（6）：500-506.

[10] Liang J，Sun Z H，Li F，et al. Carbon materials for Li-S batteries：Functional evolution and performance improvement. Energy Storage Materials，2016，2：76-106.

[11] Elazari R，Salitra G，Garsuch A，et al. Sulfur-impregnated activated carbon fiber cloth as a binder-free cathode for rechargeable Li-S batteries. Advanced Materials，2011，23（47）：5641-5644.

[12] Huang J Q，Peng H J，Liu X Y，et al. Flexible all-carbon interlinked nanoarchitectures as cathode scaffolds for high-rate lithium-sulfur batteries. Journal of Materials Chemistry A，2014，2（28）：10869-10875.

[13] Zhao Y，Wu W L，Li J X，et al. Encapsulating MWNTs into hollow porous carbon nanotubes：A tube-in-tube carbon nanostructure for high-performance lithium-sulfur batteries. Advanced Materials，2014，26（30）：5113-5118.

[14] Zhang J，Yang C P，Yin Y X，et al. Sulfur encapsulated in graphitic carbon nanocages for high-rate and long-cycle lithium-sulfur batteries. Advanced Materials，2016，28（43）：9539-9544.

[15] Li W Y，Zhang Q F，Zheng G Y，et al. Understanding the role of different conductive polymers in improving the nanostructured sulfur cathode performance. Nano Letters，2013，13（11）：5534-5540.

[16] Nan C Y，Lin Z，Liao H G，et al. Durable carbon-coated Li_2S core-shell spheres for high performance lithium/sulfur cells. Journal of the American Chemical Society，2014，136（12）：4659-4663.

[17] Li G C，Li G R，Ye S H，et al. A polyaniline-coated sulfur/carbon composite with an enhanced high-rate capability as a cathode material for lithium/sulfur batteries. Advanced Energy Materials，2012，2（10）：1238-1245.

[18] Huang J Q, Zhang Q, Zhang S M, et al. Aligned sulfur-coated carbon nanotubes with a polyethylene glycol barrier at one end for use as a high efficiency sulfur cathode. Carbon, 2013, 58: 99-106.

[19] Huang J Q, Zhang Q, Peng H J, et al. Ionic shield for polysulfides towards highly-stable lithium-sulfur batteries. Energy & Environmental Science, 2014, 7 (1): 347-353.

[20] Zhuang T Z, Huang J Q, Peng H J, et al. Rational integration of polypropylene/graphene oxide/nafion as ternary-layered separator to retard the shuttle of polysulfides for lithium-sulfur batteries. Small, 2016, 12 (3): 381-389.

[21] Yim T, Han S H, Park N H, et al. Effective polysulfide rejection by dipole-aligned $BaTiO_3$ coated separator in lithium-sulfur batteries. Advanced Functional Materials, 2016, 26 (43): 7817-7823.

[22] Peng H J, Zhang Q. Designing host materials for sulfur cathodes: From physical confinement to surface chemistry. Angewandte Chemie International Edition, 2015, 54 (38): 11018-11020.

[23] Yang R T, Hernández-Maldonado A J, Yang F H. Desulfurization of transportation fuels with zeolites under ambient conditions. Science, 2003, 301: 79-81.

[24] Choudhary T V, Malandra J, Green J, et al. Towards clean fuels: Molecular-level sulfur reactivity in heavy oils. Angewandte Chemie International Edition, 2006, 45 (20): 3299-3303.

[25] Song J X, Yu Z X, Gordin M L, et al. Chemically bonded phosphorus/graphene hybrid as a high performance anode for sodium-ion batteries. Nano Letters, 2014, 14 (11): 6329-6335.

[26] Kim Y J, Park Y, Choi A, et al. An amorphous red phosphorus/carbon composite as a promising anode material for sodium ion batteries. Advanced Materials, 2013, 25 (22): 3045-3049.

[27] Song J X, Yu Z X, Gordin M L, et al. Advanced sodium ion battery anode constructed via chemical bonding between phosphorus, carbon nanotube, and cross-linked polymer binder. ACS Nano, 2015, 9: 11933-11941.

[28] Lin T Q, Tang Y F, Wang Y M, et al. Scotch-tape-like exfoliation of graphite assisted with elemental sulfur and graphene-sulfur composites for high-performance lithium-sulfur batteries. Energy & Environmental Science, 2013, 6 (4): 1283-1290.

[29] Xu J T, Shui J L, Wang J L, et al. Sulfur-graphene nanostructured cathodes via ball-milling for high-performance lithium-sulfur batteries. ACS Nano, 2014, 8: 10920-10930.

[30] Cai K, Song M K, Cairns E J, et al. Nanostructured Li_2S-C composites as cathode material for high-energy lithium/sulfur batteries. Nano Letters, 2012, 12 (12): 6474-6479.

[31] Sun L, Li M Y, Jiang Y, et al. Sulfur nanocrystals confined in carbon nanotube network as a binder-free electrode for high-performance lithium sulfur batteries. Nano Letters, 2014, 14 (7): 4044-4049.

[32] Zheng S Y, Wen Y, Zhu Y J, et al. *In situ* sulfur reduction and intercalation of graphite oxides for Li-S battery cathodes. Advanced Energy Materials, 2014, 4 (16): 1400482.

[33] Qie L, Manthiram A. High-energy-density lithium-sulfur batteries based on blade-cast pure sulfur electrodes. ACS Energy Letters, 2016, 1 (1): 46-51.

[34] Sun L, Kong W B, Jiang Y, et al. Super-aligned carbon nanotube/graphene hybrid materials as a framework for sulfur cathodes in high performance lithium sulfur batteries. Journal of Materials Chemistry A, 2015, 3 (10): 5305-5312.

[35] Li X L, Cao Y L, Qi W, et al. Optimization of mesoporous carbon structures for lithium-sulfur battery applications. Journal of Materials Chemistry, 2011, 21 (41): 16603-16610.

[36] Zhang C F, Wu H B, Yuan C Z, et al. Confining sulfur in double-shelled hollow carbon spheres for lithium-sulfur batteries. Angewandte Chemie International Edition, 2012, 124: 9730-9733.

[37] Meyer B. Elemental sulfur. Chemical Reviews，1976，76：367-388.

[38] Luo C，Zhu Y J，Borodin O，et al. Activation of oxygen-stabilized sulfur for Li and Na batteries. Advanced Functional Materials，2016，26（5）：745-752.

[39] Tang C，Zhang Q，Zhao M Q，et al. Nitrogen-doped aligned carbon nanotube/graphene sandwiches：Facile catalytic growth on bifunctional natural catalysts and their applications as scaffolds for high-rate lithium-sulfur batteries. Advanced Materials，2014，26（35）：6100-6105.

[40] Zhang S S，Read J A. A new direction for the performance improvement of rechargeable lithium/sulfur batteries. Journal of Power Sources，2012，200：77-82.

[41] Choi J W，Aurbach D. Promise and reality of post-lithium-ion batteries with high energy densities. Nature Reviews Materials，2016，1（4）：16013.

[42] Zhou G M，Pei S F，Li L，et al. A graphene-pure-sulfur sandwich structure for ultrafast，long-life lithium-sulfur batteries. Advanced Materials，2014，26（4）：625-631.

[43] Wang H Q，Zhang W C，Liu H K，et al. A strategy for configuration of an integrated flexible sulfur cathode for high-performance lithium-sulfur batteries. Angewandte Chemie International Edition，2016，55（12）：3992-3996.

[44] Zheng S Y，Yi F，Li Z P，et al. Copper-stabilized sulfur-microporous carbon cathodes for Li-S batteries. Advanced Functional Materials，2014，24（26）：4156-4163.

[45] Zhou G M，Yin L C，Wang D W，et al. Fibrous hybrid of graphene and sulfur nanocrystals for high-performance lithium-sulfur batteries. ACS Nano，2013，7（6）：5367-5375.

[46] Chen H W，Wang C H，Dong W L，et al. Monodispersed sulfur nanoparticles for lithium-sulfur batteries with theoretical performance. Nano Letters，2015，15（1）：798-802.

[47] Liang X，Garsuch A，Nazar L F. Sulfur cathodes based on conductive mxene nanosheets for high-performance lithium-sulfur batteries. Angewandte Chemie International Edition，2015，54（13）：3907-3911.

[48] Zhou G M，Wang D W，Li F，et al. A flexible nanostructured sulphur-carbon nanotube cathode with high rate performance for Li-S batteries. Energy & Environmental Science，2012，5（10）：8901-8906.

[49] Je S H，Hwang T H，Talapaneni S N，et al. Rational sulfur cathode design for lithium-sulfur batteries：Sulfur-embedded benzoxazine polymers. ACS Energy Letters，2016，1（3）：566-572.

[50] He B，Li W C，Yang C，et al. Incorporating sulfur inside the pores of carbons for advanced lithium-sulfur batteries：An electrolysis approach. ACS Nano，2016，10（1）：1633-1639.

[51] Zhang C，Lv W，Zhang W G，et al. Reduction of graphene oxide by hydrogen sulfide：A promising strategy for pollutant control and as an electrode for Li-S batteries. Advanced Energy Materials，2014，4（7）：1301565.

[52] Wang H L，Yang Y，Liang Y Y，et al. Graphene-wrapped sulfur particles as a rechargeable lithium-sulfur battery cathode material with high capacity and cycling stability. Nano Letters，2011，11（7）：2644-2647.

[53] Zhou W D，Yu Y C，Chen H，et al. Yolk-shell structure of polyaniline-coated sulfur for lithium-sulfur batteries. Journal of the American Chemical Society，2013，135（44）：16736-16743.

[54] Kim H，Lee J，Ahn H，et al. Synthesis of three-dimensionally interconnected sulfur-rich polymers for cathode materials of high-rate lithium-sulfur batteries. Nature Communications，2015，6：7278-7288.

[55] Fei L F，Li X G，Bi W T，et al. Graphene/sulfur hybrid nanosheets from a space-confined “sauna” reaction for high-performance lithium-sulfur batteries. Advanced Materials，2015，27（39）：5936-5942.

[56] Li B，Li S M，Liu J H，et al. Vertically aligned sulfur-graphene nanowalls on substrates for ultrafast lithium-sulfur batteries. Nano Letters，2015，15（5）：3073-3079.

[57] Simmonds A G，Griebel J J，Park J，et al. Inverse vulcanization of elemental sulfur to prepare polymeric electrode

materials for Li-S batteries. ACS Macro Letters，2014，3（3）：229-232.

[58] Talapaneni S N，Hwang T H，Je S H，et al. Elemental-sulfur-mediated facile synthesis of a covalent triazine framework for high-performance lithium-sulfur batteries. Angewandte Chemie International Edition，2016，55：3106-3111.

[59] Dirlam P T，Simmonds A G，Kleine T S，et al. Inverse vulcanization of elemental sulfur with 1, 4-diphenylbutadiyne for cathode materials in Li-S batteries. RSC Advances，2015，5（31）：24718-24722.

[60] Li B，Li S M，Xu J J，et al. A new configured lithiated silicon-sulfur battery built on 3D graphene with superior electrochemical performances. Energy & Environmental Science，2016，9（6）：2025-2030.

[61] Ding N，Lum Y W，Chen S F，et al. Sulfur-carbon yolk-shell particle based 3D interconnected nanostructures as cathodes for rechargeable lithium-sulfur batteries. Journal of Materials Chemistry A，2015，3（5）：1853-1857.

[62] Li G X，Sun J H，Hou W P，et al. Three-dimensional porous carbon composites containing high sulfur nanoparticle content for high-performance lithium-sulfur batteries. Nature Communications，2016，7：10601-10611.

[63] Naguib M，Kurtoglu M，Presser V，et al. Two-dimensional nanocrystals produced by exfoliation of Ti_3AlC_2. Advanced Materials，2011，23（37）：4248-4253.

[64] Naguib M，Gogotsi Y. Synthesis of two-dimensional materials by selective extraction. Accounts of Chemical Research，2015，48（1）：128-135.

[65] Zhao M Q，Sedran M，Ling Z，et al. Synthesis of carbon/sulfur nanolaminates by electrochemical extraction of titanium from Ti_2SC. Angewandte Chemie International Edition，2015，54（16）：4810-4814.

[66] Zhao Q，Hu X F，Zhang K，et al. Sulfur nanodots electrodeposited on ni foam as high-performance cathode for Li-S batteries. Nano Letters，2015，15（1）：721-726.

[67] Jayaprakash N，Shen J，Moganty S S，et al. Porous hollow carbon@sulfur composites for high-power lithium-sulfur batteries. Angewandte Chemie International Edition，2011，50（26）：5904-5908.

[68] Zheng G Y，Yang Y，Cha J J，et al. Hollow carbon nanofiber-encapsulated sulfur cathodes for high specific capacity rechargeable lithium batteries. Nano Letters，2011，11（10）：4462-4467.

[69] Wu F，Chen J Z，Chen R J，et al. Sulfur/polythiophene with a core/shell structure：Synthesis and electrochemical properties of the cathode for rechargeable lithium batteries. The Journal of Physical Chemistry C，2011，115（13）：6057-6063.

[70] Xiao L F，Cao Y L，Xiao J，et al. A soft approach to encapsulate sulfur：polyaniline nanotubes for lithium-sulfur batteries with long cycle life. Advanced Materials，2012，24（9）：1176-1181.

[71] Wang J，Chen J，Konstantinov K，et al. Sulphur-polypyrrole composite positive electrode materials for rechargeable lithium batteries. Electrochimica Acta，2006，51（22）：4634-4638.

[72] Li Z，Zhang J，Guan B Y，et al. A sulfur host based on titanium monoxide@carbon hollow spheres for advanced lithium-sulfur batteries. Nature Communications，2016，7：13065-13076.

[73] Jiang G S，Xu F，Yang S H，et al. Mesoporous，conductive molybdenum nitride as efficient sulfur hosts for high-performance lithium-sulfur batteries. Journal of Power Sources，2018，395：77-84.

[74] Zhang J，Li Z，Chen Y，et al. Ni-Fe layered double hydroxide hollow polyhedrons as a superior sulfur host for Li-S batteries. Angewandte Chemie International Edition，2018，57：10944-10948.

[75] Liu Q，Zhang J H，He S A，et al. Stabilizing lithium-sulfur batteries through control of sulfur aggregation and polysulfide dissolution. Small，2018：e1703816.

[76] Guo Z Q，Nie H G，Yang Z，et al. 3D CNTs/graphene-S-Al_3Ni_2 cathodes for high-sulfur-loading and long-life lithium-sulfur batteries. Advanced Science，2018：1800026.

[77] Liu S H，Li J，Yan X，et al. Superhierarchical cobalt-embedded nitrogen-doped porous carbon nanosheets as two-in-one hosts for high-performance lithium-sulfur batteries. Advanced Materials，2018，30：1706895.

[78] Xin S，Gu L，Zhao N H，et al. Smaller sulfur molecules promise better lithium-sulfur batteries. Journal of the American Chemical Society，2012，134（45）：18510-18513.

[79] Wang J L，Yang J，Xie J Y，et al. A novel conductive polymer-sulfur composite cathode material for rechargeable lithium batteries. Advanced Materials，2002，14：963-965.

[80] Kim J S，Hwang T H，Kim B G，et al. A lithium-sulfur battery with a high areal energy density. Advanced Functional Materials，2014，24（34）：5359-5367.

[81] Zeng S B，Li L G，Zhao D K，et al. Polymer-capped sulfur copolymers as lithium-sulfur battery cathode: Enhanced performance by combined contributions of physical and chemical confinements. The Journal of Physical Chemistry C，2017，121（5）：2495-2503.

[82] Fang R P，Zhao S Y，Pei S F，et al. Toward more reliable lithium-sulfur batteries：An all-graphene cathode structure. ACS Nano，2016，10（9）：8676-8682.

[83] Wang D W，Zhou G M，Li F，et al. A microporous-mesoporous carbon with graphitic structure for a high-rate stable sulfur cathode in carbonate solvent-based Li-S batteries. Physical Chemistry Chemical Physics，2012，14（24）：8703-8710.

[84] Han S C，Song M S，Lee H，et al. Effect of multiwalled carbon nanotubes on electrochemical properties of lithium/sulfur rechargeable batteries. Journal of The Electrochemical Society，2003，150（7）：A889-A893.

[85] Dorfler S，Hagen M，Althues H，et al. High capacity vertical aligned carbon nanotube/sulfur composite cathodes for lithium-sulfur batteries. Chemical Communications，2012，48（34）：4097-4099.

[86] Li Z，Yuan L X，Yi Z Q，et al. A dual coaxial nanocable sulfur composite for high-rate lithium-sulfur batteries. Nanoscale，2014，6（3）：1653-1660.

[87] Yuan L X，Yuan H P，Qiu X P，et al. Improvement of cycle property of sulfur-coated multi-walled carbon nanotubes composite cathode for lithium/sulfur batteries. Journal of Power Sources，2009，189（2）：1141-1146.

[88] Chen L，Xu C X，Yang L M，et al. Nitrogen-doped holey carbon nanotubes：Dual polysulfides trapping effect towards enhanced lithium-sulfur battery performance. Applied Surface Science，2018，454：284-292.

[89] Deng W N，Hu A P，Chen X H，et al. Sulfur-impregnated 3D hierarchical porous nitrogen-doped aligned carbon nanotubes as high-performance cathode for lithium-sulfur batteries. Journal of Power Sources，2016，322：138-146.

[90] Kim P J，Kim K，Pol V G. Towards highly stable lithium sulfur batteries：Surface functionalization of carbon nanotube scaffold. Carbon，2018，131：175-183.

[91] Li H，Sun L P，Wang G C. Self-assembly of polyethylene glycol-grafted carbon nanotube/sulfur composite with nest-like structure for high-performance lithium-sulfur batteries. ACS Applied Materials & Interfaces，2016，8（9）：6061-6071.

[92] Jin F Y，Xiao S，Lu L J，et al. Efficient activation of high-loading sulfur by small CNTs confined inside a large CNT for high-capacity and high-rate lithium-sulfur batteries. Nano Letters，2016，16（1）：440-447.

[93] Zhu L，Zhu W C，Cheng X B，et al. Cathode materials based on carbon nanotubes for high-energy-density lithium-sulfur batteries. Carbon，2014，75：161-168.

[94] Yang G，Tan J，Jin H，et al. Creating effective nanoreactors on carbon nanotubes with mechanochemical treatments for high-areal-capacity sulfur cathodes and lithium anodes. Advanced Functional Materials，2018：1800595.

[95] Cheng X B，Huang J Q，Zhang Q，et al. Aligned carbon nanotube/sulfur composite cathodes with high sulfur

content for lithium-sulfur batteries. Nano Energy，2014，4：65-72.

[96] Li M Y，Carter R，Douglas A，et al. Sulfur vapor-infiltrated 3D carbon nanotube foam for binder-free high areal capacity lithium-sulfur battery composite cathodes. ACS Nano，2017，11（5）：4877-4884.

[97] Xu D W，Xin S，You Y，et al. Built-in carbon nanotube network inside a biomass-derived hierarchically porous carbon to enhance the performance of the sulfur cathode in a Li-S battery. ChemNanoMat，2016，2：712-718.

[98] Sun Q，Fang X，Weng W，et al. An aligned and laminated nanostructured carbon hybrid cathode for high-performance lithium-sulfur batteries. Angewandte Chemie International Edition，2015，54（36）：10539-10544.

[99] Ji L W，Rao M，Aloni S，et al. Porous carbon nanofiber-sulfur composite electrodes for lithium/sulfur cells. Energy & Environmental Science，2011，4（12）：5053-5059.

[100] Zheng G Y，Zhang Q F，Cha J J，et al. Amphiphilic surface modification of hollow carbon nanofibers for improved cycle life of lithium sulfur batteries. Nano Letters，2013，13（3）：1265-1270.

[101] He G，Mandlmeier B，Schuster J，et al. Bimodal mesoporous carbon nanofibers with high porosity：Freestanding and embedded in membranes for lithium-sulfur batteries. Chemistry of Materials，2014，26（13）：3879-3886.

[102] Lu S T，Cheng Y W，Wu X H，et al. Significantly improved long-cycle stability in high-rate Li-S batteries enabled by coaxial graphene wrapping over sulfur-coated carbon nanofibers. Nano Letters，2013，13（6）：2485-2489.

[103] Sun F G，Wang J T，Chen H C，et al. High efficiency immobilization of sulfur on nitrogen-enriched mesoporous carbons for Li-S batteries. ACS Applied Materials & Interfaces，2013，5（12）：5630-5638.

[104] Sun X G，Wang X Q，Mayes R T，et al. Lithium-sulfur batteries based on nitrogen-doped carbon and an ionic-liquid electrolyte. ChemSusChem，2012，5（10）：2079-2085.

[105] Zhao S Y，Fang R P，Sun Z H，et al. A 3D multifunctional architecture for lithium-sulfur batteries with high areal capacity. Small Methods，2018，2(6)：1800067.

[106] Ren W C，Ma W，Zhang S F，et al. Nitrogen-doped carbon fiber foam enabled sulfur vapor deposited cathode for high performance lithium sulfur batteries. Chemical Engineering Journal，2018，341：441-449.

[107] Lou S F，Zhang H，Guo J W，et al. A porous N-doped carbon aggregate as sulfur host for lithium-sulfur batteries. Ionics，2019，25（5）：2131-2138.

[108] Li Q，Zhang Z A，Guo Z P，et al. Improved cyclability of lithium-sulfur battery cathode using encapsulated sulfur in hollow carbon nanofiber@nitrogen-doped porous carbon core-shell composite. Carbon，2014，78：1-9.

[109] Zhu J X，Yang D，Yin Z Y，et al. Graphene and graphene-based materials for energy storage applications. Small，2014，10（17）：3480-3498.

[110] Gu X X，Zhang S Q，Hou Y L. Graphene-based sulfur composites for energy storage and conversion in Li-S batteries. Chinese Journal of Chemistry，2016，34（1）：13-31.

[111] Wang J Z，Lu L，Choucair M，et al. Sulfur-graphene composite for rechargeable lithium batteries. Journal of Power Sources，2011，196（16）：7030-7034.

[112] Kim H，Lim H D，Kim J，et al. Graphene for advanced Li/S and Li/air batteries. Journal of Materials Chemistry A，2014，2（1）：33-47.

[113] Kim J W，Ocon J D，Park D W，et al. Functionalized graphene-based cathode for highly reversible lithium-sulfur batteries. ChemSusChem，2014，7：1265-1273.

[114] Sun H，Xu G L，Xu Y F，et al. A composite material of uniformly dispersed sulfur on reduced graphene oxide：Aqueous one-pot synthesis，characterization and excellent performance as the cathode in rechargeable lithium-sulfur batteries. Nano Research，2012，5（10）：726-738.

[115] Jin J，Wen Z Y，Ma G Q，et al. Flexible self-supporting graphene-sulfur paper for lithium sulfur batteries. RSC Advances，2013，3（8）：2558-2560.

[116] Wang C，Wang X S，Wang Y J，et al. Macroporous free-standing nano-sulfur/reduced graphene oxide paper as stable cathode for lithium-sulfur battery. Nano Energy，2015，11：678-686.

[117] Xu C M，Wu Y S，Zhao X Y，et al. Sulfur/three-dimensional graphene composite for high performance lithium-sulfur batteries. Journal of Power Sources，2015，275：22-25.

[118] Xi K，Kidambi P R，Chen R，et al. Binder free three-dimensional sulphur/few-layer graphene foam cathode with enhanced high-rate capability for rechargeable lithium sulphur batteries. Nanoscale，2014，6（11）：5746-5753.

[119] Lu S T，Chen Y，Wu X H，et al. Three-dimensional sulfur/graphene multifunctional hybrid sponges for lithium-sulfur batteries with large areal mass loading. Scientific Reports，2014，4：4629.

[120] Fang R，Zhao S，Pei S，et al. Toward more reliable lithium-sulfur batteries：An all-graphene cathode structure. ACS Nano，2016，10（9）：8676-8682.

[121] Papandrea B，Xu X，Xu Y X，et al. Three-dimensional graphene framework with ultra-high sulfur content for a robust lithium-sulfur battery. Nano Research，2016，9（1）：240-248.

[122] Li H F，Yang X W，Wang X M，et al. Dense integration of graphene and sulfur through the soft approach for compact lithium/sulfur battery cathode. Nano Energy，2015，12：468-475.

[123] Liu Y，Guo J X，Zhang J，et al. Graphene-wrapped sulfur nanospheres with ultra-high sulfur loading for high energy density lithium-sulfur batteries. Applied Surface Science，2015，324：399-404.

[124] Xu H，Deng Y F，Shi Z C，et al. Graphene-encapsulated sulfur（GES）composites with a core-shell structure as superior cathode materials for lithium-sulfur batteries. Journal of Materials Chemistry A，2013，1（47）：15142-15149.

[125] Peng H J，Liang J Y，Zhu L，et al. Catalytic self-limited assembly at hard templates：A mesoscale approach to graphene nanoshells for lithium-sulfur batteries. ACS Nano，2014，8（11）：11280-11289.

[126] Li Z，Zhang S G，Zhang C，et al. One-pot pyrolysis of lithium sulfate and graphene nanoplatelet aggregates：*In situ* formed Li_2S/graphene composite for lithium-sulfur batteries. Nanoscale，2015，7（34）：14385-14392.

[127] Bao W Z，Zhang Z A，Qu Y H，et al. Confine sulfur in mesoporous metal-organic framework@reduced graphene oxide for lithium sulfur battery. Journal of Alloys and Compounds，2014，582：334-340.

[128] Wu H W，Huang Y，Zong M，et al. Self-assembled graphene/sulfur composite as high current discharge cathode for lithium-sulfur batteries. Electrochimica Acta，2015，163：24-31.

[129] Xu J，Shui J，Wang J，et al. Sulfur-graphene nanostructured cathodes via ball-milling for high performance lithium-sulfur batteries. ACS Nano，2014，8（10）：10920-10930.

[130] Shi J L，Peng H J，Zhu L，et al. Template growth of porous graphene microspheres on layered double oxide catalysts and their applications in lithium-sulfur batteries. Carbon，2015，92：96-105.

[131] Zhai P Y，Peng H J，Cheng X B，et al. Scaled-up fabrication of porous-graphene-modified separators for high-capacity lithium-sulfur batteries. Energy Storage Materials，2017，7：56-63.

[132] Huang X D，Sun B，Li K F，et al. Mesoporous graphene paper immobilised sulfur as a flexible electrode for lithium-sulfur batteries. Journal of Materials Chemistry A，2013，1（43）：13484-13489.

[133] Tang C，Li B Q，Zhang Q，et al. CaO-templated growth of hierarchical porous graphene for high-power lithium-sulfur battery applications. Advanced Functional Materials，2016，26：577-585.

[134] Xiao M，Huang M，Zeng S S，et al. Sulfur@graphene oxide core-shell particles as a rechargeable lithium-sulfur battery cathode material with high cycling stability and capacity. RSC Advances，2013，3（15）：4914-4916.

[135] Hou T Z, Chen X, Peng H J, et al. Design principles for heteroatom-doped nanocarbon to achieve strong anchoring of polysulfides for lithium-sulfur batteries. Small, 2016, 12 (24): 3283-3291.

[136] Ji L W, Rao M M, Zheng H M, et al. Graphene oxide as a sulfur immobilizer in high performance lithium/sulfur cells. Journal of the American Chemical Society, 2011, 133 (46): 18522-18525.

[137] Liu S K, Xie K, Li Y J, et al. Graphene oxide wrapped hierarchical porous carbon-sulfur composite cathode with enhanced cycling and rate performance for lithium sulfur batteries. RSC Advances, 2015, 5 (8): 5516-5522.

[138] Rong J P, Ge M Y, Fang X, et al. Solution ionic strength engineering as a generic strategy to coat graphene oxide (GO) on various functional particles and its application in high-performance lithium-sulfur (Li-S) batteries. Nano Letters, 2014, 14 (2): 473-479.

[139] Zhou G M, Li L, Ma C Q, et al. A graphene foam electrode with high sulfur loading for flexible and high energy Li-S batteries. Nano Energy, 2015, 11: 356-365.

[140] Zhou L, Lin X J, Huang T, et al. Binder-free phenyl sulfonated graphene/sulfur electrodes with excellent cyclability for lithium sulfur batteries. Journal of Materials Chemistry A, 2014, 2: 5117-5123.

[141] Zhou G M, Paek E, Hwang G S, et al. High-performance lithium-sulfur batteries with a self-supported, 3D Li_2S-doped graphene aerogel cathodes. Advanced Energy Materials, 2016, 6 (2): 1501355.

[142] Xie Y, Meng Z, Cai T W, et al. Effect of boron-doping on the graphene aerogel used as cathode for the lithium-sulfur battery. ACS Applied Materials & Interfaces, 2015, 7 (45): 25202-25210.

[143] Qiu Y C, Li W F, Zhao W, et al. High-rate, ultra long cycle-life lithium/sulfur batteries enabled by nitrogen-doped graphene. Nano Letters, 2014, 14 (8): 4821-4827.

[144] Li L, Zhou G M, Yin L C, et al. Stabilizing sulfur cathodes using nitrogen-doped graphene as a chemical immobilizer for Li-S batteries. Carbon, 2016, 108: 120-126.

[145] Yin L C, Liang J, Zhou G M, et al. Understanding the interactions between lithium polysulfides and N-doped graphene using density functional theory calculations. Nano Energy, 2016, 25: 203-210.

[146] Ma Z L, Dou S, Shen A, et al. Sulfur-doped graphene derived from cycled lithium-sulfur batteries as a metal-free electrocatalyst for the oxygen reduction reaction. Angewandte Chemie International Edition, 2015, 54 (6): 1888-1892.

[147] Yuan X Q, Liu B C, Hou H J, et al. Facile synthesis of mesoporous graphene platelets with *in situ* nitrogen and sulfur doping for lithium-sulfur batteries. RSC Advances, 2017, 7 (36): 22567-22577.

[148] Xing L B, Xi K, Li Q Y, et al. Nitrogen, sulfur-codoped graphene sponge as electroactive carbon interlayer for high-energy and-power lithium-sulfur batteries. Journal of Power Sources, 2016, 303: 22-28.

[149] Zhu L, Peng H J, Liang J Y, et al. Interconnected carbon nanotube/graphene nanosphere scaffolds as free-standing paper electrode for high-rate and ultra-stable lithium-sulfur batteries. Nano Energy, 2015, 11: 746-755.

[150] Ding Y L, Kopold P, Hahn K, et al. Facile solid-state growth of 3D well-interconnected nitrogen-rich carbon nanotube-graphene hybrid architectures for lithium-sulfur batteries. Advanced Functional Materials, 2016, 26(7): 1112-1119.

[151] Zhao M Q, Liu X F, Zhang Q, et al. Graphene/single-walled carbon nanotube hybrids: One-step catalytic growth and applications for high-rate Li-S batteries. ACS Nano, 2012, 6 (12): 10759-10769.

[152] Niu S Z, Lv W, Zhang C, et al. One-pot self-assembly of graphene/carbon nanotube/sulfur hybrid with three dimensionally interconnected structure for lithium-sulfur batteries. Journal of Power Sources, 2015, 295: 182-189.

[153] Yuan S Y, Guo Z Y, Wang L N, et al. Leaf-like graphene-oxide-wrapped sulfur for high-performance lithium-sulfur battery. Advanced Science, 2015, 2 (8): 1500071.

[154] Zhou X Y, Xie J, Yang J, et al. Improving the performance of lithium-sulfur batteries by graphene coating. Journal of Power Sources, 2013, 243: 993-1000.

[155] Yang Y, Risse S, Mei S L, et al. Binder-free carbon monolith cathode material for operando investigation of high performance lithium-sulfur batteries with X-ray radiography. Energy Storage Materials, 2017, 9: 96-104.

[156] Liu S K, Xie K, Chen Z X, et al. A 3D nanostructure of graphene interconnected with hollow carbon spheres for high performance lithium-sulfur batteries. Journal of Materials Chemistry A, 2015, 3 (21): 11395-11402.

[157] Wu F X, Lee J T, Zhao E, et al. Graphene-Li_2S-carbon nanocomposite for lithium-sulfur batteries. ACS Nano, 2016, 10 (1): 1333-1340.

[158] Yang X, Zhang L, Zhang F, et al. Sulfur-infiltrated graphene-based layered porous carbon cathodes for high-performance lithium-sulfur batteries. ACS Nano, 2014, 8 (5): 5208-5215.

[159] Bao W Z, Zhang Z A, Chen W, et al. Facile synthesis of graphene oxide@mesoporous carbon hybrid nanocomposites for lithium sulfur battery. Electrochimica Acta, 2014, 127: 342-348.

[160] Li Z Q, Li C X, Ge X L, et al. Reduced graphene oxide wrapped MOFs-derived cobalt-doped porous carbon polyhedrons as sulfur immobilizers as cathodes for high performance lithium sulfur batteries. Nano Energy, 2016, 23: 15-26.

[161] Rehman S, Gu X X, Khan K, et al. 3D vertically aligned and interconnected porous carbon nanosheets as sulfur immobilizers for high performance lithium-sulfur batteries. Advanced Energy Materials, 2016, 6 (12): 1502518.

[162] Wu H B, Wei S, Zhang L, et al. Embedding sulfur in MOF-derived microporous carbon polyhedrons for lithium-sulfur batteries. Chemistry, 2013, 19 (33): 10804-10808.

[163] Zhang K, Zhao Q, Tao Z L, et al. Composite of sulfur impregnated in porous hollow carbon spheres as the cathode of Li-S batteries with high performance. Nano Research, 2012, 6 (1): 38-46.

[164] Ye H, Yin Y X, Xin S, et al. Tuning the porous structure of carbon hosts for loading sulfur toward long lifespan cathode materials for Li-S batteries. Journal of Materials Chemistry A, 2013, 1 (22): 6602-6608.

[165] Guo Z J, Zhang B, Li D J, et al. A mixed microporous/low-range mesoporous composite with high sulfur loading from hierarchically-structured carbon for lithium sulfur batteries. Electrochimica Acta, 2017, 230: 181-188.

[166] Guo J X, Zhang J, Jiang F, et al. Microporous carbon nanosheets derived from corncobs for lithium-sulfur batteries. Electrochimica Acta, 2015, 176: 853-860.

[167] Li X, Sun Q, Liu J, et al. Tunable porous structure of metal organic framework derived carbon and the application in lithium-sulfur batteries. Journal of Power Sources, 2016, 302: 174-179.

[168] Zheng S Y, Chen Y, Xu Y H, et al. *In situ* formed lithium sulfide/microporous carbon cathodes for lithium-ion batteries. ACS Nano, 2013, 7 (12): 10995-11003.

[169] Chung S H, Chang C H, Manthiram A. A carbon-cotton cathode with ultrahigh-loading capability for statically and dynamically stable lithium-sulfur batteries. ACS Nano, 2016, 10 (11): 10462-10470.

[170] Peled E, Gorenshtein A, Segal M, et al. Rechargeable lithium-sulfur battery. Journal of Power Sources, 1989, 26 (3-4): 269-271.

[171] Wang J L, Yang J, Xie J Y, et al. Sulfur-carbon nano-composite as cathode for rechargeable lithium battery based on gel electrolyte. Electrochemistry Communications, 2002, 4 (6): 499-502.

[172] Wang H T, Huang K, Wang P P, et al. Synthesizing nitrogen-doped porous carbon@sulfur cathode for high-performance and stable cycling Li-S batteries. Journal of Alloys and Compounds, 2017, 691: 613-618.

[173] Li Y Y, Wang L, Gao B, et al. Hierarchical porous carbon materials derived from self-template bamboo leaves for lithium-sulfur batteries. Electrochimica Acta, 2017, 229: 352-360.

[174] Yoo J, Cho S J, Jung G Y, et al. COF-net on CNT-net as a molecularly designed, hierarchical porous chemical trap for polysulfides in lithium-sulfur batteries. Nano Letters, 2016, 16 (5): 3292-3300.

[175] Wang Q, Wang Z B, Li C, et al. High sulfur content microporous carbon coated sulfur composites synthesized via *in situ* oxidation of metal sulfide for high-performance Li/S batteries. Journal of Materials Chemistry A, 2017, 5 (13): 6052-6059.

[176] Zhang Y Z, Wu Z Z, Pan G L, et al. Microporous carbon polyhedrons encapsulated polyacrylonitrile nanofibers as sulfur immobilizer for lithium-sulfur battery. ACS Applied Materials & Interfaces, 2017, 9 (14): 12436-12444.

[177] Pascal T A, Villaluenga I, Wujcik K H, et al. Liquid sulfur impregnation of microporous carbon accelerated by nanoscale interfacial effects. Nano Letters, 2017, 17 (4): 2517-2523.

[178] Choudhury S, Krüner B, Massuti-Ballester P, et al. Microporous novolac-derived carbon beads/sulfur hybrid cathode for lithium-sulfur batteries. Journal of Power Sources, 2017, 357: 198-208.

[179] Li Z, Yuan L X, Yi Z Q, et al. Insight into the electrode mechanism in lithium-sulfur batteries with ordered microporous carbon confined sulfur as the cathode. Advanced Energy Materials, 2014, 4 (7): 1301473.

[180] Xu Y H, Wen Y, Zhu Y J, et al. Confined sulfur in microporous carbon renders superior cycling stability in Li/S batteries. Advanced Functional Materials, 2015, 25 (27): 4312-4320.

[181] Chung S H, Manthiram A. A polyethylene glycol-supported microporous carbon coating as a polysulfide trap for utilizing pure sulfur cathodes in lithium-sulfur batteries. Advanced Materials, 2014, 26 (43): 7352-7357.

[182] Kim J J, Kim H S, Ahn J, et al. Activation of micropore-confined sulfur within hierarchical porous carbon for lithium-sulfur batteries. Journal of Power Sources, 2016, 306: 617-622.

[183] Ye H, Yin Y X, Guo Y G. Insight into the loading temperature of sulfur on sulfur/carbon cathode in lithium-sulfur batteries. Electrochimica Acta, 2015, 185: 62-68.

[184] Zhang W H, Qiao D, Pan J X, et al. A Li^+-conductive microporous carbon-sulfur composite for Li-S batteries. Electrochimica Acta, 2013, 87: 497-502.

[185] Niu S Z, Zhou G M, Lv W, et al. Sulfur confined in nitrogen-doped microporous carbon used in a carbonate-based electrolyte for long-life, safe lithium-sulfur batteries. Carbon, 2016, 109: 1-6.

[186] Gu X X, Wang Y Z, Lai C, et al. Microporous bamboo biochar for lithium-sulfur batteries. Nano Research, 2014, 8 (1): 129-139.

[187] Hu L, Lu Y, Li X N, et al. Optimization of microporous carbon structures for lithium-sulfur battery applications in carbonate-based electrolyte. Small, 2017, 13 (11): 1603533.

[188] Hippauf F, Nickel W, Hao G P, et al. The importance of pore size and surface polarity for polysulfide adsorption in lithium sulfur batteries. Advanced Materials Interfaces, 2016, 3 (18): 1600508.

[189] Zhu Q Z, Zhao Q, An Y, et al. Ultra-microporous carbons encapsulate small sulfur molecules for high performance lithium-sulfur battery. Nano Energy, 2017, 33: 402-409.

[190] Park S K, Lee J, Hwang T, et al. Scalable synthesis of honeycomb-like ordered mesoporous carbon nanosheets and their application in lithium-sulfur batteries. ACS Applied Materials & Interfaces, 2017, 9 (3): 2430-2438.

[191] Jin L M, He F, Cai W L, et al. Preparation, characterization and application of modified macroporous carbon with Co-N site for long-life lithium-sulfur battery. Journal of Power Sources, 2016, 328: 536-542.

[192] Huang H, Liu J J, Xia Y, et al. Supercritical fluid assisted synthesis of titanium carbide particles embedded in mesoporous carbon for advanced Li-S batteries. Journal of Alloys and Compounds, 2017, 706: 227-233.

[193] Bao W Z, Su D W, Zhang W X, et al. 3D metal carbide@mesoporous carbon hybrid architecture as a new polysulfide reservoir for lithium-sulfur batteries. Advanced Functional Materials, 2016, 26 (47): 8746-8756.

[194] Zhang L Y，Huang H，Xia Y，et al. High-content of sulfur uniformly embedded in mesoporous carbon：A new electrodeposition synthesis and an outstanding lithium-sulfur battery cathode. Journal of Materials Chemistry A，2017，5（12）：5905-5911.

[195] Oh C，Yoon N，Choi J，et al. Enhanced Li-S battery performance based on solution-impregnation-assisted sulfur/mesoporous carbon cathodes and a carbon-coated separator. Journal of Materials Chemistry A，2017，5（12）：5750-5760.

[196] Carter R，Ejorh D，Share K，et al. Surface oxidized mesoporous carbons derived from porous silicon as dual polysulfide confinement and anchoring cathodes in lithium sulfur batteries. Journal of Power Sources，2016，330：70-77.

[197] Schuster J，He G，Mandlmeier B，et al. Spherical ordered mesoporous carbon nanoparticles with high porosity for lithium-sulfur batteries. Angewandte Chemie International Edition，2012，51（15）：3591-3595.

[198] Luo C，Zhu H L，Luo W，et al. Atomic-layer-deposition functionalized carbonized mesoporous wood fiber for high sulfur loading lithium sulfur batteries. ACS Applied Materials & Interfaces，2017，9（17）：14801-14807.

[199] Jeong T G，Chun J，Cho B W，et al. Enhanced performance of sulfur-infiltrated bimodal mesoporous carbon foam by chemical solution deposition as cathode materials for lithium sulfur batteries. Scientific Reports，2017，7：42238.

[200] Zhang C W，Zhang Z，Wang D R，et al. Three-dimensionally ordered macro-/mesoporous carbon loading sulfur as high-performance cathodes for lithium/sulfur batteries. Journal of Alloys and Compounds，2017，714：126-132.

[201] Lee J S，Jun J，Jang J，et al. Sulfur-immobilized，activated porous carbon nanotube composite based cathodes for lithium-sulfur batteries. Small，2017，13（12）：1602984.

[202] Ungureanu S，Birot M，Deleuze H，et al. Triple hierarchical micro-meso-macroporous carbonaceous foams bearing highly monodisperse macroporosity. Carbon，2015，91：311-320.

[203] Yu F Q，Li Y L，Jia M，et al. Elaborate construction and electrochemical properties of lignin-derived macro-/micro-porous carbon-sulfur composites for rechargeable lithium-sulfur batteries：The effect of sulfur-loading time. Journal of Alloys and Compounds，2017，709：677-685.

[204] Tang Q，Li H Q，Zuo M，et al. Optimized assembly of micro-/meso-/macroporous carbon for Li-S batteries. Nano，2017，12（02）：1750021.

[205] Zhao Y，Zhang Y G，Bakenov Z，et al. Electrochemical performance of lithium gel polymer battery with nanostructured sulfur/carbon composite cathode. Solid State Ionics，2013，234：40-45.

[206] Zhang B，Lai C，Zhou Z，et al. Preparation and electrochemical properties of sulfur-acetylene black composites as cathode materials. Electrochimica Acta，2009，54（14）：3708-3713.

[207] Tan H B，Wang S P，Tao D，et al. Acetylene black/sulfur composites synthesized by a solution evaporation concentration crystallization method and their electrochemical properties for Li/S batteries. Energies，2013，6（7）：3466-3480.

[208] Qin W，Lu S T，Wang Z D，et al. Edge-functionalized acetylene black anchoring sulfur for high-performance Li-S batteries. Journal of Energy Chemistry，2017，26（3）：448-453.

[209] Wang W G，Wang X，Tian L Y，et al. *In situ* sulfur deposition route to obtain sulfur-carbon composite cathodes for lithium-sulfur batteries. Journal of Materials Chemistry A，2014，2（12）：4316-4323.

[210] Zhang B，Wang S J，Xiao M，et al. A novel lithium-sulfur battery cathode from butadiene rubber-caged sulfur-rich polymeric composites. RSC Advances，2015，5（48）：38792-38800.

[211] Tang J J，Yang J，Zhou X Y. Acetylene black derived hollow carbon nanostructure and its application in

lithium-sulfur batteries. RSC Advances，2013，3（38）：16936-16939.

[212] Chiochan P，Phattharasupakun N，Wutthiprom J，et al. Core-double shell sulfur@carbon black nanosphere@oxidized carbon nanosheet composites as the cathode materials for Li-S batteries. Electrochimica Acta，2017，237：78-86.

[213] Li X，Li X F，Banis M N，et al. Tailoring interactions of carbon and sulfur in Li-S battery cathodes：Significant effects of carbon-heteroatom bonds. Journal of Materials Chemistry A，2014，2（32）：12866-12872.

[214] Li G C，Hu J J，Li G R，et al. Sulfur/activated-conductive carbon black composites as cathode materials for lithium/sulfur battery. Journal of Power Sources，2013，240：598-605.

[215] Guo J，Zhang M G，Yan S J，et al. Electrochemical properties of modified acetylene black/sulfur composite cathode material for lithium/sulfur batteries. Ionics，2018，24（8）：2219-2225.

[216] Feng J N，Qin X J，Ma Z P，et al. A novel acetylene black/sulfur@graphene composite cathode with unique three-dimensional sandwich structure for lithium-sulfur batteries. Electrochimica Acta，2016，190：426-433.

[217] Gu J F，Yuan L X，Liu J，et al. The use of spray drying in large batch synthesis of KB-S@rGO composite for high-performance lithium-sulfur batteries. Chemistry Select，2018，3（16）：4271-4276.

[218] Zhang X Q，Xie D，Wang D H，et al. Carbon fiber-incorporated sulfur/carbon ternary cathode for lithium-sulfur batteries with enhanced performance. Journal of Solid State Electrochemistry，2017，21（4）：1203-1210.

[219] He G，Hart C J，Liang X，et al. Stable cycling of a scalable graphene-encapsulated nanocomposite for lithium-sulfur batteries. ACS Applied Materials & Interfaces，2014，6（14）：10917-10923.

[220] Yang X B，Zhu W，Cao G B，et al. Preparation of reduced carbon-wrapped carbon-sulfur composite as cathode material of lithium-sulfur batteries. RSC Advances，2015，5（114）：93926-93936.

[221] Zhang X Q，Xie D，Zhong Y，et al. Performance enhancement of a sulfur/carbon cathode by polydopamine as an efficient shell for high-performance lithium-sulfur batteries. Chemistry-A European Journal，2017，23（44）：10610-10615.

[222] Zou Y L，Duan J L，Qi Z A，et al. Nonfilling polyaniline coating of sulfur/acetylene black for high-performance lithium sulfur batteries. Journal of Electroanalytical Chemistry，2018，811：46-52.

[223] Krishnaveni K，Subadevi R，Raja M，et al. Sulfur/PAN/acetylene black composite prepared by a solution processing technique for lithium-sulfur batteries. Journal of Applied Polymer Science，2018，135（34）：46598.

[224] Jeong B O，Kwon S W，Kim T J，et al. Effect of carbon black materials on the electrochemical properties of sulfur-based composite cathode for lithium-sulfur cells. Journal of Nanoscience and Nanotechnology，2013，13（12）：7870-7874.

[225] Zheng J M，Gu M，Wagner M J，et al. Revisit carbon/sulfur composite for Li-S batteries. Journal of The Electrochemical Society，2013，160（10）：A1624-A1628.

[226] Wang T L，Shi P C，Chen J J，et al. Effects of porous structure of carbon hosts on preparation and electrochemical performance of sulfur/carbon composites for lithium-sulfurbatteries. Journal of Nanoparticle Research，2016，18（1）：19-27.

[227] Xie Y P，Zhao H B，Cheng H W，et al. Facile large-scale synthesis of core-shell structured sulfur@polypyrrole composite and its application in lithium-sulfur batteries with high energy density. Applied Energy，2016，175：522-528.

[228] Yuan G H，Wang H D. Facile synthesis and performance of polypyrrole-coated sulfur nanocomposite as cathode materials for lithium/sulfur batteries. Journal of Energy Chemistry，2014，23（5）：657-661.

[229] Chen P C，Chiang C K，Chang H T. Synthesis of fluorescent BSA-Au NCs for the detection of Hg^{2+} ions. Journal of Nanoparticle Research，2013，15：1336.

[230] Fu Y Z，Su Y S，Manthiram A. Sulfur-polypyrrole composite cathodes for lithium-sulfur batteries. Journal of the Electrochemical Society，2012，159（9）：A1420-A1424.

[231] Zhang Y G，Bakenov Z，Zhao Y，et al. One-step synthesis of branched sulfur/polypyrrole nanocomposite cathode for lithium rechargeable batteries. Journal of Power Sources，2012，208：1-8.

[232] Zhang Y G，Zhao Y，Konarov A，et al. One-pot approach to synthesize PPy@S core-shell nanocomposite cathode for Li/S batteries. Journal of Nanoparticle Research，2013，15（10）：2007-2014.

[233] Fu Y，Manthiram A. Orthorhombic bipyramidal sulfur coated with polypyrrole nanolayers as a cathode material for lithium-sulfur batteries. The Journal of Physical Chemistry C，2012，116（16）：8910-8915.

[234] Fu Y Z，Manthiram A. Core-shell structured sulfur-polypyrrole composite cathodes for lithium-sulfur batteries. RSC Advances，2012，2（14）：5927-5929.

[235] Duan L，Lu J C，Liu W Y，et al. Fabrication of conductive polymer-coated sulfur composite cathode materials based on layer-by-layer assembly for rechargeable lithium-sulfur batteries. Colloids and Surfaces A：Physicochemical and Engineering Aspects，2012，414：98-103.

[236] Lu Q，Gao H，Yao Y J，et al. One-step synthesis of an urchin-like sulfur/polyaniline nano-composite as a promising cathode material for high-capacity rechargeable lithium-sulfur batteries. RSC Advances，2015，5（113）：92918-92922.

[237] Gao H，Lu Q，Liu N J，et al. Facile preparation of an ultrathin sulfur-wrapped polyaniline nanofiber composite with a core-shell structure as a high performance cathode material for lithium-sulfur batteries. Journal of Materials Chemistry A，2015，3（14）：7215-7218.

[238] An Y L，Wei P，Fan M Q，et al. Dual-shell hollow polyaniline/sulfur-core/polyaniline composites improving the capacity and cycle performance of lithium-sulfur batteries. Applied Surface Science，2016，375：215-222.

[239] Wang J L，Yang J，Xie J Y，et al. A novel conductive polymer-sulfur composite cothode material for rechargeable lithium batteries. Advanced Materials，2002，14：13-14.

[240] Zhang S. Understanding of sulfurized polyacrylonitrile for superior performance lithium/sulfur battery. Energies，2014，7（7）：4588-4600.

[241] Han D M，Zhang B，Xiao M，et al. Polysulfide rubber-based sulfur-rich composites as cathode material for high energy lithium/sulfur batteries. International Journal of Hydrogen Energy，2014，39（28）：16067-16072.

[242] Hoefling A，Lee Y J，Theato P. Sulfur-based polymer composites from vegetable oils and elemental sulfur：A sustainable active material for Li-S batteries. Macromolecular Chemistry and Physics，2017，218（1）：1600303.

[243] Chung W J，Griebel J J，Kim E T，et al. The use of elemental sulfur as an alternative feedstock for polymeric materials. Nature Chemistry，2013，5（6）：518-524.

[244] Xu R，Lu J，Amine K. Progress in mechanistic understanding and characterization techniques of Li-S batteries. Advanced Energy Materials，2015，5（16）：1500408.

[245] Liu J，Wang M F，Xu N，et al. Progress and perspective of organosulfur polymers as cathode materials for advanced lithium-sulfur batteries. Energy Storage Materials，2018，15：53-64.

[246] Penczek R，Slazak R，Duda A. Anionic copolymerisation of elemental sulphur. Nature，1978，273：738-739.

[247] Blight L B，Currell B R，Nash B J，et al. Chemistry of the modification of sulohur by the use of dicyclopentadiene and of styrene. The British Polymer Journal，1980，12：5-11.

[248] Tsuda T，Takeda A. Palladium-catalysed cycloaddition copolymerisation of diynes with elemental sulfur to poly (thiophene)s. Chemical Communications，1996，（11）：1317-1318.

[249] Duda A，Penczek R. Anionic copolymerisation of elemental sulfur with 2, 2-dimethylthiirane. Makromolekulare Chemie，1980，181：995-1001.

[250] Fu C Y，Li G H，Zhang J，et al. Electrochemical lithiation of covalently bonded sulfur in vulcanized polyisoprene. ACS Energy Letters，2016，1（1）：115-120.

[251] Oschmann B，Park J，Kim C，et al. Copolymerization of polythiophene and sulfur to improve the electrochemical performance in lithium-sulfur batteries. Chemistry of Materials，2015，27（20）：7011-7017.

[252] Sun Z J，Xiao M，Wang S J，et al. Sulfur-rich polymeric materials with semi-interpenetrating network structure as a novel lithium-sulfur cathode. Journal of Materials Chemistry A，2014，2（24）：9280-9286.

[253] Li X N，Liang J W，Lu Y，et al. Sulfur-rich phosphorus sulfide molecules for use in rechargeable lithium batteries. Angewandte Chemie International Edition，2017，56（11）：2937-2941.

[254] Zhou J Q，Qian T，Xu N，et al. Selenium-doped cathodes for lithium-organosulfur batteries with greatly improved volumetric capacity and coulombic efficiency. Advanced Materials，2017，29（33）：1701294.

[255] Park J J，Kim E T，Kim C，et al. The importance of confined sulfur nanodomains and adjoining electron conductive pathways in subreaction regimes of Li-S batteries. Advanced Energy Materials，2017，7（19）：1700074.

[256] Park J，Yu B C，Park J S，et al. Tungsten disulfide catalysts supported on a carbon cloth interlayer for high performance Li-S battery. Advanced Energy Materials，2017，7（11）：1602567.

[257] Moon J，Park J，Jeon C，et al. An electrochemical approach to graphene oxide coated sulfur for long cycle life. Nanoscale，2015，7（31）：13249-13255.

[258] Hu G J，Sun Z H，Shi C，et al. A sulfur-rich copolymer@CNT hybrid cathode with dual-confinement of polysulfides for high-performance lithium-sulfur batteries. Advanced Materials，2017，29（11）：1603835.

[259] Hu H，Zhao Z B，Wan W B，et al. Ultralight and highly compressible graphene aerogels. Advanced Materials，2013，25（15）：2219-2223.

[260] Zeng S B，Li L G，Xie L H，et al. Conducting polymers crosslinked with sulfur as cathode materials for high-rate，ultralong-life lithium-sulfur batteries. ChemSusChem，2017，10（17）：3378-3386.

[261] Xu N，Qian T，Liu X J，et al. Greatly suppressed shuttle effect for improved lithium sulfur battery performance through short chain intermediates. Nano Letters，2017，17（1）：538-543.

[262] Wang J L，Yang J，Wan C R，et al. Sulfur composite cathode materials for rechargeable lithium batteries. Advanced Functional Materials，2003，13（6）：487-492.

[263] Yu X G，Xie J Y，Yang J，et al. Lithium storage in conductive sulfur-containing polymers. Journal of Electroanalytical Chemistry，2004，573（1）：121-128.

[264] Fanous J，Wegner M，Grimminger J，et al. Structure-related electrochemistry of sulfur-poly (acrylonitrile) composite cathode materials for rechargeable lithium batteries. Chemistry of Materials，2011，23（22）：5024-5028.

[265] Wang L，He X M，Li J J，et al. Charge/discharge characteristics of sulfurized polyacrylonitrile composite with different sulfur content in carbonate based electrolyte for lithium batteries. Electrochimica Acta，2012，72：114-119.

[266] Wei S，Ma L，Hendrickson K E，et al. Metal-Sulfur battery cathodes based on PAN-sulfur composites. Journal of the American Chemical Society，2015，137（37）：12143-12152.

[267] Manthiram A，Chung S H，Zu C X. Lithium-sulfur batteries：progress and prospects. Advanced Materials，2015，27（12）：1980-2006.

[268] Song J X，Xu T，Gordin M L，et al. Nitrogen-doped mesoporous carbon promoted chemical adsorption of sulfur and fabrication of high-areal-capacity sulfur cathode with exceptional cycling stability for lithium-sulfur batteries.

Advanced Functional Materials，2014，24（9）：1243-1250.

[269] Tao X Y，Wang J G，Liu C，et al. Balancing surface adsorption and diffusion of lithium-polysulfides on nonconductive oxides for lithium-sulfur battery design. Nature Communications，2016，7：11203-11212.

[270] Wei Seh Z，Li W，Cha J J，et al. Sulphur-TiO_2 yolk-shell nanoarchitecture with internal void space for long-cycle lithium-sulphur batteries. Nature Communications，2013，4：1331-1337.

[271] Gu X X，Tong C J，Wen B，et al. Ball-milling synthesis of ZnO@sulphur/carbon nanotubes and $Ni(OH)_2$ @sulphur/carbon nanotubes composites for high-performance lithium-sulphur batteries. Electrochimica Acta，2016，196：369-376.

[272] Zhou G M，Tian H Z，Jin Y，et al. Catalytic oxidation of Li_2S on the surface of metal sulfides for Li-S batteries. Proceedings of the National Academy of Sciences of the United States of America，2017，114（5）：840-845.

[273] Seh Z W，Yu J H，Li W Y，et al. Two-dimensional layered transition metal disulphides for effective encapsulation of high-capacity lithium sulphide cathodes. Nature Communications，2014，5：5017-5025.

[274] Cui Z M，Zu C X，Zhou W D，et al. Mesoporous titanium nitride-enabled highly stable lithium-sulfur batteries. Advanced Materials，2016，28（32）：6926-6931.

[275] Zheng J M，Tian J，Wu D X，et al. Lewis acid-base interactions between polysulfides and metal organic framework in lithium sulfur batteries. Nano Letters，2014，14（5）：2345-2352.

[276] Yuan Z，Peng H J，Hou T Z，et al. Powering lithium-sulfur battery performance by propelling polysulfide redox at sulfiphilic hosts. Nano Letters，2016，16（1）：519-527.

[277] Pang Q，Kundu D，Nazar L F. A graphene-like metallic cathode host for long-life and high-loading lithium-sulfur batteries. Materials Horizons，2016，3（2）：130-136.

[278] Zhang J，Shi Y，Ding Y，et al. *In situ* reactive synthesis of polypyrrole-MnO_2 coaxial nanotubes as sulfur hosts for high-performance lithium-sulfur battery. Nano Letters，2016，16（11）：7276-7281.

[279] Ma L，Wei S Y，Zhuang H L，et al. Hybrid cathode architectures for lithium batteries based on TiS_2 and sulfur. Journal of Materials Chemistry A，2015，3（39）：19857-19866.

[280] Liu X，Huang J Q，Zhang Q，et al. Nanostructured metal oxides and sulfides for lithium-sulfur batteries. Advanced Materials，2017，29（20）：1601759.

[281] Fan H N，Tang Q L，Chen X H，et al. Dual-confined sulfur nanoparticles encapsulated in hollow TiO_2 spheres wrapped with graphene for lithium-sulfur batteries. Chemistry-An Asian Journal，2016，11（20）：2911-2917.

[282] Hwang J Y，Kim H M，Lee S K，et al. High-energy，high-rate，lithium-sulfur batteries：Synergetic effect of hollow TiO_2-webbed carbon nanotubes and a dual functional carbon-paper interlayer. Advanced Energy Materials，2016，6（1）：1501480.

[283] Yan Y C，Lei T Y，Jiao Y，et al. TiO_2 nanowire array as a polar absorber for high-performance lithium-sulfur batteries. Electrochimica Acta，2018，264：20-25.

[284] Zhao Y，Zhu W，Chen G Z，et al. Polypyrrole/TiO_2 nanotube arrays with coaxial heterogeneous structure as sulfur hosts for lithium sulfur batteries. Journal of Power Sources，2016，327：447-456.

[285] Qian X Y，Yang X L，Jin L N，et al. High rate lithium-sulfur batteries enabled by mesoporous TiO_2 nanotubes prepared by electrospinning. Materials Research Bulletin，2017，95：402-408.

[286] Song J H，Zheng J M，Feng S，et al. Tubular titanium oxide/reduced graphene oxide-sulfur composite for improved performance of lithium sulfur batteries. Carbon，2018，128：63-69.

[287] Ma X Z，Jin B，Wang H Y，et al. S-TiO_2 composite cathode materials for lithium/sulfur batteries. Journal of Electroanalytical Chemistry，2015，736：127-131.

[288] Li Y Y，Cai Q F，Wang L，et al. Mesoporous TiO_2 nanocrystals/graphene as an efficient sulfur host material for high-performance lithium-sulfur batteries. ACS Applied Materials & Interfaces，2016，8（36）：23784-23792.

[289] Lei T Y，Xie Y M，Wang X F，et al. TiO_2 feather duster as effective polysulfides restrictor for enhanced electrochemical kinetics in lithium-sulfur batteries. Small，2017，13（37）：1701013.

[290] Tao Y Q，Wei Y J，Liu Y，et al. Kinetically-enhanced polysulfide redox reactions by Nb_2O_5 nanocrystals for high-rate lithium-sulfur battery. Energy & Environmental Science，2016，9（10）：3230-3239.

[291] Liang X，Hart C，Pang Q，et al. A highly efficient polysulfide mediator for lithium-sulfur batteries. Nature Communications，2015，6：5682-5690.

[292] Liang X，Kwok C Y，Lodi Marzano F，et al. Tuning transition metal oxide-sulfur interactions for long life lithium sulfur batteries：The "Goldilocks" principle. Advanced Energy Materials，2016，6（6）：1501636.

[293] Pang Q，Kundu D，Cuisinier M，et al. Surface-enhanced redox chemistry of polysulphides on a metallic and polar host for lithium-sulphur batteries. Nature Communications，2014，5：5682-5690.

[294] Viet A L，Reddy M V，Jose R，et al. Nanostructured Nb_2O_5 polymorphs by electrospinning for rechargeable lithium batteries. The Journal of Physical Chemistry C，2010，114：664-671.

[295] Kim J W，Augustyn V，Dunn B. The effect of crystallinity on the rapid pseudocapacitive response of Nb_2O_5. Advanced Energy Materials，2012，2（1）：141-148.

[296] Wang X L，Li G，Li J D，et al. Structural and chemical synergistic encapsulation of polysulfides enables ultralong-life lithium-sulfur batteries. Energy & Environmental Science，2016，9（8）：2533-2538.

[297] Pang Q，Nazar L F. Long-life and high-areal-capacity Li-S batteries enabled by a light-weight polar host with intrinsic polysulfide adsorption. ACS Nano，2016，10（4）：4111-4118.

[298] Ahad S A，Ragupathy P，Ryu S，et al. Unveiling the synergistic effect of polysulfide additive and MnO_2 hollow spheres in evolving a stable cyclic performance in Li-S batteries. Chemical Communications，2017，53（62）：8782-8785.

[299] Ni L B，Wu Z，Zhao G J，et al. Core-shell structure and interaction mechanism of gamma-MnO_2 coated sulfur for improved lithium-sulfur batteries. Small，2017，13（14）：1603466.

[300] Li Z，Zhang J T，Lou X W. Hollow carbon nanofibers filled with MnO_2 nanosheets as efficient sulfur hosts for lithium-sulfur batteries. Angewandte Chemie International Edition，2015，54（44）：12886-12890.

[301] Rehman S，Tang T，Ali Z，et al. Integrated design of MnO_2@carbon hollow nanoboxes to synergistically encapsulate polysulfides for empowering lithium sulfur batteries. Small，2017，13（20）：1700087.

[302] Tao X Y，Wang J G，Ying Z G，et al. Strong sulfur binding with conducting magneli-phase Ti_nO_{2n-1} nanomaterials for improving lithium-sulfur batteries. Nano Letters，2014，14（9）：5288-5294.

[303] Rehman S，Guo S J，Hou Y L. Rational design of Si/SiO_2@hierarchical porous carbon spheres as efficient polysulfide reservoirs for high-performance Li-S battery. Advanced Materials，2016，28（16）：3167-3172.

[304] Qu Q T，Gao T，Zheng H Y，et al. Strong surface-bound sulfur in conductive MoO_2 matrix for enhancing Li-S battery performance. Advanced Materials Interfaces，2015，2（7）：1500048.

[305] Liu M，Li Q，Qin X Y，et al. Suppressing self-discharge and shuttle effect of lithium-sulfur batteries with V_2O_5-decorated carbon nanofiber interlayer. Small，2017，13（12）：1602539.

[306] He J R，Luo L，Chen Y F，et al. Yolk-shelled C@Fe_3O_4 nanoboxes as efficient sulfur hosts for high-performance lithium-sulfur batteries. Advanced Materials，2017，29（34）：1702707.

[307] Fan Q，Liu W，Weng Z，et al. Ternary hybrid material for high-performance lithium-sulfur battery. Journal of the American Chemical Society，2015，137（40）：12946-12953.

[308] Li W，Hicks-Garner J，Wang J，et al. V_2O_5 polysulfide anion barrier for long-lived Li-S batteries. Chemistry of Materials，2014，26（11）：3403-3410.

[309] Chang Z，Dou H，Ding B，et al. Co_3O_4 nanoneedle arrays as a multifunctional "super-reservoir" electrode for long cycle life Li-S batteries. Journal of Materials Chemistry A，2017，5（1）：250-257.

[310] Ma L B，Chen R P，Zhu G Y，et al. Cerium oxide nanocrystal embedded bimodal micromesoporous nitrogen-rich carbon nanospheres as effective sulfur host for lithium-sulfur batteries. ACS Nano，2017，11（7）：7274-7283.

[311] Wang H Q，Zhou T F，Li D，et al. Ultrathin cobaltosic oxide nanosheets as an effective sulfur encapsulation matrix with strong affinity toward polysulfides. ACS Applied Materials & Interfaces，2017，9（5）：4320-4325.

[312] Sun Z H，Zhang J Q，Yin L C，et al. Conductive porous vanadium nitride/graphene composite as chemical anchor of polysulfides for lithium-sulfur batteries. Nature Communications，2017，8：1038-1046.

[313] Chen T，Ma L B，Cheng B R，et al. Metallic and polar Co_9S_8 inlaid carbon hollow nanopolyhedra as efficient polysulfide mediator for lithium-sulfur batteries. Nano Energy，2017，38：239-248.

[314] Li Z T，Deng S Z，Xu R F，et al. Combination of nitrogen-doped graphene with MoS_2 nanoclusters for improved Li-S battery cathode：Synthetic effect between 2D components. Electrochimica Acta，2017，252：200-207.

[315] Wang H T，Zhang Q F，Yao H B，et al. High electrochemical selectivity of edge versus terrace sites in two-dimensional layered MoS_2 materials. Nano Letters，2014，14（12）：7138-7144.

[316] Zhang Y L，Mu Z J，Yang C，et al. Rational design of MXene/1T-2H MoS_2-C nanohybrids for high-performance lithium-sulfur batteries. Advanced Functional Materials，2018：1707578.

[317] Lin H B，Yang L Q，Jiang X，et al. Electrocatalysis of polysulfide conversion by sulfur-deficient MoS_2 nanoflakes for lithium-sulfur batteries. Energy & Environmental Science，2017，10（6）：1476-1486.

[318] Li X L，Chu L B，Wang Y Y，et al. Anchoring function for polysulfide ions of ultrasmall SnS_2 in hollow carbon nanospheres for high performance lithium-sulfur batteries. Materials Science and Engineering B，2016，205：46-54.

[319] Li X N，Lu Y，Hou Z G，et al. SnS_2-compared to SnO_2-stabilized S/C composites toward high-performance lithium sulfur batteries. ACS Applied Materials & Interfaces，2016，8（30）：19550-19557.

[320] Lu Y，Li X N，Liang J W，et al. A simple melting-diffusing-reacting strategy to fabricate S/NiS_2-C for lithium-sulfur batteries. Nanoscale，2016，8（40）：17616-17622.

[321] Lei T Y，Chen W，Huang J W，et al. Multi-functional layered WS_2 nanosheets for enhancing the performance of lithium-sulfur batteries. Advanced Energy Materials，2017，7（4）：1601843.

[322] Liu J D，Zheng X S，Shi Z F，et al. Sulfur/mesoporous carbon composites combined with γ-MnS as cathode materials for lithium/sulfur batteries. Ionics，2014，20（5）：659-664.

[323] Sun K，Su D，Zhang Q，et al. Interaction of CuS and sulfur in Li-S battery system. Journal of The Electrochemical Society，2015，162（14）：A2834-A2839.

[324] Zhang S S，Tran D T. Pyrite FeS_2 as an efficient adsorbent of lithium polysulphide for improved lithium-sulphur batteries. Journal of Materials Chemistry A，2016，4（12）：4371-4374.

[325] Huang J Q，Zhang B，Xu Z L，et al. Novel interlayer made from Fe_3C/carbon nanofiber webs for high performance lithium-sulfur batteries. Journal of Power Sources，2015，285：43-50.

[326] Sim E S，Yi G S，Je M，et al. Understanding the anchoring behavior of titanium carbide-based MXenes depending on the functional group in Li-S batteries：A density functional theory study. Journal of Power Sources，2017，342：64-69.

[327] Tang H，Li W L，Pan L M，et al. *In situ* formed protective barrier enabled by sulfur@titanium carbide（MXene）Ink for achieving high-capacity，long lifetime Li-S batteries. Advanced Science，2018：1800502.

[328] Bao W Z, Liu L, Wang C Y, et al. Facile synthesis of crumpled nitrogen-doped MXene nanosheets as a new sulfur host for lithium-sulfur batteries. Advanced Energy Materials, 2018: 1702485.

[329] Dong Y F, Zheng S H, Qin J Q, et al. All-MXene-based integrated electrode constructed by Ti_3C_2 nanoribbon framework host and nanosheet interlayer for high-energy-density Li-S batteries. ACS Nano, 2018, 12 (3): 2381-2388.

[330] Liang X, Rangom Y, Kwok C Y, et al. Interwoven MXene nanosheet/carbon-nanotube composites as Li-S cathode hosts. Advanced Materials, 2017, 29 (3): 1603040.

[331] Peng H J, Zhang G, Chen X, et al. Enhanced electrochemical kinetics on conductive polar mediators for lithium-sulfur batteries. Angewandte Chemie International Edition, 2016, 55 (42): 12990-12995.

[332] Gao Z, Schwab Y, Zhang Y Y, et al. Ferromagnetic nanoparticle-assisted polysulfide trapping for enhanced lithium-sulfur batteries. Advanced Functional Materials, 2018: 1800563.

[333] Zhou F, Li Z, Luo X, et al. Low cost metal carbide nanocrystals as binding and electrocatalytic sites for high performance Li-S batteries. Nano Letters, 2018, 18 (2): 1035-1043.

[334] Deng D R, Xue F, Jia Y J, et al. Co_4N nanosheet assembled mesoporous sphere as a matrix for ultrahigh sulfur content lithium-sulfur batteries. ACS Nano, 2017, 11 (6): 6031-6039.

[335] Huang S Z, Lim Y V, Zhang X M, et al. Regulating the polysulfide redox conversion by iron phosphide nanocrystals for high-rate and ultrastable lithium-sulfur battery. Nano Energy, 2018, 51: 340-348.

[336] Mi Y Y, Liu W, Li X L, et al. High-performance Li-S battery cathode with catalyst-like carbon nanotube-MoP promoting polysulfide redox. Nano Research, 2017, 10 (11): 3698-3705.

[337] Song Y Z, Zhao W, Kong L, et al. Synchronous immobilization and conversion of polysulfides on VO_2-VN binary host targeting high sulfur loading Li-S batteries. Energy & Environmental Science, 2018: 10.1039/C8EE01402G.

[338] Risse S, Jafta C J, Yang Y, et al. Multidimensional operando analysis of macroscopic structure evolution in lithium sulfur cells by X-ray radiography. Physical Chemistry Chemical Physics, 2016, 18 (15): 10630-10636.

[339] Yu X Q, Pan H L, Zhou Y N, et al. Direct observation of the redistribution of sulfur and polysufides in Li-S batteries during the first cycle by *in situ* X-ray fluorescence microscopy. Advanced Energy Materials, 2015, 5: 1500072.

[340] Peng H J, Wang D W, Huang J Q, et al. Janus separator of polypropylene-supported cellular graphene framework for sulfur cathodes with high utilization in lithium-sulfur batteries. Advanced Science, 2016, 3 (1): 1500268.

[341] Yao H B, Yan K, Li W Y, et al. Improved lithium-sulfur batteries with a conductive coating on the separator to prevent the accumulation of inactive S-related species at the cathode-separator interface. Energy & Environmental Science, 2014, 7 (10): 3381-3390.

[342] Nelson J, Misra S, Yang Y, et al. In operando X-ray diffraction and transmission X-ray microscopy of lithium sulfur batteries. Journal of the American Chemical Society, 2012, 134 (14): 6337-6343.

[343] Kim K R, Yu S H, Sung Y E. Enhancement of cycle performance of Li-S batteries by redistribution of sulfur. Chemical Communications, 2016, 52 (6): 1198-1201.

[344] Lin C N, Chen W C, Song Y F, et al. Understanding dynamics of polysulfide dissolution and re-deposition in working lithium-sulfur battery by in-operando transmission X-ray microscopy. Journal of Power Sources, 2014, 263: 98-103.

[345] Fang R P, Zhao S Y, Hou P X, et al. 3D interconnected electrode materials with ultrahigh areal sulfur loading for Li-S batteries. Advanced Materials, 2016, 28 (17): 3374-3382.

[346] Hu G J, Xu C, Sun Z H, et al. 3D graphene-foam-reduced-graphene-oxide hybrid nested hierarchical networks for

high-performance Li-S batteries. Advanced Materials，2016，28（8）：1603-1609.

[347] Zielke L，Barchasz C，Walus' S，et al. Degradation of Li/S battery electrodes on 3D current collectors studied using X-ray phase contrast tomography. Scientific Reports，2015，5：10921.

[348] Strubel P，Thieme S，Weller C，et al. Insights into the redistribution of sulfur species during cycling in lithium-sulfur batteries using physisorption methods. Nano Energy，2017，34：437-441.

[349] Peng H J，Zhang Z W，Huang J Q，et al. A cooperative interface for highly efficient lithium-sulfur batteries. Advanced Materials，2016，28（43）：9551-9558.

[350] Chung S H，Manthiram A. Bifunctional separator with a light-weight carbon-coating for dynamically and statically stable lithium-sulfur batteries. Advanced Functional Materials，2014，24（33）：5299-5306.

[351] Yang R，Li L，Chen D，et al. The enhancement of polysulfides adsorption for stable lithium-sulfur batteries cathode enabled by N-doped wrinkled graphene using solvothermal method. Chemistry Select，2017，2（35）：11697-11702.

[352] Song J X，Gordin M L，Xu T，et al. Strong lithium polysulfide chemisorption on electroactive sites of nitrogen-doped carbon composites for high-performance lithium-sulfur battery cathodes. Angewandte Chemie International Edition，2015，54（14）：4325-4329.

[353] Xie K Y，You Y，Yuan K，et al. Ferroelectric-enhanced polysulfide trapping for lithium-sulfur battery improvement. Advanced Materials，2017，29（6）：1604724.

[354] Ghazi Z A，Zhu L，Wang H，et al. Efficient polysulfide chemisorption in covalent organic frameworks for high-performance lithium-sulfur batteries. Advanced Energy Materials，2016，6（24）：1601250.

[355] Wang M R，Zhang H Z，Zhou W，et al. Rational design of a nested pore structure sulfur host for fast Li/S batteries with a long cycle life. Journal of Materials Chemistry A，2016，4（5）：1653-1662.

[356] Seh Z W，Wang H T，Liu N，et al. High-capacity Li_2S-graphene oxide composite cathodes with stable cycling performance. Chemical Science，2014，5（4）：1396-1400.

[357] Evers S，Yim T，Nazar L F. Understanding the nature of absorption/adsorption in nanoporous polysulfide sorbents for the Li-S battery. The Journal of Physical Chemistry C，2012，116（37）：19653-19658.

[358] Lin Z，Liu Z C，Fu W J，et al. Lithium polysulfidophosphates：A family of lithium-conducting sulfur-rich compounds for lithium-sulfur batteries. Angewandte Chemie International Edition，2013，52（29）：7460-7463.

[359] Pang Q，Tang J T，Huang H，et al. A nitrogen and sulfur dual-doped carbon derived from polyrhodanine@cellulose for advanced lithium-sulfur batteries. Advanced Materials，2015，27（39）：6021-6028.

[360] Zhou G，Paek E，Hwang G S，et al. Long-life Li/polysulphide batteries with high sulphur loading enabled by lightweight three-dimensional nitrogen/sulphur-codoped graphene sponge. Nature Communications，2015，6：7760-7771.

[361] Yang C P，Yin Y X，Ye H，et al. Insight into the effect of boron doping on sulfur/carbon cathode in lithium-sulfur batteries. ACS Applied Materials & Interfaces，2014，6（11）：8789-8795.

[362] Seh Z W，Wang H T，Hsu P C，et al. Facile synthesis of-Li_2S-polypyrrole composite structures for high-performance Li_2S cathodes. Energy & Environmental Science，2014，7（2）：672-676.

[363] Park K，Cho J H，Jang J H，et al. Trapping lithium polysulfides of a Li-S battery by forming lithium bonds in a polymer matrix. Energy & Environmental Science，2015，8：2389-2395.

[364] Li X，Lushington A，Sun Q，et al. Safe and durable high-temperature lithium-sulfur batteries via molecular layer deposited coating. Nano Letters，2016，16（6）：3545-3549.

[365] Cañas N A，Hirose K，Pascucci B，et al. Investigations of lithium-sulfur batteries using electrochemical impedance spectroscopy. Electrochimica Acta，2013，97：42-51.

[366] Yuan L X，Qiu X P，Chen L Q，et al. New insight into the discharge process of sulfur cathode by electrochemical impedance spectroscopy. Journal of Power Sources，2009，189（1）：127-132.

[367] Lodi-Marzano F，Leuthner S，Sommer H，et al. High-performance lithium-sulfur batteries using yolk-shell type sulfur-silica nanocomposite particles with raspberry-like morphology. Energy Technology，2015，3（8）：830-833.

[368] Babu G，Masurkar N，Al Salem H，et al. Transition metal dichalcogenide atomic layers for lithium polysulfides electrocatalysis. Journal of the American Chemical Society，2017，139（1）：171-178.

[369] Liang J，Yin L C，Tang X N，et al. Kinetically enhanced electrochemical redox of polysulfides on polymeric carbon nitrides for improved lithium-sulfur batteries. ACS Applied Materials & Interfaces，2016，8（38）：25193-25201.

[370] Frischmann P D，Gerber L C H，Doris S E，et al. Supramolecular perylene bisimide-polysulfide gel networks as nanostructured redox mediators in dissolved polysulfide lithium-sulfur batteries. Chemistry of Materials，2015，27（19）：6765-6770.

[371] Fan F Y，Carter W C，Chiang Y M. Mechanism and kinetics of Li_2S precipitation in lithium-sulfur batteries. Advanced Materials，2015，27（35）：5203-5209.

[372] Yao H B，Zheng G Y，Hsu P C，et al. Improving lithium-sulphur batteries through spatial control of sulphur species deposition on a hybrid electrode surface. Nature Communications，2014，5：3943-3952.

[373] Li C Y，Ward A L，Doris S E，et al. Polysulfide-blocking microporous polymer membrane tailored for hybrid Li-sulfur flow batteries. Nano Letters，2015，15（9）：5724-5729.

[374] Moy D，Manivannan A，Narayanan S R. Direct measurement of polysulfide shuttle current：A window into understanding the performance of lithium-sulfur cells. Journal of The Electrochemical Society，2015，162（1）：A1-A7.

[375] Cuisinier M，Cabelguen P E，Evers S，et al. Sulfur speciation in Li-S batteries determined by operando X-ray absorption spectroscopy. The Journal of Physical Chemistry Letters，2013，4（19）：3227-3232.

[376] Kawase A，Shirai S，Yamoto Y，et al. Electrochemical reactions of lithium-sulfur batteries：An analytical study using the organic conversion technique. Physical Chemistry Chemical Physics，2014，16（20）：9344-9350.

[377] Zou Q，Lu Y C. Solvent-dictated lithium sulfur redox reactions：An operando UV-vis spectroscopic study. The Journal of Physical Chemistry Letters，2016，7（8）：1518-1525.

[378] See K A，Leskes M，Griffin J M，et al. *Ab initio* structure search and in situ ^7Li NMR studies of discharge products in the Li-S battery system. Journal of the American Chemical Society，2014，136（46）：16368-16377.

[379] Waluś S，Barchasz C，Bouchet R，et al. Lithium/sulfur batteries upon cycling：Structural modifications and species quantification by *in situ* and operando X-ray diffraction spectroscopy. Advanced Energy Materials，2015，5（16）：1500165.

[380] Xu R，Belharouak I，Zhang X F，et al. Insight into sulfur reactions in Li-S batteries. ACS Applied Materials & Interfaces，2014，6（24）：21938-21945.

[381] Gerber L C，Frischmann P D，Fan F Y，et al. Three-dimensional growth of Li_2S in lithium-sulfur batteries promoted by a redox mediator. Nano Letters，2016，16（1）：549-554.

第5章 低维复合电解质

电解质是电池的重要组成部分，电池的循环效率、寿命、安全性都和电解质息息相关。本章主要介绍锂硫电池中电解质的相关研究进展。电解质体系十分复杂，为满足电池正常运行，需对以下几方面性质综合考虑：离子导率、电子绝缘性、热稳定性、化学稳定性、电化学稳定性、电极/隔膜的润湿性、环境友好性、成本价格。锂硫电池由于存在很多特殊性，电解质性质标准和传统锂离子电池有很大差别，除了需要满足上述条件之外，还需要考虑电解质和锂负极的稳定性、电解质/多硫化物的兼容性、电解质对多硫化物的溶解能力等。

5.1 液态电解质体系

液态电解质是锂硫电池重要的电解质类型。然而，充放电过程中产生的多硫化物溶解在有机溶剂中会导致穿梭效应，造成库仑效率低下，锂源的不断损失。因此，溶剂的选择对调控多硫化物的溶解和迁移、提高负极的循环稳定性非常重要，开发高效的电解液有助于提升锂硫电池的性能。本节将基于醚类体系、酯类体系、离子液体体系、高盐体系以及复配体系进行介绍。

5.1.1 醚类体系

醚类溶剂对多硫化物有好的化学稳定性，其氧化窗口（<4.0 V *vs.* Li/Li^+）可满足锂硫电池电压（<3.0 V *vs.* Li/Li^+）的要求[1, 2]，在锂硫电池中应用广泛。无论是线型或环状、短链或长链的醚，如1, 3-二氧戊环（DOL）、乙二醇二甲醚（DME，G1）、二乙二醇二甲醚（G2）、三乙二醇二甲醚（G3）、四乙二醇二甲醚（TEGDME，G4）、聚乙二醇二甲醚（PEGDME）、四氢呋喃（THF）等都被开发为锂硫电池电解液溶剂。DME[3]是一种极性溶剂，具有相对高的介电常数和低的黏度，可以很好地溶解高阶多硫化物，促进锂硫电池固—液—固转变的氧化还原反应。DOL[3]对多硫化物的溶解度较低，但能在负极表面形成较为稳定的固态电解质界面层（SEI）。和短链醚相比，长链醚的熔点和闪点更高，具有更高的安全性；同时，分子中氧原子更多，参与溶

剂化的能力更强，对锂盐的溶解度更大。例如，TEGDME[4]具有高的锂盐溶解度，但醚类分子的链段越长，黏度也越大，离子迁移会更困难。因此在锂硫电池实际电解液体系中，单溶剂组分很难满足电解液的所有需求，常常需要多种溶剂共同优化使用，如 DOL/DME[5]，DOL/TEGDME[6]、DOL/DME/TEGDME[7]等，从而满足表面张力、黏度、离子导率、电化学稳定性、安全性等多方面的要求。研究发现，溶剂的种类和混合比例都会对锂硫电池性能产生影响，当 DOL 和 DME 以相同体积混合使用（1 mol·L^{-1} LiTFSI）时，具有低黏度、高离子导率、高多硫化物溶解度、SEI 成膜稳定的优点，因此被作为锂硫电池的基础电解液[5]。虽然高的多硫化物溶解度会促进活性物质充分利用，但会带来严重的多硫化物穿梭效应，二者之间存在相互平衡和相互制约的关系，这需要通过调节新型复合正极、修饰隔膜和负极等方法协同调控，寻找到平衡点。传统醚类电解液由于闪点较低，在高温条件下容易引发安全问题。通过在 DOL/DME 中引入六氟三磷烯[8]等阻燃剂，可以显著提升电池的安全性。但阻燃剂的选择也有相关要求，如不能降低锂离子导率、对金属锂负极稳定等。

和传统的醚类电解液相比，氟代醚[9]具有低黏度、不易燃等性质，可以作为电解液共溶剂或添加剂使用。氟代醚中氟原子相比氢原子具有更强的电负性和更大的空间位阻，会降低醚分子中氧原子的离子溶剂化能力，有利于降低多硫化物在电解液中的溶解和扩散。在充放电循环过程中，氟代醚会在正负极表面形成一层稳定的钝化层，抑制多硫化物穿梭，提高电池的库仑效率和容量保持率。例如，将 1, 1, 2, 2-四氟乙基-2, 2, 3, 3-四氟丙基醚（TTE）和 DOL 共同使用，在有 $LiNO_3$ 添加剂的情况下，可以显著降低多硫化物的溶解度，同时抑制锂硫电池的自放电[10, 11]。对于双（2, 2, 2-三氟乙基）醚（BTFE）/DOL 体系[12]，电解液黏度显著降低，界面润湿性增强，在 3 mAh·cm^{-2} 正极硫面载量、0.1 C 倍率下，450 次循环后比容量为 1000 mAh·g^{-1}，容量保持率在 65%以上。

锂盐是电解液中必不可少的一部分，一般而言，锂盐的选择需要满足以下条件：①锂盐必须能溶解在溶剂中，形成的溶剂化锂离子有较高的迁移能力；②阴离子能够在电池循环过程中稳定存在，不在正极侧发生氧化分解；③阴离子不和电解液溶剂发生反应；④阴阳离子不和其他组分反应，如隔膜、集流体、电池封装材料等[2]。图 5.1 列出了已经或有潜力应用在锂硫电池中的锂盐[13]。目前锂硫电池中 LiTFSI 和 LiOTf[2, 13]因具有良好的热稳定性，与醚类溶剂有较好的兼容性及较大的溶解度成为应用最广泛的锂盐。在这里需要指明的一点是，LiTFSI 和 LiOTf 因在 2.8 V 左右会腐蚀铝集流体，在锂离子电池中的应用受到限制，但锂硫电池由于电压较低，集流体腐蚀的问题有所缓解。和 LiTFSI 结构类似的 LiFSI 和 LiTDI[14]在锂硫电池中也有应用，LiFSI 的阴离子比 LiTFSI 小，在离子导率和黏度方面更具优势。$LiClO_4$[15]在锂硫电池电解液中的应用不是很多，主要是因为其在金属锂负极表面难以形成稳定的 SEI，此外，$LiClO_4$ 具有强氧化性，容易和有机组分反应，带来安全问题。$LiPF_6$[16]在锂离子电池中应用广泛，但在锂硫电池中应用很少，因为其在电解液中会产生 Lewis 酸根离子，造成环状醚类分子的开环自聚合。

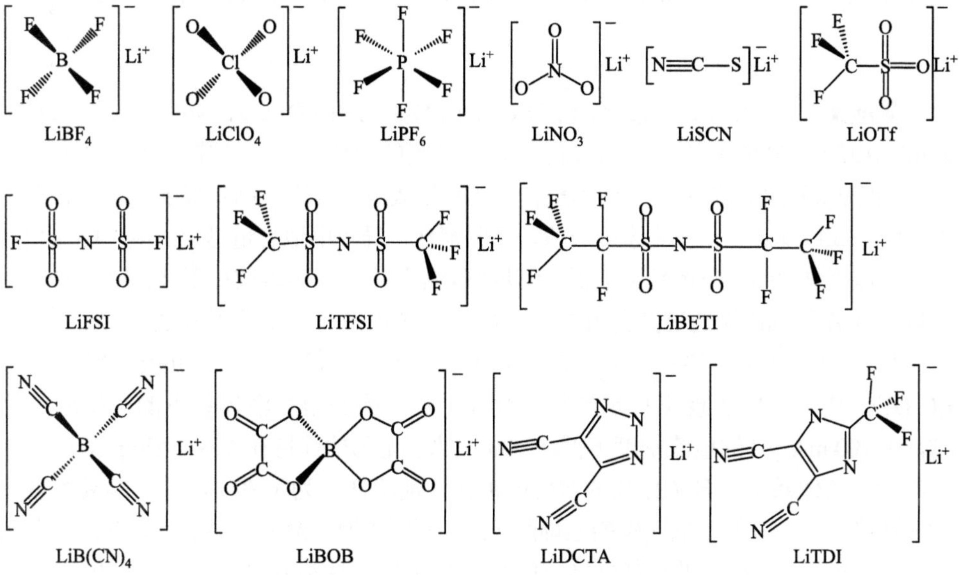

$LiBF_4$　$LiClO_4$　$LiPF_6$　$LiNO_3$　LiSCN　LiOTf

LiFSI　LiTFSI　LiBETI

$LiB(CN)_4$　LiBOB　LiDCTA　LiTDI

图 5.1　锂硫电池中已经应用的或有应用前景的锂盐[13]

仅靠锂盐和溶剂组成的电解液往往不能满足锂硫电池对电解液性质的要求，因此需要在电解液中引入少量添加剂来改善锂硫电池性能。一种合适的添加剂应该具备多种性质，如可以稳定电极/电解液界面，降低多硫化物的溶解度，形成稳定的 SEI，提高电池容量、库仑效率、倍率性能、循环寿命等。

锂硫电池中理想的 SEI 应该是具有良好的电子绝缘性、快速的离子导通性和均匀致密的形貌，可以抑制锂金属与多硫化物的反应和锂枝晶的生长。$LiNO_3$[3, 17, 18]常作为添加剂或共盐应用于醚类电解液中，在充放电过程中，$LiNO_3$和多硫化物发生耦合协同效应，在锂金属表面生成致密的 LiN_xO_y 和 LiS_xO_y 的钝化层，抑制电解液和金属锂的副反应的进一步发生[3]。此外，$LiNO_3$ 的引入可以抑制充放电过程中的产气问题（充电过程中产生 N_2 和 N_2O、放电过程中产生 CH_4 和 H_2）。然而，当正极电位降到 1.6 V 以下时，$LiNO_3$ 会发生不可逆还原分解，不溶性的还原产物会影响硫正极的氧化还原可逆性[19]；当放电截止电压提升至 1.8 V 时，$LiNO_3$ 在正极不发生还原分解，电池的循环性能显著提升[20]。

最新研究发现，在硫正极表面通过设计合适的添加剂形成稳固的保护层能抑制多硫化物从正极溶出。吡咯是一种保护正极的添加剂，通过聚合反应会在硫正极表面形成聚吡咯，充当多硫化物的吸附剂和隔离层[21]。在 5 wt%吡咯添加量下，锂硫电池在 1.0 C 倍率下循环 300 次后比容量保持在 607.3 $mAh\cdot g^{-1}$。在 DOL/DME

体系中加入三苯基膦[22]，该成分可以和多硫化物反应生成致密的硫化三苯基膦（TPS）保护层，允许锂离子扩散进硫/碳复合正极，阻止多硫化物从正极溶出，电池在0.1 C倍率下循环1000次可保持较高的库仑效率和每圈0.03%的容量衰减率。

5.1.2 酯类体系

碳酸酯类溶剂，如碳酸乙烯酯（EC）、碳酸二乙酯（DEC）、碳酸丙烯酯（PC）、碳酸二甲酯（DMC）等，具有高离子导率和宽的电化学窗口，常用在锂离子电池中[2]。但是碳酸酯溶剂和硫正极不兼容，在初始放电过程中，高阶多硫化物会和碳酸酯的醚基或羰基碳原子发生亲核反应，不断消耗，导致电池容量迅速衰减，因此酯类溶剂在锂硫电池中的应用受到限制。但是如果能将小分子硫限域在正极材料的纳米孔道内，或者和聚合物通过共价键复合，酯类溶剂还是有一定的用武之地的[23, 24]。

硫复合热解聚丙烯腈（S@pPAN）正极和预锂化的 SiO_x/C 负极匹配[25]，在EC/DEC 电解液中表现出稳定的循环性能，这是酯类电解液体系下的一次成功尝试，在100 $mA \cdot g^{-1}$的电流密度下循环100次比容量仍能保持在616 $mAh \cdot g^{-1}$。这主要是因为在该体系下，多硫化物的溶解度被极大地降低。为了进一步提高酯类体系中的循环稳定性，引入了氟代碳酸乙烯酯（FEC）[26]作为共溶剂或添加剂，该锂硫电池体系表现出优于EC中的循环性能。FEC在电化学还原/氧化过程中会在负极和正极生成一层致密的SEI。此外，锂离子在FEC环境中的脱溶剂化阻力较小，使得锂离子和硫在碳骨架中的反应动力学作用加快，降低了正极侧多硫化物的溶解。

受醚类溶剂启发，在酯类溶剂中引入添加剂可以保护金属锂负极和延长电池循环寿命。二氟草酸硼酸锂（LiDFOB）[27]作为一种锂形貌修饰添加剂在锂硫电池中被广泛研究，通过和FEC协同作用，S@pPAN正极在1 C倍率下循环1100次容量保持率为89%（1400 $mAh \cdot g^{-1}$）。硼酸三（三甲基硅基）酯[28]作为EC/DMC溶液的添加剂能在S@pPAN正极表面形成一层低界面阻抗的CEI（正极电解质界面层），使得锂离子的扩散和电化学反应更快，全电池在10 C倍率下仍能保持1423 $mAh \cdot g^{-1}$的循环比容量。

$S_{2\sim4}$作为正极材料时，电解液可以选用酯类体系。$S_{2\sim4}$可以直接转化成不溶性的 Li_2S_2 或 Li_2S，避免了形成可溶性的高阶多硫化物中间体，在充放电曲线上表现出一个长的平台[29]。但是该方法并不能完全避免可溶多硫化物的产生，还需要通过电解液修饰等方法优化。FEC通常被作为添加剂，利用其电化学还原反应在负极表面形成致密的SEI；研究发现，如果将锂硫电池首圈放电截止电压降至0.1 V（*vs.* Li/Li^+），FEC会在正极表面分解，原位形成一层CEI保护层，可以抑制多硫化物溶解到电解液中，同时也能提供长期的机械稳定性，抑制正极充放电过程中的体积膨胀[30]。人工合成硫-微孔活性炭复合正极可以抑制多硫化物的溶解以及和酯类溶剂的反应，在EC/DEC电解液中可以实现1 C倍率下充放电稳定循环 1000 次[31]。各类电解质溶剂的物化性质如表 5.1 所示。

表 5.1　锂硫电池中的溶剂及相关性质

溶剂	分子量	熔点/℃	沸点/℃	黏度/cP	介电常数
DME（G1）	90	–58	84	0.46	7.2
G2	134	–64	162	0.97	7.4
G3	178	–46	249	1.89	7.5
G4	222	–30	275	4.05	79
DOL	74	–95	78	0.59	7.1
THF	72	–109	66	0.46	7.4
EC	88	36	248	1.90	89.8
PC	102	–48.8	242	2.53	64.9
DMC	90	4.6	91	0.59	3.1
DEC	118	–74.3	126	0.75	2.8

和醚类电解液相比，酯类电解液中锂硫电池的循环寿命更长，而且酯类体系有望降低电解液的体积用量，有利于提升电池的能量密度和安全性。此外，酯类电解液在金属锂负极还原分解形成的稳定 SEI 可以抑制副反应的发生，延缓电解液耗竭。因此研究酯类电解液对提升锂硫电池的性能具有重要意义。

5.1.3　离子液体体系

1. 非质子离子液体

室温离子液体在常温下是液体且均由离子组成，离子液体有很多与众不同的性能，如可燃性低、热稳定性高、离子导率可观、电化学窗口宽等。和溶剂分子不同，离子液体的溶剂性质是由阴阳离子通过静电作用、范德瓦耳斯力、氢键等相互作用和离子自身性质决定的。离子液体独特的溶剂行为使得其在锂硫电池中有独特的性能。一些离子液体可以抑制多硫化物的溶解并且具有较高的锂离子导率。

离子液体基电解液最早于 2006 年开始用于锂硫电池[32]。该电解液由 1 mol·L^{-1} LiTFSI 和 *N*-甲基-*N*-丁基哌啶双（三氟甲磺酰基）亚胺盐（[PP14][TFSI]）组成，能够有效地抑制多硫化物溶解，电池循环性能良好。很多研究关注于非质子离子液体，例如，吡咯烷鎓和咪唑鎓与[TFSI]$^{-}$阴离子匹配，提供了一种替代易挥发性分子溶剂的选择。Park 等研究了多硫化物在 0.64 mol·L^{-1} LiTFSI/*N*, *N*-二乙基-*N*-甲基-*N*-（2-甲氧基乙基）铵双（三氟甲磺酰基）亚胺盐（[DEME][TFSI]）中的溶解度，发现即使是溶解度最高的 Li_2S_8 在离子液体中的溶解度也比在有机分子溶剂（如 0.98 mol·L^{-1} LiTFSI/G4）中低三个数量级[33]。如何理解离子液体抑制多硫化物的溶解对优化锂硫电池电解液意义重大。Park 等发现离子液体电解液的供体能力较低，和其他非水电解液中的锂盐相似，Li_2S_n的溶解由溶剂化的锂离子和溶剂分子决定。[DEME][TFSI]的供体数约为10 kcal·mol^{-1}，因此Li_2S_n的溶解度很低。此外，LiTFSI的存在也降低了Li_2S_n的溶解度，因为一些[TFSI]$^-$和加入的锂盐形成了复杂的Li[TFSI]$_2$[34]。需要说明的是，虽然存在很多种离子液体，但[TFSI]$^-$基离子液体是被研究最多的，这可能是因为这种离子液体具有更低的黏度，更高的离子导率，和锂金属负极有更好的兼容性等优点。

锂硫电池放电曲线有两个平台，[TFSI]$^-$基离子液体电解液的第一个放电平台（≈2.2 V）比有机TEGDME电解液（≈2.4 V）低，这可能是还原反应$S_8 + 2Li^+ + 2e^- \longrightarrow Li_2S_8$机理不同造成的。[TFSI]$^-$基离子液体电解液中发生固体→固体反应，还原中间产物Li_2S_n在复合正极中以固体存在，还原产物Li_2S_8的固态形式没有液态形式稳定，因此[TFSI]$^-$基离子液体电解液的还原电位更低。同理，离子液体电解液充电过程中的氧化电位更高且在充电末期没有电压骤升现象。

Li_2S_n在离子液体中的溶解度是很有价值的研究课题。Li_2S_n在离子液体中的溶解度和阴阳离子的组成有很大的相关性[35]。图5.2列举了S_8和几种多硫化物在不同离子液体中的溶解度，从图5.2（a）中可以看出多硫化物在*N*-丁基-*N*-甲基吡咯烷三氟甲磺酸盐（[P14][OTf]）中的溶解度最高，几乎比*N*-甲基-*N*-丙基吡咯烷双（三氟甲磺酰基）亚胺盐（[P13][TFSI]）、*N*-甲基-*N*-丙基吡咯烷双（氟磺酰基）亚胺盐（[P13][FSI]）、*N*-甲基-*N*-丙基吡咯烷双（五氟乙基磺酰基）亚胺盐（[P13][BETI]）高两个数量级。[P14][OTf]中多硫化物的溶解度高的原因是[OTf]$^-$具有强的供体能力，[P14][OTf]的供体数（≈20 kcal·mol^{-1}）远高于TEGDME（16.6 kcal·mol^{-1}），这使得Li_2S_8在[P14][OTf]中的溶解度高于TEGDME。

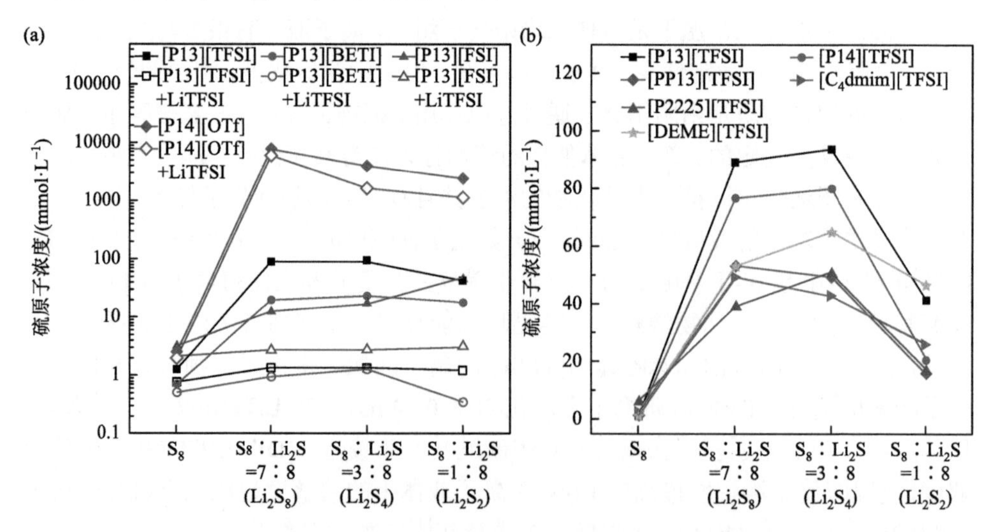

图5.2 S_8和Li_2S_n在不同吡咯烷鎓离子液体和加入0.5 mol·kg^{-1} LiTFSI中（a）、[TFSI]$^-$基离子液体中（b）的饱和浓度（硫原子的浓度）[35]

阳离子对多硫化物的溶解也有显著的影响，从图 5.2（b）中可以看出，不同阳离子的$[TFSI]^-$基离子液体对多硫化物的溶解能力不同。随着阳离子半径的增大，Li_2S_n 的溶解度降低，Li_2S_8 的溶解度表现为$[P13]^+$＞$[P14]^+$＞$[DEME]^+$＞$[PP13]^+$＞$[C_4dmim]^+$＞三甲基戊基鏻（$[P2225]^+$）。Welton 等认为溶质离子和离子液体离子的离子交换反应会影响溶质离子的溶解，如果二者离子尺寸匹配性好，位置交换反应很容易发生。

锂硫电池的循环性能和 Li_2S_n 在离子液体中的溶解度关系密切。对[TFSI]基离子液体而言，Li_2S_n 在其中溶解度低，电池的初始比容量为 600～800 $mAh \cdot g^{-1}$，循环 50 次后容量保持率为 76%～87%，但[P14][OTf]体系电池容量出现迅速衰退，这主要是因为 Li_2S_n 溶解度高，穿梭效应严重，活性物质消耗过快。

但是，离子液体存在的一个明显问题是黏度较大，会降低锂离子的移动速度，增大电池阻抗。温度是影响黏度的重要因素，因此离子液体基锂硫电池性能和温度的关系受到了研究者的关注。提高温度可以降低电解液黏度，提高锂离子移动速度，但是多硫化物的溶解也会加剧，从而导致电池容量的快速衰减和库仑效率降低，因此如何在保证循环性能的基础上提高离子迁移能力值得深入研究。

2. 溶剂化离子液体

非质子离子液体和锂盐复合的电解液的离子导率和锂离子迁移数较低，如果能开发一种锂离子液体，即锂离子是唯一的阳离子，将会很好地克服非质子离子液体的缺点。将 LiTFSI 和 G3 或 G4 等摩尔熔融混合，可以制得长期稳定存在的$[Li(G3)]^+$或$[Li(G4)]^+$[36, 37]。醚-锂盐等摩尔复合电解液表现出离子液体的行为，如高的热稳定性和宽的电化学窗口等，将其命名为溶剂化离子液体[38]。溶剂化离子液体的锂离子浓度和锂离子迁移数较高，因此其极限电流密度比典型的非质子离子液体高一个数量级。此外，多硫化物的溶解也受到抑制，例如，[Li(G4)][TFSI]体系的初始放电比容量可以达到 1100 $mAh \cdot g^{-1}$，库仑效率达到 97%[39]。

通过醚-锂盐等摩尔复合，可以合成不同种类的溶剂化离子液体（[Li(G3/G4)]X），其中阴离子 X 对锂硫电池性能有很大影响。研究发现，只有在[Li(G3)][TFSI]、[Li(G4)][TFSI]和[Li(G4)][BETI]中 Li_2S_n 的溶解才会被明显抑制[40]。[Li(G3)][OTf]（3.9 $mol \cdot L^{-1}$）和$[Li(G3)][NO_3]$（4.8 $mol \cdot L^{-1}$）中 Li_2S_n（$n = 2$、4、8）溶解度高达 1000 $mmol \cdot L^{-1}$，这说明锂盐浓度并不是决定多硫化物溶解度的唯一因素。[Li(G3)][OTf]和$[Li(G3)][NO_3]$的电离度小于[Li(G3)][TFSI]、[Li(G4)][TFSI]和[Li(G4)][BETI]，这意味着前两者的锂离子活性低于后三者。锂硫电池中，[Li(G3)][OTf]体系中多硫化物穿梭严重，$[Li(G3)][NO_3]$体系中$[NO_3]^-$在 S/C 复合电极上的不可逆还原分解导致了较差的循环性能。[Li(G3)][TFSI]、[Li(G4)][TFSI]和[Li(G4)][BETI]体系的初始比容量达到 720 $mAh \cdot g^{-1}$，库仑效率达到 98%[40]。

5.1.4 高盐电解液

通常而言，锂盐的浓度在 1.0 mol·L^{-1} 左右时可以平衡离子导率和黏度等性质。但研究发现，高盐浓度电解液在锂硫电池中表现出优异的性能[41]。随着电解液中锂盐浓度的增加，离子导率表现出先上升后降低的趋势。在低盐浓度区间，随着盐浓度升高，解离的离子数量增加，离子导率随之上升直到最大值。当盐浓度继续上升时，离子聚合增强，黏度上升，自由离子的数量下降，离子迁移能力降低[2]。一般认为，当盐和溶剂的体积比与质量比均超过 1.0 时即可认为是高盐体系。高盐体系的构成和溶剂化离子液体相似，具有高黏和离子效应的性质，在热力学和动力学上有抑制多硫化物溶解的优势。

Shin 等[42]研究了不同 LiTFSI 浓度在 DME/DOL（1∶1，*V*/*V*）中对 Li_2S_n 溶解度的影响。Li_2S_n 的溶解平衡可表示为 $Li_2S_n \rightleftharpoons 2\,Li^+ + S_n^{2-}$，溶度积常数 $K_{sp} = [Li^+]^2[S_n^{2-}]$。公式表明，电解液中溶解的锂盐越多，锂离子浓度就越高，相应的多硫化物阴离子的浓度就会降低。实验结果也证明，5.0 mol·L^{-1} LiTFSI 电解液虽然黏度更高，但多硫化物的溶解显著低于低盐电解液，在 60 次循环过程中容量和库仑效率（99%）也高于低盐体系。当溶剂为 DME/DOL（2∶1，*V*/*V*）时，4.0 mol·L^{-1} LiTFSI 电解液的库仑效率接近 100%，远高于 1.0 mol·L^{-1} 体系的 90%[43]。当 LiTFSI 浓度达到 7.0 mol·L^{-1} 时，电解液已经接近饱和，可以认为是一种高盐（solvent-in-salt）体系，多硫化物的溶解和穿梭效应极大地被抑制，锂硫电池在 0.2 C 倍率下初始放电比容量达到 1041 mAh·g^{-1}，循环 100 次容量保持率为 74%。此外，高盐体系下锂枝晶的生长和金属锂的腐蚀也有所缓解[41]。

高盐电解液下锂硫电池循环性能提升的原因可以归结为两方面。一方面，自由溶剂分子的减少使得锂盐优先于溶剂分子分解，形成致密稳定的 SEI，锂离子的利用率提升；另一方面，多硫化物的溶解和穿梭受到抑制。当然，优异的循环性能是有代价的，如高盐体系离子导率较差、黏度增加、锂离子扩散受阻等。因此，和标准液体电解液相比，高盐电解液容易引起较大极化，电池的倍率性能会有所下降。此外，由于锂盐的成本较高，高盐电解液的工程化应用还存在很大挑战。

5.1.5 复配体系

醚类、酯类、离子液体、高盐体系在锂硫电池中的应用各有优缺点，往往不能满足高比能电池对电解液性质的全部要求。例如，尽管离子液体和高盐体系可以降低多硫化物的溶解度，抑制穿梭效应，但高黏度带来了低锂离子导率的弊端，使得大电流快充快放过程中的极化较严重。醚类和酯类体系的黏度较低，但多硫化物的溶解也相对较严重，因此将不同体系加以混合使用，可以兼顾各自体系优良的性能，更好地应用于锂硫电池中[35, 44]。

离子液体和醚类溶剂混合可以保持低黏度和低多硫化物溶解度，受到了学者的关注。Wang 等[45]研究了 DME 和[PP13][TFSI]混合使用对缓解黏度和多硫化物溶解之间平衡效应的效果，当 DME/[PP13][TFSI]比例合适时，锂硫电池表现出高的初始比容量、库仑效率、容量保持率和少的多硫化物穿梭现象。

早期离子液体和有机溶剂混合的研究中离子液体的组分占比较少，主要是以添加剂的形式参与，添加离子液体的目的是提高有机电解液的离子导率，形成更加稳定的金属锂负极。Kim 等[46, 47]在 DOL/DME 电解液中添加了 5%～10%（体积分数）的咪唑基离子液体，发现锂硫电池的放电比容量和循环寿命有所上升。Shin 等[48]将 PEGDME 和[P14][TFSI]混合，锂盐为 0.5 $mol·L^{-1}$ LiTFSI，降低了离子液体基电解液的黏度；当 PEGDME 的比例增加时，充放电循环性能提升。Zheng 等[49]将 DOL/DME 和[P14][TFSI]混合使用，发现离子液体的引入会促进在金属锂负极表面形成一层致密的 SEI，抑制了多硫化物的穿梭以及其在负极表面的分解。当电解液为 1.0 $mol·L^{-1}$ LiTFSI、0.5 $mol·L^{-1}$ $LiNO_3$、[P14][TFSI]/DOL/DME（2∶1∶1 体积比）时，锂硫电池在 3 C 和 6 C 倍率下表现出了优异的性能[50]。Zhang[51]认为离子液体中的有机阳离子在稳定多硫化物上起着重要作用。根据软硬酸碱理论，长链 S_n^{2-} 在有咪唑或吡咯基等软阳离子存在的情况下更稳定，因此会抑制生成低阶不溶的 Li_2S_n。离子液体中阴离子的高供体性质也有利于抑制多硫化物的溶解。

溶剂化离子液体高黏度和低电导率性质可以通过添加低黏度共溶剂缓解。和非质子离子液体不同，溶剂化离子液体在混合溶剂中作为支持锂盐使用。溶剂化离子液体和低极性溶剂联用可使所有的多硫化物溶解度下降，确保高离子导率。[Li(G4)][TFSI]和 1, 1, 2, 2-四氟乙基-2, 2, 3, 3-四氟丙基醚（HFE）联用[44]，离子导率在 30℃时可以达到 5 $mS·cm^{-1}$，锂离子迁移数约为 0.5。锂离子和 G4 形成了稳定的$[Li(G4)]^+$，能够溶解多硫化物的自由 G4 分子少之又少，多硫化物的溶解度自然下降。HFE 的引入将锂硫电池前 50 次循环的库仑效率提升至 98%（图 5.3）。

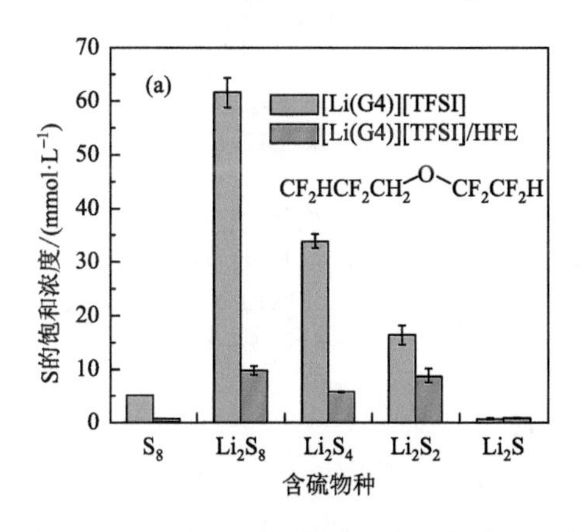

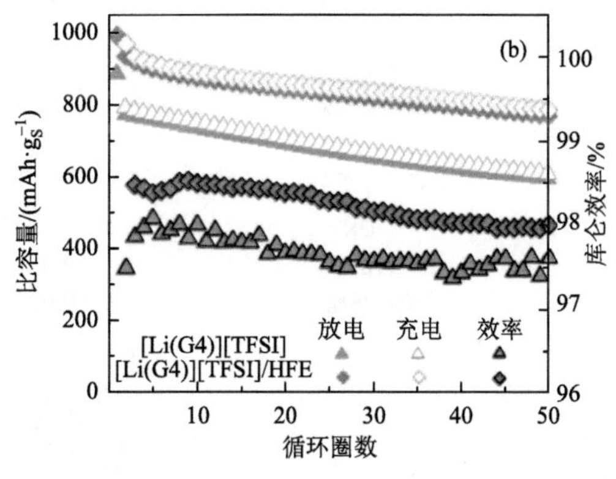

图 5.3 S_8 和 Li_2S_n 在不同电解液中的溶解度（a）和不同电解液体系锂硫电池的循环稳定性（b）[44]

在[Li(G4)][TFSI]中加入 HFE 可以提高全电池的循环性能，但并不是所有的低极性溶剂都有效果。例如，[Li(G4)][TFSI]和甲苯混合反而会加速容量衰减[52]，其中最主要原因是单质硫在甲苯中的溶解导致活性物质损失和自放电，这说明共溶剂的选择很严格。一般认为溶剂化离子液体的共溶剂选择需要满足以下要求：低黏度、能较好地溶解离子液体、低的 S_8 和 Li_2S_n 溶解度、对金属锂负极稳定。

5.2 聚合物电解质体系

在锂硫电池未来的发展中，依托于化学添加剂和界面保护的复配液态电解质体系能够有效地发挥出锂硫电池的巨大潜力。然而，液态电解质易燃易挥发的缺点极大地限制了其在锂硫电池中的应用。随着对电池安全性关注度的日益增长，液态电解质的劣势逐渐暴露出来[53-55]。

在锂硫电池体系中，高硫面载量的电极材料在电池循环过程中易发生体积膨胀，聚合物电解质体系可以很好地缓冲体积膨胀对电极微观结构的破坏，同时还能有效抑制多硫化物的溶解，避免穿梭效应所带来的问题。这种聚合物电解质体系一般以聚合物为基体，溶解在其中的锂盐用以实现电解质中的离子导通[56]。

早在 1973 年，Wright 课题组[57]首次发现了聚氧化乙烯（PEO）和锂盐复合物具有离子传导性能。在这之后，研究者们又对新型聚合物体系、聚合物电解质导离子机理以及电解质/电极界面化学开展了大量的研究工作。目前，聚氧化乙烯作为聚合物基体或以其为聚合物主体进行共混或者共聚的研究最为广泛深入。其他常见碳骨架聚合物还有聚偏二氟乙烯（PVDF）、聚甲基丙烯酸甲酯（PMMA）和聚丙烯腈（PAN）等。除此之外，非碳基聚合物如聚硅氧烷和聚磷腈等也都得到了研究者们的广泛关注[58-60]。这些聚合物的结构式如图 5.4 所示。

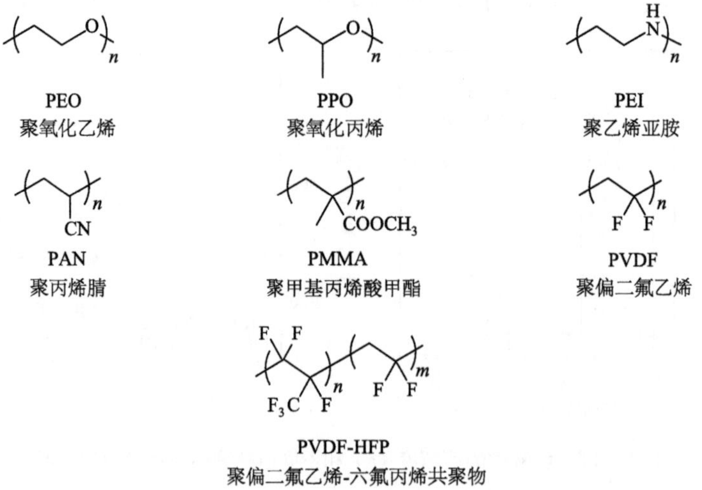

PEO
聚氧化乙烯

PPO
聚氧化丙烯

PEI
聚乙烯亚胺

PAN
聚丙烯腈

PMMA
聚甲基丙烯酸甲酯

PVDF
聚偏二氟乙烯

PVDF-HFP
聚偏二氟乙烯-六氟丙烯共聚物

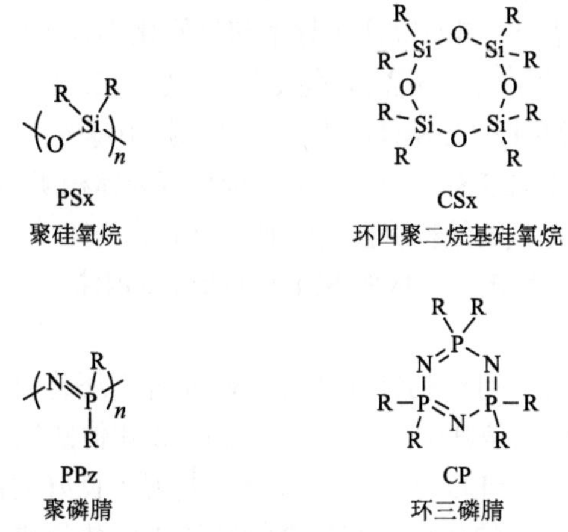

PSx
聚硅氧烷

CSx
环四聚二烷基硅氧烷

PPz
聚磷腈

CP
环三磷腈

图 5.4　常见用于聚合物电解质体系构建的聚合物分子结构[58]

对溶盐聚合物（salt-in-polymer）体系的导离子机制存在很多不同见解，目前一般较为认同聚合物链段运动为聚合物中离子运动提供动力。在聚合物电解质中，聚合物中的极性基团（如—O—、═O、—S—、—N—、—P—、C═O、C≡N等）可以溶解锂盐，并与锂盐形成复合物[61]。一般选择的锂盐具有更低的晶格能，而聚合物一般也具有较高的介电常数，锂盐更容易发生电离[62]。锂盐电离出的锂离子会与聚合物链段上的极性基团发生配位耦合，当聚合物链段运动时，产生自由体积。在电场作用下，锂离子与聚合物极性基团之间不断发生耦合-解耦合过程，使离子从聚合物上的一个配位点运动到相邻的配位点上，或者由一条链段转移至相邻的链段上，从而在宏观上表现为离子迁移[63]。

在聚合物电解质中，聚合物和锂盐的组成和结构都会对电解质的离子传输产生影响。因此，锂盐的溶解能力和解离能力是评价锂盐的一项重要指标。根据研究，一般锂盐阴离子的体积越大，该盐就越容易在聚合物基体中发生解离[64]，常见锂盐阴离子结构如图 5.5 所示。

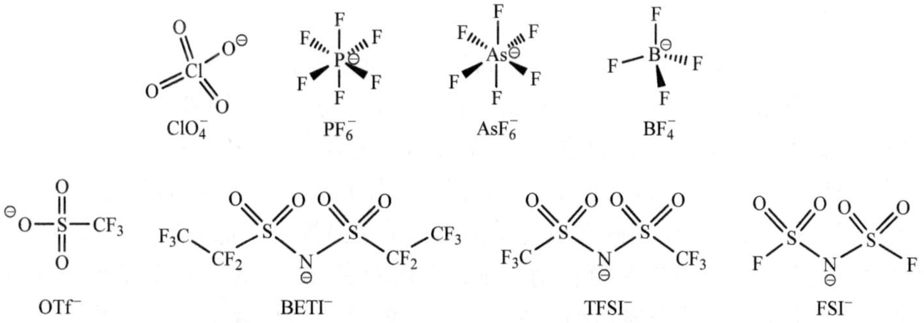

ClO_4^-　PF_6^-　AsF_6^-　BF_4^-

OTf^-　$BETI^-$　$TFSI^-$　FSI^-

图 5.5　常见锂盐阴离子结构[65, 66]

全氟烷基磺酸锂是一类具有高离子导率和良好化学稳定性的锂盐，这类锂盐在聚合物中的溶解性较强[65, 66]。全氟烷基磺酸锂主要包括三氟甲基磺酸锂（LiOTf）[67]、双（五氟乙基磺酰）亚胺锂（LiBETI）[68]、双（三氟甲基磺酰）亚胺锂（LiTFSI）[69]和双（氟磺酰）亚胺锂（LiFSI）[70]等。另一种具有大体积阴离子的锂盐为双草酸硼酸锂（LiBOB），其因无氟的结构特性受到研究者们的关注[71]。但目前存在的问题是LiBOB对锂金属电极不稳定，形成的SEI具有更高的阻抗，极大地影响了电池的倍率性能。

在这些常见的聚合物可溶的锂盐之外，研究者们还将目光转向合成新型的锂盐。对锂盐进行芳香取代是其中一种思路，Paillard和他的同事[72]制备出一系列芳香取代的氟磺酸锂盐，在PEO基固态电解质中展现了良好的离子导率和化学稳定性。由于阴离子具有更大的体积，在聚合物基体中的传导更难，这使得锂离子在电解质基体中具有相对较高的迁移数。Sanchez 等[73]也制备出芳香取代的氟磺酰亚胺锂，在PEO基的聚合物固态电解质中表现出较高的离子导率。也有一些研究者开发合成出一些新的具有化学稳定性的锂盐，如双（4-硝基苯基）磺酰亚胺锂（LiNPSI）[74]。由于其中磺酰基和芳香基团的存在，阴离子负电荷的离域得到了增强，使得该盐在聚合物基体中更容易发生解离，同时基于该锂盐的聚合物固态电解质对锂负极展现出更高的稳定性。高溶解度、大体积阴离子的锂盐为聚合物电解质的高离子导率和稳定性提供了保障。同时，另一项制约聚合物电解质性能的要素，即聚合物基体的性质，也在不断研究中得到了长足发展。

对聚合物的改进主要体现在结构方面的研究和电化学性能的提升上。离子导率是制约聚合物电解质在锂电池中发展的重要因素，对锂电池而言，电解质的离子导率需要超过10^{-3} $S \cdot cm^{-1}$才能达到目前高能量密度、高倍率电池的实用化要求。

聚合物电解质中离子的迁移是由聚合物的链段运动引发的，而通常链段运动发生在聚合物的无定形区域，所以降低聚合物结晶度是提高聚合物导离子性能的一条重要途径。在目前的研究中，一般通过降低聚合物玻璃化转变温度的方式增大电池工作温度下聚合物电解质的无定形区域，从而增强链段运动来提高电解质的离子导率。

通过聚合物共混的方式也可以提高聚合物固态电解质的离子导率，如将PEO和聚甲基丙烯酸（PMAA）进行共混，得到的聚合物电解质随着其中PEO含量的提升，其离子导率会有提高的趋势[75]。Rocco课题组[76]将PEO和聚（甲基乙烯基醚-马来酸）进行共混，以$LiClO_4$作为锂盐添加到其中，得到的聚合物固态电解质的离子导率与纯PEO基固态电解质相比有了明显提升。他们认为，通过共混，两种聚合物分子之间存在氢键作用，抑制了PEO的结晶，从而提高了聚合物电解质的自由体积，增强了链段运动，最终实现了PEO电解质离子导率的提高。另外，将PEO与聚偏氟乙烯（PVDF）、聚乙酸乙烯酯（PVAc）、聚乙烯亚胺（PEI）及聚二乙二醇单甲醚磷腈（MEEP）等进行共混，配用合适的锂盐，聚合物电解质的离子导率都有较为明显的提高。

将聚合物进行共聚组成嵌段共聚物可以降低聚合物的玻璃化转变温度。早在 1984 年，Watanabe 等[77]合成了聚（二甲基硅氧烷-氧化乙烯）（PDMS-PEO），以 $LiClO_4$ 作为锂盐，该电解质的室温离子导率可以达到 2.6×10^{-4} $S\cdot cm^{-1}$。嵌段共聚物聚乙烯-*b*-聚氧化乙烯（PE-PEO）的离子导率在 PE 质量分数较低时也能达到 10^{-5} $S\cdot cm^{-1}$ 左右。除了对聚合物进行线型共聚以外，通过共聚也得到树枝状共聚物或接枝共聚物，其侧链上存在较大的基团，可以有效地降低聚合物的结晶度。这种方式得到的聚合物不仅具有较好的离子传导能力，而且热稳定性、成膜性以及机械强度均有较高的提升，适用于锂金属电池中电解质的构建。通过一定的聚合手段将特定结构的官能团引入共聚体系，对聚合物电解质进行交联处理，在全固态聚合物电解质的研究中也得到了很好的应用，得到的共聚物作为电解质基体实现了离子导率的提升。

尽管聚合物全固态电解质具有较好的热力学稳定性、安全性、成膜性和黏弹性，对锂金属负极较为稳定，同时较好的机械性能可以缓解电池充放电过程中的体积膨胀问题、抑制锂枝晶的生长。但是，聚合物电解质室温离子导率较差的问题严重影响了其在全固态锂硫电池中的应用。目前，对聚合物导离子的机理进行透彻的理解，探索合适的手段提高聚合物电解质的综合性能，对全固态聚合物锂硫电池的最终实现具有极为重要的意义。

5.3 无机固态体系

除有机液态电解质和聚合物电解质外，无机固态电解质（ISEs）也是一类极具发展前景的电解质体系。在过去二十年的发展中，高离子导率材料的研究有了巨大的突破，ISEs 的室温离子导率接近甚至超过了传统液态电解质，采用 ISEs 取代液态电解质有望实现高能量密度、高安全性电池体系的构建。相对于传统有机电解液，ISEs 具有以下三个方面的优势[55]：

（1）ISEs 可以有效地限制多硫化物的溶解从而控制穿梭效应。事实上，在全固态锂硫电池中，电化学能量转化直接在 Li_2S 和硫之间发生，而不是通过多硫化物中间体的形成实现的。

（2）锂离子在 ISEs 中迁移数接近于 1，对锂在负极上的均匀沉积具有促进作用，且可以有效地限制锂枝晶的形成，高的锂离子迁移数有助于电池体系的大倍率充放电，使电池展示出快充潜力。

（3）锂离子在 ISEs 和电极之间的转移不涉及溶解过程，因此可以降低相关活化能并提高锂离子的转移速率。

在固态电解质中，离子导率是评价电解质性能的重要指标。除此之外，较低的电极/电解质界面阻抗、高电子绝缘性、高热力学稳定性、更宽的电化学窗口以及简单的制备步骤都是固态电解质必不可少的特性。固态电解质的基本特征可以总结为图 5.6[78]。

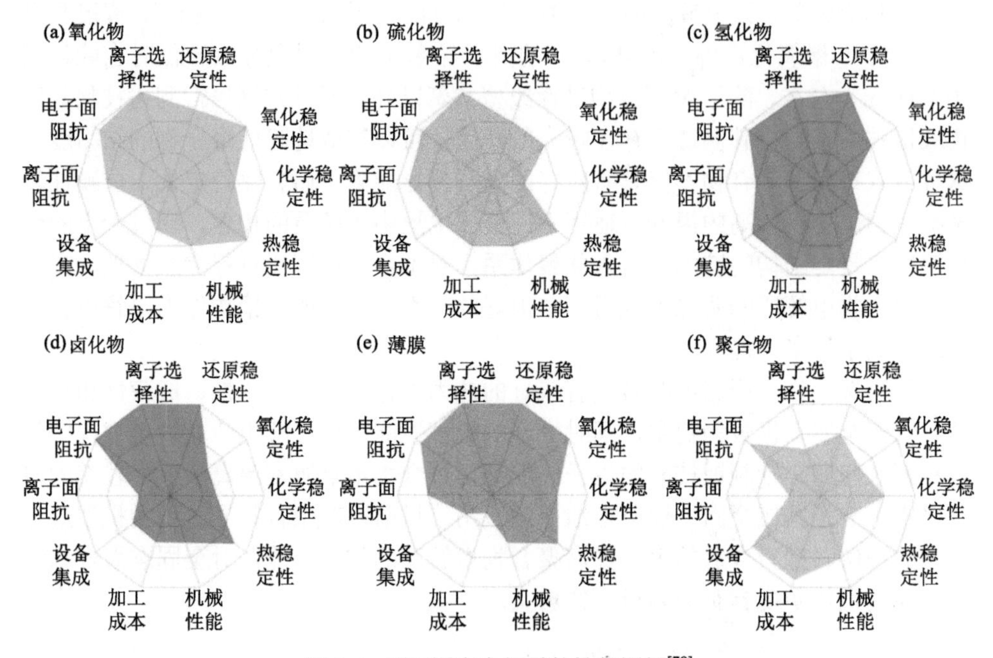

图 5.6 不同固态电解质的性能图解[78]

ISEs 中研究最为广泛的两类为硫化物固态电解质（SSEs）和氧化物固态电解质（OSEs）。硫化物固态电解质具有相对较低的硬度和较高的离子导率，通过简单的冷压处理可以有效地降低电解质/电极界面阻抗，但是对空气中的水氧极为敏感，达到大规模工业化的要求比较困难。氧化物固态电解质则由于高硬度和较差的表面接触，需要经过高温退火（1000℃）处理才能实现电解质的构建。

5.3.1 硫化物固态电解质

相较于氧离子（O^{2-}），硫离子（S^{2-}）具有更大的离子半径，在电解质中 S^{2-} 的存在可以拓宽锂离子（Li^+）传输通道，有效地提高对 Li^+ 的传输能力。S^{2-} 具有更高的极化能力，Li^+ 与阴离子骨架之间的作用受到抑制，使得硫化物电解质展现出更好的 Li^+ 传导特性。根据硫化物固态电解质的晶体结构和组成的不同，一般将硫化物固态电解质（SSEs）分为以下三类：Li_2S-P_2S_5 玻璃及玻璃陶瓷、thio-LISICON 类固溶体和阴离子掺杂的 Li_2S-P_2S_5。

1. Li_2S-P_2S_5 玻璃及玻璃陶瓷

Li_2S-P_2S_5 玻璃是一种在全固态锂硫电池领域中研究十分广泛的固态电解质，通过退火得到玻璃陶瓷是一种有效的提高离子导率的方式。大阪府立大学的 Hayashi 等[79]通过高能球磨法对原料 Li_2S 和 P_2S_5 进行球磨，得到的玻璃态硫化物固态电解质 $80Li_2S \cdot 20P_2S_5$ 的室温离子导率为 2×10^{-4} $S \cdot cm^{-1}$。通过在 250℃下进行加热退火，$80Li_2S \cdot 20P_2S_5$ 离子导率提高至 9×10^{-4} $S \cdot cm^{-1}$，这是由于在退火过程中 $80Li_2S \cdot 20P_2S_5$ 的结晶度得到了提高。

退火温度对 Li_2S-P_2S_5 的离子导率、结晶度和相态结构有重要的影响。以 $80Li_2S \cdot 20P_2S_5$ 为例，在 240℃下退火后可以得到离子导率很高的 thio-LISICON 相（如 $Li_{3.25}P_{0.95}S_4$）。而当退火温度上升至 500℃时，$80Li_2S \cdot 20P_2S_5$ 玻璃陶瓷中的主要成分将转变为热力学稳定但离子导率较低的 Li_7PS_6 和 Li_3PS_4[80]。Mizuno 等[81]发现，在 240℃下处理 2 h 的 $70Li_2S \cdot 30P_2S_5$ 玻璃中有新相形成，通过这种方式得到的玻璃陶瓷离子导率高达 3.2×10^{-3} $S \cdot cm^{-1}$。Tatsumisago 等[82]进一步证明在此过程中形成的新相为 $Li_7P_3S_{11}$，经过研究他们发现，继续将退火温度上升至 360℃时 $Li_7P_3S_{11}$ 的结晶度会有所提高，而当温度达到 550℃后，$Li_7P_3S_{11}$ 相将转化为热力学稳定的 $Li_4P_2S_6$ 相。由于 $Li_4P_2S_6$ 具有较低的离子导率，550℃下退火的 $70Li_2S \cdot 30P_2S_5$ 玻璃的离子导率明显下降。

除了 Li_2S-P_2S_5 玻璃的固有性质以外，颗粒之间的界面条件对于离子迁移也具有重要的影响。Seino 等[83]将 $70Li_2S \cdot 30P_2S_5$ 玻璃在 94 MPa 下压实后在 280℃下退火处理 2 h，与只进行简单冷压操作得到的 $70Li_2S \cdot 30P_2S_5$ 玻璃陶瓷相比，内部间隙和晶界阻力有效减小，这使得 Li^+的界面传导得到提高。通过此方法制得的玻璃陶瓷具有高达 1.7×10^{-3} $S \cdot cm^{-1}$ 的离子导率，这比传统有机电解液的室温离子导率还要高。

2. thio-LISICON 类固溶体

thio-LISICON 类固溶体是最为典型的一类硫化物固态电解质，化学通式为 $Li_{4-x}A_{1-y}B_yS_4$（A = Si、Ge，B = Zn、Al、Pt）。Kanno 等[84]最早制备出一些 thio-LISICON 类固溶体（Li_2S-GeS_2、Li_2S-GeS_2-ZnS、Li_2S-GeS_2-Ga_2S_3）并对其离子导率进行了测试。研究发现，异价元素取代可以有效地提高离子导率。Li_4GeS_4 在室温下的离子导率仅为 2×10^{-7} $S \cdot cm^{-1}$，然而，通过 $Ge^{4+} \longrightarrow Ga^{3+} + Li^+$ 的方式进行取代制得的 $Li_{4.275}Ge_{0.61}Ga_{0.25}S_4$ 具有高达 6.5×10^{-5} $S \cdot cm^{-1}$ 的室温离子导率。在此基础上，他们又进一步尝试采用 $Ge^{4+} + Li^+ \longrightarrow P^{5+}$ 的取代方法得到 thio-LISICON 类固溶体 $Li_{4-x}Ge_{1-x}P_xS_4$（$0<x<1.0$）。通过 XRD 测试后发现，根据取代分数的不同，thio-LISICON 类固溶体 $Li_{4-x}Ge_{1-x}P_xS_4$ 可以被分为三类：Ⅰ类（$0<x\leqslant0.6$），Ⅱ类（$0.6<x\leqslant0.8$）和

Ⅲ类（$0.8<x<1$）。其中，第Ⅱ类的 thio-LISICON 相具有更高的室温离子导率（10^{-3} S·cm^{-1}）和特殊的单斜超晶格结构。他们认为，与 Li_4GeS_4 相比，thio-LISICON 类固溶体 $Li_{4-x}Ge_{1-x}P_xS_4$ 更高的室温离子导率归功于异价元素取代所形成的 Li^+ 空穴。

合成得到的 $Li_{10}GeP_2S_{12}$ 具有与液态电解质相当的离子导率（1.2×10^{-2} S·cm^{-1}）。图 5.7（a）和（b）分别展示了 $Li_{10}GeP_2S_{12}$ 的框架结构和空间结构。可以看出，$Li_{10}GeP_2S_{12}$ 的三维框架结构是由 $(Ge_{0.5}P_{0.5})S_4$ 四面体、PS_4 四面体、LiS_4 四面体以及 LiS_6 八面体构成的。在 $Li_{10}GeP_2S_{12}$ 中有 4d 和 2b 两种四面体位置，有 16h、4d 和 8f 三种 Li 位点。其中 4d 四面体被 Ge 原子和 P 原子所占据，而较小的 2b 四面体位置只被 P 原子所占据。$(Ge_{0.5}P_{0.5})S_4$ 四面体和 LiS_6 八面体通过共边的方式沿 c 轴构成一维链，各条一维链通过与 LiS_6 八面体共角的 PS_4 四面体相互连接构成三维骨架结构。锂离子通道则由 8f 和 16h 位的 LiS_4 四面体通过共边构筑而成[85]。Wang 等[86]推测 $Li_{10}GeP_2S_{12}$ 中存在体心立方离子亚晶格（BCC），在 BCC 中，Li^+ 从一个四面体位点转移到相邻共面的另一个四面体上［图 5.7（c）和（d）］。这种迁移路径具有更低的能垒，使得 Li^+ 传输更为快速。

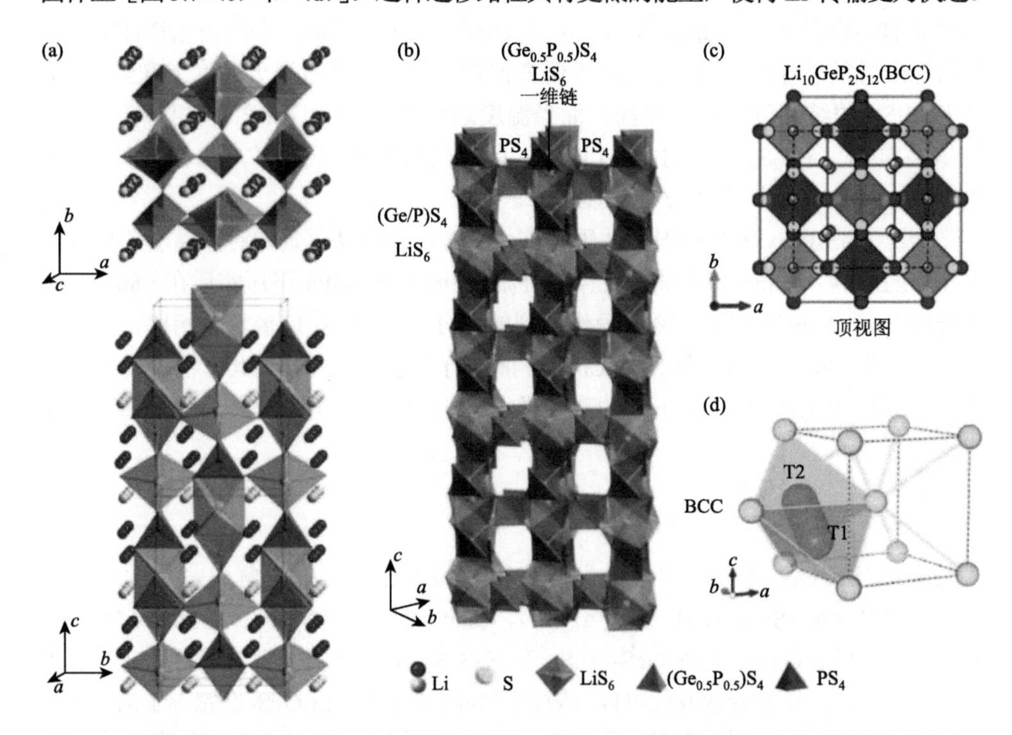

图 5.7 硫化物固态电解质结构：（a）锂离子导体 $Li_{10}GeP_2S_{12}$ 的框架结构和锂离子在其中的分布；（b）$Li_{10}GeP_2S_{12}$ 的空间结构[85]；（c）锂离子导体 $Li_{10}GeP_2S_{12}$ 的晶体结构，锂原子、部分占据的锂原子、硫原子、PS_4 四面体和 GeS_4 四面体分别用绿色、绿白色、黄色、紫色和蓝紫色表示；（d）BCC 亚晶格中的 Li^+ 和 S^{2-} 输运通道分别用绿色和黄色表示[86]

即便 thio-LISICON 类固溶体 Li_2S-GeS_2-P_2S_5 具有很高的离子导率，但由于和

金属锂之间的化学匹配性较差，而且 Ge 的价格昂贵，寻找新的硫化物如 SnS_2 和 ZnS_2 代替 GeS_2 来合成高离子导率的 thio-LISICON 具有重要的意义。在 Li_2S-SnS_2-P_2S_5 体系中，Sn 的掺杂量很少，对离子导率的提高作用十分有限。而对于 Li_2S-SiS_2-P_2S_5 体系，离子半径较小的 Si^{4+}更容易占据 2b 四面体位点，由于电荷补偿作用，电解质中 Li^+的浓度随之上升，离子导率明显提高[87]。

3. 阴离子掺杂的 Li_2S-P_2S_5

掺杂其他种类的离子也是提高玻璃电解质离子导率的重要方式，这种方法被称为“混合离子效应”。早在 1981 年，Mercier 等[88]就在 Li_2S-P_2S_5 玻璃中通过掺杂卤化锂（LiX，X = Cl、Br、I）的方式提高离子导率，其离子导率的提高与卤化物的极性呈正相关（$\sigma_{LiI}>\sigma_{LiBr}>\sigma_{LiCl}$）。Ujiie 和他的同事[89]发现对硫化物固态电解质 $80Li_2S\cdot20P_2S_5$ 和 $70Li_2S\cdot30P_2S_5$ 掺杂 LiI，随着掺杂量的改变其离子导率的变化会表现出不同的趋势。$(100-x)(0.7Li_2S\cdot0.3P_2S_5)\cdot x$LiI 玻璃的离子导率随着 LiI 含量的上升而提高，$(100-x)(70Li_2S\cdot30P_2S_5)\cdot x$LiI 玻璃陶瓷的离子导率则发生下降，而$(100-x)(0.8Li_2S\cdot0.2P_2S_5)\cdot x$LiI 玻璃陶瓷的离子导率则随着 LiI 含量的提升先升高后降低，在 $x = 5$ 时达到峰值 2.7×10^{-3} S·cm^{-1}。

另外，异种离子掺杂还会提高固态电解质的稳定性。Rangasamy 等[90]通过将 β-Li_3PS_4 和 LiI 进行混合后高温处理的方式合成了新的相态 $Li_7P_2S_8I$，即便室温离子导率并不是很高(6.3×10^{-4} S·cm^{-1})，但其电化学窗口可以达到 10 V(*vs.* Li/Li^+)。他们认为 I^-可很好地熔入固相中，使得 I^-的氧化过程得到抑制从而减少消耗。同时，I^-的存在可以提高 SSEs 和金属锂之间的稳定性，这对硫化物固态电解质在全固态锂硫电池中的实际应用具有重要的意义。

大部分的 SSEs 对水十分敏感，这就使得硫化物的制备和应用不能简单地在空气中进行。为了克服这种缺陷，很多研究都在尝试通过将 S 用 O 代替来提高 SSEs 在含水条件下的稳定性。Ohtomo 等[91]通过 Li_2O 部分取代 70 $Li_2S\cdot30P_2S_5$ 中的 Li_2S，得到的固态电解质能够抑制 Li_2S 水解和 H_2S 产生。Hayashi 和他的同事[92]也通过 P_2O_5 部分取代 P_2S_5 的方式来抑制 H_2S 的产生。然而，这种取代方式会在固相中引入 PO_4 和硫氧化物的结构单元，这些非桥接的氧化物会束缚住 Li^+，导致离子导率的下降。所以，在进一步的研究中，如何在保证离子导率的前提下，提高 SSEs 对水分的稳定性是解决硫化物固态电解质实用化的关键。

4. 硫化物电解质在锂硫电池中的应用

在硫化物固态电解质锂硫电池中，由于固态电解质本身的不可移动性，可以从根本上避免多硫化物的穿梭效应。但是，正极在电池过程中的体积变化无疑会对电解质离子扩散通道造成巨大破坏。同时，由于活性物质硫和最终产物 Li_2S 的离子导率和电子导率都很低，可溶性多硫化物的缺失会增大正极离子传输阻力，降低锂硫电池的倍率性能。另外，由于固态电解质的不可流动性以及 S 和 Li_2S 的低电导率，固态电解质的离子通道和电子通道很大程度上是相互隔离的，这就使得锂离子很难到达电化学反应的活性位点，导致局部电荷堆积并阻碍电极反应。

针对这些特性，目前的研究从纳米化的角度出发，构建正极和界面的微纳结构，从而促进固态电解质离子传导和提高活性物质利用率。一方面，纳米结构的高比表面积有效地提高了正极材料与电解质的接触；另一方面，正极活性物质和反应产物较低的电导率限制了电池电化学反应的深度，通过纳米晶可以有效地提高活性物质利用率。例如，预先对 Li_2S 进行球磨处理，得到尺寸在 500 nm 左右的颗粒，再与电极其他组分进行复合得到复合正极。这种方式得到的正极材料中 Li_2S 分布均匀，在电池循环中没有发生明显的团聚现象，同时有效地提高了电池的容量。除此之外，在正极采用纳米骨架也是促进电解质与活性物质接触的一种手段。

纳米结构的优异性能来自于材料的高比表面积，但离子在界面处的迁移速率并没有得到本质上的提高。因此，通过改善界面本征离子迁移速率来促进正极离子传导的方法也是当前的研究热点。Nagata 等[93]对比使用不同 SSEs 的全固态电池容量，发现电池容量与 SSEs 的离子导率并不是完全独立正相关的。尽管 $Li_{1.3}PS_{3.3}$（2×10^{-5} S·cm^{-1}）的离子导率较 $Li_{4.0}PS_{4.5}$（5×10^{-4} S·cm^{-1}）更低，但是以 $Li_{1.3}PS_{3.3}$ 为正极构建的电池容量比后者更高。他们推测这种不同寻常的现象是由于 $Li_{1.3}PS_{3.3}$ 对活性物质硫具有活化作用。他们又进一步通过对 $0.82(Li_{1.5}PS_{3.3})\cdot0.18\ LiI$ 和 P_2S_5 进行复合构筑电解质材料[94]。$0.82(Li_{1.5}PS_{3.3})\cdot0.18\ LiI$ 的离子导率为 3.1×10^{-3} S·cm^{-1}，在复合物中提供锂离子通道，而 P_2S_5 同时起到活化硫的作用。虽然 Nagata 等没有充分解释其中的活化原理，但根据之后的研究，总结其原因是 Li_2S 和 P_2S_5 反应在表面原位产生了中间产物 Li_3PS_4，Li_3PS_4 具有很高的离子导率，这种原位反应过程加强了 Li_2S 和 Li_3PS_4 间的接触，使得界面离子迁移速率得到了有效的提升，提高了活性物质利用率。

在负极侧，硫化物固态电解质与锂金属负极之间也会发生反应产生不稳定的中间层，对硫化物与锂金属之间的进一步反应具有一定的阻碍作用。但是，这层中间层在电池循环中容易被枝晶破坏，不能继续起到稳定电解质/负极界面的作用。在负极侧的研究主要集中在金属锂和电解质的稳定性、锂离子在电解质/负极界面处的迁移以及金属锂的均匀沉积和脱出，这三个因素之间又是相互关联和影响的，它们共同决定了电解质和电极金属锂之间的匹配性。

5.3.2 氧化物固态电解质

氧化物固态电解质是另一类具有快速离子扩散通道的无机固体材料，一直被认为是实现全固态锂电池的重要一环。本节概述了以下三类氧化物固态电解质：钙钛矿型、NASICON 型和石榴石型。

1. 钙钛矿型

理想的钙钛矿结构的通式是 ABO_3，它具有立方晶胞，属于 $Pm\bar{3}m$ 空间群。A 离子、B 离子和氧阴离子分别位于立方体的角点、体心和面心。其中 A 位点和 B 位点分别为 12 重配位（AO_{12}）和 6 重配位（BO_6），AO_{12} 和 BO_6 彼此在立方体的角点位置共点。典型的钙钛矿氧化物固态电解质晶体结构如图 5.8（a）所示。通过不等价的掺杂，锂离子能够被引入钙钛矿结构的 A 位，形成 A 位缺陷结构，锂的浓度和空位浓度都得到了明显的提高，显著提高了离子导率。在 A 位缺陷的钙钛矿结构中，Li^+通过 BO_6 角点的 O 原子形成的四方形通道跳跃到 *ab* 平面中的相邻空位实现扩散。引入大尺寸离子是拓宽离子传输通道尺寸从而加速 Li^+迁移的有效方法，这些大尺寸离子主要为稀土金属离子和碱土金属离子。随着稀土金属离子尺寸的增加（$Sm^{3+}<Nd^{3+}<Pr^{3+}<La^{3+}$），离子迁移活化能显著降低，离子导率得到提高。$Li_{0.34}La_{0.56}TiO_3$ 在钙钛矿材料中具有最高的室温离子导率（10^{-3} S·cm^{-1}）。除了通道尺寸的大小之外，B 位阳离子和配位的氧阴离子之间的相互作用也影响离子导率，弱化其结合强度会增加离子导率。然而，它只适用于在 Al^{3+}取代 Ti^{4+}反应中很小的浓度范围内，实用价值很小。

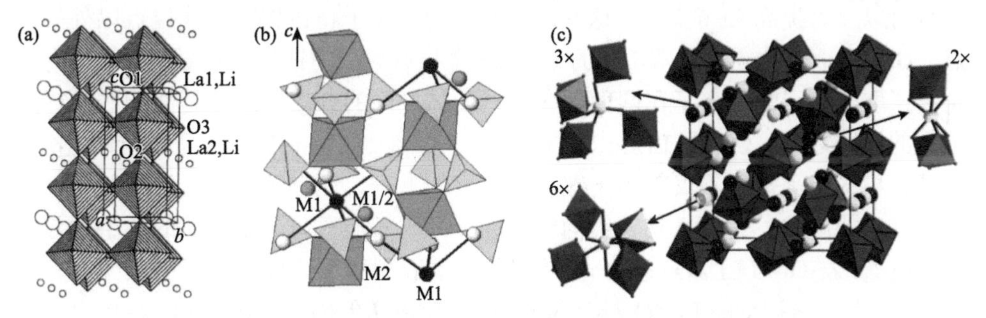

图 5.8　（a）$Li_{3x}La_{2/3-x}TiO_3$ 的晶体结构；（b）NASICON 型物质菱形结构中的 M1、M1/2 和 M2 位点易被 Li^+占据；（c）传统石榴石 $A_3B_2C_3O_{12}$ 的晶体结构[55]

2. NASICON 型

NASICON 型锂离子导体的通式为 $Li_{1+6x}M^{4+}_{2-x}M'^{3+}_x(PO_4)_3$（M = Ti、Ge、Sn、Hf 或 Zr，M′ = Cr、Al、Ga、Sc、Y、In 或 La）。它们中的大多数具有菱形晶胞，属于 $R\bar{3}m$ 空间群。目前已经报道的几种单斜晶相和斜方晶相中主要有两种锂位点（M1 和 M2）：M1 位点位于两个 MO_6 八面体之间，为 6 重配位；M2 位点位于 MO_6 八面体的两个纵列上，为 8 重配位。这些 Li 位点被 Li^+部分占据，NASICON 结构中的 Li^+迁移就是通过 Li^+在 M1 位和 M2 位之间的迁移而实现，NASICON 型固态电解质晶体结构如图 5.8（b）所示。目前，主要有两种方式可以用来提高 NASICON 型锂离子导体的离子导率。第一种方式是提高网状结构的尺寸，特别是通道的尺寸，可以显著提高离子导率[95, 96]。据报道，Li^+迁移的活化能随着 M1 位点与 M2 位点之间通道尺寸的增大而线性减小，掺杂更大的 M 阳离子可以有效地拓宽通道尺寸从而提高离子导率。例如，在 $LiMM'(PO_4)_3$ 中通过 Hf^{4+}（0.71 Å）取代 Ge^{4+}（0.53 Å）和 Ti^{4+}（0.605 Å）可以将离子导率提高近 4 个数量级。第二种方式是异价离子取代，通过 M'^{3+}（如 Al^{3+}和 Sc^{3+}）取代 M'^{4+}的方式可以有效提高离子导率[97]。这种非共价的取代可以提高 Li^+的浓度和迁移速率，然而，由于半径匹配的限制，取代范围限制在 15%以内，超出该范围则会形成副相。除了高离子导率以外，NASICON 型离子导体的另一个优点是其性能稳定。NASICON 材料在水中和空气中都能保持稳定，在高电位下的电化学稳定性也很好，这也有利于它们在高功率密度电池系统中的实际应用。

3. *石榴石型*

石榴石结构的通式为 $A_3B_2(XO_4)_3$，它具有立方晶胞，属于 $Ia\overline{3}d$ 空间群。A 离子位于 8 重配位的反菱形位点，B 离子位于 6 重配位的八面体位置，如图 5.8（c）所示。一般在石榴石中 Li^+占据四面体位置，通过调节 A 和 B 离子的价态可以引入更多的 Li^+。例如，在 $Li_5La_3M_2O_{12}$ 中，将 La^{3+}替换为二价阳离子，将 M 用 Zr^{4+}代替可以显著提高 Li^+的浓度。这些额外引进的锂离子将占据四面体位点以外的位点，如扭八面体位点。通常，高的 Li^+浓度意味着更高的锂离子传导性。同时，异价离子取代会影响锂离子在四面体和扭八面体之间的分布，这也是离子传导得到提升的原因之一。例如，$Li_7La_3M_2O_{12}$ 的离子导率比 $Li_3Ln_3Te_2O_{12}$ 高 8 个数量级。离子传导的显著提升不仅归因于锂离子浓度的上升，还有锂离子占据扭八面体位点所产生的影响。另外，立方结构也有助于提高石榴石型离子导体的离子传导性能。$Li_7La_3Zr_2O_{12}$（LLZO）是一种常用的石榴石型离子导体，广泛应用于固态电池研究领域。未掺杂的 LLZO 具有四方晶型，铝离子的掺杂会稳定 LLZO 的立方结构并能将离子导率提高两个数量级。除此之外，对 LLZO 进行 Al 和 Ga 掺杂后，在晶界上形成的 $LiAlSiO_4$ 和 $LiGaO_2$ 对离子导率的提高也具有重要的作用[98-100]。

此外，石榴石型锂离子导体在 900℃下仍保持很高的热力学稳定性，与金属锂接触稳定性较高，这使得石榴石型锂离子导体在固态锂硫电池研究中具有很大的前景。

与硫化物固态电解质（SSEs）相比，氧化物固态电解质（OSEs）硬度很高且与电极界面接触较差。虽然高温球磨对降低界面阻抗和提高离子导率有较大的作用，但因为高温下硫电极很不稳定，所以只以 OSEs 作为全固态锂硫电池电解质是不切实际的。一般 OSEs 常用于固态锂硫电池混合电解质领域，具体的混合方式在 5.4 节的复合体系介绍中将会提到。

5.4 复合体系

为了迎合高安全性锂硫电池的发展需求，越来越多的电解质体系逐渐被开发出来。这些电解质体系都拥有独特的优势，在锂硫电池的发展中极具研究前景。但同时，一些电解质体系也存在着本身所固有的劣势，如离子导率较低或与锂金属之间的稳定性差等，这也使得其在锂硫电池中的进一步应用受到阻碍。通过将不同类型的电解质进行复合的方式可以结合各自的优点，有效提高复合体系的性能和实用性。例如，将无机固态电解质与离子液体、有机电解液或者聚合物电解质进行复合，可以改变界面条件，提高电解质性能。在与聚合物复合时，聚合物的柔性特性还能起到缓解电极体积变化的作用，同时制备工艺要求也会有所降低。

目前的研究中，常用“复合电解质”来表示两种或多种电解质的复合体系。复合电解质又可以粗略地分为两大类，一类是由至少两种固态离子导体构成的全固态复合电解质（hybrid solid electrolytes，HSEs），另一类则是至少含有一种有机电解液或离子液体的准固态复合电解质（hybrid quasi-solid electrolytes，QSEs）。图 5.9 展示了不同电解质之间进行复合的电解质体系[101]。

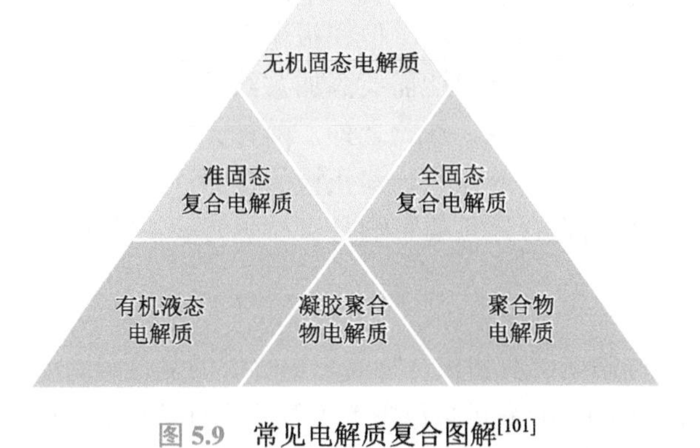

图 5.9　常见电解质复合图解[101]

值得一提的是，有机液态电解质和聚合物电解质进行复合得到的凝胶聚合物电解质（gel polymer electrolytes，GPEs）一般不认作复合体系。因为在凝胶聚合物电解质中，离子的运输是在液相中进行的，聚合物基体在其中主要承担了维持电解质机械稳定的作用。由此看来，凝胶聚合物电解质应该属于有机电解液的范畴，在本节中不做具体探讨。

5.4.1 全固态复合电解质

1. 无机/无机复合

将质地更软的硫化物固态电解质与硬度更高的氧化物固态电解质进行复合就是一个很好的例子，这种复合电解质的离子导率较高，也省去了高温烧结以提高离子导率的操作，实用性进一步提高。在研究报道中，这类复合电解质是以柔软的多孔 β-Li_3PS_4 相硫化物固态电解质与质硬的石榴石型氧化物固态电解质 $Li_7La_3Zr_2O_{12}$（LLZO）为原料通过球磨进行复合，对复合电解质进行 X 射线衍射分析，分析结果说明了两种电解质之间是相对稳定的，复合过程中没有新相的形成。质软的硫化物可以起到柔化复合电解质的作用，即便在硫化物掺入量只有 10%的条件下，复合电解质通过简单的冷压操作也可以得到致密的结构。值得注意的是，制备出的复合电解质离子导率较两种单一无机固态电解质都要高。这是由于石榴石 LLZO 与硫化物 β-Li_3PS_4 界面上存在空间电荷层，可以重整界面中的空隙和缺陷，有效地调控离子在界面处的传输，对离子导率的提高具有重要的作用[102, 103]。

硫化物固态电解质与氧化物固态电解质的复合对提高离子导率、增强电解质对锂稳定性有明显的效果。但是，由于 LLZO 的密度（$5.1\ g \cdot cm^{-3}$）远高于硫化物 β-Li_3PS_4（$2.1\ g \cdot cm^{-3}$），将 LLZO 引入 β-Li_3PS_4 中无疑会增加电解质密度，降低电池整体的能量密度和功率密度。从电池能量密度考虑，电解质层的厚度需要尽可能地薄，尽可能提高电极活性物质在电池中的占比。目前，较为可行的方法是通过浆料涂覆的工艺制备类薄膜电池。但在报道中，这种方式仅仅在纯硫化物电解质固态电池中得到应用，工艺中还需要添加黏结剂以保持电极电解质结构，实际的产业化生产还比较难以实现。除此之外，两种无机固态电解质的电化学稳定性以及界面性能还需要进一步的探究，与正极的接触性能也急需提高。如何减少硫化物固有稳定性缺陷对复合体系的影响是目前亟待解决的关键性问题。

2. 无机/聚合物复合

近年来，无机固态电解质和聚合物固态电解质的复合得到了充分的研究，目前主要的制备方式为液相分散后进行涂覆或者直接进行热压烧结的方法。这两种方法都需要对原料采取干燥预处理的方式去除水分，制备需要在手套箱或者干室中进行。在目前的报道中，对材料预处理和溶剂除去步骤的介绍都不够清晰。对 PEO 基电解质而言，未完全去除的水分和溶剂会影响离子导率的测试，对复合电解质性能的评价产生影响。另外，锂金属负极对水分的要求也十分严苛，锂与湿空气作用后的产物会在电极表面形成钝化层，产生极大的界面阻抗，影响电池充放电过程。对全固态复合电解质而言，不引入液相溶剂或水分是减少液相干预的最好方法。另外，真空干燥的处理方式对除去体相中残留的溶剂分子也是十分必要的。

最近的研究发现，在聚合物基体中引入纳米结构或纳米阵列的无机离子导体是提高电解质性能的一条新途径[104–106]。这种具有纳米结构的无机纳米线是通过冰模板法或静电纺丝法得到的，具有三维结构的纳米材料则可以通过水凝胶法制得。聚合物基体溶于溶剂中，和无机材料混合后去除液相溶剂，从而得到具有三维纳米结构的复合电解质。然而，这种制备手段的产率很低，而且静电纺丝会从前驱体向体系中引入其他杂质。即便很难得到大规模的生产，但这些复合电解质制备手段对理解复合固态电解质导离子机制也存在一定的辅助作用。

5.4.2 准固态复合电解质

将无机固态电解质与有机液态电解质进行复合得到的复合电解质被称作准固态复合电解质。液相组分可以增强无机固态电解质颗粒之间的接触，同时也可以促进锂离子在电解质和电极界面上的传输，一般采用相互之间较为稳定的电解质体系进行复合。通常来说，复合电解质的离子导率较无机固态电解质要高，但要低于有机液态电解质。这是由于无机固态电解质的加入会阻碍液相中的离子传输路径，而锂离子在固液界面上的传输通常是要比液相传输差，这就导致了在复合体系中离子更趋向于在液相中进行传输。

制备准固态复合电解质的方式也是多种多样的，固液混合可以通过球磨实现，也可以直接通过液相分散随后去除溶剂的方式实现，这与全固态复合电解质的制备手段也是相类似的。在复合电解质体系中，液态电解质还能起到稳定电解质/电极界面的作用，所以用有机液态电解质对固态体系进行界面修饰也是一种可行的方式。值得一提的是，目前很多研究者常常将这种复合体系称为固态电解质（solid state electrolytes）而忽视了其中液相的存在，所以采用“准固态”的称谓进行统一更加合适。

参考文献

[1] Shiguo Z，Kazuhide U，Kaoru D，et al. Recent advances in electrolytes for lithium-sulfur batteries. Advanced Energy Materials，2015，5（16）：1500117.

[2] Xu K. Nonaqueous liquid electrolytes for lithium-based rechargeable batteries. Chemical Reviews，2004，104（10）：4303-4418.

[3] Aurbach D，Pollak E，Elazari R，et al. On the surface chemical aspects of very high energy density，rechargeable Li-sulfur batteries. Journal of the Electrochemical Society，2009，156（8）：A694-A702.

[4] Barchasz C，Lepretre J C，Patoux S，et al. Electrochemical properties of ether-based electrolytes for lithium/sulfur rechargeable batteries. Electrochimica Acta，2013，89：737-743.

[5] Choi J W，Kim J K，Cheruvally G，et al. Rechargeable lithium/sulfur battery with suitable mixed liquid electrolytes. Electrochimica Acta，2007，52（5）：2075-2082.

[6] Barchasz C，Lepretre J C，Patoux S，et al. Revisiting TEGDME/DIOX binary electrolytes for lithium/sulfur batteries：Importance of solvation ability and additives. Journal of the Electrochemical Society，2013，160（3）：A430-A436.

[7] Kim T J，Jeong B O，Koh J Y，et al. Influence of electrolyte composition on electrochemical performance of Li-S

cells. Bulletin of the Korean Chemical Society，2014，35（5）：1299-1304.

[8] Fei H F，An Y L，Feng J K，et al. Enhancing the safety and electrochemical performance of ether based lithium sulfur batteries by introducing an efficient flame retarding additive. RSC Advances，2016，6（58）：53560-53565.

[9] Gao M，Su C，He M，et al. A high performance lithium-sulfur battery enabled by a fish-scale porous carbon/sulfur composite and symmetric fluorinated diethoxyethane electrolyte. Journal of Materials Chemistry A，2017，5（14）：6725-6733.

[10] Azimi N，Xue Z，Rago N D，et al. Fluorinated electrolytes for Li-S battery：Suppressing the self-discharge with an electrolyte containing fluoroether solvent. Journal of the Electrochemical Society，2015，162（1）：A64-A68.

[11] Gordin M L，Dai F，Chen S，et al. Bis(2, 2, 2-trifluoroethyl)ether as an electrolyte co-solvent for mitigating self-discharge in lithium-sulfur batteries. ACS Applied Materials & Interfaces，2014，6（11）：8006-8010.

[12] Chen S R，Yu Z X，Gordin M L，et al. A fluorinated ether electrolyte enabled high performance prelithiated graphite/sulfur batteries. ACS Applied Materials & Interfaces，2017，9（8）：6959-6966.

[13] Scheers J，Fantini S，Johansson P. A review of electrolytes for lithium-sulphur batteries. Journal of Power Sources，2014，255：204-218.

[14] Guerfi A，Duchesne S，Kobayashi Y，et al. $LiFePO_4$ and graphite electrodes with ionic liquids based on bis（fluorosulfonyl）imide (FSI) — For Li-ion batteries. Journal of Power Sources，2008，175（2）：866-873.

[15] Jeon B H，Yeon J H，Chung I J. Preparation and electrical properties of lithium-sulfur-composite polymer batteries. Journal of Materials Processing Technology，2003，143-144：93-97.

[16] Armand M. The history of polymer electrolytes. Solid State Ionics，1994，69（3）：309-319.

[17] Jozwiuk A，Berkes B B，Weiß T，et al. The critical role of lithium nitrate in the gas evolution of lithium-sulfur batteries. Energy & Environmental Science，2016，9（8）：2603-2608.

[18] Barghamadi M，Best A S，Bhatt A I，et al. Effect of $LiNO_3$ additive and pyrrolidinium ionic liquid on the solid electrolyte interphase in the lithium-sulfur battery. Journal of Power Sources，2015，295：212-220.

[19] Zhang S S. Role of $LiNO_3$ in rechargeable lithium/sulfur battery. Electrochimica Acta，2012，70：344-348.

[20] Zhang S S. Effect of discharge cutoff voltage on reversibility of lithium/sulfur batteries with $LiNO_3$-contained electrolyte. Journal of the Electrochemical Society，2012，159（7）：A920-A923.

[21] Yang W，Sun G，Song A L，et al. Pyrrole as a promising electrolyte additive to trap polysulfides for lithium-sulfur batteries. Journal of Power Sources，2017，348：175-182.

[22] Hu C J，Chen H W，Shen Y B，et al. *In situ* wrapping of the cathode material in lithium-sulfur batteries. Nature Communications，2017，8（1）：479.

[23] Gao J，Lowe M A，Kiya Y，et al. Effects of liquid electrolytes on the charge-discharge performance of rechargeable lithium/sulfur batteries：Electrochemical and *in-situ* X-ray absorption spectroscopic studies. The Journal of Physical Chemistry C，2011，115（50）：25132-25137.

[24] Wood K N，Noked M，Dasgupta N P. Lithium metal anodes：Toward an improved understanding of coupled morphological，electrochemical，and mechanical behavior. ACS Energy Letters，2017，2（3）：664-672.

[25] Shi L，Liu Y，Wang W，et al. High-safety lithium-ion sulfur battery with sulfurized polyacrylonitrile cathode，prelithiated SiO_x/C anode and carbonate-based electrolyte. Journal of Alloys and Compounds，2017，723：974-982.

[26] Markevich E，Salitra G，Rosenman A，et al. Fluoroethylene carbonate as an important component in organic carbonate electrolyte solutions for lithium sulfur batteries. Electrochemistry Communications，2015，60：42-46.

[27] Xu Z X，Wang J L，Yang J，et al. Enhanced performance of a lithium-sulfur battery using a carbonate-based electrolyte. Angewandte Chemie International Edition，2016，55（35）：10372-10375.

[28] Wang L，Li Q，Yang H，et al. Superior rate capability of a sulfur composite cathode in a tris (trimethylsilyl)

borate-containing functional electrolyte. Chemical Communications，2016，52（100）：14430-14433.

[29] Xin S，Gu L，Zhao N H，et al. Smaller sulfur molecules promise better lithium-sulfur batteries. Journal of the American Chemical Society，2012，134（45）：18510-18513.

[30] Lee J T，Eom K，Wu F，et al. Enhancing the stability of sulfur cathodes in Li-S cells via *in Situ* formation of a solid electrolyte layer. ACS Energy Letters，2016，1（2）：373-379.

[31] Zhu Q，Zhao Q，An Y，et al. Ultra-microporous carbons encapsulate small sulfur molecules for high performance lithium-sulfur battery. Nano Energy，2017，33：402-409.

[32] Yuan L X，Feng J K，Ai X P，et al. Improved dischargeability and reversibility of sulfur cathode in a novel ionic liquid electrolyte. Electrochemistry Communications，2006，8（4）：610-614.

[33] Park J W，Yamauchi K，Takashima E，et al. Solvent effect of room temperature ionic liquids on electrochemical reactions in lithium-sulfur batteries. The Journal of Physical Chemistry C，2013，117（9）：4431-4440.

[34] Umebayashi Y，Mitsugi T，Fukuda S，et al. Lithium ion solvation in room-temperature ionic liquids involving bis（trifluoromethanesulfonyl）imide anion studied by Raman spectroscopy and DFT calculations. The Journal of Physical Chemistry B，2007，111（45）：13028-13032.

[35] Park J W，Ueno K，Tachikawa N，et al. Ionic liquid electrolytes for lithium-sulfur batteries. The Journal of Physical Chemistry C，2013，117（40）：20531-20541.

[36] Takashi T，Kazuki Y，Takeshi H，et al. Physicochemical properties of glyme-Li salt complexes as a new family of room-temperature ionic liquids. Chemistry Letters，2010，39（7）：753-755.

[37] Yoshida K，Nakamura M，Kazue Y，et al. Oxidative-stability enhancement and charge transport mechanism in glyme-lithium salt equimolar complexes. Journal of the American Chemical Society，2011，133（33）：13121-13129.

[38] Angell C A，Ansari Y，Zhao Z. Ionic liquids：Past，present and future. Faraday Discuss，2012，154：9-27.

[39] Tachikawa N，Yamauchi K，Takashima E，et al. Reversibility of electrochemical reactions of sulfur supported on inverse opal carbon in glyme-Li salt molten complex electrolytes. Chemical Communications，2011，47（28）：8157-8159.

[40] Ueno K，Park J W，Yamazaki A，et al. Anionic effects on solvate ionic liquid electrolytes in rechargeable lithium-sulfur batteries. The Journal of Physical Chemistry C，2013，117（40）：20509-20516.

[41] Suo L M，Hu Y S，Li H，et al. A new class of solvent-in-salt electrolyte for high-energy rechargeable metallic lithium batteries. Nature Communications，2013，4：1481.

[42] Shin E S，Kim K，Oh S H，et al. Polysulfide dissolution control：The common ion effect. Chemical Communications，2013，49（20）：2004-2006.

[43] Urbonaite S，Novák P. Importance of 'unimportant' experimental parameters in Li-S battery development. Journal of Power Sources，2014，249：497-502.

[44] Dokko K，Tachikawa N，Yamauchi K，et al. Solvate ionic liquid electrolyte for Li-S batteries. Journal of The Electrochemical Society，2013，160（8）：A1304-A1310.

[45] Wang L，Byon H R. *N*-Methyl-*N*-propylpiperidinium bis (trifluoromethanesulfonyl) imide-based organic electrolyte for high performance lithium-sulfur batteries. Journal of Power Sources，2013，236：207-214.

[46] Kim S，Jung Y，Park S J. Effects of imidazolium salts on discharge performance of rechargeable lithium-sulfur cells containing organic solvent electrolytes. Journal of Power Sources，2005，152：272-277.

[47] Kim S，Jung Y，Park S J. Effect of imidazolium cation on cycle life characteristics of secondary lithium-sulfur cells using liquid electrolytes. Electrochimica Acta，2007，52（5）：2116-2122.

[48] Shin J H，Cairns E J. *N*-Methyl-(*n*-butyl) pyrrolidinium bis (trifluoromethanesulfonyl) imide-LiTFSI-poly（ethylene glycol）dimethyl ether mixture as a Li/S cell electrolyte. Journal of Power Sources，2008，177（2）：537-545.

[49] Zheng J，Gu M，Chen H，et al. Ionic liquid-enhanced solid state electrolyte interface（SEI）for lithium-sulfur batteries. Journal of Materials Chemistry A，2013，1（29）：8464-8470.

[50] Song M K，Zhang Y，Cairns E J. A long-life，high-rate lithium/sulfur cell：A multifaceted approach to enhancing cell performance. Nano Letters，2013，13（12）：5891-5899.

[51] Zhang S S. New insight into liquid electrolyte of rechargeable lithium/sulfur battery. Electrochimica Acta，2013，97：226-230.

[52] Choi J W，Cheruvally G，Kim D S，et al. Rechargeable lithium/sulfur battery with liquid electrolytes containing toluene as additive. Journal of Power Sources，2008，183（1）：441-445.

[53] Armand M，Tarascon J M. Building better batteries. Nature，2008，451：652.

[54] Dunn B，Kamath H，Tarascon J M J S. Electrical energy storage for the grid：A battery of choices. Science，2011，334（6058）：928-935.

[55] Sun Y Z，Huang J Q，Zhao C Z，et al. A review of solid electrolytes for safe lithium-sulfur batteries. Science China Chemistry，2017，60（12）：1508-1526.

[56] Agrawal R，Pandey G. Solid polymer electrolytes：Materials designing and all-solid-state battery applications：An overview. Journal of Physics D：Applied Physics，2008，41（22）：223001.

[57] Fenton D E，Parker J M，Wright P V. Complexes of alkali metal ions with poly（ethylene oxide）. Polymer，1973，14（11）：589.

[58] Grünebaum M，Hiller M M，Jankowsky S，et al. Synthesis and electrochemistry of polymer based electrolytes for lithium batteries. Progress in Solid State Chemistry，2014，42（4）：85-105.

[59] Berthier C，Gorecki W，Minier M，et al. Microscopic investigation of ionic conductivity in alkali metal salts-poly（ethylene oxide）adducts. Solid State Ionics，1983，11（1）：91-95.

[60] Feuillade G，Perche Ph. Ion-conductive macromolecular gels and membranes for solid lithium cells. Journal of Applied Electrochemistry，1975，5（1）：63-69.

[61] Borodin O，Smith G D. Mechanism of ion transport in amorphous poly (ethylene oxide)/LiTFSI from molecular dynamics simulations. Macromolecules，2006，39（4）：1620-1629.

[62] Young W S，Kuan W F，Epps T. Block copolymer electrolytes for rechargeable lithium batteries. Journal of Polymer Science Part B：Polymer Physics，2014，52（1）：1-16.

[63] Xu K. Nonaqueous liquid electrolytes for lithium-based rechargeable batteries. Chemical Reviews，2004，104（10）：4303-4417.

[64] Newman G，Francis R，Gaines L，et al. Hazard investigations of $LiClO_4$/dioxolane electrolyte. Journal of the Electrochemical Society，1980，127（9）：2025-2027.

[65] Angulakshmi N，Nahm K，Nair J R，et al. Cycling profile of $MgAl_2O_4$-incorporated composite electrolytes composed of PEO and $LiPF_6$ for lithium polymer batteries. Electrochimica Acta，2013，90：179-185.

[66] Martin-Litas I，Andreev Y G，Bruce P G. *Ab initio* structure solution of the polymer electrolyte poly(ethylene oxide)$_3$：$LiAsF_6$. Chemistry of Materials，2002，14（5）：2166-2170.

[67] Nagasubramanian G，Shen D，Surampudi S，et al. Lithium superacid salts for secondary lithium batteries. Electrochimica Acta，1995，40（13-14）：2277-2280.

[68] Lascaud S，Perrier M，Vallee A，et al. Phase diagrams and conductivity behavior of poly (ethylene oxide)-molten salt rubbery electrolytes. Macromolecules，1994，27（25）：7469-7477.

[69] Appetecchi G，Shin J，Alessandrini F，et al. 0.6 Ah Li/V_2O_5 battery prototypes based on solvent-free PEO-LiN($SO_2CF_2CF_3$)$_2$ polymer electrolytes. Journal of Power Sources，2005，143（1-2）：236-242.

[70] Seki S，Kihira N，Mita Y，et al. AC impedance study of high-power lithium-ion secondary batteries—Effect of battery size. Journal of the Electrochemical Society，2011，158（2）：A163-A166.

[71] Appetecchi G B，Zane D，Scrosati B. PEO-based electrolyte membranes based on $LiBC_4O_8$ salt. Journal of the Electrochemical Society，2004，151（9）：A1369-A1374.

[72] Paillard E，Toulgoat F，Iojoiu C，et al. Polymer electrolytes based on new aryl-containing lithium perfluorosulfonates. Journal of Fluorine Chemistry，2012，134：72-76.

[73] Ollivrin X，Alloin F，Le Nest J F，et al. Lithium organic salts with extra functionalities. Electrochimica Acta，2003，48（14-16）：1961-1969.

[74] Reibel L，Bayoudh S，Baudry P，et al. Aromatic lithium sulfonylimides as salts for polymer electrolytes. Electrochimica Acta，1998，43（10-11）：1171-1176.

[75] Tsuchida E，Ohno H，Tsunemi K，et al. Lithium ionic conduction in poly (methacrylic acid)-poly (ethylene oxide) complex containing lithium perchlorate. Solid State Ionics，1983，11（3）：227-233.

[76] Rocco A M，da Fonseca C P，Pereira R P J P. A polymeric solid electrolyte based on a binary blend of poly(ethylene oxide)，poly(methyl vinyl ether-maleic acid) and $LiClO_4$. Polymer，2002，43（13）：3601-3609.

[77] Nagaoka K，Naruse H，Shinohara I，et al. High ionic conductivity in poly(dimethyl siloxane-*co*-ethylene oxide) dissolving lithium perchlorate. Journal of Polymer Science：Polymer Letters Edition，1984，22（12）：659-663.

[78] Manthiram A，Yu X，Wang S. Lithium battery chemistries enabled by solid-state electrolytes. Nature Reviews Materials，2017，2（4）：16103.

[79] Akitoshi H，Shigenori H，Hideyuki M，et al. High lithium ion conductivity of glass-ceramics derived from mechanically milled glassy powders. Chemistry Letters，2001，30（9）：872-873.

[80] Tatsumisago M. Glassy materials based on Li_2S for all-solid-state lithium secondary batteries. Solid State Ionics，2004，175（1-4）：13-18.

[81] Mizuno F，Hayashi A，Tadanaga K，et al. New，highly ion-conductive crystals precipitated from Li_2S-P_2S_5 glasses. Advanced Materials，2005，17（7）：918-921.

[82] Tatsumisago M，Nagao M，Hayashi A. Recent development of sulfide solid electrolytes and interfacial modification for all-solid-state rechargeable lithium batteries. Journal of Asian Ceramic Societies，2013，1（1）：17-25.

[83] Seino Y，Ota T，Takada K，et al. A sulphide lithium super ion conductor is superior to liquid ion conductors for use in rechargeable batteries. Energy & Environmental Science，2014，7（2）：627-631.

[84] Kanno R，Hata T，Kawamoto Y，et al. Synthesis of a new lithium ionic conductor，thio-LISICON-lithium germanium sulfide system. Solid State Ionics，2000，130（1）：97-104.

[85] Kamaya N，Homma K，Yamakawa Y，et al. A lithium superionic conductor. Nature Materials，2011，10：682.

[86] Wang Y，Richards W D，Ong S P，et al. Design principles for solid-state lithium superionic conductors. Nature Materials，2015，14（10）：1026.

[87] Ong S P，Mo Y，Richards W D，et al. Phase stability，electrochemical stability and ionic conductivity of the $Li_{10\pm1}MP_2X_{12}$（M = Ge，Si，Sn，Al or P，and X = O，S or Se）family of superionic conductors. Energy & Environmental Science，2013，6（1）：148-156.

[88] Mercier R，Malugani J P，Fahys B，et al. Superionic conduction in Li_2S-P_2S_5-LiI-glasses. Solid State Ionics，1981，5：663-666.

[89] Ujiie S，Hayashi A，Tatsumisago M，et al. Preparation and ionic conductivities of $(100-x)(0.75Li_2S\cdot0.25P_2S_5)\cdot xLiBH_4$ glass electrolytes. Journal of Solid State Electrochemistry，2013，17（3）：675-680.

[90] Rangasamy E，Liu Z，Gobet M，et al. An iodide-based $Li_7P_2S_8I$ superionic conductor. Journal of the American Chemical Society，2015，137（4）：1384-1387.

[91] Ohtomo T，Hayashi A，Tatsumisago M，et al. Characteristics of the Li_2O-Li_2S-P_2S_5 glasses synthesized by the two-step mechanical milling. Journal of Non-Crystalline Solids，2013，364：57-61.

[92] Hayashi A，Muramatsu H，Ohtomo T，et al. Improved chemical stability and cyclability in Li_2S-P_2S_5-P_2O_5-ZnO composite electrolytes for all-solid-state rechargeable lithium batteries. Journal of Alloys and Compounds，2014，591：247-250.

[93] Nagata H，Chikusa Y. Activation of sulfur active material in an all-solid-state lithium-sulfur battery. Journal of Power Sources，2014，263：141-144.

[94] Nagata H，Chikusa Y. An all-solid-state lithium-sulfur battery using two solid electrolytes having different functions. Journal of Power Sources，2016，329：268-272.

[95] Arbi K，Tabellout M，Lazarraga M，et al. Non-arrhenius conductivity in the fast lithium conductor $Li_{1.2}Ti_{1.8}Al_{0.2}(PO_4)_3$：A ^{7}Li NMR and electric impedance study. Physical Review B，2005，72（9）：094302.

[96] Arbi K，Hoelzel M，Kuhn A，et al. Structural factors that enhance lithium mobility in fast-ion $Li_{1+x}Ti_{2-x}Al_x(PO_4)_3$（$0\leqslant x\leqslant 0.4$）conductors investigated by neutron diffraction in the temperature range 100～500 K. Inorganic Chemistry，2013，52（16）：9290-9296.

[97] Martínez-Juárez A，Pecharromán C，Iglesias J E，et al. Relationship between activation energy and bottleneck size for Li^+ion conduction in NASICON materials of composition $LiMM'(PO_4)_3$；M，M' = Ge，Ti，Sn，Hf. The Journal of Physical Chemistry B，1998，102（2）：372-375.

[98] Kumazaki S，Iriyama Y，Kim K H，et al. High lithium ion conductive $Li_7La_3Zr_2O_{12}$ by inclusion of both Al and Si. Electrochemistry Communications，2011，13（5）：509-512.

[99] Buschmann H，Dölle J，Berendts S，et al. Structure and dynamics of the fast lithium ion conductor "$Li_7La_3Zr_2O_{12}$". Physical Chemistry Chemical Physics，2011，13（43）：19378-19392.

[100] El Shinawi H，Janek J. Stabilization of cubic lithium-stuffed garnets of the type "$Li_7La_3Zr_2O_{12}$" by addition of gallium. Journal of Power Sources，2013，225：13-19.

[101] Keller M，Varzi A，Passerini S. Hybrid electrolytes for lithium metal batteries. Journal of Power Sources，2018，392：206-225.

[102] Hood Z D，Wang H，Li Y，et al. The "filler effect"：A study of solid oxide fillers with β-Li_3PS_4 for lithium conducting electrolytes. Solid State Ionics，2015，283：75-80.

[103] Rangasamy E，Sahu G，Keum J K，et al. A high conductivity oxide-sulfide composite lithium superionic conductor. Journal of Materials Chemistry A，2014，2（12）：4111-4116.

[104] Bae J，Li Y，Zhang J，et al. A 3D nanostructured hydrogel-framework-derived high-performance composite polymer lithium-ion electrolyte. Angewandte Chemie International Edtion，2018，57（8）：2096-2100.

[105] Liu W，Lee S W，Lin D，et al. Enhancing ionic conductivity in composite polymer electrolytes with well-aligned ceramic nanowires. Nature Energy，2017，2（5）：17035.

[106] Zhai H，Xu P，Ning M，et al. A flexible solid composite electrolyte with vertically aligned and connected ion-conducting nanoparticles for lithium batteries. Nano Letters，2017，17（5）：3182-3187.

第6章

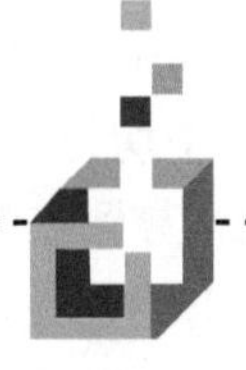

低维复合负极材料

6.1 金属锂负极性质

金属锂是 Li-S 电池中最常见的负极材料。锂作为碱金属中最轻的元素（$0.534\ g\cdot cm^{-3}$），且是所有金属中原子半径最小的元素，在质量比容量上具有天然的优势。金属锂具有非常活泼的化学性质，与水会发生剧烈的反应，产生氢气，易造成火灾甚至爆炸事故。即使在干燥的空气中，金属锂也会与空气中的 N_2 发生反应，生成黑色的 Li_3N，与 CO_2 反应生成白色的 Li_2CO_3，与 O_2 反应生成 Li_2O。生成物又会发生进一步的反应，最终金属锂在空气中被氧化成白色粉末（主要为 Li_2CO_3）。因此，自然界中不存在游离态的单质锂，商业化的金属锂单质主要通过电解的途径从锂矿获得。金属锂的储存及使用都应当格外注意，避免安全事故的发生。

当金属锂作为负极材料时，具有极高的理论比容量（约 $3860\ mAh\cdot g^{-1}$）。理论比容量的计算过程如式（6-1）所示。此外，金属锂具有最低的还原电位（–3.040 V *vs.* 标准氢电极），匹配正极材料构建全电池时获得的电位差很高。两者共同构成了高能量密度二次电池的基础。因而金属锂电极也被称为“圣杯”电极。

$$理论比容量=\frac{容量}{质量}=\frac{6.02\times10^{23}\,\text{atom}\left(1.6\times10^{-19}\,\frac{\text{C}}{\text{atom}}\right)\frac{1\,\text{mAh}}{3.6\,\text{C}}}{1\,\text{mol}\,\frac{6.94\,\text{g}}{\text{mol}}} \tag{6-1}$$

早在 20 世纪 80 年代，关于金属锂二次电池的研究就已层出不穷。然而，40 年过去了，金属锂负极依然未能实现实用化。其主要障碍如下：

（1）体积变化。与石墨等插层材料的锂嵌入反应以及硅/锡等材料的锂合金化反应不同，金属锂在电化学沉积/溶出过程中发生的是游离态与化合态的相互转变［式（6-2）］，即沉积过程锂离子被还原为金属锂，溶出过程金属锂被氧化为锂离子。假设负极有 1 g 金属锂（即 3860 mAh 的理论容量），则根据其 $0.534\ g\cdot cm^{-3}$ 的密度计算可知，沉积/溶出过程需要 $1.87\ cm^3$ 的空间。这意味着电池循环过程中负极体积变化巨大，实际电池中负极的厚度变化可达微米级，易引起电池内部压力变化和电极/电解质界面不稳定。

$$\mathrm{Li - e^- \rightleftharpoons Li^+} \tag{6-2}$$

（2）由于金属锂的高度活泼性，其在锂/电解质界面会自发反应生成电绝缘但可导离子的固态电解质界面层（solid electrolyte interlayer，SEI）。其化学性质、电化学性质以及力学性质均不稳定，且在空间和时间上分布也不均匀。在电池充放电过程中，SEI 会反复地破裂/再生，消耗大量电解质和金属锂，导致电池的库仑效率低下。

（3）由于负极表面形貌的不平整性、电流分布的不均匀性等，负极表面锂离子分布极不均匀，易发生锂离子的局部沉积，形成针状、苔藓状、树枝状等不规则沉积形貌。我们将其统称为锂枝晶（图 6.1）。锂枝晶的产生使得更多的活性锂暴露在电解液中，产生更多 SEI。在枝晶的溶出过程中，其极细的颈部一旦断裂，与负极本体相失去连接纽带，就会成为无电化学活性的“死锂”。最糟糕的是，锂枝晶的持续生长可能会刺破电池隔膜，造成电池短路，这将带来热失控等风险，进一步发展为火灾或爆炸等安全事故。

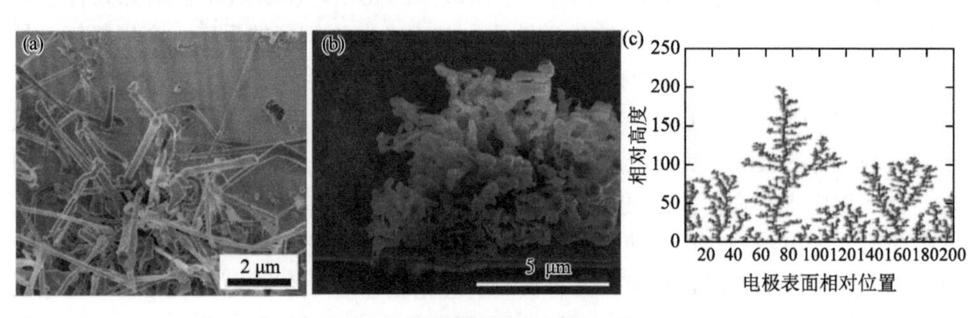

图 6.1 金属锂枝晶的不同形貌

（a）针状[1]；（b）苔藓状[2]；（c）树枝状[3, 4]

以上三个问题是紧密相关的，一旦其中一个问题被引发，就容易触发多米诺效应，造成电池不可控的衰变。这种紧密相关性进一步增加了金属锂负极的整体复杂性。

6.2 金属锂负极模型描述

为了推动金属锂负极的实用化进程，我们必须从根源上解决金属锂枝晶生长、体积变化等问题。因此，建立有效的金属锂负极理论模型，理清各因素（如电流、温度、电解质等）的影响，才能够因势利导，获得更加安全、高性能的金属锂负极。

6.2.1 金属锂枝晶模型

为了彻底抑制有害的锂枝晶产生，研究者们将电池内部复杂的电化学沉积行为具象化，忽略不重要的环境因素，从而建立了在某些方面与实际情况高度吻合的枝晶模型。尽管目前还没有一个能够完整描述金属锂枝晶形成过程的模型，但这些存在部分缺陷的模型依然可以帮助我们理解枝晶的生长，抓住主要影响因素，并提供抑制枝晶的可能策略[5]。

1. 空间电荷模型

Chazalviel 等于 1990 年提出了空间电荷理论[6, 7]，可用于描述枝晶的形核过程。在电沉积过程中，正极表面的阳离子快速沉积而被消耗，阴离子的浓度也随之下降。这种浓度梯度的变化会在电极与电解液的界面产生巨大的空间电荷，诱导金属离子的枝晶样沉积。

对含稀浓度电解液的方型对称电池中的静电位以及离子浓度分布进行计算，可探究空间电荷对锂枝晶生长的影响［图 6.2（a）］[6]。如图 6.2（b）的计算结果所示，区域 I 为占据电池大部分区域的本体电解液，此处离子传递主要通过扩散。区域 II 为靠近电极表面的极小区域，此处离子传递主要依靠电迁移作用，此处电位远小于负极电位 V_0。当正极表面阴离子浓度降为 0 时，负极表面电位降至最低，形成一个巨大的空间电荷场，诱发枝晶的生长。根据铜离子的电沉积实验及理论分析，研究者提出枝晶尖端的生长速率应当与阴离子的迁移速率相等，见式（6-3）。

$$v = \mu_a E \tag{6-3}$$

式中，μ_a 为阴离子迁移率；E 为电场强度。根据该式可简单估算枝晶的生长速率。1998 年，Brissot 等利用光学显微镜原位观察了在 PEO 聚合物电解质环境下的枝晶生长速率，基本符合此公式，为这一模型提供了可靠的实验证据[8]。

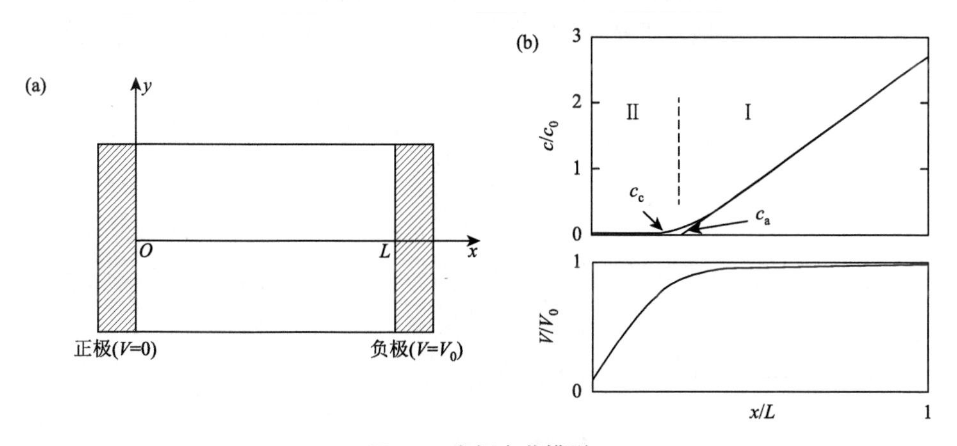

图 6.2　空间电荷模型

（a）方型对称电池；（b）浓度及电位变化[6]

我们可以从该模型推测，通过将阴离子进行固定，可以有效避免空间电荷的出现，同时提高锂离子的迁移数，加强锂离子的均匀沉积，也是抑制枝晶形成的有效策略。

2. Sand's time 模型

在双离子电解液（只有锂离子和另一种阴离子）环境中，锂离子会在电沉积过程中快速地被消耗。在某一时刻，金属锂负极表面的锂离子被完全消耗，浓度降为零，此时，负极表面会形成强负电场。在这种强负电场的作用下，大量本体溶液中的锂离子被吸附到负极表面并快速沉积，导致枝晶的产生[9]。这一时刻，研究者将其定义为 Sand's time（t_s），即枝晶出现的起始时间。根据相关的电化学过程，可将影响 Sand's time 的物理因素归纳到一个公式中去［式（6-4）］。

$$t_s = \pi D\left[\frac{c_0 e Z_c(\mu_a + \mu_c)}{2J\mu_a}\right]^2 \tag{6-4}$$

式中，e 为电子电量；μ_c 和 μ_a 分别为阳离子和阴离子的迁移数；J 为电流密度；Z_c 为阳离子电荷数；c_0 为阳离子初始浓度；D 为扩散因子，$D = (\mu_a D_c + \mu_c D_a)/(\mu_a + \mu_c)$，$D_c$ 和 D_a 分别为阳离子和阴离子的扩散系数。

Sand's time 模型常被用于描述金属锂枝晶产生的起始时间，在实际实验中，可通过沉积电压的突降或者波动来指认。根据该公式，枝晶产生时间与电流密度的二次方成反比。据此，降低电极的真实电流密度可有效延缓枝晶的形成。相比于其他模型，该模型提供了一种定量描述枝晶生长规律的方法，应用较为广泛。

Bai 等通过在毛细管中原位观察不同电流密度下锂的沉积过程，发现在 Sand's time 时刻，锂的沉积从苔藓状沉积转变为枝晶状沉积，与模型预测很好地吻合（图 6.3）[10]。进一步地，研究者将电流密度与 Sand's time 相关联，提出了新的指导

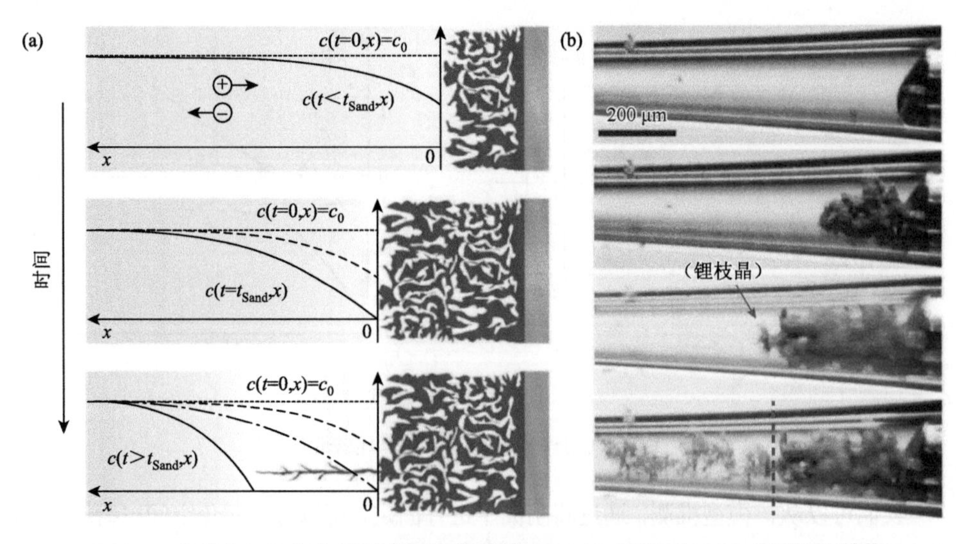

图 6.3 苔藓状锂沉积向枝晶状锂沉积的转变：（a）示意图；（b）光学照片[10]

电池设计的参数：Sand's capacity（容量）。电池在不同电流密度下工作时，若设计循环容量低于 Sand's capacity 的值，则可有效避免枝晶状锂的产生。

3. 表面张力模型

1962 年，Barton 和 Bockris 在研究多支撑电解质体系下银枝晶的形核与生长速率时，首次引入表面张力，将其作为枝晶生长的驱动力之一[11]。他们认为受球形扩散场的控制，突起处的沉积过程将快于平面处。在这种沉积过程下，枝晶尖端会不断变窄。表面张力的引入则有效抵制了这种不断变窄的沉积行为，维持了球形扩散场，使得这种沉积行为持续进行。

此后，Monroe 和 Newman 将这种表面张力模型引入了锂离子电沉积体系中，并将该模型扩展到了无支撑电解质体系[12–14]。如图 6.4 所示，假设单根枝晶的尖端始终不变，保持半球形，枝晶的生长速率由传质过程和表面张力所控制，不考虑附近其他枝晶的影响。以靠近枝晶但远离尖端浓度和电位变化区的 α 相为参比电极，则可确定枝晶尖端另外两处的电位。根据 Laplace 公式可知，枝晶尖端的压差为

$$\Delta p = \frac{2\gamma}{r} \tag{6-5}$$

式中，r 为枝晶尖端的曲率半径；γ 为界面张力。将其与化学势相关联，可得到枝晶尖端的生长速率为

$$v_{\text{tip}} = \frac{i_{\text{n}}(c,\eta)V}{F} \tag{6-6}$$

式中，V 为锂的摩尔体积；$i_{\text{n}}(c,\eta)$ 为尖端电流密度，为盐浓度 c 、电极过电位 η 的函数。

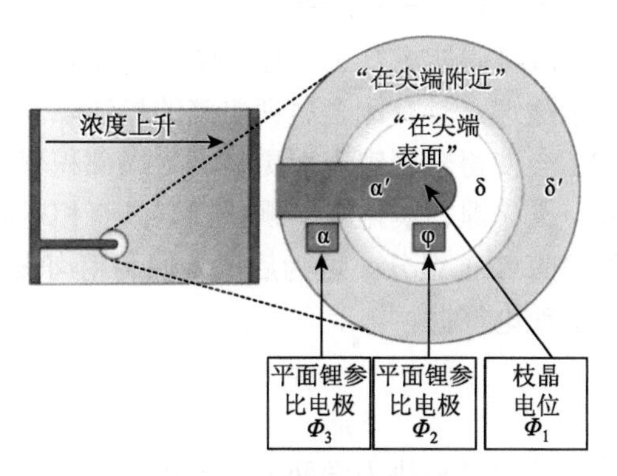

图 6.4　表面张力模型[12]

4. 表面形核与扩散模型

表面形核与扩散模型从材料本征特性出发，不考虑锂离子的传质过程所带来

的影响。比较锂、镁、钠等金属离子的沉积过程可以发现，镁的沉积相对平整，未出现枝晶形貌[15-17]。这主要是由于镁-镁键很强，不同维度之间的金属镁的自由能差异高于金属锂，使得镁在沉积时更倾向于形成高维度结构，而难以形成一维的枝晶结构［图 6.5（a）］[18]。此外，镁向周边区域扩散的能力也强于金属锂，有利于镁的均匀沉积[19]。因此从材料本身的性质出发来解释锂枝晶的形成，可将其归结于金属锂较低的表面能和较高的扩散障碍能。

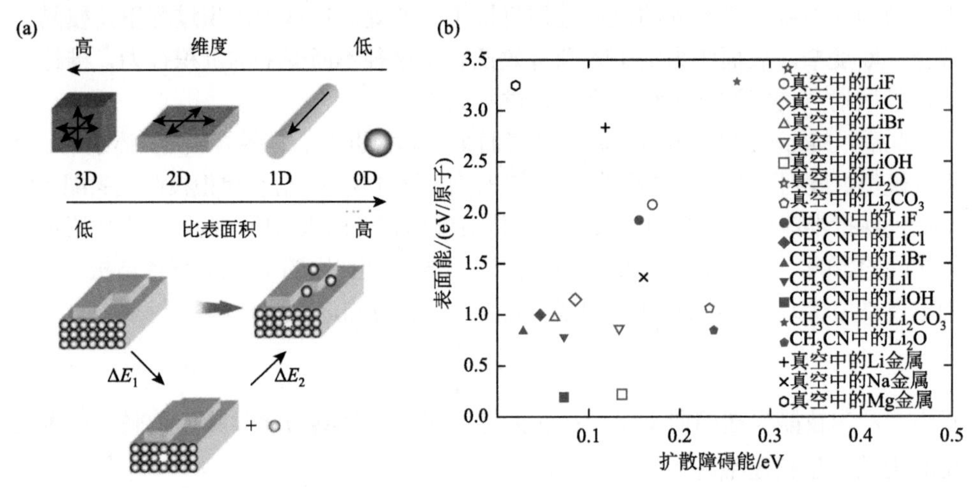

图 6.5 （a）表面能与金属材料维度之间的关系[18]；（b）不同物质中锂离子的扩散障碍能与表面能[20]

受这一思路启发，若我们改变金属锂表面的 SEI 组成，使其具有低的扩散障碍能和较高的表面能，则将有利于抑制枝晶的形成。Ozhabes 等对 SEI 中的常见组分的表面能和表面扩散障碍能进行了计算［图 6.5（b）］[20]。从计算结果可知，常规的 SEI 组分——碳酸锂，具有比金属锂更高的扩散障碍能和更低的表面能。因此，这种组成的 SEI 会使得金属锂表面更易产生局部积聚，形成枝晶。而卤素化合物，包括氟化锂、氯化锂、溴化锂、碘化锂则具有相对高的表面能和相对低的扩散障碍能，是理想的 SEI 组分。这为后期人们利用卤素化合物构建人造 SEI 来抑制枝晶形成提供了理论依据。

5. 异相成核模型

综合锂形核过程的动力学与热力学两方面的因素，Ely 等提出了锂的异相成核模型（图 6.6）[21]。研究者将金属锂的异相成核过程分成五个阶段，即成核抑制阶段、长期潜伏期、短期潜伏期、早期生长阶段和晚期生长阶段。在最初的成核抑制阶段，沉积形成的晶核是热力学不稳定的，因此很快溶解于电解液中。在第二个阶段，即长期潜伏期，部分热力学稳定的晶核存留下来。当超过一定的临界过电位之后，进入短期潜伏期阶段，该过程中晶核的尺寸逐渐变得均一。在过电位，即动力学的筛选下，具有一定半径的晶核将快速增大。最后，热力学和动力学稳定的晶核在早期生长阶段和晚期生长阶段获得快速生长，直到演变为最终的尺寸。

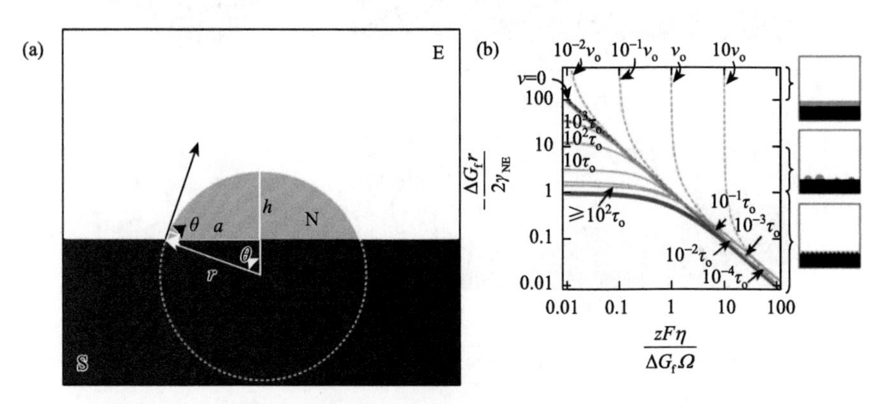

图 6.6　（a）帽状颗粒 N 在浸于电解液 E 中的平整基板 S 表面的异相成核过程示意图；（b）锂枝晶初始形核过程中几个阶段关系图[21]

r：沉积曲率半径；θ：接触角；a：核半径；h：核高度；ΔG_f：转化自由能；γ_{NE}：核与电解质之间表面能；z：离子价态；F：法拉第常量；η：过电位；Ω：沉积物摩尔体积；ν：生长速度；ν_o：特征生长速度；τ_o：特征形核时间

根据此模型，枝晶的抑制可从以下几个方面入手：①降低阳极表面的粗糙度；②引入尺寸小于热力学稳定的晶核尺寸的负极骨架或人造 SEI，利用热力学因素消除枝晶；③控制负极的过电位；④提高负极的亲锂性。

6.2.2　金属锂负极失效模型

在锂硫电池中，金属锂负极的失效机制大体上分为两类：①锂沉积/溶出的内在动力学问题；②由 Li-S 氧化还原反应带来的外在问题，特别是多硫化物迁移至金属锂负极后的相关反应。

1. 金属锂内在失效机制

一般认为，SEI、死锂等组成的多孔物质在金属锂负极表面堆积会造成界面阻力的增大以及电极体积膨胀。同时，枝晶的生长可能会刺破隔膜造成短路。两者共同造成了金属锂负极的失效［图 6.7（a）］[22]。美国西北太平洋国家实验室的肖捷等在研究大电流下电池的失效机制时提出了相反的模型[22]。在电池的循环过程中，疏松多孔的锂层并非向上生长累积，而是逐渐向下扩展，逐渐蚕食本体锂（新鲜锂）［图 6.7（b）］。疏松多孔层的累积对物质的传输造成了极大的阻力，使得电池内部阻抗快速增加，并使得电池在枝晶刺穿隔膜之前就已发生失效。

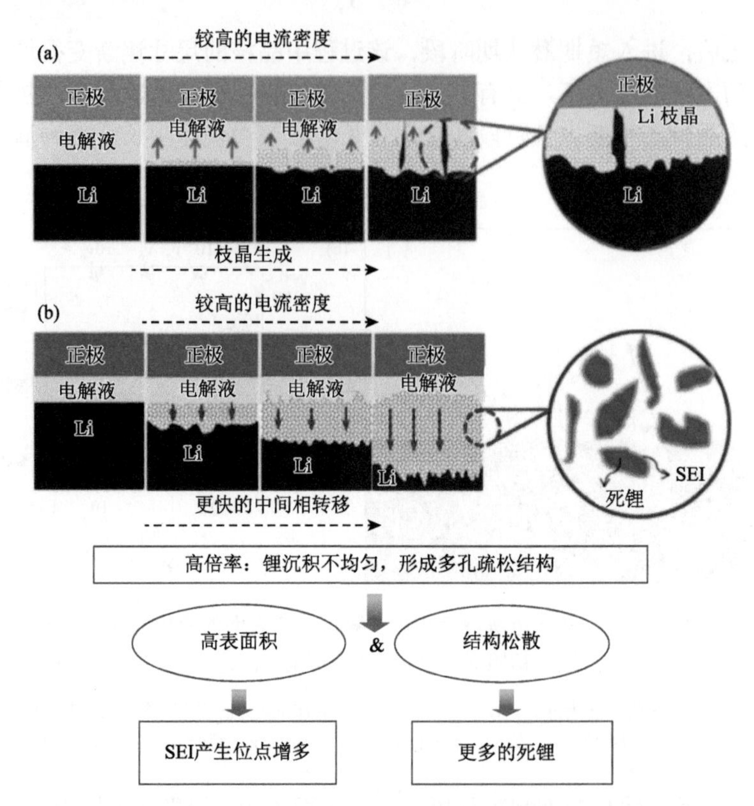

图 6.7 （a）多孔层向外衍生失效机制；（b）多孔层向金属锂负极内部衍生失效机制[22]

基于此，Wood 等进行了进一步的归纳总结，金属锂内在的失效机制可分为死锂层堆积、电解液耗尽带来的内阻增大造成的失效和枝晶刺穿隔膜而短路造成的失效两大类[23]。在常用的锂锂对称电池评测体系中，通过电压-时间曲线分析电池的失效原因。如图 6.8 所示，在高电流密度下，初始时电压曲线较为稳定，一

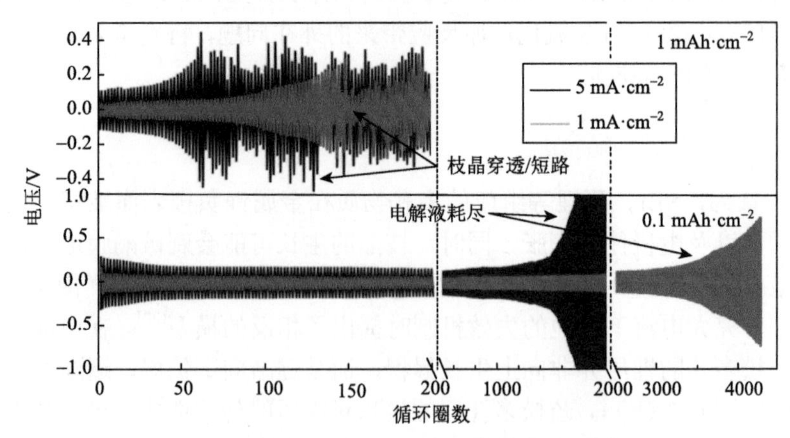

图 6.8 锂锂对称电池测试体系下的两种失效模式[23]

段时间后发生了巨大的波动。这主要是由枝晶刺穿隔膜造成局部短路而引起的。而在小电流下，电压曲线始终保持稳定，未出现明显的波动。在电池失效的最后阶段，电池过电位不断增大，这说明是由内阻增大而造成的失效。

2. Li-S 氧化还原反应带来的外在失效机制

在锂硫电池中，正极侧所产生的可溶性多硫化物会穿梭到负极侧，与金属锂发生反应，造成负极失效。Manthiram 课题组观察到，尽管超高硫负载量（$18.1\ mg\cdot cm^{-2}$）的 Li_2S_6/CNF 正极能够在 $6.0\ mA\cdot cm^{-2}$ 的电流密度下稳定循环超过 75 次，电池仍然会遭遇突然失效[24]。对电池进行拆解分析发现，循环后的正极和隔膜变得干燥，同时约一半的本体锂负极被侵蚀（图 6.9）。研究者推测，多硫化物造成的严重的金属锂腐蚀和电解质的分解与消耗可能是超高硫负载电池失效的原因。清华大学张强课题组也观察到锂硫软包电池的早期失效主要源于负极的粉化和失活。将新鲜电解液注入失效电池后能在一定程度上使电池恢复容量，延长循环寿命。可以说，在锂硫电池实用化的道路上，金属锂负极是一道重要的关卡。

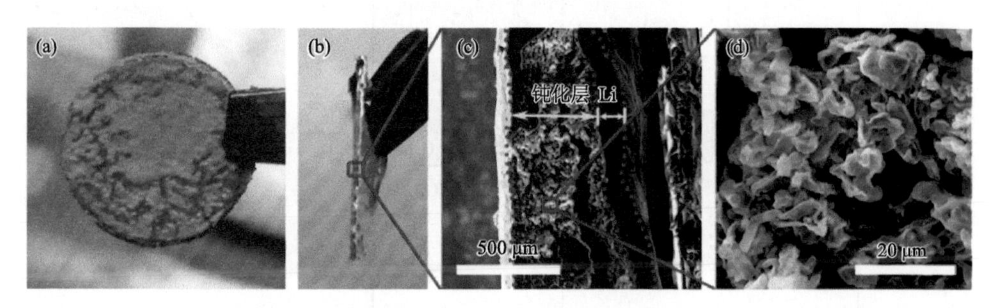

图 6.9 失效后的超高硫负载量锂硫电池中的负极正面光学照片（a）、侧面光学照片（b）、侧面 SEM 图（c）以及（c）图的局部放大图（d）[24]

6.3 金属锂负极表面固态电解质界面层

金属锂最负的还原电位成就了金属锂电池的高能量密度，但是也带来了独特而复杂的界面问题。自从 1979 年 Peled 首次将在初始电化学过程中金属锂和电解质间自发形成的电绝缘但导离子的表面膜命名为 SEI 后，它在锂沉积/溶出和锂枝晶生成过程中的重要作用已经被无数研究揭开[25]。尽管 SEI 的形成机理依然不明确，理想的 SEI 应当具有以下性质，包括：①高 Li^+电导率；②合适的厚度；③致密的结构；④高机械强度；⑤优异的化学稳定性。

6.3.1 SEI的形成机制

从前线轨道理论出发，Goodenough等将SEI的形成与电解质的最低未占分子轨道（LUMO）和最高占据分子轨道（HOMO）进行了关联[26]。假设负极和正极的电化学势分别为μ_a和μ_c，E_{LUMO}和E_{HOMO}分别代表相应于LUMO和HOMO的电压。如图6.10所示，若$\mu_a > E_{LUMO}$，负极上的电子将倾向于转移到电解质上的未占据轨道，造成电解质发生还原反应，从而在负极表面形成SEI。已形成的SEI可作为保护层阻止有机电解质的进一步分解。同理，当$\mu_c < E_{LUMO}$时，在正极与电解质界面将形成SEI。

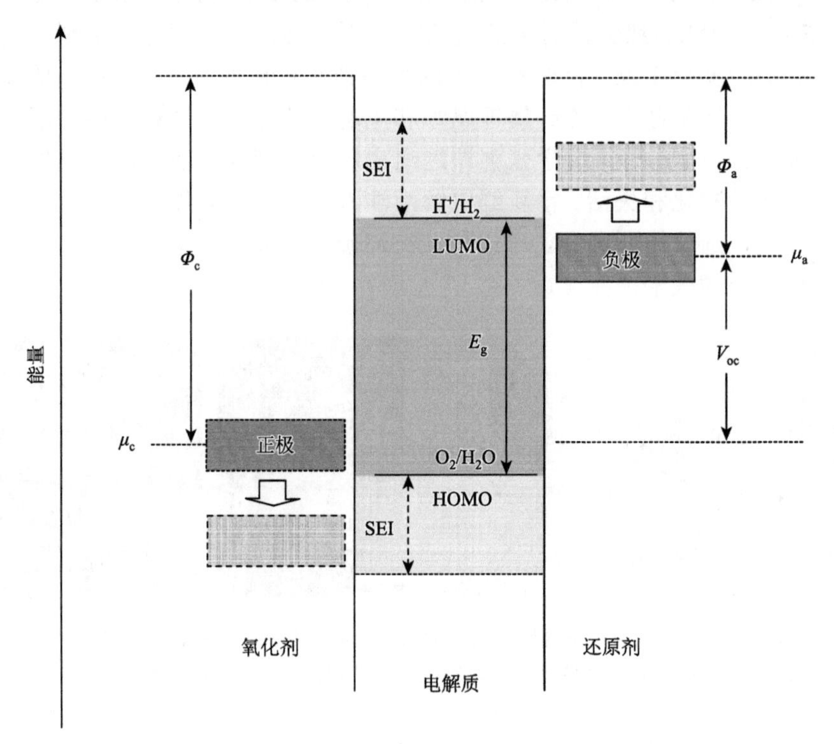

图6.10 液态电解质中的SEI形成过程示意图[26]

6.3.2 SEI的结构与组成

由于金属锂的高度活泼性，未经处理的金属锂负极在接触电解质之前表面就已经存在一层膜。这一层膜的外部主要为Li_2CO_3和LiOH，内部主要为Li_2O[27-30]。当其被浸入电解液之后，金属锂的表面会形成一层新的膜，称为SEI。

1. SEI的结构

用于描述SEI结构的模型主要有三种：①Peled模型[31]。如图6.11（a）所示，该模型认为 SEI 是一整体结构，内部散布着 Schottky 缺陷。锂离子主要通过这些分散的空穴进行传输。②马赛克（mosaic）模型[32]。如图 6.11（b）所示，该模型认为 SEI 是由众多不溶物质相堆叠组成的，如同马赛克结构。在这种结构中，锂离子主要通过晶界输运。③库仑相互作用模型[33]。如图 6.11（c）所示，在电荷的相互作用之下，电解质与锂反应后的分解产物被线性约束排列在金属锂负极表面。其中，分解产物分子中带正电的锂离子充当“头”，而部分带正电的碳则充当“脚”。相比于前两种模型，这种具有独特的双电层结构的 SEI 更加稳定，牢牢吸附于金属锂的表面。

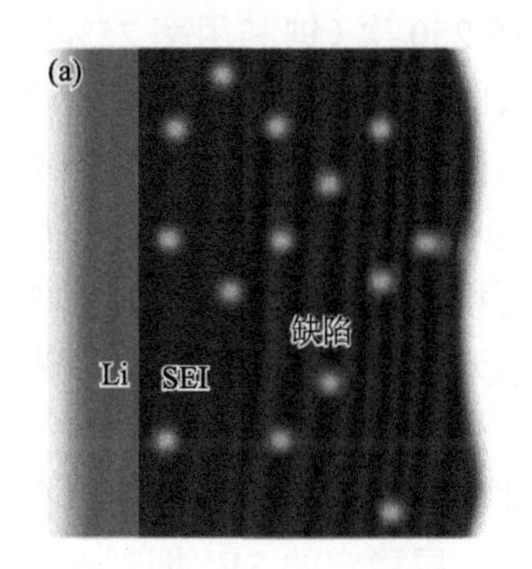

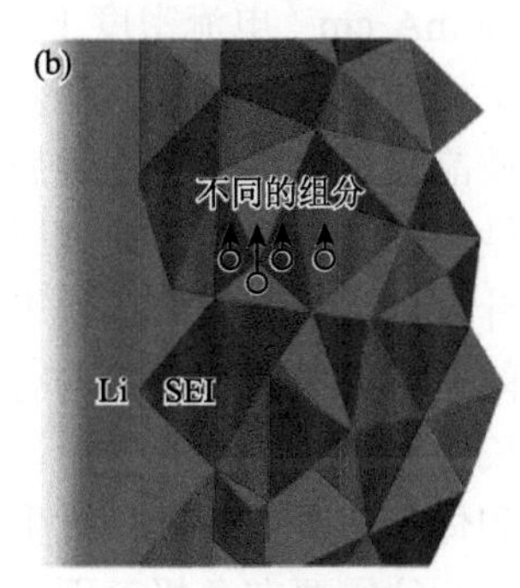

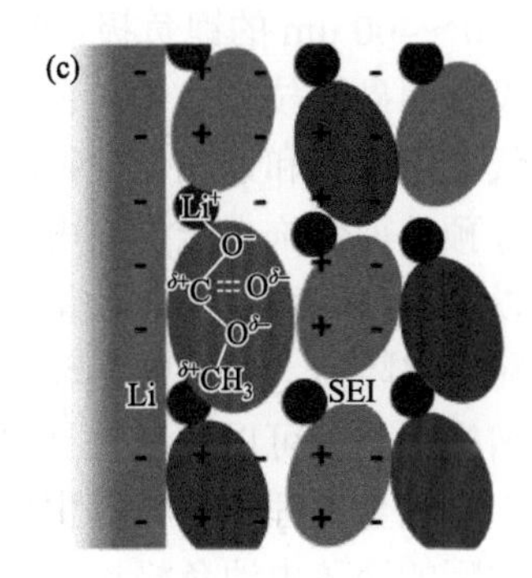

图 6.11　SEI 结构模型

（a）Peled 模型[31]；（b）马赛克模型[32]；（c）库仑相互作用模型[33]

2. SEI 的化学组成

利用傅里叶变换红外光谱（FTIR）、XPS、Raman 光谱、俄歇电子能谱（AES）、NMR 等测试表征手段可以解析 SEI 的化学组成。SEI 中的主要无机化合物组成为 Li_2O、LiOH、LiF、Li_2CO_3、Li_3N 等，在多硫化物的侵蚀下还会存在 Li_2S/Li_2S_2，主要的有机组成为 ROLi、RCOOLi、ROCOLi、$RCOO_2Li$ 和 $ROCO_2Li$（R 为烷基基团）[34, 35]。SEI 中的有机组成相比于无机组成更加稳定，但同时会降低锂离子的传输速率。各种不同电解液环境中形成的 SEI 的化学组成会有很大的差异，需具体情况具体分析。

6.4　金属锂负极性能

6.4.1　纯金属锂

目前，锂硫电池在设计时需要考虑正极、隔膜、电解液、负极、集流体等各个因素的影响，在非负极设计的相关评测中，负极材料最常用的是商业化的锂片。如果不对负极锂片做任何修饰，则金属锂负极很难有非常优异的性能。这主要是因为金属锂片在沉积时是二维平面结构，一方面很难降低电流密度，导致枝晶生长，沉积形貌不均匀；一方面体积膨胀严重，很难形成稳定的 SEI，加速电解液的消耗和电池性能的衰退。此外在锂硫电池中，不稳定的锂负极还要经受多硫化物穿梭效应带来的容量衰减。但负极全部设计成金属锂也有好处，即所有负极物质均为活性物质，在全电池中可以提高能量密度，因此如何对纯金属锂负极进行优化设计是一个有前景的研究方向。

锂金属本身可以被设计成微米/纳米结构，这种结构多是由多孔锂材料构成，如锂粉或表面经过物理修饰的锂电极。Kong 等[36]用 20 μm 以下的锂粉制备了 300～400 μm 的锂负极，在 5.0 $mA·cm^{-2}$ 电流密度下循环 250 次（锂利用率 25%），没有明显的枝晶生长。锂粉负极的表面积是普通锂负极的六倍左右，可以显著降低电流密度和过电位，抑制枝晶生长。除了对锂金属负极整体设计外，对负极进行预处理修饰也能提高电池循环性能。利用微针滚压技术[37]处理锂金属表面，可以在锂金属表面形成大量微针结构，显著提升活性表面积。表面积增加会降低电荷转移阻力，电池的循环性能也有所提升。相关的有限元模拟分析也表明，微米结构锂负极可以抑制枝晶生长，提高长期循环寿命。

纯金属锂由于枝晶生长和体积膨胀的问题，大多被作为对照样品做评测，在实际的锂硫电池负极设计中，往往需要在负极表面形成一层稳定的 SEI 抑制锂金属和电解液的直接接触，或者通过负极骨架结构设计将锂“封装”在骨架内，减缓体积膨胀，同时利用骨架高比表面积性质降低电流密度，从而提高全电池的循环性能。

6.4.2 纳米结构金属锂

锂离子电池利用插层技术（锂离子嵌入石墨骨架）解决了体积膨胀的问题，但对锂硫电池而言，锂负极作为一种“hostless”电极，充放电过程中体积膨胀更为严重，导致了充放电过程中 SEI 的破裂以及低库仑效率。此外，根据 Sand’s time 模型，降低电流密度能够延缓枝晶生长的时间，纯金属锂片由于只是二维平面，局部电流密度较大，枝晶生长严重。如果能将负极制成三维多孔结构，则不仅可以缓解体积膨胀，而且可以显著降低电流密度，抑制枝晶生长。根据负极初始形态是否含有金属锂可以将骨架材料分为纳米结构负极和纳米复合负极。纳米结构负极通常认为骨架中不含金属锂，需要通过预沉积等方式补充金属锂；纳米复合负极是骨架材料和金属锂复合成一体，在电池循环过程先放电或充电均可。本部分讨论纳米结构金属锂，在下一小节讨论纳米复合金属锂。根据纳米结构骨架导电与否，又可以将纳米结构金属锂分为导电骨架和不导电的亲锂骨架。

充电过程中，锂离子在纳米结构金属锂（无锂骨架）表面得电子被还原成金属锂；放电过程中，锂原子失电子溶解在电解液中。如果集流体是电子良导体，则会在放电过程中促进锂原子失去电子，同时可以减少死锂的产生。但在沉积过程中，导电骨架的表面会和骨架内部同时沉积锂，表面沉积的锂容易阻塞骨架通路，导致后续锂离子很难沉积在骨架内部。不导电的亲锂骨架是通过骨架的亲锂性促进充电过程中对锂离子的“吸附”还原。由于骨架不导电，锂会优先沉积在骨架底部（集流体一侧），不会发生导电骨架中的堵塞通路情况。但在锂脱出过程中，骨架底部靠近集流体的锂原子先脱出容易导致形成死锂，降低库仑效率。因此导电骨架和不导电的亲锂骨架各有优缺点。

碳骨架是应用广泛的一类导电骨架，碳纳米管（CNTs）、石墨烯、石墨烯-碳纳米管复合体、碳纳米纤维、多孔碳、石墨颗粒、石墨微管、TiC-碳混合物等都有相关研究。纳米碳骨架由于比表面积大、孔隙率高，在抑制锂枝晶生长、稳定锂金属/电解液界面、减小体积变化和提高电极效率方面具有优越性。自支撑的多孔石墨烯骨架有很多晶格缺陷，可以作为亲核位点诱导锂沉积，循环 1000 次的库仑效率为 99%（图 6.12）[38]。除碳骨架外，金属骨架也是一类良好的导电骨架。三维铜箔集流体[39]具有高的活性表面积，循环 600 h 而不短路，可以抑制枝晶生长。自支撑铜纳米线集流体的孔道可以容纳沉积的锂，抑制枝晶生长，循环 200 圈极化电压稳定在 40 mV。

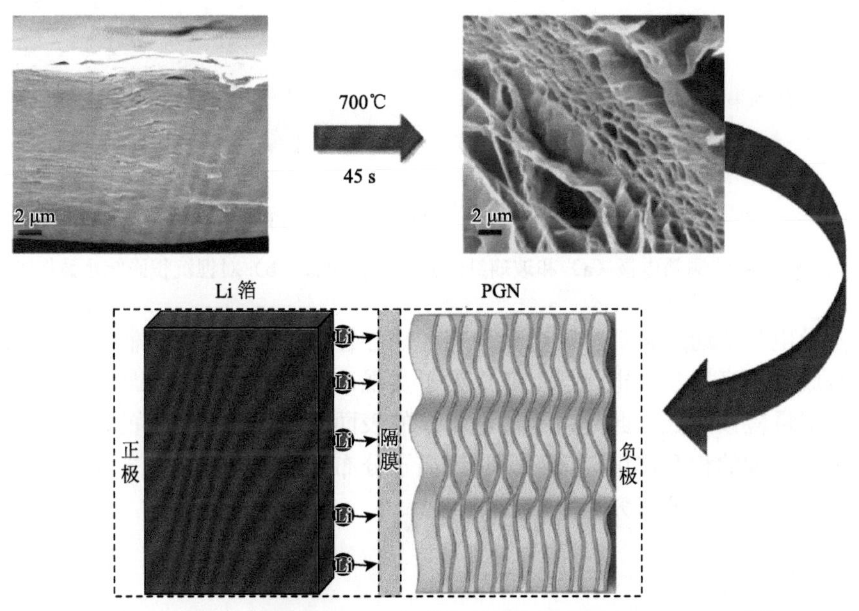

图 6.12　多孔石墨烯骨架的制备和作为锂电池负极的循环示意图[38]

不导电骨架的表面结构对锂离子在沉积时的分布有很重要的调控作用。不导电骨架的表面往往有极性官能团，根据理论计算和实验结果，表面官能团对电解液中的锂离子有吸附作用，可以局部形成较高的锂离子浓度。在锂沉积过程中，不导电骨架表面吸附的锂离子可以脱附进入电解液主体相，从而减缓形成的浓度边界层。由于锂离子快的补给速度，锂沉积会更加均匀。此外，不导电骨架表面均匀分布的极性官能团会降低锂离子在表面扩散的表面能，有利于表面锂离子的快速补给。玻璃纤维具有丰富的极性官能团（Si—O、O—H、O—B），被用作锂金属负极界面层，在 10.0 mA·cm^{-2} 电流密度、2.0 mAh·cm^{-2} 面积比容量下没有明显的枝晶生长，且可以稳定循环 500 次（图 6.13）。性能的提升主要是由于极性官能团对锂离子均匀分布的影响[40]。聚丙烯腈（PAN）纳米纤维网也具有类似的效果，在 3.0 mA·cm^{-2} 电流密度、1.0 mAh·cm^{-2} 面积比容量下循环 120 次库仑效率保持在 97.4%。

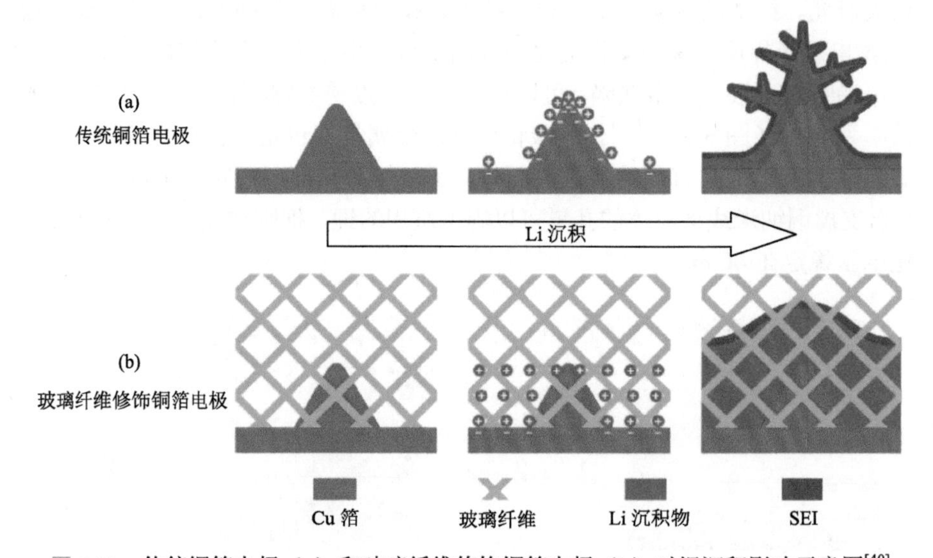

图 6.13 传统铜箔电极（a）和玻璃纤维修饰铜箔电极（b）对锂沉积影响示意图[40]

不导电骨架通过调控空间电荷分布和诱导锂离子沉积可以抑制枝晶生长。但是绝缘成分不直接参与电化学反应，为了实现高能量密度的锂金属电池，绝缘骨架的应用量应该降低。此外，不导电骨架的表面化学是非常复杂的，可能会与电解液发生不利的相互作用，最终影响锂离子分布和沉积，因此，多孔骨架的界面设计需要更为深入的研究。

6.4.3 纳米复合金属锂

传统的锂硫电池以元素 S 为正极，Li 为负极。上述这些纳米结构骨架是无锂骨架，主要的评测体系是金属锂负极半电池或常规含锂氧化物或磷酸盐电极的全电池。因此在实际应用中，如何将骨架复合金属锂制造成复合负极是非常重要的。目前纳米复合金属锂的实现方法主要包括熔融灌锂、电化学预沉积、复合锂合金等形式。

熔融灌锂对骨架材料的亲锂性和耐高温性能要求较高，Cui 等解决了骨架材料这两方面的性能要求。他们将熔融锂灌入还原氧化石墨烯中，制成了 Li-rGO 复合负极[41]［图 6.14（a)］。rGO 表面具有丰富的羰基和烷氧基，与锂的结合能高于石墨烯，提高了亲锂性，使得熔融锂可以储存在骨架内。在循环过程中，Li-rGO 复合负极的体积变化率仅约为 20%，并且具有良好的机械强度。在多孔碳骨架表面包覆一层亲锂性的 Si 涂层也可以实现熔融灌锂［图 6.14（b)］，在循环过程中可以保持 2000 $mAh \cdot g^{-1}$ 的高比容量[42]。除了 Si 之类的无机涂层之外，利用部分金属的亲锂性也可以优化熔融灌锂过程。Ag 的亲锂性很强，在碳纤维（CF）表面镀上一层 Ag，可以减轻灌锂的阻力，实现复合负极的构造［图 6.14（c)］。将 Li-CF/Ag 复合负极[43]应用到锂硫电池中，在 0.5 C 倍率下循环 400 次比容量保持在 785 $mAh \cdot g^{-1}$。然而，将熔融锂填充到主体材料孔中的过程非常复杂。目前材料加工是在高温下进行的，这对操作安全性要求很高。另外，在使用亲锂骨架时灌锂过程容易进行，而使用疏锂基质时必须用亲锂材料进行进一步改性。

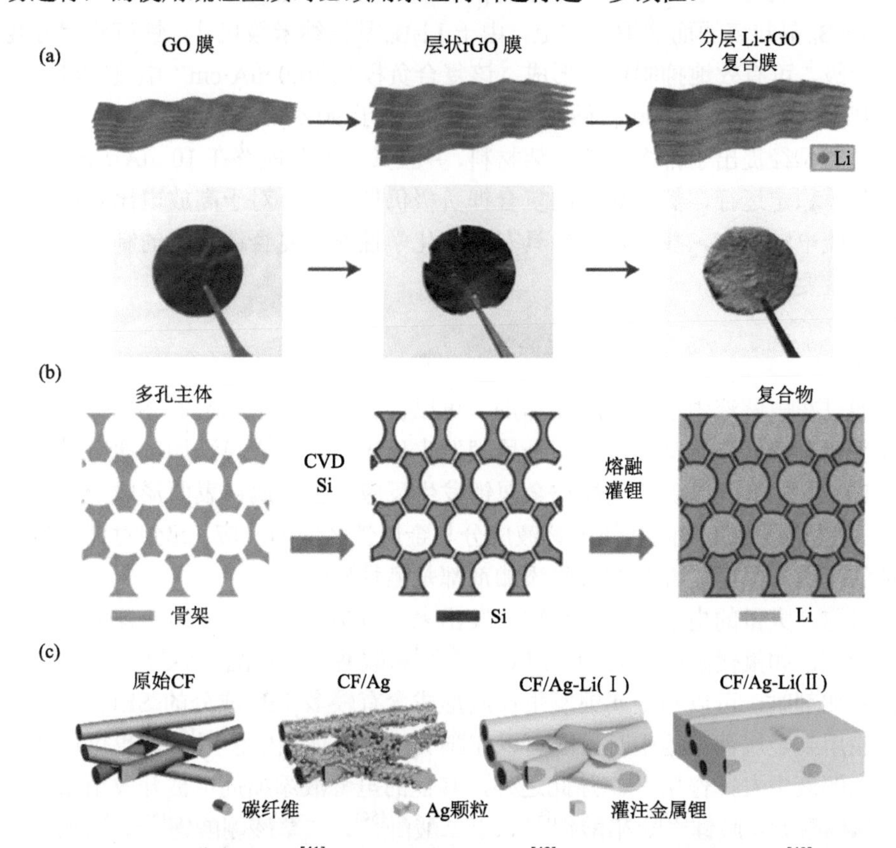

图 6.14 Li-rGO 负极（a）[41]、Li-C/Si 负极（b）[42]和 Li-CF/Ag 负极（c）[43]的制备

另一种制造锂硫电池复合负极的方法是通过电化学方法将锂预沉积到骨架

中。Jin 等[44]通过在超薄石墨泡沫上生长碳纳米管制备了一种共价连接的碳纳米结构（CNT-UGF），并将其作为硫正极和锂负极的集流体。使用 S/CNT-UGF 正极（整个正极中硫含量为 47%，硫面载量为 2.6 $mg·cm^{-2}$）和 Li/CNT-UGF 负极（整个负极中锂含量为 20%）的锂硫电池在 12 C（52 $mA·cm^{-2}$）倍率下循环 400 次后，比容量保持在 860 $mAh·g^{-1}$，在 2.0 C（8.7 $mA·cm^{-2}$）倍率下，循环容量衰减率仅为 0.057%。电化学预沉积锂相对而言耗能较高，而且如何将锂电镀均匀也需要对条件反复摸索。对于实际应用，还需要对复杂的电化学预沉积进行深入的工程化研究，以获得具有无枝晶沉积/脱出行为的复合锂负极。

复合锂合金是利用骨架和金属锂的合金化反应构造的复合负极，和熔融灌锂相比，该方法在动力学上更有形成复合负极的优势，但如何合理选择骨架材料则需要深入研究。由锂和硼的高温合金化反应制得的 Li_7B_6 是一种很好的复合锂负极[45]，在锂沉积过程中，当锂晶粒的尺寸超过 Li_7B_6 的特征尺寸时，锂晶粒对锂离子的吸附能力将小于 Li_7B_6 对锂离子的吸附能力，这使得后续的锂离子趋于吸附在 Li_7B_6 晶粒表面而非锂晶粒上，由于 Li_7B_6 是微纳米级尺寸，锂沉积尺寸也在微纳米级，可有效地抑制枝晶形成。该复合负极在 10.0 $mA·cm^{-2}$ 电流密度下，也没有观察到锂枝晶，2000 次循环后库仑效率高于 90%。

虽然已经提出了许多新的骨架材料，并且其中部分能够在 10 $mA·cm^{-2}$ 以上电流密度下稳定运行，然而高效的复合锂负极仍然很少。对于高放电比容量、长寿命的锂硫电池而言，找到新型的具有高电化学性能的复合锂负极的制造方法无疑是非常重要的。

6.4.4 添加剂保护下的金属锂

通过在电解液中引入成膜添加剂，可以促进形成致密稳定的 SEI。电池体系中几乎所有锂盐和溶剂都可以与金属锂发生反应，因此成膜添加剂通常具有较低的 LUMO 轨道，以保证优先与金属锂发生反应，在金属锂表面形成一层稳定的SEI，通过这层 SEI 阻隔其他电解液成分与金属锂之间的反应，起到对锂负极进行保护的作用，因而大部分的成膜添加剂都是牺牲性的。

目前，大量的电解质添加剂被开发出来，包括已经成功应用在锂离子电池中的添加剂，如氟代碳酸乙烯酯（FEC）[46, 47]和碳酸亚乙烯酯（VC）[48-50]等。FEC 用作添加剂时，可以与金属锂发生反应形成含有较多 LiF 成分的 SEI。当作为添加剂应用到金属锂电池中时，既可以在醚类电解液体系中使用[47]，也可以在碳酸酯类电解液中发挥作用[51]。除此之外，其他的电解液添加剂也被开发出来，包括双（氟磺酰）亚胺锂[52]、硝酸钾[53]、丁二酸酐[54]、二草酸硼酸锂[55]、二氟草酸硼酸锂[56]、硝酸镧[57]、1, 4-二噁烷[58]、多硫化物和硝酸锂[59]、乙酸铜[60]、六氟磷酸钾[61]以及微量水[62, 63]。

$LiNO_3$ 是锂硫电池醚基电解液（LiTFSI-DOL/DME）中最常见的添加剂，其作用机理已经在第 5 章介绍。其他添加剂 RNO_3（R 为铯、镧、钾）[53, 57, 64]也受到了研究关注，结果表明，稳定的 SEI 主要归因于 N—O 键的形成。

Zu 和 Manthiram[65]首先研究了乙酸铜添加剂在保护金属锂负极方面的作用，该添加剂的引入在负极形成了富含 $Li_2S/Li_2S_2/CuS/Cu_2S$ 和其他电解液分解产物的钝化膜。此外，金属离子添加剂作用的普遍机理也受到了研究关注，这类添加剂中的金属离子（如 Cu、Ag、Au）与硫的反应活性低于锂，能够降低 SEI 膜的长程结晶度，从而产生更多的晶界[66]。这些结构可以提高 Li^+电导率，从而形成更稳定的锂金属负极。Lin 等[67]研究了 P_2S_5 作为液体电解液添加剂对锂硫电池循环性能的影响，发现 P_2S_5 在锂硫电池中具有双重功能。一种是促进 Li_2S 的溶解，从而减轻 Li_2S 不可逆沉积造成的容量损失。另一种是钝化金属锂负极表面形成稳定的 SEI 膜，抑制锂枝晶的生长。所形成的 SEI 膜厚度为 3～5 μm，Li_3PS_4 颗粒粒径小于 100 nm。由于 Li_3PS_4 具有优异的离子导电性，高导电性的 SEI 膜可以提高 Li^+传输速率，同时显著抑制多硫化物扩散和其与锂负极的反应，最终提高放电比容量和库仑效率。

电解液添加剂通过与锂金属原位反应生成保护层以起到保护金属锂负极免受电解液侵蚀的作用。然而由于本身的强度较差，这种原位形成的界面层常常无法承受住枝晶生长所带来的应力变化而发生破裂，从而不能继续起到对负极的保护作用，甚至会引发更严重的枝晶生长及其副反应。因而，电解液添加剂可以与其他的抑制枝晶生长的方法结合使用。一方面可以通过原位反应获得一个高效的 SEI，促进界面离子传输，提高电池的库仑效率和倍率性能；另一方面则通过采用其他手段（如结构化负极）抑制枝晶生长，提高电池循环寿命和安全性。

6.4.5　人工固态电解质界面层保护金属锂

人造 SEI 修饰是通过非原位手段，在金属锂负极包覆一层低电子导率、高离子导率、高机械强度的薄膜，达到抑制枝晶生长的目的。电池在循环时人造 SEI 可以起到均匀分散锂离子，调节到达锂金属负极的离子分布，同时对锂沉积形成的枝晶进行机械阻挡的作用，从而延长电池寿命。

多硫化物与 $LiNO_3$ 协同工作有助于保护金属锂负极，这已经在纽扣电池中得到了证明。然而，来自正极的多硫化物有不同的种类和浓度，这将对形成稳定的 SEI 产生不利影响。为了避免负面影响，在保持多硫化物形成稳定的 SEI 膜的同时，清华大学张强课题组报道了采用一种可植入策略来有效维持多硫化物诱导的 SEI 膜的形成（图 6.15）[68]。在 $LiTFSI-LiNO_3-Li_2S_5$ 三元电解液中，通过电镀的方式在锂片表面形成一层 SEI 膜。所获得的具有植入性 SEI 保护的金属锂负极可以有效地匹配硫正极，而不需要任何其他添加剂。由可植入的 SEI 改性的金属锂负极组装的锂硫纽扣电池在 1.0 C 下循环 600 次后具有 891 $mAh \cdot g^{-1}$ 的高放电比容量、76%的容量保持率和 98.6%的库仑效率。具有植入性 SEI 的锂硫软包电池的放电比容量从 156 $mAh \cdot g^{-1}$ 提升至 917 $mAh \cdot g^{-1}$，在 0.1 C 下库仑效率从 12%提高至 85%。

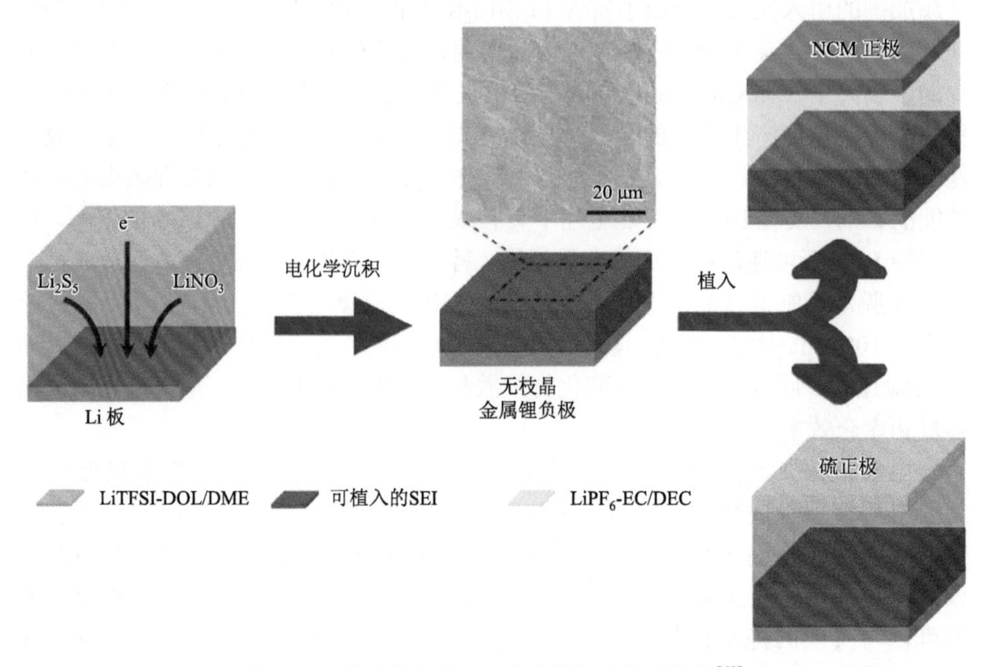

图 6.15 带有植入式 SEI 的金属锂负极示意图[68]

在循环电池中很难原位地引入可植入 SEI 层，此时，电化学预处理成为一种有效的替代方式。由于活化阶段（电化学预处理）采用的电解液可能与循环阶段不同，电解液添加剂的选择不受循环电解液限制。除多硫化物之外，还经常采用 FEC[69]和 AlI_3 基电解液[70]在电池循环之前构建稳定的 SEI 膜。

电化学预处理方法可以稳定电解液/金属界面，但是这个过程较为复杂。相比之下，液体或气体化学处理似乎更简单。用多聚磷酸[71]和苯乙烯-丁二烯橡胶（SBR）[72]预处理的锂金属在后续循环中对液体电解液具有优越的稳定性。Wen 等通过 Li 和 N_2 之间的原位反应生成 Li_3N 保护层[73]，或通过将锂箔暴露于四氢呋喃（THF）溶剂、氧气、$(CH_3)_3SiCl$ 溶液中形成$(CH_3)_3SiCl$ 保护层[74]，实现了几种保护金属锂负极的方法。锂负极在 Li_3N 层的保护下，即使不添加 $LiNO_3$，也可使锂硫电池在 500 次循环后放电比容量达到 773 $mAh \cdot g^{-1}$，0.5 C 下的平均库仑效率达到 92.3%（图 6.16）[73]。

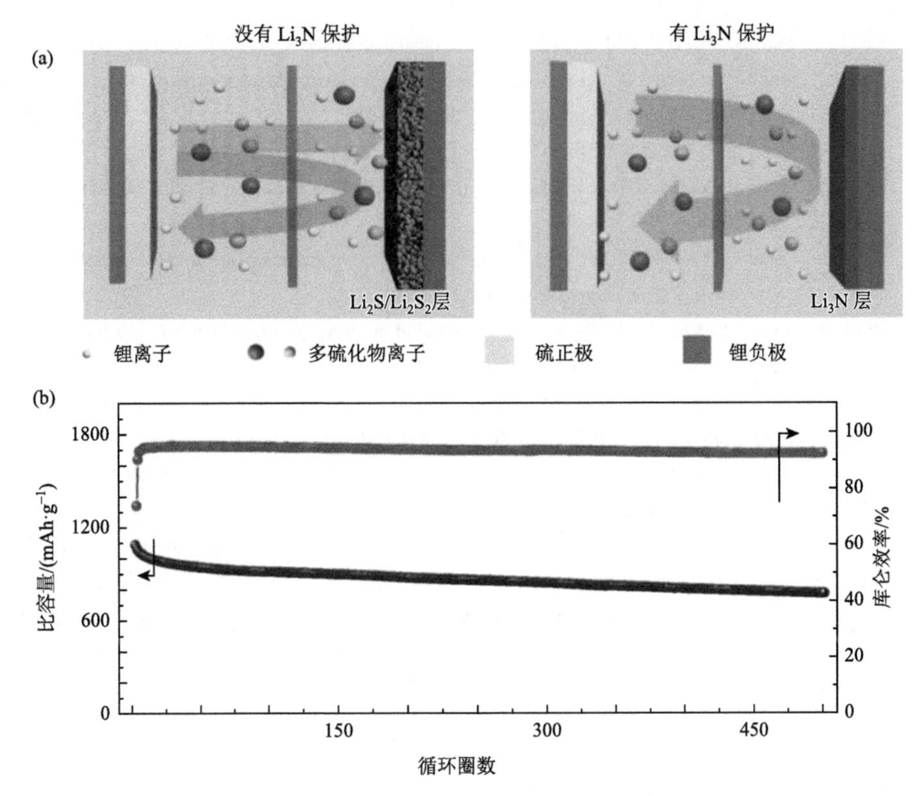

图 6.16　锂硫电池金属锂负极上的 Li_3N 保护：（a）具有和不具有 Li_3N 层的锂硫电池负极示意图；（b）具有 Li_3N 层的锂硫电池在 0.5 C 下的放电比容量和库仑效率

表面涂层是在金属锂负极上沉积保护层的另一种简便且经济有效的方法，可方便地应用于实际的锂硫电池中。目前已经有很多涂层方法，几乎所有的涂层材料都能在一定条件下抑制锂枝晶的生长。涂层材料包括 Al_2O_3、碳材料、聚合物和合金等。

这种人造界面层可以防止锂金属和多硫化物接触以避免发生副反应，并且强化电解液/锂金属界面以减轻锂沉积/脱出过程中的体积变化并减缓锂枝晶生长。但是，人造界面层必须薄且有较高的离子导电性。简而言之，这些预处理方法可以在电池循环之前保护锂金属，从而在锂硫电池的整个生命周期中产生保护锂金属的可能性。

参 考 文 献

[1] Steiger J，Kramer D，Mönig R. Mechanisms of dendritic growth investigated by *in situ* light microscopy during electrodeposition and dissolution of lithium. Journal of Power Sources，2014，261：112-119.

[2] Steiger J，Kramer D，Moenig R. Microscopic observations of the formation，growth and shrinkage of lithium moss during electrodeposition and dissolution. Electrochimica Acta，2014，136：529-536.

[3] Park M S，Ma S B，Lee D J，et al. A highly reversible lithium metal anode. Scientific Reports，2014，4：3815.

[4] Chen L，Zhang H W，Liang L Y，et al. Modulation of dendritic patterns during electrodeposition：A nonlinear phase-field model. Journal of Power Sources，2015，300：376-385.

[5] 程新兵，张强. 金属锂枝晶生长机制及抑制方法. 化学进展，2018，（1）：59-80.

[6] Chazalviel J N. Electrochemical aspects of the generation of ramified metallic electrodeposits. Physical Review A，1990，42（12）：7355-7367.

[7] Fleury V，Chazalviel J N，Rosso M，et al. The role of the anions in the growth speed of fractal electrodeposits. Journal of Electroanalytical Chemistry，1990，290（1-2）：249-255.

[8] Brissot C，Rosso M，Chazalviel J N，et al. *In situ* study of dendritic growth in lithium/PEO-salt/lithium cells. Electrochimica Acta，1998，43（10-11）：1569-1574.

[9] Sand H. On the concentration at the electrodes in a solution，with special reference to the liberation of hydrogen by electrolysis of a mixture of copper sulphate and sulphuric acid. Philosophical Magazine，1956，17：496-534.

[10] Bai P，Li J，Brushett F R，et al. Transition of lithium growth mechanisms in liquid electrolytes. Energy & Environmental Science，2016，9（10）：3221-3229.

[11] Barton J L，Bockris J O. The electrolytic growth of dendrites from ionic solutions. Proceedings of the Royal Society A，1962，268（1335）：485-505.

[12] Monroe C，Newman J. Dendrite growth in lithium/polymer systems：A propagation model for liquid electrolytes under galvanostatic conditions. Journal of the Electrochemical Society，2003，150（10）：A1377-A1384.

[13] Monroe C，Newman J. The effect of interfacial deformation on electrodeposition kinetics. Journal of the Electrochemical Society，2004，151（6）：A880-A886.

[14] Monroe C，Newman J. The impact of elastic deformation on deposition kinetics at lithium/polymer interfaces. Journal of the Electrochemical Society，2005，152（2）：A396-A404.

[15] Gregory T D，Hoffman R J，Winterton R C. Nonaqueous electrochemistry of magnesium：Applications to energy storage. Journal of the Electrochemical Society，1990，137（3）：775-780.

[16] Guo Y S, Yang J, NuLi Y N, et al. Study of electronic effect of Grignard reagents on their electrochemical behavior. Electrochemistry Communications，2010，12（12）：1671-1673.

[17] Matsui M. Study on electrochemically deposited Mg metal. Journal of Power Sources，2011，196（16）：7048-7055.

[18] Ling C，Banerjee D，Matsui M. Study of the electrochemical deposition of Mg in the atomic level：Why it prefers the non-dendritic morphology. Electrochimica Acta，2012，76：270-274.

[19] Jäckle M，Groß A. Microscopic properties of lithium，sodium，and magnesium battery anode materials related to possible dendrite growth. Journal of Chemical Physics，2014，141（17）：174710.

[20] Ozhabes Y，Gunceler D，Arias T A. Stability and surface diffusion at lithium-electrolyte interphases with connections to dendrite suppression. 2015：1504.05799.

[21] Ely D R，Garcia R E. Heterogeneous nucleation and growth of lithium electrodeposits on negative electrodes. Journal of the Electrochemical Society，2013，160（4）：A662-A668.

[22] Lu D P，Shao Y Y，Lozano T，et al. Failure mechanism for fast-charged lithium metal batteries with liquid electrolytes. Advanced Energy Materials，2015，5（3）：1400993.

[23] Wood K N，Noked M，Dasgupta N P. Lithium metal anodes：Toward an improved understanding of coupled morphological，electrochemical，and mechanical behavior. ACS Energy Letters，2017，2（3）：664-672.

[24] Qie L，Zu C X，Manthiram A. A high energy lithium-sulfur battery with ultrahigh-loading lithium polysulfide cathode and its failure mechanism. Advanced Energy Materials，2016，6（7）：1502459.

[25] Peled E. The electrochemical behavior of alkali and alkaline earth metals in nonaqueous battery systems-the solid electrolyte interphase model. Journal of the Electrochemical Society，1979，126（12）：2047-2051.

[26] Goodenough J B，Kim Y. Challenges for rechargeable Li batteries. Chemistry of Materials，2010，22（3）：587-603.

[27] Fujieda T，Yamamoto N，Saito K，et al. Surface of lithium electrodes prepared in Ar + CO_2 gas. Journal of Power Sources，1994，52：197-200.

[28] Shiraishi S，Kanamura K，Takehara Z I. Influence of initial surface condition of lithium metal anodes on surface modification with HF. Journal of Applied Electrochemistry，1999，29（7）：869-881.

[29] Naudin C，Bruneel J L，Chami M，et al. Characterization of the lithium surface by infrared and Raman spectroscopies. Journal of Power Sources，2003，124（2）：518-525.

[30] Kanamura K，Tamura H，Shiraishi S，et al. XPS analysis of lithium surfaces following immersion. Journal of the Electrochemical Society，1995，142（2）：340-347.

[31] Peled E，Straze H. The kinetics of the magnesium electrode in thionyl chloride solutions. Journal of the Electrochemical Society，1977，124（7）：1030-1035.

[32] Peled E，Golodnitsky D，Ardel G. Advanced model for solid electrolyte interphase. Journal of the Electrochemical Society，1997，144（8）：208-210.

[33] Ein-Eli Y. A new perspective on the formation and structure of the solid. Electrochemical and Solid-State Letters，1999，2（5）：212-214.

[34] Leung K，Soto F，Hankins K，et al. Stability of solid electrolyte interphase components on lithium metal and reactive anode material surfaces .The Journal of Physical Chemistry C，2016，120（12）：6302-6313.

[35] Zhuo Z Q，Lu P，Delacourt C，et al. Breathing and oscillating growth of solid-electrolyte-interphase upon electrochemical cycling. Chemical Communications，2018.

[36] Kong S K，Kim B K，Yoon W Y. Electrochemical behavior of Li-powder anode in high Li capacity used. Journal of the Electrochemical Society，2012，159（9）：A1551-A1553.

[37] Ryou M H，Lee Y M，Lee Y，et al. Mechanical surface modification of lithium metal：Towards improved Li metal anode performance by directed Li plating. Advanced Functional Materials，2015，25（6）：834-841.

[38] Mukherjee R，Thomas A V，Datta D，et al. Defect-induced plating of lithium metal within porous graphene networks. Nature Communications，2014，5：3710.

[39] Yang C P，Yin Y X，Zhang S F，et al. Accommodating lithium into 3D current collectors with a submicron skeleton towards long-life lithium metal anodes. Nature Communications，2015，6：8058.

[40] Cheng X B，Hou T Z，Zhang R，et al. Dendrite-free lithium deposition induced by uniformly distributed lithium ions for efficient lithium metal batteries. Advanced Materials，2016，28（15）：2888-2895.

[41] Lin D C，Liu Y Y，Liang Z，et al. Layered reduced graphene oxide with nanoscale interlayer gaps as a stable host for lithium metal anodes. Nature Nanotechnology，2016，11：626.

[42] Liang Z，Lin D C，Zhao J，et al. Composite lithium metal anode by melt infusion of lithium into a 3D conducting scaffold with lithiophilic coating. Proceedings of the National Academy of Sciences，2016，113（11）：2862-2867.

[43] Zhang R，Chen X，Shen X，et al. Coralloid carbon fiber-based composite lithium anode for robust lithium metal batteries. Joule，2018，2（4）：764-777.

[44] Jin S，Xin S，Wang L J，et al. Covalently connected carbon nanostructures for current collectors in both the cathode and anode of Li-S batteries. Advanced Materials，2016，28（41）：9094-9102.

[45] Cheng X B，Peng H J，Huang J Q，et al. Dendrite-free nanostructured anode：Entrapment of lithium in a 3D fibrous matrix for ultra-stable lithium-sulfur batteries. Small，2014，10（21）：4257-4263.

[46] Kuwata H, Sonoki H, Matsui M, et al. Surface layer and morphology of lithium metal electrodes. Electrochemistry, 2016, 84 (11): 854-860.

[47] Heine J, Hilbig P, Qi X, et al. Fluoroethylene carbonate as electrolyte additive in tetraethylene glycol dimethyl ether based electrolytes for application in lithium ion and lithium metal batteries. Journal of the Electrochemical Society, 2015, 162 (6): A1094-A1101.

[48] Guo J, Wen Z Y, Wu M F, et al. Vinylene carbonate-$LiNO_3$: A hybrid additive in carbonic ester electrolytes for SEI modification on Li metal anode. Electrochemistry Communications, 2015, 51: 59-63.

[49] Sano H, Sakaebe H, Matsumoto H. Observation of electrodeposited lithium by optical microscope in room temperature ionic liquid-based electrolyte. Journal of Power Sources, 2011, 196 (16): 6663-6669.

[50] Ota H, Shima K, Ue M, et al. Effect of vinylene carbonate as additive to electrolyte for lithium metal anode. Electrochimica Acta, 2004, 49 (4): 565-572.

[51] Zhang X Q, Cheng X B, Chen X, et al. Fluoroethylene carbonate additives to render uniform Li deposits in lithium metal batteries. Advanced Functional Materials, 2017, 27 (10): 1605989.

[52] Miao R R, Yang J, Feng X J, et al. Novel dual-salts electrolyte solution for dendrite-free lithium-metal based rechargeable batteries with high cycle reversibility. Journal of Power Sources, 2014, 271: 291-297.

[53] Jia W S, Fan C, Wang L P, et al. Extremely accessible potassium nitrate (KNO_3) as the highly efficient electrolyte additive in lithium battery. ACS Applied Materials & Interfaces, 2016, 8 (24): 15399-15405.

[54] Han G B, Lee J N, Lee D J, et al. Enhanced cycling performance of lithium metal secondary batteries with succinic anhydride as an electrolyte additive. Electrochimica Acta, 2014, 115: 525-530.

[55] Xiang H F, Shi P C, Bhattacharya P, et al. Enhanced charging capability of lithium metal batteries based on lithium bis (trifluoromethanesulfonyl) imide-lithium bis (oxalato) borate dual-salt electrolytes. Journal of Power Sources, 2016, 318: 170-177.

[56] Wu F, Qian J, Chen R J, et al. An effective approach to protect lithium anode and improve cycle performance for Li-S batteries. ACS Applied Materials & Interfaces, 2014, 6 (17): 15542-15549.

[57] Liu S, Li G R, Gao X P. Lanthanum nitrate as electrolyte additive to stabilize the surface morphology of lithium anode for lithium-sulfur battery. ACS Applied Materials & Interfaces, 2016, 8 (12): 7783-7789.

[58] Miao R R, Yang J, Xu Z X, et al. A new ether-based electrolyte for dendrite-free lithium-metal based rechargeable batteries. Scientific Reports, 2016, 6: 21771.

[59] Li W Y, Yao H B, Yan K, et al. The synergetic effect of lithium polysulfide and lithium nitrate to prevent lithium dendrite growth. Nature Communications, 2015, 6: 7436.

[60] Zu C X, Dolocan A, Xiao P H, et al. Breaking down the crystallinity: The path for advanced lithium batteries. Advanced Energy Materials, 2016, 6 (5): 1501933.

[61] Wood S M, Pham C H, Rodriguez R, et al. K^+reduces lithium dendrite growth by forming a thin, less-resistive solid electrolyte interphase. ACS Energy Letters, 2016, 1 (2): 414-419.

[62] Qian J F, Xu W, Bhattacharya P, et al. Dendrite-free Li deposition using trace-amounts of water as an electrolyte additive. Nano Energy, 2015, 15: 135-144.

[63] Mehdi B L, Stevens A, Qian J F, et al. The impact of Li grain size on coulombic efficiency in Li batteries. Scientific Reports, 2016, 6: 34267.

[64] Seong K J, Joo Y D, Jaeyun M, et al. Poreless separator and electrolyte additive for lithium-sulfur batteries with high areal energy densities. ChemNanoMat, 2015, 1 (4): 240-245.

[65] Zu C X, Manthiram A. Stabilized lithium-metal surface in a polysulfide-rich environment of lithium-sulfur

batteries. The Journal of Physical Chemistry Letters，2014，5（15）：2522-2527.

[66] Cheng X B，Yan C，Zhang X Q，et al. Electronic and ionic channels in working interfaces of lithium metal anodes. ACS Energy Letters，2018，3（7）：1564-1570.

[67] Lin Z，Liu Z C，Fu W J，et al. Phosphorous pentasulfide as a novel additive for high-performance lithium-sulfur batteries. Advanced Functional Materials，2013，23（8）：1064-1069.

[68] Cheng X B，Yan C，Chen X，et al. Implantable solid electrolyte interphase in lithium-metal batteries. Chem，2017，2（2）：258-270.

[69] Liu Q C，Xu J J，Yuan S，et al. Artificial protection film on lithium metal anode toward long-cycle-life lithium-oxygen batteries. Advanced Materials，2015，27（35）：5241-5247.

[70] Ma L，Kim M S，Archer L A. Stable artificial solid electrolyte interphases for lithium batteries. Chemistry of Materials，2017，29（10）：4181-4189.

[71] Li N W，Yin Y X，Yang C P，et al. An artificial solid electrolyte interphase layer for stable lithium metal anodes. Advanced Materials，2016，28（9）：1853-1858.

[72] Liu Y Y，Lin D C，Yan Y P，et al. An artificial solid electrolyte interphase with high Li-ion conductivity，mechanical strength，and flexibility for stable lithium metal anodes. Advanced Materials，2017，29（10）：1605531.

[73] Ma G Q，Wen Z Y，Wu M F，et al. A lithium anode protection guided highly-stable lithium-sulfur battery. Chemical Communications，2014，50（91）：14209-14212.

[74] Wu M F，Wen Z Y，Jin J，et al. Trimethylsilyl chloride-modified Li anode for enhanced performance of Li-S cells. ACS Applied Materials & Interfaces，2016，8（25）：16386-16395.

第7章

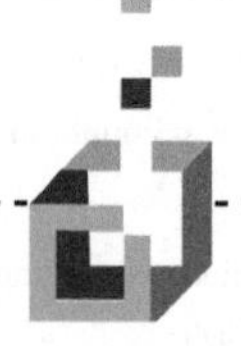

锂硫电池非活性材料

7.1 隔膜

隔膜作为电池系统中的关键组分之一，起到隔绝正负极、防止电池内短路的作用。作为非活性材料，隔膜并不直接参与电极反应，但对电池内部离子输运等动力学过程有着重要影响，与电池的内阻、倍率性能及循环寿命等指标息息相关。

7.1.1 隔膜的作用

隔膜作为电池中的重要组成部分，具有不可替代的独特功能。首先，隔膜材料应具有良好的电子绝缘性和力学稳定性，并且有一定的抗拉伸、抗穿刺强度，能在高温、冲击等极端条件下仍然维持较好的结构和化学稳定性，防止正负极因直接接触而短路，为电池提供安全保障。其次，隔膜中的孔隙应为工作离子提供快速输运通道，满足电池的倍率性能[1]。

传统聚烯烃类隔膜，如多孔聚乙烯（PE）和聚丙烯（PP）膜，由于其成熟的制作工艺、较低的本体阻抗和优异的化学稳定性而被广泛应用于锂离子二次电池中[2]。而在锂硫电池体系中，由于穿梭效应的存在，采用传统的聚合物隔膜往往会导致较低的放电容量与库仑效率，无法充分实现锂硫电池的优越性。通过对传统隔膜材料进行合理的功能化设计和改性，如优化孔隙结构、引入静电排斥作用以实现特异性离子传导，以及增强对多硫化物的特性吸附作用以提升活性物质的氧化还原反应速率等均可有效改善锂硫电池的整体性能，为实现高能量密度锂硫电池的实用化提供途径[3-5]。

7.1.2 聚烯烃隔膜

以锂离子电池为代表的二次电池主要采用 PE、PP 为主的聚烯烃隔膜，包括单层 PE、PP 隔膜及 PP/PE/PP 三层复合膜。聚烯烃类隔膜主要具有结构、理化、机械三方面的特性[6]。

在结构方面，聚烯烃隔膜具有以下特点：①较薄的厚度：锂离子电池用隔膜的厚度通常≤25 μm，而在动力电池中，为进一步保证机械性能，隔膜厚度约40 μm；②适中的孔隙率（40%～50%）：能在降低电池内阻的同时又不损失其机械强度；③良好的透过性：保证离子在电池内部的畅通输运。

在理化特性方面，聚烯烃隔膜具有以下优势：①优异的化学、电化学稳定性：能在强氧化及强还原的氛围下稳定工作，不与电解液、电极发生反应；②良好的热稳定性：能在高温条件下保持结构完整性，不发生严重收缩而引发电池短路；③优异的电解液浸润性及持液能力：尽量降低电池内部欧姆电阻，保证电池的倍率性能；④稳定的力学性质：聚烯烃隔膜还应具有良好的抗拉伸、抗穿刺强度，为隔绝正负极提供必要的机械支持。

目前聚烯烃隔膜的生产工艺主要分为干法（即拉伸致孔法）和湿法（即相分离法）。其中，干法拉伸工艺较简单，且无污染，而湿法分离则可以更好地控制孔径及孔隙率等。

7.1.3　能量型电池的功能隔膜

电池的设计一般分为能量型和功率型两类方向。其中，能量型电池以高能量密度为特点，主要功能是实现高能量的输出，但最大放电电流相对较低；功率型电池以高功率密度为特点，主要功能为实现瞬时高功率的输入、输出，但也会相应损失部分能量密度。

不同设计目的的电池对于功能隔膜的要求不尽相同。对于能量型电池，放电倍率较低，在综合考量功能隔膜的设计时应着重考虑在较低功能层载量下，与高硫载量正极匹配时电池高循环比容量的实现，保证锂硫电池在较低倍率下的高放电容量。在这方面，可通过构建具有电荷排斥效应、空间位阻效应及吸附效应的功能隔膜来实现对于多硫化物扩散的抑制，从而显著提升电池的循环容量和稳定性，延长循环寿命。

1. 具有电荷排斥效应的功能隔膜

可溶性多硫化物的跨膜扩散是导致锂硫电池中正极硫容量损失、负极锂腐蚀的主要原因，鉴于多硫化物的带电特性，引入带有负电基团的功能材料以构建选择透过性隔膜，可有效改善多硫化物向负极侧的扩散。本书作者团队率先制造出超薄 Nafion 修饰层（0.7 $mg\cdot cm^{-2}$），实现了锂硫电池的高稳定性循环。Nafion 上带负电的磺酸基团（$—SO_3^-$）可通过静电作用排斥多硫化物阴离子，同时保留锂离子的传输通道［图 7.1（a)］。使用该功能化隔膜后，锂硫电池在无 $LiNO_3$ 添加剂的电解液中循环时，库仑效率高达 95%以上，且 500 圈循环后仍具有 60%以上的初始容量保持率[7]。以 Nafion 作为阳离子选择透过修饰层，提升锂离子迁移数，抑制多硫化物扩散的研究思路也被其他工作广泛报道[8-10]。另外，Nafion 和其他材料复合构成的隔膜修饰层也可起到静电排斥多硫化物的作用。例如，华中科技大学黄云辉课题组及浙江大学李洲鹏课题组分别报道了 Nafion-Super P[11]、Nafion-Super P-PEO[12]复合体系，均实现了对穿梭效应的有效抑制。

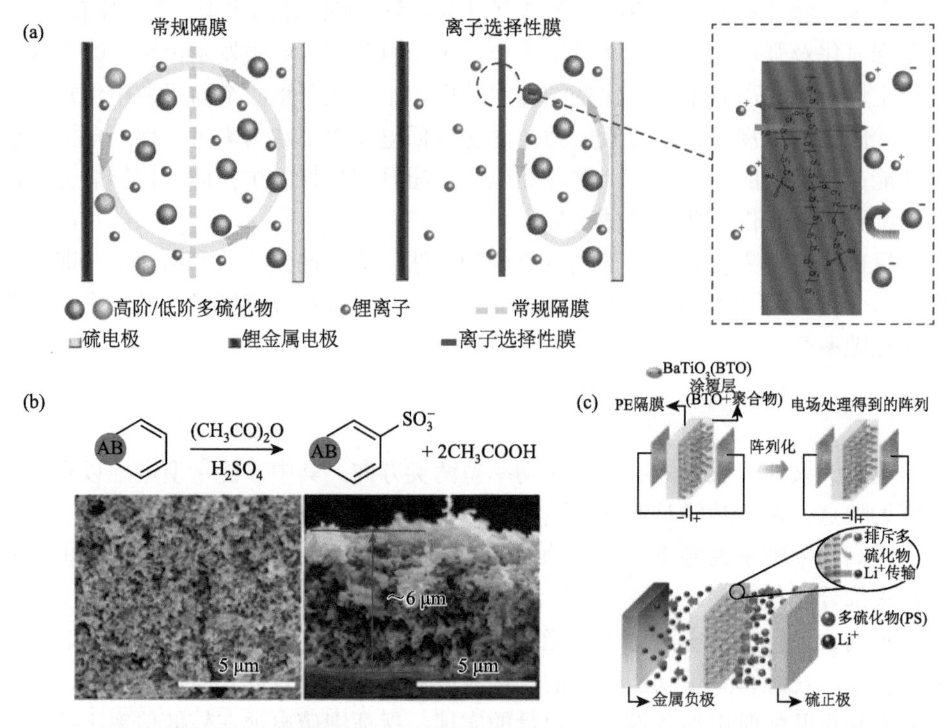

图 7.1 （a）采用 Nafion 修饰隔膜抑制穿梭效应示意图[7]；（b）采用磺化乙炔黑修饰隔膜，利用静电效应排斥多硫化物透过隔膜[13]；（c）采用极化 $BaTiO_3$ 修饰隔膜排斥多硫化物示意图[14]

除 Nafion 外，其他具有负电特性的有机材料也被引入隔膜的修饰中。例如，Jin 等应用 Li-PFSD（全氟磺酰双氰胺锂）中的—$SO_2C(CN)_2Li$ 基团实现锂离子的选择透过[15]；Gu 等精确控制 PAH（聚烯丙胺盐酸盐）和 PAA（聚丙烯酸）在隔膜上的自组装过程，通过调控功能层的荷电量，从而有效抑制阴离子传输[16]；Conder 等将聚苯乙烯磺酸基团通过等离子体活化的方式修饰在传统 PP 隔膜上，通过其负电特性可显著抑制多硫化物传输和扩散[17]。通过这些方法引入的负电有机功能层均可有效实现锂离子的选择透过，明显缓解穿梭效应，从而大大提升锂硫电池的循环容量和稳定性。

具有荷电特性的无机材料在这方面也展现出了良好的应用前景。中国人民解放军军事科学院防化研究院王安邦课题组将 —SO_3^- 基团接枝在乙炔黑上，并将所获得的磺化乙炔黑（AB-SO_3^-）涂覆在传统聚合物隔膜一侧，该隔膜表现出与 Nafion 修饰的隔膜类似的选择透过性效果，并且其多孔结构使得 Li^+的传输更为容易［图 7.1（b)］。在 1.5 C（≈7.5 mA·cm^{-2}）下，与 3 mg·cm^{-2} 硫面载量的正极匹配，在循环 100 次后仍具有 751 mAh·g^{-1} 的比容量[13]。Ahn 等利用蒙脱土材料的静电作用防止多硫化物向负极扩散，其优异的亲水性还可提升电解液的浸润性能。将该蒙脱土材料修饰的隔膜应用于锂硫电池中发现，电池具有高达 1382 mAh·g^{-1} 的初始放电比容量[18]。Yim 等将钛酸钡（$BaTiO_3$，BTO）粒子涂覆在隔膜表面，在外加电场作用下，具有铁电性质的 BTO 中诱导排列的永久偶极子对多硫化物具有极强的静电排斥作用［图 7.1（c)］。将涂覆有极化 BTO 的隔膜组装电池，在正极硫面载量为 3 mg·cm^{-2} 时，锂硫电池在 0.5C 倍率（2.5 mA·cm^{-2}）下表现出稳定的循环性能，具有超过 900 mAh·g^{-1} 的比容量[14]。

2. 具有空间位阻效应的功能隔膜

根据多硫化物阴离子和锂离子特征离子半径的差异，在隔膜上引入具有尺寸筛分功能或阻挡作用的修饰材料，可通过物理限域作用有效改善多硫化物的跨膜扩散。零维（0D）[19-21]、一维（1D）[22-25]和二维（2D）碳材料[26, 27]已被引入这一领域的研究中。例如，Balach 等应用介孔碳修饰隔膜，该介孔碳材料具有较大的接触面积，对多硫化物扩散具有物理阻挡作用。在使用这一隔膜后，锂硫电池在 0.5 C 倍率下循环 500 圈后仍具有 723 mAh·g^{-1} 的比容量，每圈容量衰减率仅为 0.081%[19]。相比于 0D 材料，1D（碳纤维及碳纳米管）和 2D（石墨烯及其衍生物）材料构建的隔膜功能层延长了多硫化物的扩散路径，因此展现出更优异的阻挡能力。Manthiram 课题组在隔膜上引入单壁碳纳米管修饰层，在正极硫面载量高达 6.3 mg·cm^{-2} 时，锂硫电池在 0.2 C 倍率下循环 100 圈的单圈容量衰减率为 0.33%[23]。Yang 等采用碳纤维布作为中间层限制多硫化物扩散。碳纤维中丰富的内部空间为锂离子提供传输通道，同时实现对多硫化物的限域及阻挡[24]。另外，本书作者团队采用 2D 氧化石墨烯（GO）修饰隔膜作为多硫化物阻挡层以缓解穿梭效应。一方面，GO 含有丰富的带负电含氧官能团，对多硫化物阴离子具有静电排斥作用；另一方面，GO 膜的二维堆积结构及层叠孔隙也可在保证锂离子能够通过的基础上抑制多硫化物的扩散［图 7.2（a)］[26]。本书作者团队通过合理整合，进一步构建出一种 PP/GO/Nafion 三层隔膜。先将极薄的 GO 层（3.2×10^{-3} mg·cm^{-2}，厚度约为 30 nm）抽滤在 PP 基底上以完全覆盖其大孔，之后再将致密的 Nafion 层（5×10^{-2} mg·cm^{-2}，厚度约为 100 nm）进一步抽滤至 GO 层上。这种有效整合保证了隔膜阻挡层在极低的面载量（5.32×10^{-2} mg·cm^{-2}）和超薄的厚度（≈130 nm）下，仍能够高效阻挡多硫化物的迁移，同时还能保持正常的锂离子传输通道［图 7.2（b)］。即使在硫面载量高达 4 mg·cm^{-2} 时，采用 PP/GO/Nafion 三层隔膜的锂硫电池在 0.2 C 的倍率下仍具有高达 1225 mAh·g^{-1} 的初始比容量，且在无 $LiNO_3$ 添加剂的情况下其库仑效率可达 92%[28]。另外，通过对碳材料的孔径分布进行合理设计，可以更加高效地捕获多硫化物阴离子，同时保留锂离子的传输通道[29, 30]。

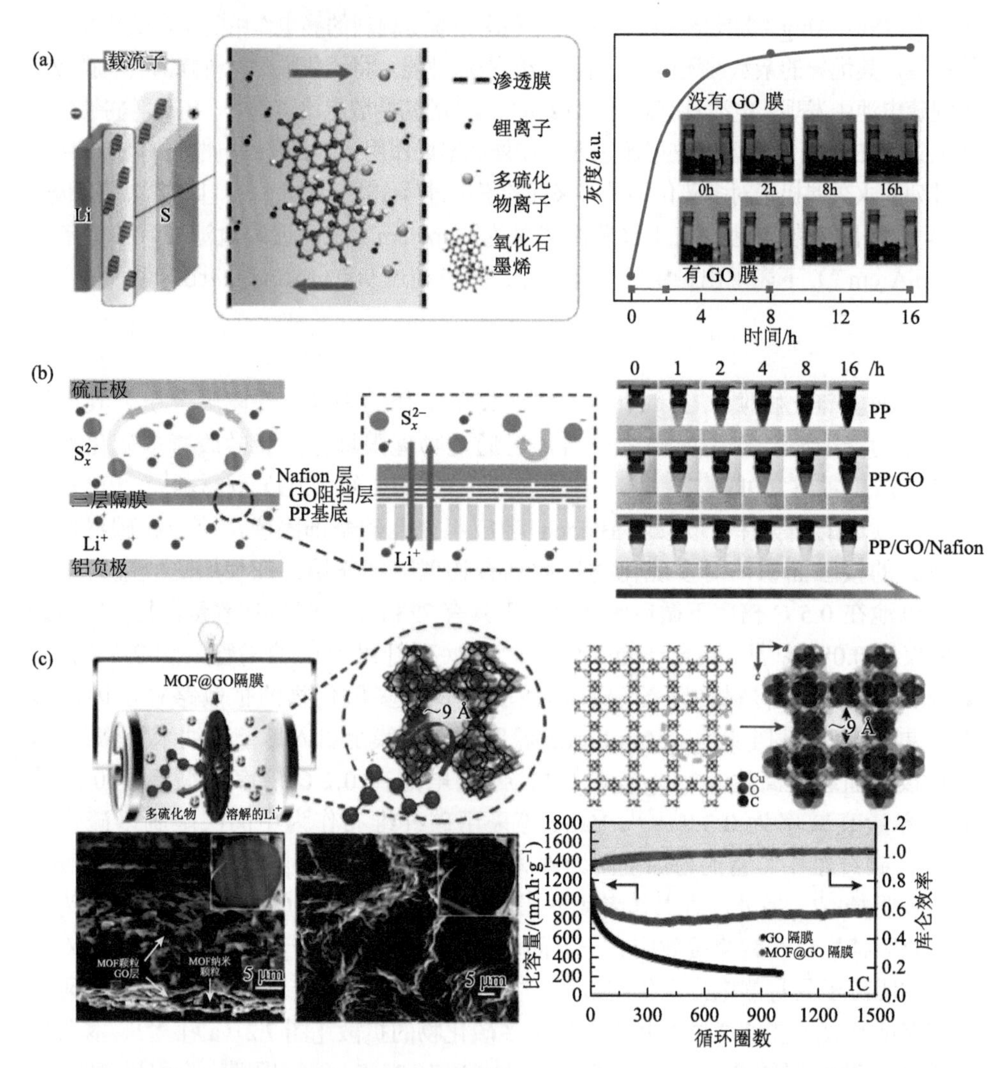

图 7.2 采用二维氧化石墨烯修饰隔膜（a）[26]，PP/GO/Nafion 三层隔膜（b）[28]及 MOF/GO 复合隔膜（c）[31]物理阻挡多硫化物扩散的示意图

南京大学周豪慎课题组报道了一种具有“离子筛”作用的 MOF/GO 复合隔膜，其中 $Cu_3(BTC)_2$ 型 MOF 材料的典型孔径约 0.9 nm，小于多硫化物的离子直径，从而有效限制多硫化物的传输扩散［图 7.2（c）］。使用该“离子筛”隔膜后，锂硫电池在 1500 圈循环内的容量衰减率仅为 0.019% /圈，且前 100 圈内未发生容量衰减[31]。Lapornik 等采用多孔 Mn_2O_3 修饰分子筛（MnS-1）构建的功能层实现

了对多硫化物阴离子的物理限域，另外，Mn_2O_3 的存在还进一步强化了对多硫化物的化学吸附作用，从而实现了稳定的锂硫电池循环[32]。Yu 等分别应用陶瓷电解质膜 LATP[33]和对锂更加稳定的 $Li_{1+x}Y_xZr_{2-x}(PO_4)_3$（LYZP）[34]作为 Li/CNT-多硫化物电池的中间层以隔绝多硫化物的迁移。尽管该阻挡层可完全抑制多硫化物的扩散并维持一定的 Li^+传输能力，但其较低的锂离子导率（10^{-7}～10^{-4} $S·cm^{-1}$）仍严重限制了电池在较大倍率下的容量发挥。类似地，石榴石型固态电解质 LLZO 膜[35]及 V_2O_5 陶瓷膜[36]也被用作锂硫电池隔膜以阻隔多硫化物向负极的穿梭。

3. 具有吸附效应的功能隔膜

除了静电排斥作用和空间限域作用外，通过化学吸附的引入强化对多硫化物的化学锚定作用，可有效改善多硫化物的“穿梭”问题，从而提升活性硫的利用率。

一方面，通过杂原子掺杂和功能化可以有效提升碳材料对多硫化物的化学吸附性能。例如，N[37, 38]、B[39, 40]等异质原子掺杂碳材料均展现出对多硫化物良好的化学锚定能力。作者团队对 B、N、O、F、S、P 和 Cl 等碳材料的掺杂元素进行了系统的研究。基于 DFT 计算的研究结果表明，N 或 O 杂原子的引入可实现对多硫化物最强的吸附，而 B 和 O 的共掺杂及 N 和 S 的共掺杂可进一步提升单独的 O 和 N 掺杂元素对多硫化物的结合能[41]。这一结果也被其他课题组报道[42]。该工作采用 N、S 共掺杂介孔碳修饰传统聚烯烃隔膜［图 7.3（a)]，引入这一多功能隔膜后，锂硫电池在 2.1～2.3 $mg·cm^{-2}$ 硫面载量下，以 0.5 C 倍率循环 500 圈后仍具有 740 $mAh·g^{-1}$ 的比容量，每圈容量衰减率仅为 0.041%。这一性能远优于以单独的氮掺杂碳作为修饰层的隔膜。此外，对碳材料表面进行功能化使其接枝更多含氧官能团（如—OH，—COO^-等）也可起到对多硫化物的化学吸附作用。国家纳米科学中心智林杰研究团队将 GO 和氧化碳纳米管（o-CNT）复合喷涂在隔膜上，该功能层内丰富的含氧官能团对于多硫化物具有良好的化学锚定作用，从而极大地限制了多硫化物的穿梭扩散，降低了电池的容量衰减速率。匹配该多功能隔膜后，锂硫电池在循环 100 圈后仍展现出 750 $mAh·g^{-1}$ 的比容量[43]。

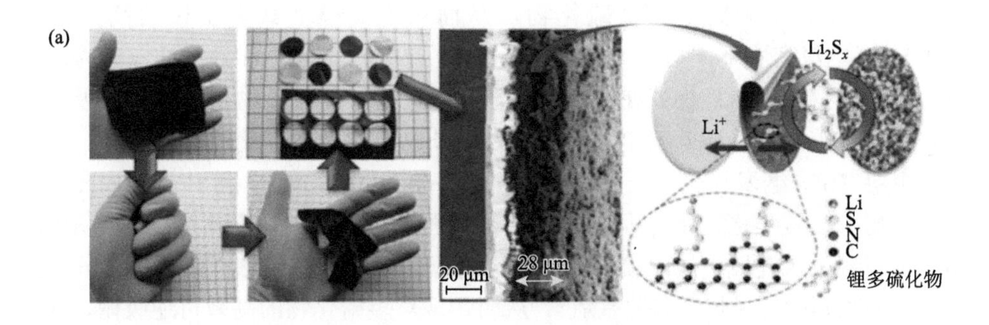

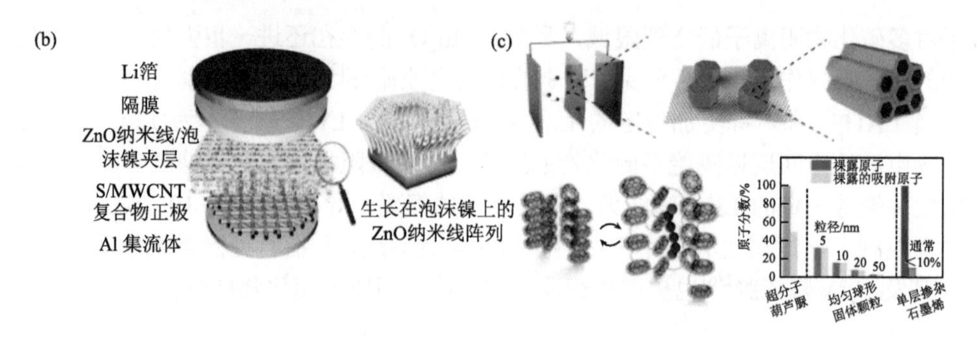

图 7.3 采用 N、S 双掺杂碳材料（a）[42]，“刷状”ZnO 纳米线/泡沫镍材料（b）[44]和葫芦脲修饰隔膜（c）[45]化学吸附多硫化物缓解穿梭效应示意图

其他无机氧化物和硫化物材料（如 Al_2O_3[46]、SiO_2[47]、TiO_2[48, 49]、MoS_2[50, 51]及 CoS_2[52]等），相比于掺杂碳材料（与多硫化物结合能小于 2 eV）具有更高的多硫化物结合能，因而被广泛引入多功能隔膜的设计中强化多硫化物的化学吸附作用。例如，Nazar 课题组和 Yuan 等分别研究了 TiO_2 材料的物理性质（如比表面积、孔体积）[48]及晶面[49]对于多硫化物的吸附能力的影响。Jeong 研究报道了一种剥离 1 T MoS_2 和 CNT 复合构成的隔膜功能层，该具有优化尺寸的金属态 MoS_2 材料可实现多硫化物的有效捕获及催化转化。与该多功能隔膜匹配的锂硫电池在 1 C 倍率下循环 500 圈后仍具有 670 $mAh·g^{-1}$ 的比容量[51]。Chen 和 Kumar 等在相互连通的导电骨架（如泡沫镍和多孔 CNF）上生长出 ZnO 纳米线，从而设计出一种刷状仿生夹层［图 7.3（b）］。ZnO 纳米线在轻质的泡沫镍上生长形成刷子的边界，增加了与电解液的接触面积，并且“微小的绒毛”般形态的单根纳米线可对电解液中溶解的多硫化物进行化学吸附。实验结果证明，使用该 ZnO/泡沫镍夹层后可以实现锂硫电池在高硫面载量（3.0 $mg·cm^{-2}$）条件下的稳定循环。电池在 0.2 C 和 1 C（1.0 $mA·cm^{-2}$ 和 5.0 $mA·cm^{-2}$）倍率下循环 50 圈和 200 圈后的比容量分别达到 1031 $mAh·g^{-1}$ 和 776 $mAh·g^{-1}$[44]。

斯坦福大学崔屹课题组在传统隔膜上真空抽滤二维黑磷材料，利用多硫化物与黑磷之间较强的化学相互作用实现有效吸附。另外，具有高导电性的黑磷材料还可进一步活化所锚定的多硫化物，从而实现高硫面载量正极的高效循环（0.4 $A·g^{-1}$ 电流密度下，初始比容量 930 $mAh·g^{-1}$）[53]。悉尼科技大学汪国秀团队将 MXene 材料 $Ti_3C_2T_x$ 抽滤在隔膜一侧，利用 Ti 原子与含硫物种之间的强吸附作用实现对多硫化物的高效锚定，从而明显提升电池的循环容量及稳定性[54]。相似地，少层 Ti_3C_2 纳米片[55]、层状 $Mg_{2/3}Al_{1/3}(OH)_2(NO_3)_{1/3}·nH_2O$ 材料[56]等也在捕获多硫化物和在其强化转化过程中扮演着重要角色。另外，本书作者团队将葫芦脲超分子胶囊引入锂硫电池隔膜修饰中。该超分子吸附剂在动态框架中可充分暴露其丰富的吸附位点（叔氮和羰基氧），从而实现对多硫化物的高效可逆吸附，抑制

“穿梭效应”［图 7.3（c）］。使用该超分子胶囊修饰的隔膜后，锂硫电池循环 300 圈后仍具有高达 92%的库仑效率，并且在 4.2 mg·cm^{-2} 的硫面载量下可将电池比容量从 300 mAh·g^{-1} 提升至 900 mAh·g^{-1}[45]。除此之外，其他复合修饰涂层如氧化物与碳材料的复合物（如 TiO_2/石墨烯[57]、RuO_2/介孔碳[58]、MnO/科琴黑[59]、单分散 $Li_4Ti_5O_{12}$ 纳米球/石墨烯[60]、介孔 MnO_2 片包覆的碳纳米纤维[61]等），聚合物与碳材料的复合物（如 PEG/微孔碳[62]、PANI/MWCNTs[22]、PVDF/炭黑[21]、PVDF/CNT[25]、明胶/乙炔黑[63]、PAN/氧化石墨烯[64]等）也在实现对多硫化物传输的物理阻挡的基础上强化对其化学吸附作用，显著提升锂硫电池的循环容量及长循环稳定性。

7.1.4 功率型电池的功能隔膜

功率型电池以实现高功率输入、输出为目标。在电池设计时，应尽量减小电池内阻，对界面性质（如导电性等）进行调控以实现电极界面上离子、电子的快速高效传输，保证电池在高电流密度下的循环稳定性。

在这一方面，通过引入功能材料以构建降低正极界面电阻、用于活性硫材料回收及改善负极界面的功能隔膜的相关研究工作被广泛报道。

1. 降低正极界面电阻的功能隔膜

由于在锂硫电池中，单质硫及其放电产物 Li_2S 电子导率低，以及随着循环而不断变化的电极表面结构，正极界面的阻抗在循环过程中会呈现不断上升趋势，这严重限制了电池的功率密度。而通过功能层的引入以降低正极界面电阻，对电极反应动力学的提升具有重要作用。

在这一方面，Manthiram 课题组报道了一系列碳材料隔膜涂层用以改善正极界面的工作[20, 23, 62, 65, 66]。例如，他们将 Super P 导电炭黑纳米球抽滤在 PP 隔膜朝向正极一侧，具有高电导率的碳材料除可物理阻挡多硫化物的扩散外，还可起到“上层集流体”的作用，从而显著降低正极电子传输阻力［图 7.4（a）］。在与纯硫正极匹配的锂硫电池测试中，该碳材料复合隔膜可将电池在 2 C 倍率下的初始比容量提升至 1045 mAh·g^{-1}，并且电池在循环 50 圈后具有高达 88%的容量保持率[20]。中南大学张治安团队在传统隔膜上涂覆导电炭黑功能层，其构建的导电网络可促进电子传输，显著降低正极电荷转移阻抗，从而提升电池在大倍率下的放电容量[67]。中国科学院金属研究所李峰课题组报道了一种石墨烯/硫正极/石墨烯一体化柔性正极。其中，石墨烯可作为集流体（GCC）提供连续的电子传输，从而避免铝集流体的使用，另外，硫化物和石墨烯之间的强吸附可降低界面接触阻抗和电池极化，从而明显提升电池的倍率性能［图 7.4（b）］[68]。中国科学院上海硅酸盐研究所温兆银课题组采用共混的方式将 LAGP（锂离子导体）和乙炔黑、碳纳米管刮涂至隔膜上。该离子、电子双导的功能层一方面可作为上层集流体改善正极硫的电子传导能力，另一方面其可以实现较快的锂离子传输从而加速多硫化物的转化过程［图 7.4（c）］。在不同放电深度下的阻抗测试表明，使用离子、电子导体共混修饰的隔膜后，锂硫电池的阻抗值呈不断下降趋势[69]。另外，Zhu 等将 CNT 负载在玻璃滤网上以构建锂硫电池中间夹层［图 7.4（d）］，其中，玻璃滤网的交联三维纤维网络可以实现较高的电解液持液量，而负载的 CNT 提供电子通道促进电荷转移，协同降低正极界面电阻。在 0.5 C 倍率下循环 100 圈后，该修饰后的电池仍具有 778 $mAh \cdot g^{-1}$ 的比容量。在 2 C 倍率下的初始比容量可从 350 $mAh \cdot g^{-1}$ 提升至 700 $mAh \cdot g^{-1}$[70]。

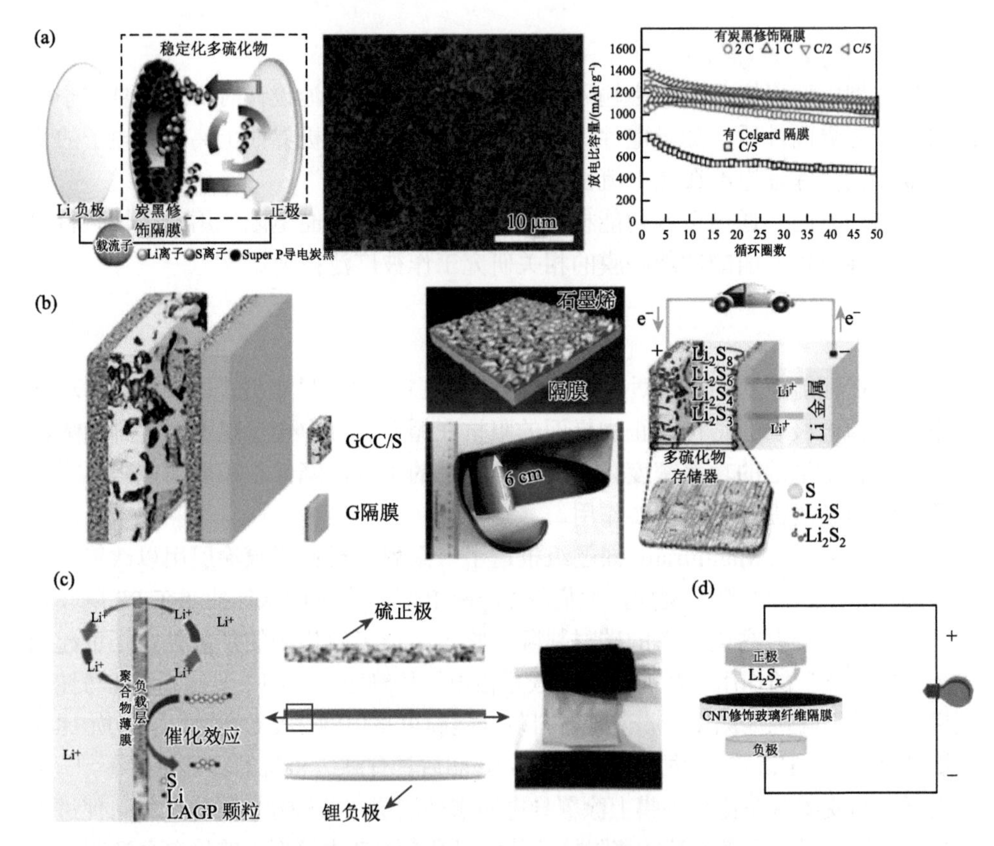

图 7.4　采用 Super P 导电炭黑材料修饰隔膜（a）[20]，一体化石墨烯/硫正极/石墨烯结构（b）[68]，LAGP/乙炔黑、碳纳米管混合离子电子材料修饰隔膜（c）[69]和 CNT 修饰的玻璃纤维隔膜（d）以改善正极界面反应示意图[70]

使用玻璃纤维隔膜[71, 72]、聚多巴胺修饰的隔膜[73]、氧气等离子体处理的隔膜[74]等均可有效改善电解液的浸润性，提升持液量，从而实现锂离子的快速传输和均匀分布，降低电极的界面阻抗，提升电池的循环寿命及倍率性能。

2. 用于活性硫材料回收的功能隔膜

正极硫单质在放电过程中形成可溶解的多硫化物，该多硫化物扩散至电解液及隔膜内，进一步还原形成的固态放电终产物 Li_2S 堆积在隔膜孔道中，易于脱离与正极集流体的接触而形成不再提供容量的“死硫”。“死硫”的形成一方面阻碍了正极侧离子、电子的传输，另一方面也将造成不可逆的电池容量损失。在隔膜上引入“死硫”活化回收的功能层将大大提升电池充放电容量，显著改善电池的循环稳定性。

Manthriam 课题组采用具有可控厚度的分级碳纸以实现多硫化物的拦截和活化［图 7.5（a)］。他们将 6 层相同的碳纸放置在隔膜和硫正极之间，通过对各夹层中的元素进行分析，发现各层的硫含量从最内层到最外层呈现减少趋势，表明多硫化物的浓度也在梯度下降。多硫化物在层间逐渐被拦截并被重新活化，从而保证了较高的电池容量及优异的循环稳定性[75]。美国斯坦福大学崔屹课题组使用原位拉曼光谱作为观测手段，发现多硫化物被常规多孔聚合物隔膜拦截下来以后会以失活相沉淀出来，从而导致电解液隔膜界面上的离子通道堵塞和正极/隔膜界面钝化。他们提出，采用导电涂层可以有效消除正极/隔膜界面的钝化并重新活化多硫化物转化而来的非活性沉积物[76]。Chung 等进一步指出，提高溶解的多硫化物的再利用率也抑制了锂金属和多硫化物之间的副反应，从而有助于稳定锂金属负极[23]。这些工作阐释了多硫化物活化层的工作机制，为新型功能隔膜/中间层的设计提出了独到的见解。

当与高硫面载量正极匹配时，提高活化层材料的孔体积及其对多硫化物的亲和性可进一步提升该活化层对多硫化物的吸附性能，降低穿梭效应带来的不利影响。一些介孔碳和大孔碳材料通常具有更大的内部孔体积，可以更有效地捕获多硫化物和固体沉淀物，适用于构建高负载锂硫电池的活化层。例如，Balach 等使用二氧化硅硬模板制作出一系列源自酚醛树脂的介孔碳，并将该介孔碳材料修饰在高硫负载量（活性物质硫的面载量至少为 $3\ mg\cdot cm^{-2}$）的锂硫电池隔膜上。介孔碳拥有可调控的孔隙体积，并且可通过 N 掺杂或 N、S 双掺杂实现改性。他们发现，使用具有最大孔体积（$3.23\ cm^3\cdot g^{-1}$）的未掺杂介孔碳时电池展现出最显著的电化学性能提升，从而证明了孔体积的重要作用。在具有相当孔体积的掺杂介孔碳修饰的隔膜中，N、S 共掺杂可以实现最优的电池性能。即使硫面载量高达 $5.4\ mg\cdot cm^{-2}$ 时，在 C/10 和 C/2 倍率（$0.9\ mA\cdot cm^{-2}$ 和 $4.5\ mA\cdot cm^{-2}$）下，电池仍分别具有 $5.9\ mAh\cdot cm^{-2}$ 和 $2.9\ mAh\cdot cm^{-2}$ 的高面积比容量[42]。本书作者团队通过将蜂窝状的石墨烯骨架（CGF）导电层附着在商用的 PP 膜上制作了一种非对称隔膜。CGF 具有极高的电导率（$100\ S\cdot cm^{-1}$）、比表面积（$2120\ m^2\cdot g^{-1}$）和介孔体积（$3.1\ cm^3\cdot g^{-1}$），可作为构建活化层的理想基元材料［图 7.5（b)］。在正极硫含量和硫的面载量分别高达 80%和 $5.3\ mg\cdot cm^{-2}$ 时，隔膜上仅涂覆 $0.3\ mg\cdot cm^{-2}$ 的 CGF 就可显著改善电池的容量和循环稳定性。锂硫电池在 0.9 mA·cm^{-2} 的电流密度下具有高达 5.5 mAh·cm^{-2} 的面积比容量，在 1.8 mA·cm^{-2} 下循环 100 圈后仍能保持 4.0 mAh·cm^{-2} 的比容量[77]。为了进一步降低这种非对称型隔膜的成本并实现其连续化生产，本书作者团队利用连续水相负载的方法发展出一种简易的、可规模化生产的、绿色的工艺过程来制作多孔石墨烯（PG）/PVP 负载的隔膜。使用“双亲”的 PVP 作为双功能黏结剂可同时实现隔膜的水相可加工性与对多硫化物的充分结合能力。在锂硫软包电池内评估这种 PG/PVP 修饰的隔膜的电化学性能时发现，在硫面载量为 7.8 mg·cm^{-2} 时，电池在 1.3 mA·cm^{-2} 的电流密度下具有高达 1135 mAh·g^{-1}（8.9 mAh·cm^{-2}）的初始放电比容量[78]。另外，作者课题组通过原位生长构建了一种 NiFe 层状双金属氢氧化物（LDH）与掺氮石墨烯（NG）复合的“双亲”协同界面，进一步强化了对多硫化物的吸附作用。其中，NG 的亲锂特性有助于对多硫化物中端基 Li^+的结合，并且其可作为固定的 Li^+传输媒介；而 NiFe LDH 的亲硫特性可促使 M—S 键（M 代表金属）的形成，还可对多硫化物的转化起到催化效果［图 7.5（c）］。LDH@NG 修饰的隔膜具有高导电性、大孔体积的特性，并且具备结合多硫化物/Li_2S 的能力。NiFe LDH 的催化性能还可以促进 Li_2S/Li_2S_2 的成核与生长过程，这对缓解多硫化物穿梭效应、加快电化学反应动力学具有重要的作用。用低载量 LDH@NG（硫面载量为 0.3 mg·cm^{-2}）修饰的锂硫电池隔膜与载量高达 4.3 mg·cm^{-2} 的硫正极配合时，在 1.0 mA·cm^{-2} 的电流密度下展现出 1043 mAh·g^{-1} 的初始比容量，该比容量在循环 100 圈后仍能保持在 800 mAh·g^{-1} 左右[79]。

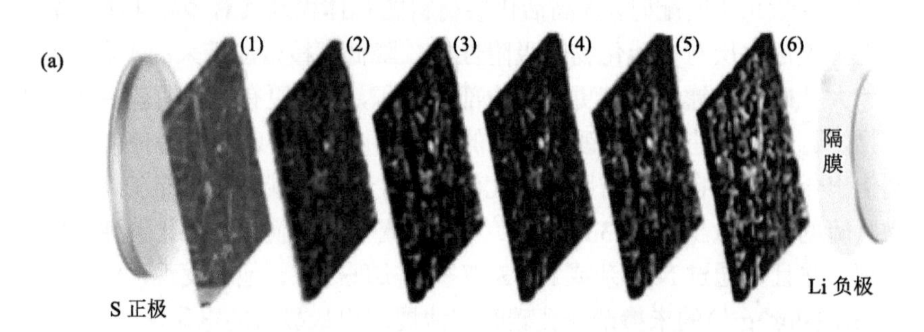

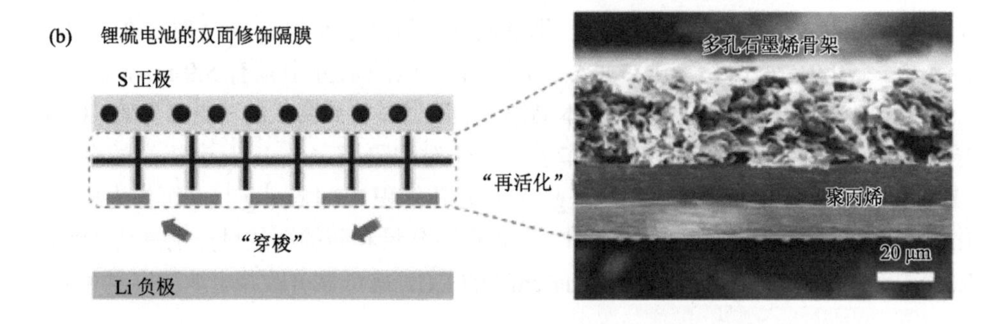

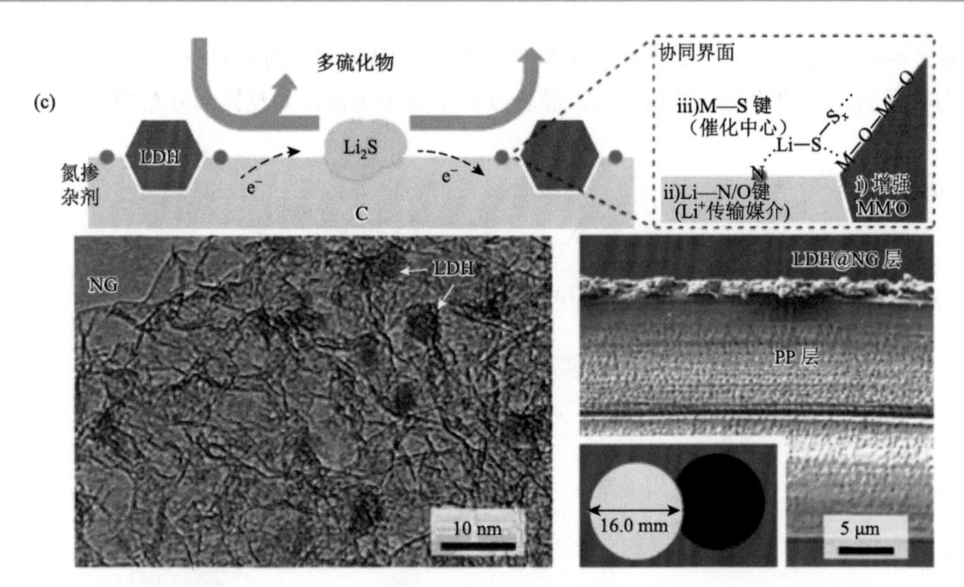

图 7.5 采用多层碳纸夹层（a）[75]，多孔石墨烯骨架材料（b）[77]以及氮掺杂介孔石墨烯与 NiFe 层状双金属氢氧化物杂化材料（c）[79]修饰隔膜，实现多硫化物双功能吸附及催化转化的示意图

3. 改善负极界面的功能隔膜

与正极侧的界面调控不同，对隔膜负极侧的修饰以调节负极侧界面性质为主，这一方面的研究工作仍处于初期探索阶段。总体而言，隔膜负极侧的改性主要围绕两方面进行，分别是：①改善隔膜“亲锂性”，使锂离子在负极界面的分布均匀化；②调控金属锂的沉积行为及生长方向。

在构建“亲锂性”隔膜这一领域，Choi 团队进行了一系列先驱性的工作。在早期的探索过程中，他受蚌类启发发现聚多巴胺（PD）修饰的隔膜具有优越的电解液和锂负极浸润性能，能够在负极侧很好地调控锂离子分布状态，从而有效地抑制枝晶生长，保证高倍率下的高电池容量[80]。将这种隔膜进一步与碳化 PAN/S 复合物正极及含 $CsNO_3$ 的电解液配对组成锂硫电池后发现，PD 修饰后的隔膜与 Cs^+添加剂配合可显著降低苔藓状锂的厚度并抑制锂枝晶的生长［图 7.6（a）］[81]。因此，在 4.2 mA·cm^{-2} 的电流密度下放电时，具有 17 mg·cm^{-2} 活性物质 PAN/S 负载量（～6.74 mg·cm^{-2} 硫负载量）的锂硫电池表现出高达 9 mAh·cm^{-2}（～1300 mAh·g^{-1}）的初始比容量，并且在循环 90 圈后容量保持率超过 70%。值得注意的是，其使用的充电电流（0.42 mA·cm^{-2}）远小于放电电流，进一步证明了锂金属负极稳定化的重要性，尤其是在锂的沉积过程中。另外，他们进一步采用无孔的尿素-氨基甲酸酯共聚物（氨纶）隔膜来替代 PD 修饰的隔膜。该电池在 1 mA·cm^{-2}（～C/4）的充放电电流和 3 mg·cm^{-2} 的硫面载量下展现出更好的循环稳定性，在循环 200 次后能保持 80%初始面积比容量（～4 mAh·cm^{-2}）[82]。此外，过氧化的聚吡咯隔膜[83]、PD/POSS 修饰的隔膜[84]均表现出良好的锂离子亲和能力，显著改善了离子传输行为及界面分布均匀性。

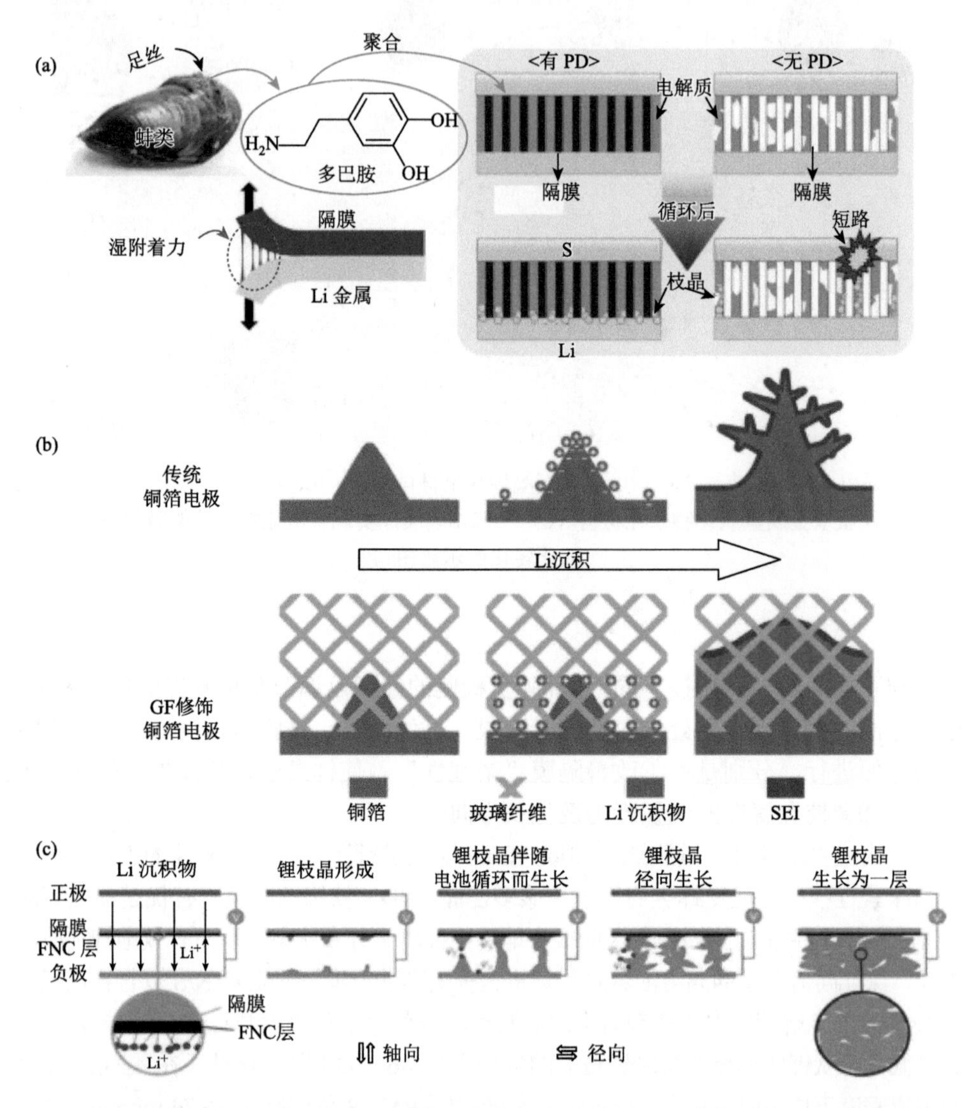

图 7.6 利用聚多巴胺修饰的隔膜（a）[81]、玻璃纤维中间夹层（b）[71]诱导均匀化锂离子分布，促进锂均匀沉积，以及采用功能化碳材料修饰隔膜（c）[85]改善锂沉积方向及行为示意图

除了聚合物，其他材料也被应用到这一领域。例如，本书作者团队提出将玻璃纤维（GF）材料作为中间夹层改善锂负极界面性质。GF 上大量的极性基团与锂离子之间具有较强的相互作用，可促进锂离子在负极表面均匀化分布及平整沉积，从而抑制了尖端效应所带来的锂离子富集及枝晶生长问题，大大提升了金属锂负极

的安全性及长循环稳定性［图 7.6（b）］[71]。此外，Li 等提出一种石墨烯/PP/Al_2O_3三层隔膜的构型，其中 Al_2O_3 具有较高的稳定性和机械强度，与负极金属锂相接触以提高电池的热稳定性并可以有效地抑制锂枝晶的生长[86]。Goodenough 等则采用多孔纤维素膜替代了传统的 PP 隔膜，进一步增大了锂金属/隔膜的界面稳定性，从而实现了长达 1000 次的循环寿命[87]。

为了进一步调控金属锂的生长行为，天津大学谢剑课题组将锂离子功能化的纳米碳（FNC）修饰在隔膜的负极一侧，从而控制锂枝晶的生长方向。在电池的循环过程中，金属锂沿负极和 FNC 功能层对立生长，当两侧的枝晶相接触时，锂的生长方向将在机械应力的作用下由轴向变为径向，从而杜绝了枝晶刺穿隔膜而引发的电池短路现象［图 7.6（c）］。与磷酸铁锂正极匹配的全电池测试中，电池可稳定循环 800 圈以上，容量保持率高达 80%[85]。相似地，美国西北太平洋国家实验室张继光课题组报道了一种超薄铜镀层改性隔膜的方法用于缓解死锂的堆积，并且促使沿隔膜侧和负极侧生长的枝晶合并，从而改善锂沉积平整性。同时，镀铜隔膜的热稳定性大大提升，使得电池具有更优异的高温安全性[88]。

除此之外，还可以通过 ZSM-5 分子筛[89]、金属有机框架（MOF）[90]等材料的引入，调节离子在电解液中的体相输运，实现更高的锂离子迁移数，提升锂沉积过程的平整性及稳定性。另外，为了进一步改善金属锂电池的安全性，GO[91]、SiO_2[92]等可以与锂发生化学反应的材料也被引入复合隔膜的制备，作为枝晶吸收中间夹层，通过反应吸收掉刺透一侧隔膜的锂枝晶，从而大大降低枝晶穿透隔膜引发短路的风险。

尽管目前对锂硫电池负极侧隔膜改性的研究和关注度不及正极侧，但对负极/隔膜界面的修饰凭借独特的调控锂离子的界面分布及输运的能力，成为优化锂的沉积行为及稳定性的一种重要途径。通过合理设计隔膜负极侧的机械性能、锂离子亲和力，可调节锂离子空间分布，抑制锂枝晶生长，从而保证锂金属负极在高电流密度下的长期稳定运行。这一领域目前正受到越来越多的关注，在不久的将来，必将会有更加丰硕的研究成果被报道。

复合隔膜的引入对于提升锂硫电池的容量、库仑效率及循环寿命均具有重要意义。在构建能量型电池方面，通过利用静电排斥、空间位阻及特性吸附等作用，可以实现对于多硫化物扩散的抑制，有效抑制穿梭效应所带来的容量衰减和锂腐蚀等问题，从而显著提升锂硫电池的活性物质利用率及循环寿命；在构建功能型电池方面，通过高效功能层的引入，可调控正负极界面特性，实现正极惰性“死硫”的活化利用，保证了锂硫电池在大倍率循环时的稳定性。

尽管锂硫电池隔膜的研究已取得了显著进展，但距离实用化进程仍有不小的距离。例如，①保证对多硫化物的阻挡作用的同时仍保留锂离子的高效传输通道；②新型材料开发以实现对多硫化物的高效吸附及电化学催化转化；③调控锂负极界面离子均匀分布及扩散以稳定金属锂负极等方面仍需要更多的投入与理解。

7.2 集流体

为了达到锂硫电池的高能量密度要求，硫的面载量应该至少达到4.0 mAh·cm^{-2}[93]，对应硫正极厚度明显增加，导致离子与电子在氧化还原过程中的运输动力学特性变得非常缓慢，并且对金属锂负极稳定性提出更高要求。面对这些挑战，需要重视在电极尺度上离子与电子的快速运输。集流体作为电池的必要组成部分，在决定实际能量储存器件的能量密度和循环寿命中起到非常重要的作用[94]。调控集流体的组成、孔隙、表面性质，对合理设计满足不同用途的锂硫电池具有重要意义。

7.2.1 集流体的作用

锂硫电池与传统基于嵌入反应机理的电池不同。硫正极的反应，包含锂离子和活性材料在整个电极中的输运。而金属锂负极的枝晶生长与界面的不稳定性容易导致锂硫电池失效，这种情况在高载硫和大电流充放电情况下更加突出。针对锂硫电池在正负极的不同特点，集流体的作用与设计思路也有所不同。

1. 集流体在高载硫下的作用

一般制备硫电极时，将含有硫和添加剂（导电剂、黏结剂等）的浆料涂在铝箔上。尽管经过调控的纳米结构硫宿主材料能够改善电池性能，但基于铝箔集流体的硫电极的硫面载量很难达到6.0 mg·cm^{-2}[95]。为了克服这些问题以及针对锂硫电池的特殊性，集流体在高载硫下应该具有以下作用：

（1）缓解活性硫的体积膨胀，保证正极结构的完整性。电池氧化还原过程中硫的体积变化和LiPS的迁移使得电极结构在平面铝箔上极不稳定。在持续的体积变化过程中，正极材料和集流体之间不能保证稳定的界面接触，从而引起其接触界面的恶化，导致电极材料和集流体脱落。具有优异的结构柔性和多层级孔隙结构的纳米集流体能够提供更多的自由空间容纳硫的体积变化，防止电极骨架随着循环而塌陷，保证电极物质与纳米集流体良好的接触。

（2）提供长距离电子通路和低离子扩散阻力路径，促进硫正极的氧化还原动力学。在制备平面电极中，像炭黑这种离散导电体与硫复合后很难保证电子和离子的运输通道，从而增加电池电阻。纳米集流体通常含有长距离的电子导通骨架，可快速地进行电子传递。另外，对于较厚的平面电极，很难建立有效、相互连通的通道，并且LiPS的迁移、重新分布以及沉积会更加恶化离子的迁移通道。而纳米集流体可以提供给活性物质足够的、连续的离子传输通道，能够使活性物质有效地接触电解液。这种电子和离子在纳米集流体中的运输特点能够加速锂硫电池的动力学特性，并且这种特点在高电流密度下特别明显。

（3）较多的表面修饰空间，调控 LiPS 的电化学行为。纳米集流体的组成单元通过自组装构成大量多层级孔隙结构，这些孔结构以空间位阻的方式减缓 LiPS 迁移。更重要的是在这种多层级骨架上，通过精细地调控 LiPS 的吸附位点，如异质掺杂[96]等，纳米集流体能通过强弱可控的化学键来锚定 LiPS。而以铝箔作为集流体的平面电极在高载硫时不能提供足够的活性位点抑制 LiPS 的穿梭，因此大量的 LiPS 不能够完全在导电骨架的位点进行再沉积，距离导电骨架较远的绝缘产物不断积累最终导致“死硫”的产生，极大恶化电池的电性能。

（4）抑制副反应，提高电极的化学稳定性。锂硫电池中经常使用的电解液含有腐蚀性的 $TFSI^-$，它会和铝箔发生反应[97, 98]：$Al + 3TFSI^- = Al(TFSI)_3 + 3e^-$，这种反应会在高载硫下更加明显，因为高载硫时需要更多的电解液来获得较高的比容量。铝在电解液中的化学不稳定性会引起电极结构的恶化，导致电极粉化。而且铝和硫的剧烈放热反应更会造成安全隐患。对电解液呈惰性的纳米集流体可以防止电极粉化，减少电极与电解液的副反应，提高电池循环寿命。

2. 集流体在金属锂负极的作用

对于锂硫电池来说，负极必须采用金属锂才能够真正发挥锂硫电池的优势，目前认为金属锂是制备高能锂硫电池的一个瓶颈[99, 100]。金属锂的主要问题是 SEI 不稳定和形成锂枝晶，这两个问题也是库仑效率低、安全性差的主要原因[101]。总的来说，锂枝晶的形成是由于电场的分布不均而导致锂离子的不均匀沉积。在金属锂表面原始的突起导致在其尖端的电场强度远大于周围区域，称作“尖端效应”。突起的尖端会更多地吸引体相电解液中的锂离子，造成锂沿着轴向累积而形成锂枝晶。这种锂枝晶会沿着隔膜的空洞穿过隔膜与正极接触，引起电池短路甚至着火。此外，锂在循环过程中的体积变化使 SEI 出现裂缝，让新鲜的锂表面暴露于电解液中，新暴露的锂表面和已经生成 SEI 的锂表面相比具有更小的锂离子运输阻力，因此 SEI 容易在新鲜锂表面继续生成，从而造成 SEI 不断生成，刻蚀锂箔，这也是库仑效率低的一个原因。

为了实现高能量、安全性高的电池体系，防止锂枝晶的生长和稳定 SEI 是必须考虑的问题。纳米集流体在这一方面得到了很大关注，因为纳米集流体具有多层级的结构和可控的界面性质，从而可调节锂的沉积。通过设计纳米集流体来控制锂沉积的原理可以归纳为以下几个方面。

（1）增大比表面积来减小局部电流。一般使用 Sand's time 模型来预测形成锂枝晶的起始条件[102, 103]。根据这个模型，减小局部电流能够增加 Sand's time，延长锂枝晶的生长。对于具有导电属性和较大比表面积的纳米集流体来说，其局部电流比金属锂表面的电流高出几个数量级，这种局部电流的极大减小可以有效地延长 Sand's time，抑制锂枝晶的生长。

（2）利用亲锂位点或者电场分布来诱导锂离子的沉积行为。正如前面所讨论的，锂枝晶生长的原因是表面突起引起电场的分布不均匀，如果在纳米集流体表面刻意地设计一些亲锂位点，锂离子倾向于与这些亲锂位点结合形成锂的形核位点，大量的形核位点有助于锂离子的均匀沉积，减少锂枝晶形成。另外，通过引入大量的表面突起来改变电场的分布，形成更多的锂形核的活性中心，也可以实现无锂枝晶的金属锂负极[104]。

（3）提供自由空间缓解锂的体积变化。在锂的不断沉积与脱出过程中，金属锂的体积变化巨大，这会不断导致 SEI 的形成与破裂，从而使库仑效率降低。这些自由空间可以作为“储锂容器”缓解金属锂的体积变化，保护 SEI。

纳米集流体具有良好的多层级结构、特殊的电子/离子传输通道、有效的 LiPS 调变能力和对锂离子沉积的引导作用，使得纳米集流体的设计成为解决锂硫电池正负极关键问题的有效方法之一，为探索高能锂硫电池提供了新途径和新视角。新型集流体的优点可以用图 7.7 来总结[105]。

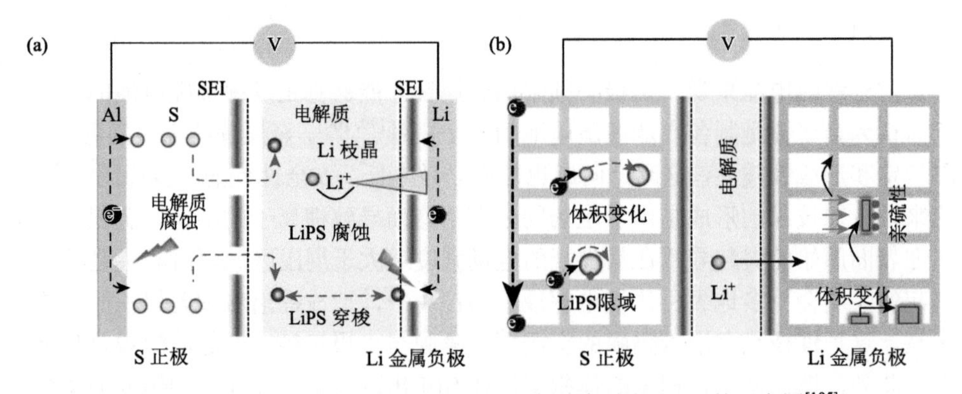

图 7.7 基于 2D 平板集流体（a）和 3D 纳米集流体（b）的示意图[105]

7.2.2 金属箔集流体

在实际锂硫电池评测中，一般使用铝箔作为正极集流体。为了增加电池的能量密度，锂离子电池商业用铝箔的厚度已经从 16 μm 降低到 8 μm，甚至更低。铝箔表面在空气中会生成一层致密的氧化膜，这层氧化膜一方面可以阻止铝的进一步反应，并在电解液中对铝也有一定的保护作用。另一方面，这层氧化膜会阻碍铝箔集流体与活性材料导电界面的接触，增大电极的反应电阻。为解决这一问题，在铝箔上涂上导电碳材料可以很好地增加集流体与硫正极的接触面积。Huang 等[106]在铝箔集流体上涂覆了石墨烯/碳纳米管杂化物（GNH）以改善电极材料与铝箔的接触性［图 7.8（a）］，这种涂层厚度仅为 4～5 μm，同时这种方法较为简单，可以进行放大，适合批量生产［图 7.8（b）］。他们发现，涂覆的功能层可明显提升电极的电导率，降低了与电解液的接触角［图 7.8（c）］，也增加了电极材料和集流体的黏附性［图 7.8（d）］。优异的导电性、电解液润湿性和硫正极的黏附性使得这种复合集流体能够提升活性物质的转化效率，有利于提升硫正极的倍率性能和循环性能。

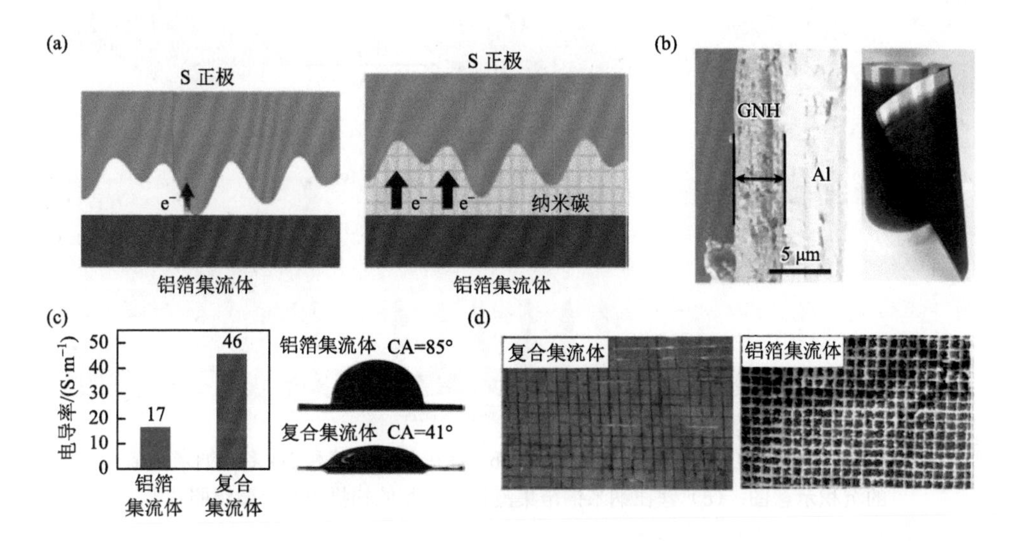

图 7.8　（a）石墨烯/碳纳米管复合层作为人工界面层改善硫正极与铝箔的接触性示意图；（b）铝箔/复合层的截面电子显微照片以及大规模制备的复合集流体光学照片；（c）复合集流体与铝箔集流体的导电性和接触角（CA）对比；（d）复合集流体及铝箔集流体与电极材料接触性的刮擦实验[106]

在负极一侧，金属箔集流体有更大的设计空间。金属锂一般贴在铜片或铜筛集流体上[107]，除此之外，利用纳米线或多孔结构基体制备的 3D 纳米集流体被认为是一种引导锂沉积的有效结构骨架之一。纳米结构金属框架可以引导锂离子均匀沉积在 3D 金属框架内而不是形成锂枝晶。金属可以被加工成 1D 纳米线，让其具有 CNT 或 CNF 的优势结构，也可以做成 2D 平板基体，通过特殊的表面基团或构型影响电场分布，从而调控锂离子的沉积。

亚微米级框架的 3D 多孔纳米铜箔集流体可以极大地改善锂的电化学沉积行为[104]，这种改善主要得益于通过集流体表面制备的孔分布调控电场分布［图 7.9（a）～（b）］。通过图 7.9（b）可以看出，与平板铜箔集流体相比，电场可以均匀地分布在亚微米级的铜突起集流体上，形成电荷在集流体上的均匀分布，因此锂离子可以在亚微米级铜突起上形核与生长，填满纳米铜箔集流体表面的孔，最终形成相对平整的锂表面［图 7.9（c）］。这种特殊铜骨架作为纳米集流体可以使金属锂负极循环 600 h 而不发生短路，锂的沉积/脱出效率达到 98.5%。类似的铜纳米结构可以通过溶解铜-锌合金中的锌组分得到[108]，这种连续的铜骨架可以作为快速的电子传递导体，铜骨架中的微空间和较大的比表面积能够有效地引导和容纳锂的沉积，减小表面电流密度，防止产生锂枝晶。这种 3D 多孔纳米铜箔集流体可以循环 250 圈，工作 1000 h，库仑效率高达 97%。

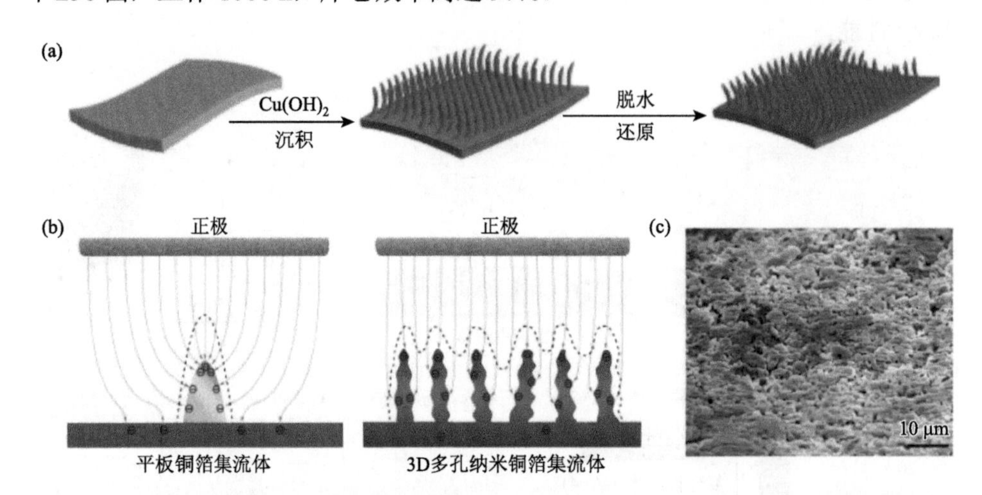

图 7.9 （a）制备多孔 3D 铜箔的流程示意图；（b）锂在平板铜箔和 3D 多孔纳米铜箔集流体上的沉积示意图；（c）锂在纳米铜箔集流体上沉积的扫描电子显微镜照片[104]

经过表面修饰的金属箔集流体具有满足商业化应用的潜力。首先，铝箔和铜箔在工业上容易制造，价格比较低。其次，金属箔集流体的柔性和易加工性可以使电池单元容易设计成需要的形式，如柔性电池等。目前关于铜集流体最主要的问题是如何设计更优化的界面防止锂枝晶的生长，制造合适的孔隙结构缓解体积膨胀，以及平衡好铜基体质量和锂的沉积量，提升实际电池的能量密度。

7.2.3 金属泡沫集流体

1. 硫正极

金属泡沫集流体和它的复合物被认为是制备高载硫的重要基体。多孔金属集流体具有高电导率、较好的柔性以及优异的加工性能等特点。铝基[109]和镍基[110, 111]集流体已经被成功地应用于锂硫电池，提高硫的负载。例如，当硫负载于泡沫镍时[112]，泡沫镍导电网络可以提高硫正极的电子导电性，泡沫镍的大孔可以容纳活性硫，将 LiPS 稳定在正极一侧，经过电性能测试发现，硫正极的比容量在 50 圈后保持在 810 mAh·g^{-1}，并在存放 2 个月后放电比容量仍然可以达到起始状态的 85%。

将硫直接黏附在金属基体上是一种高效率的制备硫电极的方法。Chen 等[113]提出使用电沉积的方法将硫纳米点沉积在柔性镍网上，硫的纳米点尺寸在 2 nm 左右，可以很容易地转化成约 3.7 nm 的 Li_2S，并且充放电产物之间的形貌变化不大。这种镍集流体负载硫电极能够很好地分散和保持硫纳米颗粒，因此具有优异的倍率性能和循环性能，在 10 C 下比容量达到 521 mAh·g^{-1}，在 0.5 C 循环 300 圈以后比容量达到 895 mAh·g^{-1}。

金属泡沫集流体对硫正极有以下几个优势：①利用孔隙可以增加硫的负载；②通过接触面的摩擦增加硫对纳米集流体的黏附性；③可以减少金属的使用量，增加锂硫电池的能量密度。此外，金属泡沫集流体可以很容易地通过极耳连接到外电路，有利于实际锂硫电池的加工。一些近期的研究还表明，金属具有对 LiPS 的催化性能，可减小穿梭效应[114]，因此这种方法也同时提供了一个设计高效锂硫电池正极的新视角。然而，正如前面所提到的，金属集流体在醚类电解液中容易被腐蚀，尤其在高硫载量的情况下更加严重。在这种情况下，寻找合适的途径防止金属纳米集流体被腐蚀对于扩展锂硫电池的实际应用前景显得非常重要。

2. 金属锂负极

金属泡沫集流体在锂负极应用的优势是容易与熔融金属锂复合，制备出可加工的含锂负极，其中，金属泡沫中的含锂量与基体的厚度、孔隙率有关。含锂负极对于一些高容量的转换式反应正极（硫正极和氧气正极）非常重要，缺少含锂负极则使新电池体系难以发挥能量密度的优势。通过金属泡沫制备含锂负极的一个重要挑战是如何解决金属锂与泡沫金属接触界面的相容性问题。例如，与铜相比，镍的表面张力较小，金属锂在熔融状态下（约 400℃）能够灌入泡沫镍的孔道。而铜与熔融锂的相容性比较差，很难将熔融锂直接灌入铜的孔道中，必须在泡沫铜表面包覆一层亲锂介质才能将金属锂灌入孔道[115]。目前已经有报道，当使用泡沫镍作为集流体时，其含锂负极的对称电池在碳酸酯类电解液中能够在 5 mA·cm^{-2} 的大电流密度下循环，当与钛酸锂匹配时，比使用金属锂片的倍率性能和循环性能都有所提升。电性能的提升得益于泡沫镍开放的三维通道，允许锂离子的快速输运，并且泡沫镍作为骨架可以更加有效地缓解金属锂的体积变化（变化量仅为 3.1%）[116]。

针对铜与锂的亲和性较差和金属锂较软的特点，将铜网与金属锂片直接冷压，制备出含锂的铜骨架负极，可以避免使用操作危险的熔融灌锂方法[117]。这种三维多孔铜网作为锂的“蓄池”，抑制锂枝晶的生长，而高比表面积有利于电荷的传输。这种含锂的铜网骨架负极在对称电池和全电池中都表现出良好的电化学性能。自支撑铜纳米线网状结构纳米集流体已经被证实具有抑制锂枝晶生长的功效，可提高锂的循环稳定性[118]。所制备集流体的开放孔结构能够保证金属锂可以覆盖在整个三维网络结构的表面，形成铜纳米线强化的锂复合物而非锂枝晶。这种在电极表面通过缓解电子的非均匀分布和控制锂的沉积脱出方法，提供了理性设计复合金属锂负极的一个新视角。用铜纳米线骨架修饰的金属锂负极充放电循环达到200圈，极化电压稳定在40 mV，库仑效率高达98.6%。

金属泡沫或者金属网状集流体通过与锂预复合，可以制备出含锂复合负极。这种集流体的多孔结构可以极大缓解金属锂脱嵌带来的体积膨胀，并提供低离子/电子传输阻力。然而金属泡沫或者金属网状集流体的质量分数较大，需要进一步优化孔隙结构来提升实际电池体系中的能量密度，并且高温下熔融灌锂的操作危险性比较大，因此多孔金属与金属锂的复合工艺仍需深入研究。

7.2.4 纳米碳集流体

1. 硫正极

在锂硫电池中，构建纳米碳集流体最常用的组成单元是CNT。CNT的特点包括优异的导电性、极大的长径比以及良好的机械性能，这使得CNT容易自组装、具有柔性、电子导率高，满足了硫正极的多重要求。基于CNT的纳米集流体通过不同的排列与组合已经广泛地应用于硫正极中，如垂直CNT阵列（VACNT）[119-121]、CNT/多孔碳复合物[121]、CNT/石墨烯复合物[122, 123]等，在硫正极“三高”（高比容量、高能量密度、高功率密度）要求下表现出良好的电化学性能。

Barchasz等[124]首次使用VACNT构建纳米集流体用于锂硫电池正极中。VACNT具有较高比面积、优异的电子导电性和机械强度、特殊的各向异性和可调变等特点，能够增加硫正极的比表面积，减轻在循环过程中形貌的变化。在0.01 C下，首次放电比容量可以达到1300 $mAh \cdot g^{-1}$，但VACNT硫正极的充放电曲线的极化电压很大，约为1.0 V，如此大的电池极化电压是由于电解液很难浸润到VACNT基体中和活性硫很好地接触。这个结果也说明了修饰CNT的表面以及CNT的分布对充分利用CNT优势的重要性。

根据这一点，本书作者团队通过理性设计CNT纳米集流体，在高载硫条件下探索了提升锂硫电池循环性能的根本原因[125]。本工作强调了CNT集流体在电解液中的化学稳定性，以及纳米集流体的大孔对于提高锂硫电池循环性能的重要性。2D铝箔集流体缺少大孔，并在醚类电解液中不稳定导致在正负极之间生成了钝化膜，阻碍了电子/离子的传递，经过一段时间循环之后发现铝箔粉化严重［图7.10（a）］。利用2D石墨烯薄膜（GF）能够保证集流体不被腐蚀，这是由石墨烯本身的电化学稳定性所决定的，但GF的孔隙性不佳，导致钝化层的逐渐生成［图7.10（b）］。引人注意的是，当采用具有大量孔隙的3D CNT薄膜时，电极不仅具有良好的化学稳定性，钝化层也被极大地抑制。通过使用CNT纳米集流体，化学稳定性和钝化层问题可以同时解决，且不需要其他的电池构架设计，如正负极夹层［图 7.10（c）］。因此，这种纳米结构电极在 3.7 mA·cm^{-2} 的高载硫量下可以循环 950 次，电池的每圈容量损失率仅为 0.029%。

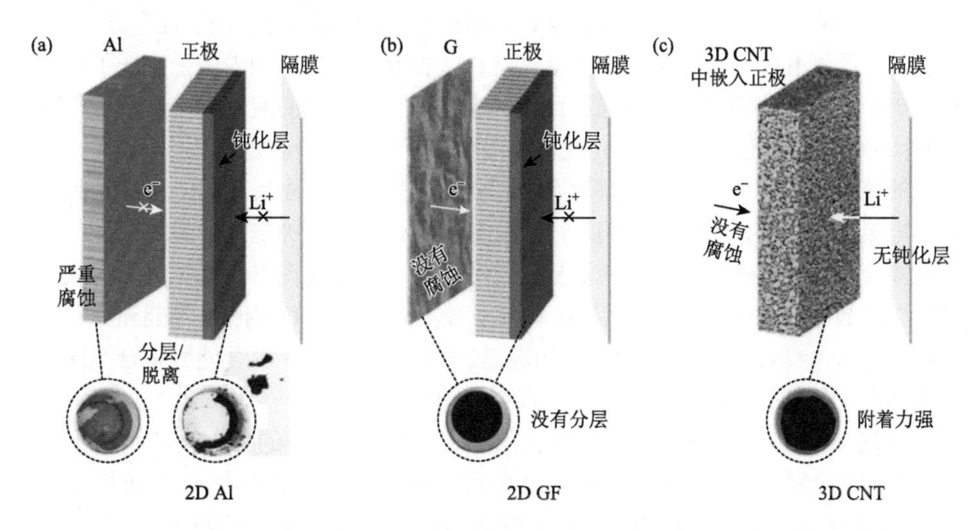

图 7.10　（a）2D 平板铝箔缺少大孔，并受电解液的腐蚀导致形成钝化层、电极粉化以及电极材料从集流体上脱落；（b）2D 石墨烯薄膜对电解液具有很好的稳定性，但仍然形成钝化层；（c）具有大孔结构的 3D CNT 薄膜能够防止电解液的腐蚀和生成钝化膜[125]

将硫单质嵌入 CNT 纳米集流体中可以制备机械强度良好的高载硫电极，但是如何平衡高面载硫和高硫利用率仍然是一大挑战。为此，将尺寸较短的 CNT（SCNT）和超长 CNT（LCNT）结合而形成的纳米集流体可以很好地解决高面载硫与高硫利用率的矛盾点[126]。在这种纳米集流体设计中，SCNT 作为导电骨架的短程导电介质，LCNT 作为长程导电介质和良好机械骨架，这种分布结构可以将活性硫进行很好的分布，提供了良好的硫/导电界面接触性、快速的电子导电通道、通畅的离子扩散通道、足够的空间容纳活性硫以及优异的电极机械稳定性。

多孔石墨烯能够容纳更多的活性硫，增加硫和导电基体的接触面积。将多孔石墨烯和 CNT 组合构筑的纳米集流体可以用来设计 3D 硫电极，发挥多孔石墨烯和 CNT 的多重优点，提高硫负载量和硫的利用率。研究发现，多孔石墨烯纳米球分布于 CNT 柔性基体中可以作为有效的 LiPS 纳米“容器”[127]，对硫的容纳能力较大，基体表面可以灵活修饰，而 CNT 形成的导电骨架可以促进电子的长距离运输，有利于电解液的浸润，保持良好的电极稳定性，因此可以制备成柔性正极片。经过电性能测试发现，循环 500 次后的每圈容量衰减率仅为 0.022%，库仑效率仍有 99%。

具有高电子导率和良好 LiPS 化学吸附性的 CNT 骨架提供了另一种实现高硫负载和限制 LiPS 迁移的途径。CNT 的异质掺杂和金属氧化物的复合已经证明是增加 LiPS 锚定位点的有效方法[96, 128]。例如，CNT 与 TiO_2 结合的硫正极骨架表现出良好的电化学性能，因为 TiO_2 可以捕获 LiPS，这种 LiPS 与 TiO_2 的吸附作用已经被实验和理论所证实[128, 129]。

使用 CNT 纳米集流体提高硫正极的电化学性能主要归功于以下几个方面：①自组装的多层级孔隙可以容纳更多的活性硫；②在整个电极范围内由于降低了接触电阻使电子有快速传递的长程通道，而接触电阻增大在一般的炭黑导电剂中是不可避免的；③由 CNT 组成的大孔和介孔可以构成离子传递的快速通道；④使锂离子和活性硫的接触面积增大；⑤对电解液有良好的稳定性，防止副反应的产生；⑥具有良好的电极机械韧性，防止电极坍塌；⑦质量较轻，可以增加电池的能量密度。CNT 纳米集流体是无黏结剂高面载硫正极的典型代表，它能表现出比 2D 铝箔集流体硫电极更好的电化学性能。但是活性硫材料一般不能进入 CNT 内部，不能充分发挥其作用，因此将 CNT 和其他碳材料（如炭黑、多孔石墨烯等）复合能够整合不同纳米集流体组元的各个优势，使硫正极发挥更好的性能。

CNT 具有良好的导电能力，但仅仅使用 CNT 作为硫的宿主材料不能有效抑制 LiPS 的迁移，因为减缓 LiPS 移动和宿主材料的表面化学性质密切相关，而 CNT 是非极性物质，和极性的 LiPS 界面作用力较弱，因此 CNT 的表面修饰对于抑制 LiPS 的穿梭效应至关重要。到目前为止，CNT 的表面修饰包括异质掺杂[96, 130, 131]、添加 TiO_2[129]、添加碳化物[132]、吡咯官能团嫁接[133]等，均取得了良好的效果。最具代表性的工作就是在 CNT 表面植入氮原子，通过偶极-偶极相互作用增加 LiPS 的化学吸附性[96]，减少 LiPS 的迁移。除了改善 CNT 表面性质外，电解液的成分和用量也需要进一步优化，如果锂硫电池的能量密度设定到 350 $Wh \cdot kg^{-1}$，那么电解液和硫的比例应该小于 3.5 mg_E/mg_S[134]。

2. *石墨烯*

石墨烯具有超高的比表面积、良好的导电能力、优异的化学稳定性和机械强度，以及异质表面结构的可调性，这使得原子尺度厚度的 2D 石墨烯被广泛地认为是制备硫正极的有效添加剂。为了构造纳米集流体，石墨烯一般被制备成具有良好机械性能的宏观结构形式来分散硫，有助于电解液的渗透和提高电极的导电性。目前已经制备了大量的石墨烯组装形式，包括海绵式[135]、气凝胶式[136]、多孔泡沫式[137, 138]、薄膜式[139]等。Cheng 等[140]设计了一种两层石墨烯之间夹单质硫的三明治结构，其中一片石墨烯薄膜作为集流体，保证硫正极转化过程的电子通路，另一片石墨烯薄膜则附着在商业隔膜上，作为 LiPS 的拦截层。这种特殊的三明治结构可以极大缓解在循环过程中硫的体积变化，提供纳米硫反应的有效“容器”，减缓 LiPS 的穿梭效应。这种多功能的三明治电极结构使硫正极具有优异的循环性能，300 次循环后比容量仍然有 680 $mAh \cdot g^{-1}$，库仑效率＞97%，容量衰减率仅 0.1%。

为了更好地抑制 LiPS 迁移到锂负极，基体表面可以通过异质掺杂进行精细修饰，使其具备对 LiPS 极强的吸附性能，而这种能力一般通过杂原子或化合物的“亲锂性”和“亲硫性”实现。例如，使用对 LiPS 具有亲和性的 3D 石墨烯结构可以获得更加优异的电性能。另外，通过水热法制备的具有异质原子的 3D 石墨烯气凝胶可以负载 Li_2S，表现出优异的电性能[136]。这种硫电极的初始放电比容量为 657 $mAh \cdot g^{-1}$，经过 300 次循环后依然保持在 403 $mAh \cdot g^{-1}$，每圈容量衰减率约为 0.129%。此循环性能的提升主要得益于 3D 石墨烯的以下几个特点：①掺杂石墨烯与 L_2S/L_2S_x 之间的强相互作用，减少 LiPS 的迁移；②特殊的孔隙结构，促进电子/离子的传输；③Li_2S 在石墨烯上的良好附着有利于缓解体系变化所带来的电极应力，同时减小 Li_2S 的起始电压阻力。不同石墨烯衍化物之间复合所制备的纳米集流体，其各个组分对活性硫在充放电过程中起着不同的作用。Ren 等合成了 3D 多层级复合网状石墨烯结构集流体[141]，这种结构包含化学气相沉积法制得的高导电石墨烯泡沫以及还原氧化石墨烯气凝胶。这种纳米集流体继承了石墨烯、还原氧化石墨烯多孔材料以及 3D 网状结构的优点，使硫的面载量达到 9.8 $mg \cdot cm^{-2}$，硫含量达到 83%，在 0.2 C 倍率下其面积比容量达到 10.3 $mg \cdot cm^{-2}$。3D 石墨烯和其他极性基体（包括金属有机框架结构[142]、碳化物[143, 144]、硫化物[145]和氮化物[146]等）复合，以及多孔夹层[147, 148]，也可以提供更多的 LiPS 锚定位点，提高硫的利用率。

3D 石墨烯骨架是锂硫电池非常有前景的纳米集流体之一，但是精确调控石墨烯片表面的官能团仍然非常具有挑战性，并且低成本大规模制备 3D 石墨烯仍然是应用 3D 石墨烯集流体的一个瓶颈。

CNF 是另一类 1D 纳米材料，和 CNT 相比，CNF 比较便宜，来源广泛，并且具有良好的机械性能和导电、导热性能。通过对 CNF 的界面修饰和设计孔隙结构可以使其具有高比表面积、异质掺杂性和形成特殊的核壳结构，因此在设计 3D 硫电极方面有很大的潜力。

Chung 和 Manthiram[149]提出使用 CNF 相互交织的多孔纳米碳作为硫正极的多孔集流体，在硫的氧化还原过程中固定 LiPS。将硫与 CNF 骨架直接复合是制备 3D 硫正极最直接的方法，CNF 良好的导电性能和相互连通的孔结构可以同时提高硫的负载量和利用率。Miao 等[150]制备了一种碳纤维布-硫复合电极（CFC-S），硫的面载量可以达到 6.7 $mg \cdot cm^{-2}$，面积比容量可以达到 7 $mAh \cdot cm^{-2}$，这种由空心纤维组成的 CNF 可以将硫嵌入空心管道中，提高硫的载量。

为了增加 CNT 和硫复合电极的导电性，阻止 LiPS 的迁移，多孔碳作为填料可以促进界面电子迁移，通过空间位阻防止 LiPS 穿梭。Chung 和 Manthiram 通过混合多孔碳和 CNF 制备出多孔碳集流体来获得低成本、高性能的锂硫电池[151]。活性硫被多孔碳包覆，与 CNF 接触性良好，一同构成 3D 硫正极，取得了良好的电化学性能，在硫含量为 70%时，放电比容量可以达到 900 $mAh \cdot g^{-1}$，库仑效率可以达到

94%。Li 等[152]在此工作基础上，将一层多孔碳膜覆盖在 CNF 与多孔碳复合物的上面以降低 LiPS 的迁移，提高硫的导电性，在 1.5 C 下循环 1000 次，比容量可以达到 302 $mAh \cdot g^{-1}$，硫面载量可以达到 6.7 $mg \cdot cm^{-2}$。

CNF 和碳原子采取 sp^2 杂化的石墨烯进行组合可以进一步提高基于 CNF 纳米集流体的高硫负载电极的性能，因为在石墨烯的表面更容易调控界面性质，产生对 LiPS 的吸附性能。Lou 等[150]提出使用馅饼结构的电极，这种电极包含莲藕根式的 CNF 填料、氨基化的石墨烯壳，这种交联式的结构更有利于电子/离子的传导，提供更多的 LiPS 锚定位点，在以高载硫电极进行电池测试时，仍然具有良好的循环性能和倍率性能。

直接修饰 CNF，提高硫的利用率和硫载量，增加孔隙结构，可以更好地发挥 CNF 在纳米集流体中对硫的作用[153]。最近，在 CNF 表面通过化学反应植入羟基官能团，结合 CNF 的介孔和微孔结构，可以有效地解决锂硫电池中容量衰减快、硫含量低等问题[154]。在这种设计中，介孔可以增加硫的面载量和利用率，微孔可以作为硫的反应器，结合羟基官能团，尽可能地捕获 LiPS。这种结构可以极大提高锂硫电池的倍率性能（5 C 下比容量达到 847 $mAh \cdot g^{-1}$）和循环性能（在 0.2 C 下循环 300 次比容量能达到 920 $mAh \cdot g^{-1}$，每圈容量衰减率仅 0.07%）。此外，Cao 等通过碳化/热解方法制备出了柔性 CNF 纳米集流体电极[155]，在 0.5 C 下放电比容量可以达到 1124 $mAh \cdot g^{-1}$。另一种氮掺杂的 CNF/多孔碳纳米集流体可以通过化学键作用锁定 LiPS，抑制 LiPS 的穿梭效应[156]。还有报道通过活化的 3D CNF 集流体可以提供更多的内部空间来填充硫[157]。

CNF 可以大规模批量生产，因此 CNF 作为纳米集流体可以低成本地提高锂硫电池的能量密度。和 CNT 一样，基于 CNF 的纳米集流体依然存在通道内部空间利用率低的问题。因此通过后续处理增加硫的空间非常重要。为了更好地拓展 CNF 应用于高性能锂硫电池的性能，如何在 CNF 上焊接极耳是一个非常值得研究的课题。

3. 金属锂负极

石墨已经非常成功地用作插入式化学反应机理的锂离子电池负极材料，但很少有报道将其作为宿主材料来控制锂离子的沉积。Cui 等[158]首次采用商业化石墨调控锂离子的沉积，将其优异的调控功能归功于石墨片的边缘活性效应，这一部分电化学活性要远比石墨片平面内的高。所制得的 3D 块状人工石墨二次颗粒包含了很多 2D 石墨片，在 3D 人工石墨内包含大量的石墨片边缘和自由空间，因此金属锂更加倾向沉积于 3D 块状人工石墨内，而不是沉积在 2D 石墨片的表面。石墨/金属锂复合负极在碳酸酯类电解液中，在 74.4 $mA \cdot g^{-1}$ 的电流密度下可以循环 50 次，库仑效率可以达到 99%。这种方法揭示了一种利用廉价石墨来控制锂离子沉积的方法。而如何将嵌锂的块状人工石墨转移到锂硫电池中，依然需要继续研究。

CNF 具有优异的导电性、较高的比表面积和良好的柔性，是一种调节锂离子沉积的理想材料。上述特点可以使局部电流密度降低，缓解金属锂在循环过程中巨大的体积变化。Zhou 等[159]利用 CNF 石墨化的活性位点促进锂离子的嵌入，形成锂离子在 3D 结构上的均匀沉积。电化学测试表明，通过 CNF 修饰的铜箔在电流密度为 1.0 $mA·cm^{-2}$ 的条件下可以循环 300 次，库仑效率可以达到 99.9%。

用具有亲锂性的材料（如 SiO_2）修饰 CNF 能够更好地控制锂离子的沉积与脱出。Ji 等[160]考虑到各向异性空间异质效应对于阻碍锂离子的非均匀沉积的影响，通过 SiO_2 使锂离子沉积于 CNF 内部的孔隙部位。所沉积的 SiO_2 层可以转化成 SiC 层，这种 SiC 层可以保护 CNF 免受氟化氢的侵蚀。由 SiO_2 和 SiC 修饰的 CNF 具有各向异性空间异质性，可以在深度锂沉积下（14.4 $C·cm^{-2}$）达到 94%的库仑效率。

基于 1D CNF 的纳米集流体通过减小局部电流和亲锂性修饰可以有效地抑制锂枝晶的生长，相互连通的孔道以及网状结构的韧性可以缓解体积变化所带来的机械应力。尽管已经在这一方面取得了一定的成果，但是孔隙结构、材料的比表面积和表面对锂的亲和性等基础研究依然欠缺。

由 2D 石墨烯片组装成的 3D 石墨烯结构具有高比表面积、优异的电子导电性和机械稳定性，这些优点可以降低金属锂表面的局部电流，使其可以承受锂离子沉积和脱出的体积变化。石墨烯和其他锂盐可以很好地稳定金属锂负极，例如，导电石墨烯骨架结合 LiPS/$LiNO_3$ 形成的稳定 SEI[161]，可以极大地促进金属锂负极应用于高能量储存体系的锂硫电池。

Zhang 等[162]报道了非堆积石墨烯在双（三氟甲基磺酰）亚胺锂（LiTFSI）和双（氟磺酰）亚胺锂（LiFSI）双盐醚类电解液体系中形成了高稳定金属锂负极。具有“鼓包”的 3D 非堆积石墨烯具有大的比表面积（1666 $m^2·g^{-1}$）、孔体积（1.65 $cm^3·g^{-1}$）、电子导率（435 $S·cm^{-1}$），有效减小了局部电流密度，并且 LiTFSI-LiFSI 双盐可稳定金属锂表面的 SEI。电性能测试发现，这种体系表现出非常优异的电化学性能，在 2.0 $mA·cm^{-2}$ 的电流密度、5.0 $mAh·cm^{-2}$ 的沉积锂比容量下可以循环 800 次，库仑效率可以达到 93%。

为了考察石墨烯骨架和 LiPS 诱导的 SEI 在金属锂表面的协同作用，Zhang 等[163]提出“双相”金属锂概念，研究导电骨架和 SEI 对于诱导金属锂沉积的影响。在石墨烯相中，高比表面积和特殊互连骨架的自支撑石墨烯泡沫使得局部电流密度降低，支撑并激活死锂，缓解金属锂的体积变化。在 SEI 相中，LiPS/$LiNO_3$ 参与形成的保护膜可以作为 SEI 的稳定剂[164, 165]，保护金属锂负极不至于被持续消耗。这种双相概念的金属锂在 1.0 C 下循环 100 次，库仑效率可以达到 97%，在 2.0 C 下可以达到 95%，并且没有锂枝晶的形成。并且他们还发现，由 LiPS/$LiNO_3$ 诱导产生的 SEI 金属锂可以移植到醚类或酯类电解液体系中，与硫正极或氧化物正极配对时，可形成高能量密度的电池体系[166, 167]。

在石墨烯中引入缺陷可以改变锂沉积的形核位点并影响后续的锂沉积行为。Koratkar 等[168]提出使用具有缺陷的自支撑的多孔石墨烯纳米片网状结构（PGN）调节锂沉积，这些缺陷作为“种子”诱导锂的沉积。缺陷石墨烯不仅作为笼状结构包裹金属锂，防止形成锂枝晶，并且提供导电骨架促进电子的快速转移。将金属锂用缺陷石墨烯包裹的锂电极可以长循环充放电 1000 次，循环效率高达 99%。

目前研究表明，2D 石墨烯的高比表面积和电子导率可以使局部电流密度降低几个数量级[162]，根据 Sand's time 模型，锂枝晶可以被极大地抑制，并且卷曲的石墨烯表面有助于金属锂沉积在其空腔内，进一步减少锂枝晶的形成。然而，导电基体的共同缺点是石墨烯不能够使锂离子沉积到导电基体以下，这是由于电子可以通过导电基体在其上方与锂离子相遇，使锂离子沉积在导电基体上方。随着循环的进行，SEI 会持续生成，造成库仑效率的降低。将其他功能材料按照一定的顺序制备成多层纳米集流体可能是一种解决途径，但到目前为止，并没有对其报道。

7.2.5 复合集流体

金属铝箔具有易加工的特点。在硫正极方面，将金属铝箔与导电纳米碳材料复合，既可以提高硫的容纳能力，也能够保证良好的加工性能，对于提高锂硫电池的能量密度具有现实意义。Huang 等[109]提出使用 3D 泡沫铝/CNT 骨架作为长/短电子通道提高硫负载量，这种结构有效地利用了不同基体之间电子点、线、面的良好接触，建立电子的快速传输通道，而泡沫铝和 CNT 组成的孔隙可以容纳更多的硫（图 7.11）。因此这种特殊的电极结构可以降低电阻、提高硫的氧化还原速率、增加硫的面载量，使得硫的面载量最高达到 12.5 mg·cm^{-2}，在 7.0 mg·cm^{-2} 的面载量下，其面积比容量为 6.02 mAh·cm^{-2}（860 mAh·g^{-1}）。

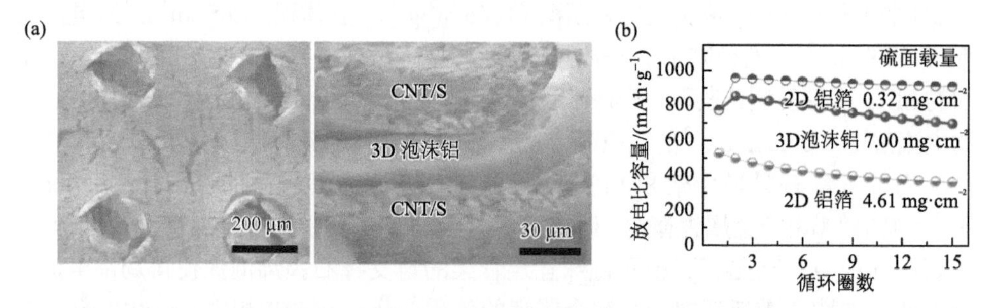

图 7.11 （a）基于泡沫铝纳米集流体 CNT/硫电极的扫描电子显微镜照片；（b）泡沫铝/CNT/硫电极的电性能，其中硫的面载量为 7.0 mg·cm^{-2}[109]

复合集流体中的合金负极为设计高效金属锂负极提供了另一途径。在锂金属合金中，锂原子作为“寄主”占据“宿主”骨架的特定位点。当锂离子能够可逆地从这些骨架嵌入或脱出时，锂离子优先占据起始时锂离子存在的位点，因此这些位点可以抑制锂枝晶的生成。锂硼合金作为金属锂合金负极已经得到了验证，并应用于锂硫电池体系中[169, 170]。Zhang 等[77]设计了一种纤维状的 Li_7B_6 基体，其作为锂的 3D 纳米集流体负极被用于锂硫电池中。这种特殊的 3D 结构不仅能够通过增大比表面积降低面电流密度，并且能够提供足够的自由空间容纳电解液和沉积的锂。这些优点使金属锂负极在循环后依然保持平整的表面，而锂箔负极具有明显的枝晶。当锂硼合金应用于锂硫电池负极时表现出更好的循环稳定性，循环 2000 次后库仑效率可以保持到 91%以上。目前，锂金属合金作为骨架应用于锂硫电池的报道仍不多，理性设计金属锂合金的纳米结构和优化其化学比例是获得稳定金属锂负极的必要途径。

7.2.6 小结

集流体在某种程度上被忽略，但事实上其在高比能、高稳定的电池体系中是非常重要的部分。更加优异的纳米集流体有望建立一种可行的桥梁，将基于多电子体系的下一代电池从概念验证带入实际应用中。随着纳米材料和纳米科学的出现，锂硫电池在高效能源储存方面获得了广泛关注。纳米集流体已经被应用于高效硫正极和安全锂负极当中，以期能够提供设计多功能集流体的基本方法，并为解决锂硫电池中的关键科学问题寻找解决办法。

在锂硫电池正极方面，研究主流已经从单单增加硫的利用率过渡到综合优化“三高”硫正极，这是达到并最终超越目前锂离子电池性能的重要一步。纳米集流体在“三高”硫正极上更具有灵活性，这是由于纳米集流体具有以下特点：①具有在整个电极尺度上电子/离子的快速长程/短程导电通道；②电解液容易渗透，有利于接触活性物质；③纳米集流体表面具有对 LiPS 可控的亲和位点，控制 LiPS 的迁移和沉积；④具有多层级的孔隙结构和优良的机械韧性，可以承受硫体积的变化。CNT、CNF、石墨烯以及金属框架已经成功运用于解决硫正极的“三高”难题。

除了“三高”硫正极外，高比能锂硫电池同样需要积极探索金属锂的一些基础性问题，抑制锂枝晶的生长和稳定金属锂表面的 SEI，目前认为金属锂问题在锂硫电池中更加棘手。由各种维度的功能材料（石墨烯、CNT、CNF、金属、合金等）组成的纳米集流体在抑制锂枝晶和稳定 SEI 上具有很好的前景。通过对纳米集流体上锂的沉积与脱出调变机理的归纳可以得到以下一般性的设计原则：①利用高比表面积减小局部电流，局部电流是决定 Sand's time 的重要参数；②电子的快速传输降低电化学反应的阻力；③异质掺杂或边缘效应活性位点调节锂离子沉积的优势区域；④良好的机械韧性利于保持 3D 复合锂金属负极的结构。如果关于这些金属锂的问题能够得到合理的解决，这将会成为高性能锂硫电池商业化的加速剂。

将锂硫电池从基础研究转向商业化应用，需要对锂硫电池的基本电化学反应过程有更加清晰的认识，对结构体系有更完美的设计，对重要组元（电极、电解质、隔膜）进行更有效的构建，以及实现这些要求之间良好的平衡。纳米集流体作为锂硫电池正负极仍然处于发展阶段，其中的一些重要挑战需要合理解决。

在正极方面，高面载硫的长循环锂硫电池对实际电池体系非常重要，为了达到这个目的，需要考虑好以下几个方面：①确认在纳米集流体中最优的孔隙分布，提高硫的面载量和利用率，并合理利用导电纳米集流体，保证电子/离子通道的畅通；②纳米集流体的持液量一般比平面集流体多，因此为了提高锂硫电池的能量密度，电极和电解液的使用比例需要进一步优化；③高载硫下，调控大量 LiPS 的电化学行为不可或缺，同时避免此时“死硫”的产生。

在负极方面，由纳米集流体所引起的一些问题也应该得到高度重视：①纳米集流体的高比表面积是低局部电流密度的重要原因，但这样会造成金属锂与电解液的接触面积较大，增加 SEI 的形成量，造成金属锂和电解液损失。因此形成稳定、薄厚适中的 SEI 仍然需要大量研究。②整个电池的能量密度依赖纳米集流体的总孔体积和电极活性物质的比例。由于锂离子沉积和脱出的复杂性，纳米集流体的孔隙体积一般大于它减缓金属锂体积变化所需要的值。为了满足商业化的应用要求，3D 金属锂负极的孔隙率需要进一步优化，真实密度需要提高。

将纳米集流体成功应用于锂硫电池，使硫正极满足“三高”和调控锂的沉积脱出行为是提高其电化学性能的有效途径。采用纳米集流体，将锂硫电池推向实际电池体系仍然要走很长的路。从实用化角度看，通过优化纳米集流体的多层级结构、电极/电解液比例以及界面性质，从而构建有效的硫正极和金属锂负极，是未来纳米集流体应该关注的研究内容。3D 纳米结构电极的创新以及对宿主/寄主性质从原理上的深入理解，可以为设计高比能锂硫电池提供全新的视角。

7.3 黏结剂

通常，一个典型的电极是由集流体、活性物质、导电剂以及黏结剂所组成。虽然黏结剂在电极中只占很小的一部分（通常为 10%，甚至更少），但却是不可替代的。聚合物黏结剂通常是不导电和无电化学活性的，其基本作用是将活性材料和导电剂黏合在一起，然后将二者固定在集流体上，维持电极活性材料与导电剂以及活性材料与集流体之间的电子接触，稳定电极结构。

由于单质硫与放电产物之间的密度差异，硫正极在循环过程中产生巨大的体积膨胀和收缩（80%），这就要求黏结剂具有很好的机械模量，用以缓冲循环过程中的体积变化，维持正极结构的稳定性和完整性。除此之外，理想的锂硫电池黏结剂还应该具有以下特点：①高离子/电子导电能力；②穿梭效应的抑制能力；③提升氧化还原动力学的能力。

通常黏结剂需要溶解在溶剂中才能使用，对一般的有机系黏结剂，常用的溶剂是 *N*-甲基吡咯烷酮或者乙腈等有机溶剂，它们通常具有易燃、易爆和有毒等特点。由于低成本、无毒和环保等优点，水系黏结剂引起了越来越多的关注。根据硫正极在制备过程中所使用的溶剂种类，可以将黏结剂分成两类：有机系黏结剂和水系黏结剂。

7.3.1　有机系黏结剂

由于黏附性高、热稳定性好和电化学窗口宽，聚偏氟乙烯（PVDF）被广泛地应用在传统的二次电池中，包括锂离子、锂-硫、锂-空气，以及钠离子电池等[171-173]。然而，PVDF 易于在有机电解质中溶胀和溶解，且其机械延展性较差，特别是应用于锂硫电池时，硫正极体积的膨胀和收缩以及 PVDF 的溶解通常会导致电极结构的坍塌，从而影响电极的循环寿命。Lacey 等证实 PVDF 的使用不利于硫正极空隙的保持，使用过量的 PVDF 还会导致硫电极微孔的堵塞，进而限制了活性物质与电解液的接触，降低了锂硫电池的电化学性能[174]。

锂硫电池的电化学性能，特别是倍率性能，在很大程度上取决于锂离子的迁移速率。缓慢的锂离子迁移速率会降低活性物质的利用率。最近，一种具有核壳结构的聚电解质黏结剂表现出了良好的锂离子导电性。这种聚合物的外壳主要是由聚苯乙烯磺酸钠组成，其具有丰富的亲锂磺酸基团，促进了锂离子的快速迁移，从而加快了硫氧化还原的电化学动力学过程[175-177]。

聚氧化乙烯（PEO）是一种具有代表性的黏结剂，通常被用于锂硫电池来替代 PVDF，因为它可以溶解在乙腈（ACN）或丙醇中，这些溶剂的毒性较低，且比 *N*-甲基吡咯烷酮（NMP）更容易挥发[178, 179]。PEO 易于在电解液中溶解和溶胀，这会使得活性硫颗粒与集流体之间失去有效的电子接触，导致电池性能的衰退。但是，PEO 在电解质中的部分溶解和溶胀可以极大地增加硫电极的电解液摄取量，促进活性硫配体与电解液中的锂离子的接触[180]。此外，PEO 在电解液中的溶胀也能抑制硫电极的钝化，进一步降低离子传递电阻。最近，Nakazawa 等发现通过控制聚乙烯醇（PVA）的皂化程度，可以有效地调节 PVA 的溶胀特性[181]。PVA 的部分溶胀有效地改善了硫正极的电解质吸收，从而加速锂离子的转移，促进多硫化物的转化，进而抑制了多硫化物的扩散。

电解液的用量是决定电池能量密度的一个重要因素，高能量密度电池通常需要低电解液用量。然而，低电解液用量通常又会导致锂离子传输受损。最近，Liu 等利用 $PEO_{10}LiTFSI$ 聚合物凝胶作为黏结剂来降低电解液的用量以及限制多硫化物，从而提高锂硫电池能量密度[182]。$PEO_{10}LiTFSI$ 聚合物强的黏附能力使其能够构建稳定的电极骨架，而适当的溶胀可以改善电解液的润湿性。即使在低电解液用量的情况下，$PEO_{10}LiTFSI$ 聚合物的部分溶胀也能够有效地保留电极中的电解液，从而形成连续导通的凝胶网络，避免电解液在电极界面处耗尽，保证锂离子的持续迁移。与此同时，溶胀的凝胶网络可以限制溶解在电解液中的多硫化物，减少其向负极扩散。在低电解液用量条件下［E/S 值低至 4 g_E/g_S (3.3 mL_E/g_S)］，使用 $PEO_{10}LiTFSI$ 黏结剂的电池具有高达 1200 mAh·g^{-1} 的初始放电比容量，与在充足的电解液条件下（E/S 值为 14.2 mL_E/g_S）的放电比容量接近。而且循环 100 圈后，$PEO_{10}LiTFSI$ 电池的容量保持率可以达到 87%。

目前，在可充电电池中使用的绝大多数黏结剂都是非导电聚合物黏结剂。尽管黏结剂只占电极的一小部分，但其电绝缘特性也会导致电极的内部电阻增加和氧化还原反应速率减缓。最近，Milroy 等报道了一种由聚吡咯和聚氨酯组成的导电、柔韧和具有电活性混合黏结剂（PPyPU）用于柔性锂硫电池。导电的 PPy 纳米粒子有效地构建高速电子传递网络，降低电极的电子转移阻抗，促进绝缘性的硫颗粒的氧化还原转化[183]。Gao 等将导电聚苯胺（PANI）涂覆于硫/碳复合正极上，有效地提高了锂硫电池的倍率性能[184]。磺酸掺杂的 PANI 黏结剂被报道能够进一步提高 PANI 的电导率[185]。在低 PANI 含量的情况下，由于掺杂，PANI 大分子链的聚集形态从紧凑的“层盖”结构转化为理想的“蛛网”结构。同时，PANI 刚性的共轭主链的脆性也明显地降低。这有利于 PANI 黏结剂与活性材料之间的电子接触，提高整个正极的导电性。而且多硫化物与极性胺基基团、亚胺基团和芳香环之间的相互作用，能够有效地吸附可溶性多硫化物，从而减轻穿梭效应[186]。

最近，Liu 等报道了一种导电的 PFM[poly(9,9-dioctylfluorene-*co*-fluorenone-*co*-meth-ylbenzoic ester)polymer]黏结剂[187]。拥有辛基侧链的聚芴主链使得 PFM 具有优异的电子导电性；芴酮官能团能够对聚合物的电子结构进行调控和优化，从而进一步提高了电导率；而苯甲酸酯基团能够降低聚合物链的刚性，提高聚合物链的力学性能[188, 189]。此外，由于 PFM 黏结剂中的羰基基团与多硫化物之间存在较高的结合能力[190]，基于 PFM 的硫电极能够有效地减少活性硫的溶解和损失。在导电性和对硫化物吸附能力的共同作用下，PFM 阴极在 150 圈循环后仍然具有较高的可逆容量，以及很低的容量衰减率。

一般来说，导电共轭聚合物可以显著改善硫正极的导电性。然而，其刚性共轭链的脆性通常会导致较差的机械性能。最近，Zhang 等报道了一种导电石墨烯-聚丙烯酸复合黏结剂（GOPAA）[191]。将导电的无机材料还原的氧化石墨烯（rGO）纳米薄片引入 PAA 黏结剂中，显著提高了硫电极的电子导电性和力学性能。

在锂硫电池中，多硫化物中间产物的溶解和扩散是必须要正视和解决的难题[192-194]。尤其对于高硫载量正极，多硫化物的穿梭和循环过程中体积的变化都更严重[195]。尽管传统的线型乙烯基聚合物黏结剂具有较好的附着力，可将活性材料整合到集流体上，但它与多硫化物之间弱的相互作用无法抑制其在电解液中的溶解和穿梭行为。因此对于锂硫电池，传统的 PVDF 黏结剂已不能满足高能量密度的发展要求。

由于独特的表面电负性，有机黏结剂中的杂原子官能团可以看作多硫化物锚固点，能够捕获多硫化物，从而可减轻其在电解液中的穿梭。2013 年，Cui 等基于第一性原理计算，第一次从原子尺度出发证明了电负性杂原子官能团可以抑制多硫化物的穿梭[190]。通过第一性原理计算发现，含氧、氮杂原子的官能团与 Li_2S 的结合能更强，特别是含氧羰基，如酯类、酮类和酰胺类中，这些基团与 Li_2S 的结合能分别是 1.10 eV、0.96 eV 和 0.95 eV，而常规的 PVDF 黏结剂中的 C—F 基团与 Li_2S 的结合能仅 0.4 eV。类似的结果同样在含杂原子基团与可溶性多硫化物之间得到了证实。Goodenough 等首次从实验中证明了多硫化物和给电子的酯基之间存在锂键[196]。为了实际研究杂原子基团对锂硫电池的电化学性能的影响，Cui 等研究了具有代表性的聚乙烯吡咯烷酮（PVP，含羰基）作为黏结剂。相比于常规的 PVDF，采用 PVP 作为黏结剂的硫正极在 0.2 C 的放电倍率下展现出了 760 $mAh \cdot g(Li_2S)^{-1}$ 的初始放电比容量，即相当于 1090 $mAh \cdot g(S)^{-1}$。此外，在循环 100 圈后，容量保持率高达 94%。与羧基（含有羰基）类似，磺酸基对多硫化物同样具有吸附作用。由于具有丰富的带电磺酸基团和羰基基团，磺化的聚醚醚酮（PEEK）和磺化的聚苯乙烯应用于锂硫电池，实现了较高的放电容量和较低的容量衰减[197, 198]。

作为典型的含杂原子官能团，氨基和酰胺基对多硫化物具有强烈的吸附能力[199-202]。Yan 等通过 PEI 和二异氰酸酯（HDI）的共聚作用合成了一种新型的富含胺基的超支化的聚合物黏结剂（AFG）[203]。结果表明，极性的胺基基团对多硫化物强的吸附作用可以减轻穿梭效应，提高了活性硫的利用率[204, 205]。通过理论计算，进一步验证了 AFG 与多硫化物之间存在强相互作用。此外，具有超支化网络结构的 AFG 展现出了高的弹性模量和出色的力学性能，可以缓冲循环过程中的体积变化，保证了硫正极的结构稳定性。近年来，在对乙二胺与 HDI 的共聚物，以及聚乙二醇缩水甘油酯与 PEI 的共聚物研究中，类似的富氨基的极性共聚物也有相关报道[206, 207]。此外，富含咪唑、二苯和吡啶结构单元的改性聚苯并咪唑（mPBI）含大量的含氮和含氧基团，具有与多硫化物的强相互作用以及优异的弹性性能和力学性能，作为锂硫电池的黏结剂也实现了稳定的循环性能[208]。

由于正电荷密度高，季铵盐阳离子已被证明具有很强的多硫化物吸附能力。由于有电正性的季铵盐骨架，阳离子聚合物（如 poly{bis(2-chloroethyl)ether-alt-1, 3-bis[3-(dimethylamino)propyl]urea}quaternized（PQ）[209]和 poly（diallyldimethylammonium triflate）（PDAT）[210]）被用作硫正极黏结剂有效地抑制了可溶性多硫化物的穿梭。最近 Li 等引入了 PEB-1{poly[(*N*,*N*-diallyl-*N*,*N*-dimethylammonium) bis (trifluoromethanesulfonyl)imide]}来调控锂离子和多硫化物阴离子的传质过程[211]。一方面，双（三氟甲磺酰）亚胺阴离子（$TFSI^-$）可以促进锂离子的输运，从而实现快速的硫转化动力学。另一方面，阳离子聚合物骨架可以通过多硫化物阴离子（LiS_n^-或S_n^{2-}）与$TFSI^-$之间的阴离子交换以固定多硫化物。因此，通过阳离子骨架与溶解的多硫化物阴离子之间的静电作用，多硫化物在电解质中的浓度得到了显著降低，从而有效地抑制由浓度梯度驱动的多硫化物的扩散。

为了探索季铵盐阳离子对多硫化物的吸附能力，Liao 等制备了含有不同阴离子（$TFSI^-$、PF_6^-、BF_4^-、Cl^-）的阳离子聚合物黏结剂聚二烯二甲基铵（polydiallyldimethylammonium，PDADMA）来研究阴离子对多硫化物吸附能力的影响[212]。由于$TFSI^-$具有很大的阴离子半径，$TFSI^-$与阳离子之间的离子相互作用因为空间位阻的影响而削弱，从而增强了阳离子与多硫化物阴离子之间的相互作用。因此，以 PDADMA-TFSI 为黏结剂的硫正极具备了较高的电化学性能。相比之下，小阴离子半径的聚合物表现出较低的循环稳定性，这是因为季铵盐阳离子和小离子半径的阴离子之间有很强的离子相互作用，从而阻止了多硫化物阴离子与阳离子的结合。因此，对阳离子聚合物的阴离子进行调控，可以有效地改善多硫化物的扩散作用。除了阴离子，调控阳离子聚合物及聚合物离子液体的分子结构和聚合物骨架结构最近也被证明能有效地提升电池的电化学性能[213]。

多硫化物与极性基团之间的化学或静电吸附是一种简单而有效的抑制多硫化物扩散的方法。然而，多硫化物在电解液中的溶解和积累是不可避免的。黏结剂的吸附作用只能抑制部分多硫化物的扩散，对于高负载的硫正极来说，这种抑制作用仍然很难抑制活性硫在电解液中的积累。因此，缓解多硫化物的穿梭效应目前仍然是一个巨大的挑战。近年来，通过增强多硫化物的氧化还原动力学，促进其转化，已证明是一种有效缓解多硫化物的穿梭效应的办法[214-217]。多硫化物的快速转化可以降低其在正极区的积累，降低电解液中的浓度，从而抑制由浓度梯度驱动的穿梭效应，提高了硫组分的利用率。

最近，Chen 等报道了一种具有氧化还原活性的多功能聚合物 PTMA[poly(2, 2, 6, 6-tetramethylpiperidinyloxy-4-yl methacrylate)][218]。通过电化学活化，分子结构中的亚硝基自由基（NO·）转化成高活性的亚硝酰阳离子（NO^+），这不仅使$PTMA^+$对活性硫物种具有更强的化学吸附能力，而且还能提供额外的电化学活性，促进溶解的多硫化物的电化学转化。PTMA（$PTMA^+$）的力学性质也能促使稳定硫、导电碳和集流体之间有效地接触，缓冲循环过程中的体积变化。最近，Frischmann 等报道了一种通过多环芳烃 π-π 相互作用自组装形成的具有氧化还原活性的苝酰亚胺（PBI）超分子黏结剂[219]。通过在 2.5 V（*vs* Li/Li^+）下的可逆双电子氧化还原活化，中性的 PBI 分子被转换成双阴离子锂盐（Li_2-PBI），有效地促进了锂离子的转移，提升了反应的动力学。当采用 PBI/PVDF 混合黏结剂和以

CTAB 改性的 S-GO 纳米复合材料作为硫活性材料时，PBI/PVDF 为黏结剂的硫正极在 1.0 C 的倍率下展现出了 800 $mAh \cdot g^{-1}$ 的起始放电比容量，甚至在 3.0 C 的高倍率下，依然展现出了 350 $mAh \cdot g^{-1}$ 的可逆比容量。该团队还通过 PBI 的化学预锂化过程，制备了一种改良的水溶性 PBI 超分子聚合物黏结剂[220]。这种预锂化过程增强了 PBI 的氧化还原活性，而且也使 PBI 超分子作为黏结剂避免了有机溶剂的大量使用，展现出了很好的应用前景。

7.3.2　水系黏结剂

目前，在硫正极的制备过程中，黏结剂通常是溶于有机溶剂 *N*-甲基吡咯烷酮（NMP）。NMP 价格高昂，有毒的 NMP 也容易引起环境问题，而且其低闪点和易燃性引起的安全问题也是不容忽视的。此外，高沸点的 NMP 致使通常需要在较高的温度来处理和干燥极片，容易造成活性材料的损失。与有机溶剂相比，水系溶剂具有价格低廉、安全和环境友好等特点。因此，水系黏结剂受到了越来越多的关注[221]。

目前，一系列的水系黏结剂已被应用到硫正极中，如 PEO[222]、PVP[223]、PAA[224]、LA132[225, 226]、明胶（gelatin）[227-234]、CMC[235]、海藻酸钠（Na-alginate）[236]、瓜尔胶（GG）[237, 238]等。一方面，水系黏结剂可以减少有机溶剂的使用，有效地消除有机溶剂产生的不良影响。此外，这类黏结剂中有一些不溶于电解液的有机组分。在有机电解质中的不溶性可以大大提高电极在循环过程中的稳定性。另一方面，水溶性高分子黏结剂通常具有丰富的表面极性官能团，如羧基、羟基、氨基等。这些极性基团的存在能促进黏结剂和金属集流体、黏结剂和活性物质以及黏结剂和多硫化物之间的相互作用，从而提高黏结剂的机械附着力并能有效抑制多硫化物的扩散和迁移。

Lacey 等报道了一种由 PVP 和 PEO 组成的水溶性混合黏结剂[222]。其中，PVP 上含杂原子的官能团能够有效地吸附可溶性活性硫分子，抑制其在电解液中的扩散，而且 PEO 在液态电解质中的溶胀行为也可以有效改善电极界面的特性。含氧的羧基也可以与电负性的多硫化物阴离子形成氢键，这种与可溶性多硫化物的强化学反应可以有效地抑制多硫化物的扩散和穿梭[201, 239]。由于在聚合物分子骨架中含有大量的含氧羧基，聚丙烯酸（PAA）作为水溶性的黏结剂应用于锂硫电池时，可以降低电池的内阻、提高硫的电化学动力学特性，使电池展现出更好的循环性能[224]。作为典型的含杂原子官能团，氨基和酰胺基对可溶性的多硫化物都具有强吸附性。特别是对于水溶性的聚乙烯亚胺（PEI），由于聚合物中含丰富的氨基基团，它可以通过静电吸附作用固定多硫化物中间体，从而抑制多硫化物的穿梭效应，在高硫负载（8.6 $mg \cdot cm^{-2}$）的复合 PEI 硫正极涂上额外的 PEI 层（～6.9 nm），起始面积比容量为 9.7 $mAh \cdot cm^{-2}$[199]。

LA132 是一类聚丙烯腈和聚丙烯酸的混合物，被广泛地用作水系黏结剂。由于在聚合物主链上存在强极性的氰基基团（—CN）和羧基基团（—COOH），LA132具有很强的附着力，可以将活性材料黏附在集流体上。通常使用PVDF作为黏结剂时，硫正极需要加入质量分数为10%的PVDF。由于具有更高的黏附性，在硫正极中仅仅加入5%的LA132就能获得很好的结构稳定性[225]。此外，LA132在电解液中的不可溶胀性也能很好地维持硫正极的多孔性，可以有效地降低电极内部阻力，提升电化学反应动力学。同时，LA132的强机械黏附性能可很好地缓冲硫正极循环过程中的体积变化。Hong等证实由于线型乙烯基骨架良好的结构柔性，LA132可以有效地促进活性材料在阴极浆料中的分散，从而获得均匀的正极表面形态[226]。因此，采用LA132的硫正极展现出了高达1169 $mAh \cdot g^{-1}$的初始放电比容量，并获得了稳定的循环性能。

近年来，生物质衍生大分子聚合物吸引了人们越来越多的研究兴趣。一方面，这类大分子聚合物价格低廉，来源广泛，环境友好，易于大规模制造和加工；另一方面，由于生物质大分子聚合物通常是亲水性的，大分子骨架上含有丰富的极性亲水基团，具有很好的附着力和多硫化物吸附能力[240]。明胶是通过将动物胶原蛋白热解所制备的一种低成本、无污染、易降解的生物大分子。它的基本结构形式是由氨基酸缩聚所形成的肽链。由于在肽链上存在着丰富的极性官能团（—COOH和—NH_2），通过强附着力能将活性颗粒（硫和导电碳）黏附到集流体上。同时，明胶是水溶性的，它不溶于有机电解质，因此在电极的制备过程中不仅可以避免有毒的有机溶剂的使用，还能提高电极在有机电解质中的稳定性。此外，作为硫正极的黏结剂，明胶也可以有效地提高硫在放电过程中的还原反应动力学，在放电过程中促进硫组分的转化[227-234]。

Li等报道了一种天然的双功能水溶性黏结剂——阿拉伯树胶（gum arabic，GA），它是一种由富含羟基的多糖和含氨基酸残基的糖蛋白所组成的生物聚合物[241]。在GA中，强电负性的羟基和酰胺基对于可溶性的多硫化物具有很强的结合能力，可以捕获溶解在电解液中的多硫化物，从而调节其在电解液中的扩散行为。此外，GA黏结剂还具有高黏附性和结构柔性，可以在循环过程中缓冲巨大的体积变化。瓜尔胶（guar gum，GG）作为一类类似的生物聚合物同样被引入锂硫电池中[238]。与常规PVDF相比，得益于GG骨架上大量极性官能团与多硫化物之间的强相互作用，以及GG在有机电解液中极低的溶解度和可忽略的溶胀性能，水系的GG黏结剂有效地提升了锂硫电池的电化学性能。GG的这些优点不仅可以有效抑制多硫化物的穿梭效应，而且还可以很大程度维持硫电极的机械稳定性，从而获得稳定的循环性能。更重要的是，GG还能促进锂离子的传导，降低电极的传质阻力。因此，即使是在10 C的超高放电倍率下，采用GG黏结剂的S@pPAN复合电极展现出了高达930 $mAh \cdot g^{-1}$可逆放电比容量[237]。

环糊精，特别是β-环糊精（β-CD），在催化、分离、食品和医药领域引起了很大的关注，因为它具有独特的锥形空心圆柱状结构。在其内腔外含有亲水的羟基（—OH），内腔内含有疏水基团。尽管已有文献报道 β-CD 作为水溶性黏结剂[242]用来构造硫正极，但其在水溶液中的低溶解度（25℃时在水中的溶解度为 1.85%）限制了它的广泛应用[243]。最近 Wang 等报道通过用 H_2O_2 溶液的部分氧化处理（C-β-CD），可以很大程度地提高 β-CD 的水溶性[244]。这种改性的 C-β-CD 在室温下具有超过 180%的溶解度，是传统 β-CD 的 100 倍。C-β-CD 还表现出很强的黏合力，可以紧密包裹活性硫粒子和导电剂，有效地维持活性材料的电子接触，形成均匀稳定的阴极结构。采用此改性 C-β-CD 的硫正极展现出了高可逆比容量，为 1542.7 mAh·g_S^{-1}，硫利用率达到了为 92.2%。而且在循环 50 圈后，放电比容量依然能够维持在 1456 mAh·g_S^{-1}。

Zeng 等报道了一种由 β-CD 衍生的富含功能化季铵盐阳离子的超支化水溶性黏结剂（β-CDp-N^+）[245]。多维的超支化结构和丰富的表面官能团（羟基和醚基）使得 β-CDp-N^+黏结剂具有强黏合力，可将活性物质和导电剂固定在集流体上，从而保持正极结构的稳定性。更重要的是，由于季铵盐阳离子和带负电的多硫化物离子之间的静电相互作用，β-CDp-N^+能有效地吸附可溶性的多硫化物，从而抑制其在电解液中的扩散作用。在硫含量为 90%、硫面载量高达 5.5 mg·cm^{-2} 的情况下，基于 β-CDp-N^+黏结剂的硫正极在 50 mA·g^{-1} 的放电电流下循环 45 圈后，获得了高达 800 mAh·g^{-1} 的可逆比容量（对应于 4.4 mAh·cm^{-2} 的面积比容量）。与之相反，基于 PVDF 黏结剂的硫正极，在 5.5 mg·cm^{-2} 的硫负载下，只能获得 0.9 mAh·cm^{-2} 的面积比容量。另一种阳离子聚电解质 AMAC[poly(acrylamide-*co*-diallyldimethylammonium chloride)]也被用作锂硫电池系统硫正极黏结剂[246]。由于 AMAC 在有机电解质溶剂中的不溶性和不可溶胀性，在高电压放电平台处，固体硫颗粒转化为可溶性的多硫化物而留下的孔洞结构可以得到很好的保持；而且留下的孔洞结构则可以在低电压平台放电过程中容纳不溶性 Li_2S_2 和 Li_2S 在孔内的沉积[212]。

最近，Ling 等率先提出了通过亲核取代反应来固定可溶性多硫化物[247]。极性的多硫化物是一个典型的亲核试剂，因此，选择合适的离去基团是亲核取代固定多硫化物的重点。考虑到磺酸基团与电极/电解液系统的兼容性以及高的黏附性，水溶性的和环境友好的天然卡拉胶（carrageenan）被认为是一种很有前途的功能性黏结剂，其不仅拥有合适的磺酸离去基团来捕获极性多硫化物，而且骨架中丰富的羟基基团也可以用来构建电极材料间稳定的电子接触。与同样含有磺酸离去基团但是没有黏附性的合成的聚（乙烯基硫酸酯）钾盐相比，卡拉胶硫正极展现出了更好的容量保持率，而且其循环稳定性也比常规 PVDF 硫正极高。当采用微米级硫作为活性硫材料时，在 0.01 C 放电倍率下，硫面载量为 17.0 mg·cm^{-2} 的卡拉胶硫正极展现出了高达 20.4 mAh·cm^{-2} 的初始放电面积比容量。并且，当采用纳米级的硫作为活性硫材料时，获得了高达 33.7 mAh·cm^{-2} 的初始放电面积比容量，对应于硫利用率高达 81.8%。

在硫的可逆氧化还原转化过程中，硫正极结构的破裂、粉碎和崩塌，通常是导致容量衰退和循环寿命短的主要因素。羧甲基纤维素（CMC）通常被用作锂离子电池水溶性黏结剂。然而，由于其机械性能不足（如脆性），CMC 通常与苯乙烯-丁二烯橡胶（SBR）结合使用才能制备有机械强度的硫正极[248-250]。高弹性的 SBR 保证了一个连续的、机械坚固的硫电极 3D 导电网络的形成，而水溶性 CMC 则能够形成一个均匀的极性界面，从而减少了传质阻力和电子转移阻力。此外，CMC-SBR 混合黏结剂也有利于抑制放电产物硫化锂（Li_2S）的聚集，在持续的充电/放电过程中稳定电极结构[251]。通过与微米级的碳颗粒结合，采用 CMC-SBR 黏结剂的硫正极可以获得较高的面载量（3～7 $mg·cm^{-2}$）[252]。类似于 CMC-SBR，一种由 CMC 和丁腈橡胶组成的复合黏结剂（CMC-NBR）同样展现出了很强的附着力和高弹性，以及更稳定的界面结构和更有效的电子传输网络[253]。即使是在 100 圈循环之后，采用 CMC-NBR 黏结剂的硫正极仍然展现出了很好的结构完整性和稳定性。

在锂硫电池中，硫的面积比容量需要达到 8 $mAh·cm^{-2}$ 才能对传统的锂离子电池市场产生冲击，而高能量密度锂硫电池的先决条件之一则是硫的面载量，这就要求硫的面载量需要达到 6 $mg·cm^{-2}$[254-256]。然而，高面载量的硫正极的主要挑战之一是制备厚电极。然而，厚电极在干燥过程中容易产生裂纹和掉粉，而且在循环过程中，颗粒间低的黏着力也会导致电极的粉化和活性材料的脱附[252, 257-259]。因此，具有高机械性能的功能黏结剂对于维持正极结构的完整是至关重要的。

最近，有研究者利用瓜尔胶（GG）和黄原胶（XG）之间的分子间相互作用构造了机械稳定的三维硫正极。通过 GG 和 XG 分子间的交联和编织作用，形成了一种三维强化的聚合物框架，这样的交联和编织构造使得材料具有较高的黏附力，将活性材料牢牢地固定在集流体上[90]。而且，三维交联的网络结构也能有效地缓冲循环过程中体积变化所产生的应力和应变。此外，二维生物大分子聚合物骨架中含有的大量含氧官能团也能够有效地锚定可溶性的多硫化物，从而抑制其在正极和负极之间的穿梭。因此，在硫面载量达到 6.5 $mg·cm^{-2}$ 时，循环 90 圈后，使用 GG-XG 黏结剂的硫正极仍然展现出了 652 $mAh·g^{-1}$ 的可逆比容量。相比之下，基于传统 PVDF、明胶和单一的 GG 和 XG 黏结剂的锂硫电池，在相同条件下的容量衰减更快。GG-XG 硫正极在硫面载量达 19.8 $mg·cm^{-2}$ 时仍有 26.4 $mAh·cm^{-2}$ 的高面积比容量。

Bao 等率先将海藻酸钠应用于锂硫电池黏结剂[236]。通过海藻酸盐黏结剂与硫之间的化学相互作用，界面结构得到了稳定。最近，通过海藻酸钠主链上多功能的电负性基团与电正性的多价阳离子之间的离子键构建的三维交联的离子聚合物网络黏结剂海藻酸钠-Ca^{2+}和海藻酸钠-Cu^{2+}相继得到报道[260-262]。这种原位的离子交联所形成的三维网络结构可以有效地缓解循环过程中的体积变化。与传统的 PVDF 黏结剂相比，由于三维交联网络的形成，水溶性的海藻酸钠-Ca^{2+}和海藻酸钠-Cu^{2+}都表现出更强的黏着力以及更稳定的正极结构。基于海藻酸钠-Ca^{2+}的硫正极在循环200 圈后，容量保持率仍有 80.6%。

具有丰富端基和超支化结构的树枝状大分子同样被认为是一种能稳定有效地维持硫正极结构的黏结剂。最近，Bhattacharya 等将水溶性的商业聚酰胺-胺（PAMAM）树枝状大分子用作锂硫电池的功能黏结剂[263]。由于具有丰富的表面官能团，高度支化的 PAMAM 大分子对 S/C 复合材料以及集流体展现出了明显的亲和性，可以有效地维持电极结构稳定。此外，PAMAM 树枝状大分子的曲率和内部微孔结构可以促进电解液在电极中的渗透，从而提高硫正极的润湿性，同时也可以通过微孔物理限制来抑制多硫化物的扩散。PAMAM 大分子链中丰富的含氮和含氧官能团可以化学吸附可溶性多硫化物，从而抑制多硫化物的穿梭效应，减少活性物质的损失。PAMAM 树枝状分子得益于超支化结构、内部微孔和丰富的表面官能团，作为高硫面载量（>4.4 $mg \cdot cm^{-2}$）硫正极黏结剂时，可以展现出优异的电化学性能。特别是末端基团为 4-羟甲基吡咯烷酮（4-carboxymethyl-pyrrolidone，G4CMP）时，由于其对多硫化物中间产物具有更高的亲和力，采用 PAMAM-G4CMP 树枝状分子黏结剂的硫正极可以在 4.38 $mg \cdot cm^{-2}$ 的高硫面载量和 C/20 的放电倍率下展现出高达 1045 $mAh \cdot g^{-1}$ 放电比容量。

由于具有高导电性、水溶性、电化学稳定性和易于加工制备等优点，聚（3, 4-乙烯二氧噻吩）（PEDOT）已广泛应用于光伏设备。在硫正极中，使用 PEDOT 黏结剂可以有效地降低电极的内部电子转移阻抗，促进电子传递[264, 265]。同时，PEDOT 主链上极性杂原子官能团也能够吸附溶解的多硫化物，抑制其在电解液中的扩散[186]。最近，Pan 等报道了一个基于聚丙烯酸（PAA）和聚（3, 4-乙烯二氧噻吩）：聚（苯乙烯磺酸盐）（PEDOT：PSS）的混合黏结剂[266]。其中，PEDOT：PSS 所形成的 3D 导电网络可以促进电子的快速转移以及化学吸附多硫化物中间体，并且 PAA 的溶胀性能也可以有效地改善硫正极电解液的润湿特性，降低锂离子的传递阻力，加速电化学反应动力学。受益于 PAA 的溶胀性和 PEDOT：PSS 的高导电性和吸附能力，采用 PAA/PEDOT：PSS 黏结剂的锂硫电池正极在报道中具有 1121 $mAh \cdot g^{-1}$ 的初始放电比容量，而且在循环 80 圈后，仍然具有 830 $mAh \cdot g^{-1}$ 的可逆比容量。

在锂硫电池中使用的黏结剂通常是易燃有机聚合物。最近，Cui 等报道了一种具有阻燃性的水系无机聚合物黏结剂——聚磷酸铵（APP）[267]。由于 P 原子电负性相对较小，它的价带电子可以很容易地转移到 O 原子上，从而在 P-O 链中引起强烈的局部极化。因此，在 APP 与活性硫之间可以形成强的相互作用，显著抑制多硫化物的溶解和扩散。同时，锂离子和带负电荷的氧之间的化学作用也可以促进锂离子的运输，促进电化学氧化还原动力学。因此，APP 硫正极展现出了很好的倍率性能，在 400 圈循环后，仍然具有良好的循环稳定性，每圈的容量衰减率仅为 0.038%。更重要的是，APP 在点燃后会发生分解，然后自我聚合，形成一个交联的绝缘聚合物层。这种保护层可以有效地阻止可燃物质（硫）与空气（或 O_2）的接触，阻碍硫正极的后续燃烧。利用这种 APP 黏结剂，大大提高了硫正极的阻燃性能，从而提高电池的安全性。这种阻燃黏结剂为高性能、高安全性的锂硫电池的设计提供了思路。

黏结剂在实现良好的电化学性能方面起着重要的作用。通过对黏结剂的结构进行化学修饰及改性，黏结剂在缓解多硫化物穿梭效应和促进电化学转化反应等方面已经取得了很好的效果，为高容量、长寿命和高倍率性能的锂硫电池提供了一种新的思路。其中，水系黏结剂因具有环保、成本低、制备工艺简单等优势而成为新型黏结剂的发展方向之一。尽管这些新型黏结剂具有一定的优势，但是目前对于这类黏结剂仍然缺乏了解。此外，目前对锂硫电池正极黏结剂的研究和评价都是基于纽扣电池尺度的，与软包电池中的性能具有一定的差距。因此，对于一个实用的锂硫电池来说，还需要进一步努力地开发一种更先进的黏结剂体系。

参考文献

[1] Peng H J，Huang J Q，Cheng X B，et al. Review on high-loading and high-energy lithium-sulfur batteries. Advanced Energy Materials，2017，7（24）：1700260.

[2] 肖伟，巩亚群，王红，等. 锂离子电池隔膜技术进展. 储能科学与技术，2016，5：188-196.

[3] Huang J Q，Zhang Q，Wei F. Multi-functional separator/interlayer system for high-stable lithium-sulfur batteries：Progress and prospects. Energy Storage Materials，2015，1：127-145.

[4] Jeong Y C，Kim J H，Nam S，et al. Rational design of nanostructured functional interlayer/separator for advanced Li-S batteries. Advanced Functional Materials，2018，28（38）：1707411.

[5] 黄佳琦，孙滢智，王云飞，等. 锂硫电池先进功能隔膜的研究进展. 化学学报，2017，75：173-188.

[6] 高昆，胡信国，伊廷锋. 锂离子电池聚烯烃隔膜的特性及发展现状. 电池工业，2007，12：122-126.

[7] Huang J Q，Zhang Q，Peng H J，et al. Ionic shield for polysulfides towards highly-stable lithium-sulfur batteries. Energy & Environmental Science，2014，7（1）：347-353.

[8] Xu W T，Peng H J，Huang J Q，et al. Towards stable lithium-sulfur batteries with a low self-discharge rate：Ion diffusion modulation and anode protection. ChemSusChem，2015，8（17）：2892-2901.

[9] Jin Z Q，Xie K，Hong X B，et al. Application of lithiated Nafion ionomer film as functional separator for lithium sulfur cells. Journal of Power Sources，2012，218：163-167.

[10] Bauer I，Thieme S，Brückner J，et al. Reduced polysulfide shuttle in lithium-sulfur batteries using Nafion-based separators. Journal of Power Sources，2014，251：417-422.

[11] Hao Z，Yuan L，Li Z，et al. High performance lithium-sulfur batteries with a facile and effective dual functional separator. Electrochimica Acta，2016，200：197-203.

[12] Cai W，Li G，He F，et al. A novel laminated separator with multi functions for high-rate dischargeable lithium-sulfur batteries. Journal of Power Sources，2015，283：524-529.

[13] Zeng F L，Jin Z Q，Yuan K G，et al. High performance lithium-sulfur batteries with a permselective sulfonated acetylene black modified separator. Journal of Materials Chemistry A，2016，4（31）：12319-12327.

[14] Yim T，Han S H，Park N H，et al. Effective polysulfide rejection by dipole-aligned $BaTiO_3$ coated separator in

lithium-sulfur batteries. Advanced Functional Materials，2016，26（43）：7817-7823.

[15] Jin Z Q，Xie K，Hong X B. Electrochemical performance of lithium/sulfur batteries using perfluorinated ionomer electrolyte with lithium sulfonyl dicyanomethide functional groups as functional separator. RSC Advances，2013，3：8889-8898.

[16] Gu M，Lee J，Kim Y，et al. Inhibiting the shuttle effect in lithium-sulfur batteries using a layer-by-layer assembled ion-permselective separator. RSC Advances，2014，4（87）：46940-46946.

[17] Conder J，Urbonaite S，Streich D，et al. Taming the polysulphide shuttle in Li-S batteries by plasma-induced asymmetric functionalisation of the separator. RSC Advances，2015，5（97）：79654-79660.

[18] Ahn W，Lim S N，Lee D U，et al. Interaction mechanism between a functionalized protective layer and dissolved polysulfide for extended cycle life of lithium sulfur batteries. Journal of Materials Chemistry A，2015，3（18）：9461-9467.

[19] Balach J，Jaumann T，Klose M，et al. Functional mesoporous carbon-coated separator for long-life，high-energy lithium-sulfur batteries. Advanced Functional Materials，2015，25（33）：5285-5291.

[20] Chung S H，Manthiram A. Bifunctional separator with a light-weight carbon-coating for dynamically and statically stable lithium-sulfur batteries. Advanced Functional Materials，2014，24（33）：5299-5306.

[21] Wei H，Ma J，Li B，et al. Enhanced cycle performance of lithium-sulfur batteries using a separator modified with a PVDF-C layer. ACS Applied Materials & Interfaces，2014，6（22）：20276-20281.

[22] Chang C H，Chung S H，Manthiram A. Ultra-lightweight PANiNF/MWCNT-functionalized separators with synergistic suppression of polysulfide migration for Li-S batteries with pure sulfur cathodes. Journal of Materials Chemistry A，2015，3（37）：18829-18834.

[23] Chung S H，Chang C H，Manthiram A. Robust，ultra-tough flexible cathodes for high-energy Li-S batteries. Small，2016，12（7）：939-950.

[24] Yang Y，Sun W，Zhang J，et al. High rate and stable cycling of lithium-sulfur batteries with carbon fiber cloth interlayer. Electrochimica Acta，2016，209：691-699.

[25] Wang Z，Zhang J，Yang Y，et al. Flexible carbon nanofiber/polyvinylidene fluoride composite membranes as interlayers in high-performance lithium-sulfur batteries. Journal of Power Sources，2016，329：305-313.

[26] Huang J Q，Zhuang T Z，Zhang Q，et al. Permselective graphene oxide membrane for highly stable and anti-self-discharge lithium-sulfur batteries. ACS Nano，2015，9（3）：3002-3011.

[27] Lin W，Chen Y，Li P，et al. Enhanced performance of lithium sulfur battery with a reduced graphene oxide coating separator. Journal of the Electrochemical Society，2015，162（8）：A1624-A1629.

[28] Zhuang T Z，Huang J Q，Peng H J，et al. Rational integration of polypropylene/graphene oxide/nafion as ternary-layered separator to retard the shuttle of polysulfides for lithium-sulfur batteries. Small，2016，12（3）：381-389.

[29] Su Y S，Manthiram A. Lithium-sulphur batteries with a microporous carbon paper as a bifunctional interlayer. Nature communications，2012，3：1166.

[30] Liang C，Dudney N J，Howe J Y. Hierarchically structured sulfur/carbon nanocomposite material for high-energy lithium battery. Chemistry of Materials，2009，21（19）：4724-4730.

[31] Bai S，Liu X，Zhu K，et al. Metal-organic framework-based separator for lithium-sulfur batteries. Nature Energy，2016，1（7）：16094.

[32] Lapornik V，Tusar N N，Ristic A，et al. Manganese modified zeolite silicalite-1 as polysulphide sorbent in lithium sulphur batteries. Journal of Power Sources，2015，274：1239-1248.

[33] Yu X，Bi Z，Zhao F，et al. Hybrid lithium-sulfur batteries with a solid electrolyte membrane and lithium polysulfide catholyte. ACS Applied Materials & Interfaces，2015，7（30）：16625-16631.

[34] Yu X，Bi Z，Zhao F，et al. Polysulfide-shuttle control in lithium-sulfur batteries with a chemically/electrochemically compatible NaSICON-type solid electrolyte. Advanced Energy Materials，2016，6（24）：1601392.

[35] 郑鸿鹏，陈挺，徐比翼，等. 基于 LLZO 的复合固态电解质对 Li-S 电池穿梭效应的抑制. 储能科学与技术，2016，5：719-724.

[36] Li W，Hicks-Garner J，Wang J，et al. V_2O_5 polysulfide anion barrier for long-lived Li-S batteries. Chemistry of Materials，2014，26（11）：3403-3410.

[37] Zhou X，Liao Q，Bai T，et al. Nitrogen-doped microporous carbon from polyaspartic acid bonding separator for high performance lithium-sulfur batteries. Journal of Electroanalytical Chemistry，2017，791：167-174.

[38] Stoeck U，Balach J，Klose M，et al. Reconfiguration of lithium sulphur batteries："Enhancement of Li-S cell performance by employing a highly porous conductive separator coating". Journal of Power Sources，2016，309：76-81.

[39] Wu F，Qian J，Chen R，et al. Light-weight functional layer on a separator as a polysulfide immobilizer to enhance cycling stability for lithium-sulfur batteries. Journal of Materials Chemistry A，2016，4（43）：17033-17041.

[40] Chung S H，Han P，Manthiram A. A polysulfide-trapping interface for electrochemically stable sulfur cathode development. ACS Applied Materials & Interfaces，2016，8（7）：4709-4717.

[41] Tikekar M D，Choudhury S，Tu Z，et al. Design principles for electrolytes and interfaces for stable lithium-metal batteries. Nature Energy，2016，1（9）：16114.

[42] Balach J，Singh H K，Gomoll S，et al. Synergistically enhanced polysulfide chemisorption using a flexible hybrid separator with N and S dual-doped mesoporous carbon coating for advanced lithium-sulfur batteries. ACS Applied Materials & Interfaces，2016，8（23）：14586-14595.

[43] Zhang Y，Miao L，Ning J，et al. A graphene-oxide-based thin coating on the separator：An efficient barrier towards high-stable lithium-sulfur batteries. 2D Materials，2015，2（2）：024013.

[44] Zhao T，Ye Y S，Peng X Y，et al. Advanced lithium-sulfur batteries enabled by a bio-inspired polysulfide adsorptive brush. Advanced Functional Materials，2016，26（46）：8418-8426.

[45] Xie J，Peng H J，Huang J Q，et al. A supramolecular capsule for reversible polysulfide storage/delivery in lithium-sulfur batteries. Angewandte Chemie International Edition，2017，56（51）：16223-16227.

[46] Zhang Z，Lai Y，Zhang Z，et al. Al_2O_3-coated porous separator for enhanced electrochemical performance of lithium sulfur batteries. Electrochimica Acta，2014，129：55-61.

[47] Li J，Huang Y，Zhang S，et al. Decoration of silica nanoparticles on polypropylene separator for lithium-sulfur batteries. ACS Applied Materials & Interfaces，2017，9（8）：7499-7504.

[48] Evers S，Yim T，Nazar L F. Understanding the nature of absorption/adsorption in nanoporous polysulfide sorbents for the Li-S battery. The Journal of Physical Chemistry C，2012，116（37）：19653-19658.

[49] Yuan C，Zhu S，Cao H，et al. Hierarchical sulfur-impregnated hydrogenated TiO_2 mesoporous spheres comprising anatase nanosheets with highly exposed（001）facets for advanced Li-S batteries. Nanotechnology，2015，27（4）：045403.

[50] Lin H，Yang L，Jiang X，et al. Electrocatalysis of polysulfide conversion by sulfur-deficient MoS_2 nanoflakes for lithium-sulfur batteries. Energy & Environmental Science，2017，10（6）：1476-1486.

[51] Jeong Y C，Kim J H，Kwon S H，et al. Rational design of exfoliated 1T MoS_2@ CNT-based bifunctional separators for lithium sulfur batteries. Journal of Materials Chemistry A，2017，5（45）：23909-23918.

[52] Yuan Z，Peng H J，Hou T Z，et al. Powering lithium-sulfur battery performance by propelling polysulfide redox at

sulfiphilic hosts. Nano letters，2016，16（1）：519-527.

[53] Sun J，Sun Y，Pasta M，et al. Entrapment of polysulfides by a black-phosphorus-modified separator for lithium-sulfur batteries. Advanced Materials，2016，28（44）：9797-9803.

[54] Song J，Su D，Xie X，et al. Immobilizing polysulfides with MXene-functionalized separators for stable lithium-sulfur batteries. ACS Applied Materials & Interfaces，2016，8（43）：29427-29433.

[55] Lin C，Zhang W，Wang L，et al. A few-layered Ti_3C_2 nanosheet/glass fiber composite separator as a lithium polysulphide reservoir for high-performance lithium-sulfur batteries. Journal of Materials Chemistry A，2016，4（16）：5993-5998.

[56] Zhou Y，Hu G，Zhang W，et al. Cationic two-dimensional sheets for an ultralight electrostatic polysulfide trap toward high-performance lithium-sulfur batteries. Energy Storage Materials，2017，9：39-46.

[57] Xiao Z，Yang Z，Wang L，et al. A lightweight TiO_2/graphene interlayer，applied as a highly effective polysulfide absorbent for fast，long-life lithium-sulfur batteries. Advanced materials，2015，27（18）：2891-2898.

[58] Balach J，Jaumann T，Mühlenhoff S，et al. Enhanced polysulphide redox reaction using a RuO_2 nanoparticle-decorated mesoporous carbon as functional separator coating for advanced lithium-sulphur batteries.Chemical Communications，2016，52（52）：8134-8137.

[59] Qian X，Jin L，Zhao D，et al. Ketjen black-MnO composite coated separator for high performance rechargeable lithium-sulfur battery. Electrochimica Acta，2016，192：346-356.

[60] Zhao Y，Liu M，Lv W，et al. Dense coating of $Li_4Ti_5O_{12}$ and graphene mixture on the separator to produce long cycle life of lithium-sulfur battery. Nano Energy，2016，30：1-8.

[61] Lai Y，Wang P，Qin F，et al. A carbon nanofiber@mesoporous δ-MnO_2 nanosheet-coated separator for high-performance lithium-sulfur batteries. Energy Storage Materials，2017，9：179-187.

[62] Chung S H，Manthiram A. A polyethylene glycol-supported microporous carbon coating as a polysulfide trap for utilizing pure sulfur cathodes in lithium-sulfur batteries. Advanced Materials，2014，26（43）：7352-7357.

[63] Liu N，Huang B，Wang W，et al. Modified separator using thin carbon layer obtained from its cathode for advanced lithium sulfur batteries. ACS Applied Materials & Interfaces，2016，8（25）：16101-16107.

[64] Zhu J，Chen C，Lu Y，et al. Highly porous polyacrylonitrile/graphene oxide membrane separator exhibiting excellent anti-self-discharge feature for high-performance lithium-sulfur batteries. Carbon，2016，101：272-280.

[65] Chung S H，Manthiram A. High-performance Li-S batteries with an ultra-lightweight MWCNT-coated separator. The Journal of Physical Chemistry Letters，2014，5（11）：1978-1983.

[66] Chung S H，Han P，Singhal R，et al. Electrochemically stable rechargeable lithium-sulfur batteries with a microporous carbon nanofiber filter for polysulfide. Advanced Energy Materials，2015，5（18）：1500738.

[67] Zhang Z，Lai Y，Zhang Z，et al. A functional carbon layer-coated separator for high performance lithium sulfur batteries. Solid State Ionics，2015，278：166-171.

[68] Zhou G，Pei S，Li L，et al. A graphene-pure-sulfur sandwich structure for ultrafast，long-life lithium-sulfur batteries. Advanced Materials，2014，26（4）：625-631.

[69] Wang Q，Wen Z，Yang J，et al. Electronic and ionic co-conductive coating on the separator towards high-performance lithium-sulfur batteries. Journal of Power Sources，2016，306：347-353.

[70] Zhu J，Ge Y，Kim D，et al. A novel separator coated by carbon for achieving exceptional high performance lithium-sulfur batteries.Nano Energy，2016，20：176-184.

[71] Cheng X B，Hou T Z，Zhang R，et al. Dendrite-free lithium deposition induced by uniformly distributed lithium ions for efficient lithium metal batteries. Advanced Materials，2016，28（15）：2888-2895.

[72] Wang L，Liu J，Haller S，et al. A scalable hybrid separator for a high performance lithium-sulfur battery. Chemical Communications，2015，51（32）：6996-6999.

[73] Li G C，Jing H K，Su Z，et al. A hydrophilic separator for high performance lithium sulfur batteries. Journal of Materials Chemistry A，2015，3（20）：11014-11020.

[74] Li Z，Jiang Q，Ma Z，et al. Oxygen plasma modified separator for lithium sulfur battery.RSC Advances，2015，5（97）：79473-79478.

[75] Chung S H，Manthiram A. A hierarchical carbonized paper with controllable thickness as a modulable interlayer system for high performance Li-S batteries. Chemical Communications，2014，50（32）：4184-4187.

[76] Yao H，Yan K，Li W，et al. Improved lithium-sulfur batteries with a conductive coating on the separator to prevent the accumulation of inactive S-related species at the cathode-separator interface. Energy & Environmental Science，2014，7（10）：3381-3390.

[77] Peng H J，Wang D W，Huang J Q，et al. Janus separator of polypropylene-supported cellular graphene framework for sulfur cathodes with high utilization in lithium-sulfur batteries. Advanced Science，2016，3（1）：1500268.

[78] Zhai P Y，Peng H J，Cheng X B，et al. Scaled-up fabrication of porous-graphene-modified separators for high-capacity lithium-sulfur batteries. Energy Storage Materials，2017，7：56-63.

[79] Peng H J，Zhang Z W，Huang J Q，et al. A cooperative interface for highly efficient lithium-sulfur batteries. Advanced Materials，2016，28（43）：9551-9558.

[80] Ryou M H，Lee Y M，Park J K，et al. Mussel-inspired polydopamine-treated polyethylene separators for high-power Li-ion batteries. Advanced Materials，2011，23（27）：3066-3070.

[81] Kim J S，Hwang T H，Kim B G，et al. A lithium-sulfur battery with a high areal energy density. Advanced Functional Materials，2014，24（34）：5359-5367.

[82] Kim J S，Yoo D J，Min J，et al. Poreless separator and electrolyte additive for lithium-sulfur batteries with high areal energy densities. ChemNanoMat，2015，1（4）：240-245.

[83] Wang Z，Pan R，Xu C，et al. Conducting polymer paper-derived separators for lithium metal batteries. Energy Storage Materials，2018，13：283-292.

[84] Wang Y，Shi L，Zhou H，et al. Polyethylene separators modified by ultrathin hybrid films enhancing lithium ion transport performance and Li-metal anode stability. Electrochimica Acta，2018，259：386-394.

[85] Liu Y，Liu Q，Xin L，et al. Making Li-metal electrodes rechargeable by controlling the dendrite growth direction. Nature Energy，2017，2（7）：17083.

[86] Song R，Fang R，Wen L，et al. A trilayer separator with dual function for high performance lithium-sulfur batteries. Journal of Power Sources，2016，301：179-186.

[87] Yue L P，Ma J，Zhang J J，et al. All solid-state polymer electrolytes for high-performance lithium ion batteries. Energy Storage Materials，2016，5：139-164.

[88] Lee H，Ren X，Niu C，et al. Suppressing lithium dendrite growth by metallic coating on a separator. Advanced Functional Materials，2017，27（45）：1704391.

[89] Mao X，Shi L，Zhang H，et al. Polyethylene separator activated by hybrid coating improving Li^+ ion transference number and ionic conductivity for Li-metal battery. Journal of Power Sources，2017，342：816-824.

[90] Liu W，Mi Y，Weng Z，et al. Functional metal-organic framework boosting lithium metal anode performance via chemical interactions. Chemical Science，2017，8（6）：4285-4291.

[91] Ye M，Xiao Y，Cheng Z，et al. A smart，anti-piercing and eliminating-dendrite lithium metal battery. Nano Energy，2018，49：403-410.

[92] Liu K，Zhuo D，Lee H W，et al. Extending the life of lithium-based rechargeable batteries by reaction of lithium dendrites with a novel silica nanoparticle sandwiched separator. Advanced Materials，2017，29（4）：1603987.

[93] Peng H J，Huang J Q，Cheng X B，et al. Lithium-sulfur batteries：Review on high-loading and high-energy lithium-sulfur batteries. Advanced Energy Materials，2017，7（24）：1770141.

[94] Nara H，Yokoshima T，Mikuriya H，et al. The potential for the creation of a high areal capacity lithium-sulfur battery using a metal foam current collector. Journal of the Electrochemical Society，2017，164（1）：A5026-A5030.

[95] Fang R，Zhao S，Hou P，et al. 3D interconnected electrode materials with ultrahigh areal sulfur loading for Li-S batteries. Advanced materials，2016，28（17）：3374-3382.

[96] Hou T Z，Chen X，Peng H J，et al. Design principles for heteroatom-doped nanocarbon to achieve strong anchoring of polysulfides for lithium-sulfur batteries. Small，2016，12（24）：3283-3291.

[97] Myung S T，Hitoshi Y，Sun Y K. Electrochemical behavior and passivation of current collectors in lithium-ion batteries. Journal of Materials Chemistry，2011，21（27）：9891-9911.

[98] Morita M，Shibata T，Yoshimoto N，et al. Anodic behavior of aluminum in organic solutions with different electrolytic salts for lithium ion batteries. Electrochimica Acta，2002，47（17）：2787-2793.

[99] 辛森，郭玉国，万立骏. 高能量密度锂二次电池电极材料研究进展. 中国科学：化学，2011，(8)：1229-1239.

[100] Cheng X B，Zhang R，Zhao C Z，et al. Toward safe lithium metal anode in rechargeable batteries：A review. Chemical Reviews，2017，117（15）：10403.

[101] Suo L，Hu Y S，Li H，et al. A new class of solvent-in-salt electrolyte for high-energy rechargeable metallic lithium batteries. Nature Communications，2012，4（2）：1481.

[102] Chazalviel J N. Electrochemical aspects of the generation of ramified metallic electrodeposits. Physical Review A，1990，42：7355-7367.

[103] Rosso M，Gobron T，Brissot C，et al. Onset of dendritic growth in lithium/polymer cells. Journal of Power Sources，2001，97（7）：804-806.

[104] Yang C P，Yin Y X，Zhang S F，et al. Accommodating lithium into 3D current collectors with a submicron skeleton towards long-life lithium metal anodes. Nature Communications，2015，6：8058.

[105] Kong L，Peng H J，Huang J Q，et al. Review of nanostructured current collectors in lithium-sulfur batteries. Nano Research，2017，10（12）：4027-4054.

[106] Huang J Q，Zhai P Y，Peng H J，Zhu W C，Zhang Q. Metal/nanocarbon layer current collectors enhanced energy efficiency in lithium-sulfur batteries.Science Bulletin，2017，62：1267-1274.

[107] Cheng X B，Yan C，Huang J Q，et al. The gap between long lifespan Li-S coin and pouch cells：The importance of lithium metal anode protection. Energy Storage Materials，2017，6：18-25.

[108] Yun Q，He Y B，Lv W，et al. Chemical dealloying derived 3D porous current collector for Li metal anodes. Advanced Materials，2016，28（32）：6932-6939.

[109] Cheng X B，Peng H J，Huang J Q，et al. Three-dimensional aluminum foam/carbon nanotube scaffolds as long-and short-range electron pathways with improved sulfur loading for high energy density lithium-sulfur batteries. Journal of Power Sources，2014，261：264-270.

[110] Babu G，Ababtain K，Ng K Y S，et al. Electrocatalysis of lithium polysulfides：Current collectors as electrodes in Li/S battery configuration. Scientific Reports，2015，5：8763.

[111] 王传新，谢海鸥，汪建华，等. 镍纤维管改善锂硫电池性能. 武汉工程大学学报，2013，35（3）：38-42.

[112] Chung S H，Manthiram A. Lithium-sulfur batteries with superior cycle stability by employing porous current collectors. Electrochimica Acta，2013，107：569-576.

[113] Zhao Q，Hu X，Zhang K，et al. Sulfur nanodots electrodeposited on Ni foam as high-performance cathode for Li-S batteries. Nano Letters，2015，15（1）：721-726.

[114] Babu G，Masurkar N，Al Salem H，et al. Transition metal dichalcogenide atomic layers for lithium polysulfides electrocatalysis. Journal of the American Chemical Society，2016，139（1）：171-178.

[115] Liang Z，Lin D，Zhao J，et al. Composite lithium metal anode by melt infusion of lithium into a 3D conducting scaffold with lithiophilic coating. Proceedings of the National Academy of Sciences，2016，113（11）：2862-2867.

[116] Chi S S，Liu Y，Song W L，et al. Prestoring lithium into stable 3D nickel foam host as dendrite-free lithium metal anode. Advanced Functional Materials，2017，27（24）：1700348.

[117] Li Q，Zhu S，Lu Y. 3D porous Cu current collector/Li-metal composite anode for stable lithium-metal batteries. Advanced Functional Materials，2017，27（18）：1606422.

[118] Lu L L，Ge J，Yang J N，et al. Free-standing copper nanowire network current collector for improving lithium anode performance. Nano Letters，2016，16（7）：4431-4437.

[119] Huang J Q，Zhang Q，Zhang S M，et al. Aligned sulfur-coated carbon nanotubes with a polyethylene glycol barrier at one end for use as a high efficiency sulfur cathode. Carbon，2013，58：99-106.

[120] Dörfler S，Hagen M，Althues H，et al. High capacity vertical aligned carbon nanotube/sulfur composite cathodes for lithium-sulfur batteries. Chemical Communications，2012，48（34）：4097-4099.

[121] Peng H J，Huang J Q，Zhao M Q，et al. Nanoarchitectured graphene/CNT@ porous carbon with extraordinary electrical conductivity and interconnected micro/mesopores for lithium-sulfur batteries. Advanced Functional Materials，2014，24（19）：2772-2781.

[122] Huang J Q，Peng H J，Liu X Y，et al. Flexible all-carbon interlinked nanoarchitectures as cathode scaffolds for high-rate lithium-sulfur batteries. Journal of Materials Chemistry A，2014，2（28）：10869-10875.

[123] Yuan G，Wang G，Wang H，et al. A novel three-dimensional sulfur/graphene/carbon nanotube composite prepared by a hydrothermal co-assembling route as binder-free cathode for lithium-sulfur batteries. Journal of Nanoparticle Research，2015，17（1）：36.

[124] Barchasz C，Mesguich F，Dijon J，et al. Novel positive electrode architecture for rechargeable lithium/sulfur batteries. Journal of Power Sources，2012，211：19-26.

[125] Peng H J，Xu W T，Zhu L，et al. 3D carbonaceous current collectors：The origin of enhanced cycling stability for high-sulfur-loading lithium-sulfur batteries. Advanced Functional Materials，2016，26（35）：6351-6358.

[126] Yuan Z，Peng H J，Huang J Q，et al. Hierarchical free-standing carbon-nanotube paper electrodes with ultrahigh sulfur-loading for lithium-sulfur batteries. Advanced Functional Materials，2014，24（39）：6105-6112.

[127] Zhu L，Peng H J，Liang J，et al. Interconnected carbon nanotube/graphene nanosphere scaffolds as free-standing paper electrode for high-rate and ultra-stable lithium-sulfur batteries. Nano Energy，2015，11：746-755.

[128] Liu X，Huang J Q，Zhang Q，et al. Nanostructured metal oxides and sulfides for lithium-sulfur batteries. Advanced Materials，2017，29（20）：1601759.

[129] Xu G，Yuan J，Tao X，et al. Absorption mechanism of carbon-nanotube paper-titanium dioxide as a multifunctional barrier material for lithium-sulfur batteries. Nano Research，2015，8（9）：3066-3074.

[130] Peng H J，Hou T Z，Zhang Q，et al. Strongly coupled interfaces between a heterogeneous carbon host and a sulfur-containing guest for highly stable lithium-sulfur batteries：Mechanistic insight into capacity degradation. Advanced Materials Interfaces，2014，1（7）：1400227.

[131] 杨书廷，田拴宝，尹艳红，等. 氮掺杂的介-微孔碳/硫复合材料的性能. 电池，2016，46（5）：247-250.

[132] Liang X，Rangom Y，Kwok C Y，et al. Interwoven MXene nanosheet/carbon-nanotube composites as Li-S cathode

hosts. Advanced Materials，2017，29（3）：1603040.

[133] Zhou X，Chen F，Yang J. Core@ shell sulfur@ polypyrrole nanoparticles sandwiched in graphene sheets as cathode for lithium-sulfur batteries. Journal of Energy Chemistry，2015，24（4）：448-455.

[134] Hagen M，Hanselmann D，Ahlbrecht K，et al. Lithium-sulfur cells：The gap between the state-of-the-art and the requirements for high energy battery cells. Advanced Energy Materials，2015，5（16）：1401986.

[135] Zhou G，Paek E，Hwang G S，et al. Long-life Li/polysulphide batteries with high sulphur loading enabled by lightweight three-dimensional nitrogen/sulphur-codoped graphene sponge. Nature Communications，2015，6：7760.

[136] Zhou G，Paek E，Hwang G S，et al. High-performance lithium-sulfur batteries with a self-supported，3D Li_2S-doped graphene aerogel cathodes. Advanced Energy Materials，2016，6（2）：1501355.

[137] Zhou G，Li L，Ma C，et al. A graphene foam electrode with high sulfur loading for flexible and high energy Li-S batteries. Nano Energy，2015，11：356-365.

[138] 刁煜，汤厚睿，吕鹏，等. 锂硫电池三维石墨烯/硫复合正极材料的制备及其性能. 新型工业化，2015（7）：29-33.

[139] Han K，Shen J，Hao S，et al. Free-standing nitrogen-doped graphene paper as electrodes for high-performance lithium/dissolved polysulfide batteries. ChemSusChem，2014，7（9）：2545-2553.

[140] Fang R，Chen K，Yin L，et al. The regulating role of carbon nanotubes and graphene in lithium-ion and lithium-sulfur batteries. Advanced Materials，2019，31（9）：1800863.

[141] Hu G，Xu C，Sun Z，et al. 3D grapheme-foam-reduced-graphene-oxide hybrid nested hierarchical networks for high-performance Li-S batteries. Advanced Materials，2016，28（8）：1603-1609.

[142] Hou Y，Mao H，Xu L. MIL-100（V）and MIL-100（V）/rGO with various valence states of vanadium ions as sulfur cathode hosts for lithium-sulfur batteries. Nano Research，2017，10（1）：344-353.

[143] Peng H J，Zhang G，Chen X，et al. Enhanced electrochemical kinetics on conductive polar mediators for lithium-sulfur batteries. Angewandte Chemie International Edition，2016，55（42）：12990-12995.

[144] Bao W，Su D，Zhang W，et al. 3D metal carbide@ mesoporous carbon hybrid architecture as a new polysulfide reservoir for lithium-sulfur batteries. Advanced Functional Materials，2016，26（47）：8746-8756.

[145] Ai G，Hu Q，Zhang L，et al. Investigation of the nanocrystal CoS_2 embedded in 3D honeycomb-like graphitic carbon with a synergistic effect for high-performance lithium sulfur batteries. ACS Applied Materials & Interfaces，2019，11（37）：33987-33999.

[146] Sun Z，Zhang J，Yin L，et al. Conductive porous vanadium nitride/graphene composite as chemical anchor of polysulfides for lithium-sulfur batteries. Nature Communications，2017，8：14627.

[147] Qu L，Liu P，Yi Y，et al. Enhanced cycling performance for lithium-sulfur batteries by a laminated 2D g-C_3N_4/graphene cathode interlayer. ChemSusChem，2019，12（1）：213-223.

[148] Zhang J，Huang H，Bae J，et al. Nanostructured host materials for trapping sulfur in rechargeable Li-S batteries：Structure design and interfacial chemistry. Small Methods，2018，2（1）：1700279.

[149] Chung S H，Manthiram A. Nano-cellular carbon current collectors with stable cyclability for Li-S batteries. Journal of Materials Chemistry A，2013，1（34）：9590-9596.

[150] Miao L，Wang W，Yuan K，et al. A lithium-sulfur cathode with high sulfur loading and high capacity per area：A binder-free carbon fiber cloth-sulfur material. Chemical Communications，2014，50（87）：13231-13234.

[151] Chung S H，Manthiram A. Low-cost，porous carbon current collector with high sulfur loading for lithium-sulfur batteries. Electrochemistry Communications，2014，38：91-95.

[152] Yan J，Liu X，Qi H，et al. High-performance lithium-sulfur batteries with a cost-effective carbon paper electrode

and high sulfur-loading. Chemistry of Materials，2015，27（18）：6394-6401.

[153] Elazari R，Salitra G，Garsuch A，et al. Sulfur-impregnated activated carbon fiber cloth as a binder-free cathode for rechargeable Li-S batteries. Advanced Materials，2011，23（47）：5641-5644.

[154] Lee J S，Kim W，Jang J，et al. Sulfur-embedded activated multichannel carbon nanofiber composites for long-life，high-rate lithium-sulfur batteries. Advanced Energy Materials，2017，7（5）：1601943.

[155] Cao Z，Zhang J，Ding Y，et al. *In situ* synthesis of flexible elastic N-doped carbon foam as a carbon current collector and interlayer for high-performance lithium sulfur batteries. Journal of Materials Chemistry A，2016，4（22）：8636-8644.

[156] Wang X，Gao T，Han F，et al. Stabilizing high sulfur loading Li-S batteries by chemisorption of polysulfide on three-dimensional current collector. Nano Energy，2016，30：700-708.

[157] He N，Zhong L，Xiao M，et al. Foldable and high sulfur loading 3D carbon electrode for high-performance Li-S battery application. Scientific Reports，2016，6：33871.

[158] Sun Y，Zheng G，Seh Z W，et al. Graphite-encapsulated Li-metal hybrid anodes for high-capacity Li batteries. Chem，2016，1（2）：287-297.

[159] Zhang A Y，Fang X，Shen C F，et al. A carbon nanofiber network for stable lithium metal anodes with high Coulombic efficiency and long cycle life. Nano Research，2016，9（11）：3428-3436.

[160] Ji X，Liu D Y，Prendiville D G，et al. Spatially heterogeneous carbon-fiber papers as surface dendrite-free current collectors for lithium deposition. Nano Today，2012，7（1）：10-20.

[161] Kim J S，Kim D W，Jung H T，et al. Controlled lithium dendrite growth by a synergistic effect of multilayered graphene coating and an electrolyte additive. Chemistry of Materials，2015，27（8）：2780-2787.

[162] Zhang R，Cheng X B，Zhao C Z，et al. Conductive nanostructured scaffolds render low local current density to inhibit lithium dendrite growth. Advanced Materials，2016，28（11）：2155-2162.

[163] Cheng X B，Peng H J，Huang J Q，et al. Dual-phase lithium metal anode containing a polysulfide-induced solid electrolyte interphase and nanostructured graphene framework for lithium-sulfur batteries. ACS Nano，2015，9（6）：6373-6382.

[164] Zhao C Z，Cheng X B，Zhang R，et al. Li_2S_5-based ternary-salt electrolyte for robust lithium metal anode. Energy Storage Materials，2016，3：77-84.

[165] Yuan H，Peng H J，Huang J Q，et al. Sulfur redox reactions at working interfaces in lithium-sulfur batteries：A perspective. Advanced Materials Interfaces，2019，6（4）：1802046.

[166] Cheng X B，Yan C，Chen X，et al. Implantable solid electrolyte interphase in lithium-metal batteries. Chem，2017，2（2）：258-270.

[167] Yan C，Cheng X B，Zhao C Z，et al. Lithium metal protection through *in-situ* formed solid electrolyte interphase in lithium-sulfur batteries：The role of polysulfides on lithium anode. Journal of Power Sources，2016，327：212-220.

[168] Mukherjee R，Thomas A V，Datta D，et al. Defect-induced plating of lithium metal within porous graphene networks. Nature communications，2014，5：3710.

[169] Cheng X B，Peng H J，Huang J Q，et al. Dendrite-free nanostructured anode：Entrapment of lithium in a 3D fibrous matrix for ultra-stable lithium-sulfur batteries. Small，2014，10（21）：4257-4263.

[170] Zhang X，Wang W，Wang A，et al. Improved cycle stability and high security of Li-B alloy anode for lithium-sulfur battery. Journal of Materials Chemistry A，2014，2（30）：11660-11665.

[171] Feng K，Li M，Liu W，et al. Silicon-based anodes for lithium-ion batteries：From fundamentals to practical applications. Small，2018，14（8）：1702737.

[172] Hwang J Y，Myung S T，Sun Y K. Sodium-ion batteries：Present and future. Chemical Society Reviews，2017，

46（12）：3529-3614.

[173] Li J T，Wu Z Y，Lu Y Q，et al. Water soluble binder，an electrochemical performance booster for electrode materials with high energy density. Advanced Energy Materials，2017，7（24）：1701185.

[174] Lacey M J，Jeschull F，Edström K，et al. Porosity blocking in highly porous carbon black by PVDF binder and its implications for the Li-S system. The Journal of Physical Chemistry C，2014，118（45）：25890-25898.

[175] Schneider H，Garsuch A，Panchenko A，et al. Influence of different electrode compositions and binder materials on the performance of lithium-sulfur batteries. Journal of Power Sources，2012，205：420-425.

[176] Li G，Cai W，Liu B，et al. A multi functional binder with lithium ion conductive polymer and polysulfide absorbents to improve cycleability of lithium-sulfur batteries. Journal of Power Sources，2015，294：187-192.

[177] Yang Z，Li R，Deng Z H. Polyelectrolyte binder for sulfur cathode to improve the cycle performance and discharge property of lithium-sulfur battery. ACS Applied Materials & Interfaces，2018，10（16）：13519-13527.

[178] Jeon B H，Yeon J H，Kim K M，et al. Preparation and electrochemical properties of lithium-sulfur polymer batteries. Journal of Power Sources，2002，109（1）：89-97.

[179] Choi Y J，Kim K W，Ahn H J，et al. Improvement of cycle property of sulfur electrode for lithium/sulfur battery. Journal of Alloys and Compounds，2008，449（1-2）：313-316.

[180] Lacey M J，Jeschull F，Edström K，et al. Why PEO as a binder or polymer coating increases capacity in the Li-S system. Chemical Communications，2013，49（76）：8531-8533.

[181] Nakazawa T，Ikoma A，Kido R，et al. Effects of compatibility of polymer binders with solvate ionic liquid electrolytes on discharge and charge reactions of lithium-sulfur batteries. Journal of Power Sources，2016，307：746-752.

[182] Chen J，Henderson W A，Pan H，et al. Improving lithium-sulfur battery performance under lean electrolyte through nanoscale confinement in soft swellable gels. Nano Letters，2017，17（5）：3061-3067.

[183] Milroy C，Manthiram A. An elastic，conductive，electroactive nanocomposite binder for flexible sulfur cathodes in lithium-sulfur batteries. Advanced Materials，2016，28（44）：9744-9751.

[184] Li G C，Li G R，Ye S H，et al. A polyaniline-coated sulfur/carbon composite with an enhanced high-rate capability as a cathode material for lithium/sulfur batteries. Advanced Energy Materials，2012，2（10）：1238-1245.

[185] Gao H，Lu Q，Yao Y，et al. Significantly raising the cell performance of lithium sulfur battery via the multifunctional polyaniline binder. Electrochimica Acta，2017，232：414-421.

[186] Li W，Zhang Q，Zheng G，et al. Understanding the role of different conductive polymers in improving the nanostructured sulfur cathode performance. Nano Letters，2013，13（11）：5534-5540.

[187] Ai G，Dai Y，Ye Y，et al. Investigation of surface effects through the application of the functional binders in lithium sulfur batteries. Nano Energy，2015，16：28-37.

[188] Wu M，Xiao X，Vukmirovic N，et al. Toward an ideal polymer binder design for high-capacity battery anodes. Journal of the American Chemical Society，2013，135（32）：12048-12056.

[189] Liu G，Xun S，Vukmirovic N，et al. Polymers with tailored electronic structure for high capacity lithium battery electrodes. Advanced Materials，2011，23（40）：4679-4683.

[190] Seh Z W，Zhang Q，Li W，et al. Stable cycling of lithium sulfide cathodes through strong affinity with a bifunctional binder. Chemical Science，2013，4（9）：3673-3677.

[191] Xu G，Yan Q，Kushima A，et al. Conductive graphene oxide-polyacrylic acid（GOPAA）binder for lithium-sulfur battery. Nano Energy，2017，31：568-574.

[192] Manthiram A，Fu Y，Chung S H，et al. Rechargeable lithium-sulfur batteries. Chemical Reviews，2014，114（23）：

11751-11787.

[193] Mikhaylik Y V，Akridge J R. Polysulfide shuttle study in the Li/S battery system. Journal of the Electrochemical Society，2004，151（11）：A1969-A1976.

[194] Busche M R，Adelhelm P，Sommer H，et al. Systematical electrochemical study on the parasitic shuttle-effect in lithium-sulfur-cells at different temperatures and different rates. Journal of Power Sources，2014，259：289-299.

[195] Yang Y，Zheng G，Cui Y. Nanostructured sulfur cathodes. Chemical Society Reviews，2013，42（7）：3018-3032.

[196] Park K，Cho J H，Jang J H，et al. Trapping lithium polysulfides of a Li-S battery by forming lithium bonds in a polymer matrix. Energy & Environmental Science，2015，8（8）：2389-2395.

[197] Cheng M，Li L，Chen Y，et al. A functional binder-sulfonated poly（ether ether ketone）for sulfur cathode of Li-S batteries. RSC Advances，2016，6（81）：77937-77943.

[198] Cheng M，Liu Y，Guo X，et al. A novel binder-sulfonated polystyrene for the sulfur cathode of Li-S batteries. Ionics，2017，23（9）：2251-2258.

[199] Zhang L，Ling M，Feng J，et al. Effective electrostatic confinement of polysulfides in lithium/sulfur batteries by a functional binder. Nano Energy，2017，40：559-565.

[200] Tang Z，Yang Q，Liu B，et al. The complexation between amide groups of polyamide-6 and polysulfides in the lithium-sulfur battery. Macromolecular Materials and Engineering，2017，302（9）：1700122.

[201] Peled E，Goor M，Schektman I，et al. The effect of binders on the performance and degradation of the lithium/sulfur battery assembled in the discharged state. Journal of the Electrochemical Society，2017，164（1）：A5001-A5007.

[202] Jung Y，Kim S. New approaches to improve cycle life characteristics of lithium-sulfur cells. Electrochemistry Communications，2007，9（2）：249-254.

[203] Chen W，Qian T，Xiong J，et al. A new type of multifunctional polar binder：Toward practical application of high energy lithium sulfur batteries. Advanced Materials，2017，29（12）：1605160.

[204] Ma L，Zhuang H L，Wei S，et al. Enhanced Li-S batteries using amine-functionalized carbon nanotubes in the cathode. ACS Nano，2015，10（1）：1050-1059.

[205] Wang Z，Dong Y，Li H，et al. Enhancing lithium-sulphur battery performance by strongly binding the discharge products on amino-functionalized reduced graphene oxide. Nature Communications，2014，5：5002.

[206] Jiao Y，Chen W，Lei T，et al. A novel polar copolymer design as a multi-functional binder for strong affinity of polysulfides in lithium-sulfur batteries. Nanoscale Research Letters，2017，12（1）：195.

[207] Chen W，Lei T，Qian T，et al. A new hydrophilic binder enabling strongly anchoring polysulfides for high-performance sulfur electrodes in lithium-sulfur battery. Advanced Energy Materials，2018，8（12）：1702889.

[208] Li G，Wang C，Cai W，et al. The dual actions of modified polybenzimidazole in taming the polysulfide shuttle for long-life lithium-sulfur batteries. NPG Asia Materials，2016，8（10）：e317.

[209] Ling M，Yan W，Kawase A，et al. Electrostatic polysulfides confinement to inhibit redox shuttle process in the lithium sulfur batteries. ACS Applied Materials & Interfaces，2017，9（37）：31741-31745.

[210] Su H，Fu C，Zhao Y，et al. Polycation binders：An effective approach toward lithium polysulfide sequestration in Li-S batteries. ACS Energy Letters，2017，2（11）：2591-2597.

[211] Li L，Pascal T A，Connell J G，et al. Molecular understanding of polyelectrolyte binders that actively regulate ion transport in sulfur cathodes. Nature Communications，2017，8（1）：2277.

[212] Liao J，Ye Z. Quaternary ammonium cationic polymer as a superior bifunctional binder for lithium-sulfur batteries and effects of counter anion. Electrochimica Acta，2018，259：626-636.

[213] Vizintin A, Guterman R, Schmidt J, et al. Linear and cross-linked ionic liquid polymers as binders in lithium-sulfur batteries. Chemistry of Materials，2018，30（15）：5444-5450.

[214] Pang Q，Kundu D，Cuisinier M，et al. Surface-enhanced redox chemistry of polysulphides on a metallic and polar host for lithium-sulphur batteries. Nature Communications，2014，5：4759.

[215] Yang H，Yang Y，Zhang X，et al. Nitrogen-doped porous carbon networks with active Fe-N_x sites to enhance catalytic conversion of polysulfides in lithium-sulfur batteries. ACS Applied Materials & Interfaces，2019，11（35）：31860-31868.

[216] Li G，Wang X，Seo M H，et al. Chemisorption of polysulfides through redox reactions with organic molecules for lithium-sulfur batteries. Nature Communications，2018，9（1）：705.

[217] Zhang Z W，Peng H J，Zhao M，et al. Heterogeneous/homogeneous mediators for high-energy-density lithium-sulfur batteries：progress and prospects. Advanced Functional Materials，2018，28（38）：1707536.

[218] Chen H，Wang C，Dai Y，et al. *In-situ* activated polycation as a multifunctional additive for Li-S batteries. Nano Energy，2016，26：43-49.

[219] Frischmann P D，Hwa Y，Cairns E J，et al. Redox-active supramolecular polymer binders for lithium-sulfur batteries that adapt their transport properties in operando. Chemistry of Materials，2016，28（20）：7414-7421.

[220] Hwa Y, Frischmann P D, Helms B A, et al. Aqueous-processable redox-active supramolecular polymer binders for advanced lithium/sulfur cells. Chemistry of Materials，2018，30（3）：685-691.

[221] Lis M，Chudzik K，Bakierska M，et al. Aqueous binder for nanostructured carbon anode materials for Li-ion batteries. Journal of the Electrochemical Society，2019，166（3）：A5354-A5361.

[222] Lacey M J，Jeschull F，Edström K，et al. Functional，water-soluble binders for improved capacity and stability of lithium-sulfur batteries. Journal of Power Sources，2014，264：8-14.

[223] Lacey M J，Österlund V，Bergfelt A，et al. A robust，water-based，functional binder framework for high-energy lithium-sulfur batteries. ChemSusChem，2017，10（13）：2758-2766.

[224] Zhang Z, Bao W, Lu H, et al. Water-soluble polyacrylic acid as a binder for sulfur cathode in lithium-sulfur battery. ECS Electrochemistry Letters，2012，1（2）：A34-A37.

[225] Pan J, Xu G, Ding B, et al. Enhanced electrochemical performance of sulfur cathodes with a water-soluble binder. RSC Advances，2015，5（18）：13709-13714.

[226] Hong X，Jin J，Wen Z，et al. On the dispersion of lithium-sulfur battery cathode materials effected by electrostatic and stereo-chemical factors of binders. Journal of Power Sources，2016，324：455-461.

[227] Akhtar N，Shao H，Ai F，et al. Gelatin-polyethylenimine composite as a functional binder for highly stable lithium-sulfur batteries. Electrochimica Acta，2018，282：758-766.

[228] Huang Y，Sun J，Wang W，et al. Discharge process of the sulfur cathode with a gelatin binder. Journal of the Electrochemical Society，2008，155（10）：A764-A767.

[229] Jiang S，Gao M，Huang Y，et al. Enhanced performance of the sulfur cathode with L-cysteine-modified gelatin binder. Journal of Adhesion Science and Technology，2013，27（9）：1006-1011.

[230] Sun J, Huang Y, Wang W, et al. Application of gelatin as a binder for the sulfur cathode in lithium-sulfur batteries. Electrochimica Acta，2008，53（24）：7084-7088.

[231] Sun J，Huang Y，Wang W，et al. Preparation and electrochemical characterization of the porous sulfur cathode using a gelatin binder. Electrochemistry Communications，2008，10（6）：930-933.

[232] Wang Q，Wang W，Huang Y，et al. Improve rate capability of the sulfur cathode using a gelatin binder. Journal of the Electrochemical Society，2011，158（6）：A775-A779.

[233] Wang Y，Huang Y，Wang W，et al. Structural change of the porous sulfur cathode using gelatin as a binder during discharge and charge. Electrochimica Acta，2009，54（16）：4062-4066.

[234] Zhang W，Huang Y，Wang W，et al. Influence of pH of gelatin solution on cycle performance of the sulfur cathode. Journal of the Electrochemical Society，2010，157（4）：A443-A446.

[235] Li Y，Gentle I R，Wang D W. Carboxymethyl cellulose binders enable high-rate capability of sulfurized polyacrylonitrile cathodes for Li-S batteries. Journal of Materials Chemistry A，2017，5（11）：5460-5465.

[236] Bao W，Zhang Z，Gan Y，et al. Enhanced cyclability of sulfur cathodes in lithium-sulfur batteries with Na-alginate as a binder. Journal of Energy Chemistry，2013，22（5）：790-794.

[237] Li Q，Yang H，Xie L，et al. Guar gum as a novel binder for sulfur composite cathodes in rechargeable lithium batteries. Chemical Communications，2016，52（92）：13479-13482.

[238] Lu Y Q，Li J T，Peng X X，et al. Achieving high capacity retention in lithium-sulfur batteries with an aqueous binder. Electrochemistry Communications，2016，72：79-82.

[239] Zhang S S，Tran D T，Zhang Z. Poly(acrylic acid) gel as a polysulphide blocking layer for high-performance lithium/sulphur battery. Journal of Materials Chemistry A，2014，2（43）：18288-18292.

[240] Zhang L，Liu Z，Cui G，et al. Biomass-derived materials for electrochemical energy storages. Progress in Polymer Science，2015，43：136-164.

[241] Li G，Ling M，Ye Y，et al. Acacia Senegal-inspired bifunctional binder for longevity of lithium-sulfur batteries. Advanced Energy Materials，2015，5（21）：1500878.

[242] Wu Y L，Yang J，Wang J L，et al. Composite cathode structure and binder for high performance lithium-sulfur battery. Acta Physico-Chimica Sinica，2010，26（2）：283-290.

[243] Zhao M X，Li J M，Du L，et al. Targeted cellular uptake and siRNA silencing by quantum-dot nanoparticles coated with β-cyclodextrin coupled to amino acids. Chemistry-A European Journal，2011，17（18）：5171-5179.

[244] Wang J，Yao Z，Monroe C W，et al. Carbonyl-β-cyclodextrin as a novel binder for sulfur composite cathodes in rechargeable lithium batteries. Advanced Functional Materials，2013，23（9）：1194-1201.

[245] Zeng F，Wang W，Wang A，et al. Multidimensional polycation β-cyclodextrin polymer as an effective aqueous binder for high sulfur loading cathode in lithium-sulfur batteries. ACS Applied Materials & Interfaces，2015，7（47）：26257-26265.

[246] Zhang S S. Binder based on polyelectrolyte for high capacity density lithium/sulfur battery. Journal of the Electrochemical Society，2012，159（8）：A1226-A1229.

[247] Ling M，Zhang L，Zheng T，et al. Nucleophilic substitution between polysulfides and binders unexpectedly stabilizing lithium sulfur battery. Nano Energy，2017，38：82-90.

[248] Guo J，Wang C. A polymer scaffold binder structure for high capacity silicon anode of lithium-ion battery. Chemical Communications，2010，46（9）：1428-1430.

[249] Lestriez B，Bahri S，Sandu I，et al. On the binding mechanism of CMC in Si negative electrodes for Li-ion batteries. Electrochemistry Communications，2007，9：2801-2806.

[250] Yoshio M，Tsumura T，Dimov N. Silicon/graphite composites as an anode material for lithium ion batteries. Journal of Power Sources，2006，163（1）：215-218.

[251] He M，Yuan L X，Zhang W X，et al. Enhanced cyclability for sulfur cathode achieved by a water-soluble binder. The Journal of Physical Chemistry C，2011，115（31）：15703-15709.

[252] Lv D，Zheng J，Li Q，et al. High energy density lithium-sulfur batteries：Challenges of thick sulfur cathodes. Advanced Energy Materials，2015，5（16）：1402290.

[253] Waluś S，Robba A，Bouchet R，et al. Influence of the binder and preparation process on the positive electrode

electrochemical response and Li/S system performances. Electrochimica Acta，2016，210：492-501.

[254] Song J，Xu T，Gordin M L，et al. Nitrogen-doped mesoporous carbon promoted chemical adsorption of sulfur and fabrication of high-areal-capacity sulfur cathode with exceptional cycling stability for lithium-sulfur batteries. Advanced Functional Materials，2014，24（9）：1243-1250.

[255] Eroglu D，Zavadil K R，Gallagher K G. Critical link between materials chemistry and cell-level design for high energy density and low cost lithium-sulfur transportation battery. Journal of the Electrochemical Society，2015，162（6）：A982-A990.

[256] Peng Y，Wen Z，Liu C，et al. Refining interfaces between electrolyte and both electrodes with carbon nanotube paper for high-loading lithium-sulfur batteries. ACS Applied Materials & Interfaces，2019，11（7）：6986-6994.

[257] Pope M A，Aksay I A. Structural design of cathodes for Li-S batteries. Advanced Energy Materials，2015，5（16）：1500124.

[258] Urbonaite S，Poux T，Novák P. Progress towards commercially viable Li-S battery cells. Advanced Energy Materials，2015，5（16）：1500118.

[259] Borchardt L，Oschatz M，Kaskel S. Carbon materials for lithium sulfur batteries—ten critical questions. Chemistry-A European Journal，2016，22（22）：7324-7351.

[260] Liu J，Galpaya D G D，Yan L，et al. Exploiting a robust biopolymer network binder for an ultrahigh-areal-capacity Li-S battery. Energy & Environmental Science，2017，10（3）：750-755.

[261] Zhu S，Yu J，Yan X，et al. Enhanced electrochemical performance from cross-linked polymeric network as binder for Li-S battery cathodes. Journal of Applied Electrochemistry，2016，46（7）：725-733.

[262] Liu J，Sun M，Zhang Q，et al. A robust network binder with dual functions of Cu^{2+} ions as ionic crosslinking and chemical binding agents for highly stable Li-S batteries. Journal of Materials Chemistry A，2018，6（17）：7382-7388.

[263] Bhattacharya P，Nandasiri M I，Lv D，et al. Polyamidoamine dendrimer-based binders for high-loading lithium-sulfur battery cathodes. Nano Energy，2016，19：176-186.

[264] Wang Z，Chen Y，Battaglia V，et al. Improving the performance of lithium-sulfur batteries using conductive polymer and micrometric sulfur powder. Journal of Materials Research，2014，29（9）：1027-1033.

[265] Liu J，Li R，Chen T，et al. Synergistic effect between poly（3，4-ethylenedioxythiophene）-poly（styrene sulfonate）coated sulfur nano-composites and poly(vinylidene difluoride) on lithium-sulfur battery. Journal of The Electrochemical Society，2018，165（3）：A557-A564.

[266] Pan J，Xu G，Ding B，et al. PAA/PEDOT：PSS as a multifunctional，water-soluble binder to improve the capacity and stability of lithium-sulfur batteries. RSC Advances，2016，6（47）：40650-40655.

[267] Zhou G，Liu K，Fan Y，et al. An aqueous inorganic polymer binder for high performance lithium-sulfur batteries with flame-retardant properties. ACS Central Science，2018，4（2）：260-267.

第8章

锂硫电池研究方法

8.1 锂硫电池材料表征方法

在锂硫电池中，涉及电子的激发与传输、离子迁移、晶体结构变化、相变、体积变化等多尺度物理化学转变，研究者将众多方法引入锂硫电池材料表征，以研究电池充放电机理、设计先进能源材料。锂硫电池材料各种表征技术的空间分辨率分布见图 8.1[1]。本节将阐述多种常见的锂硫电池材料表征方法。

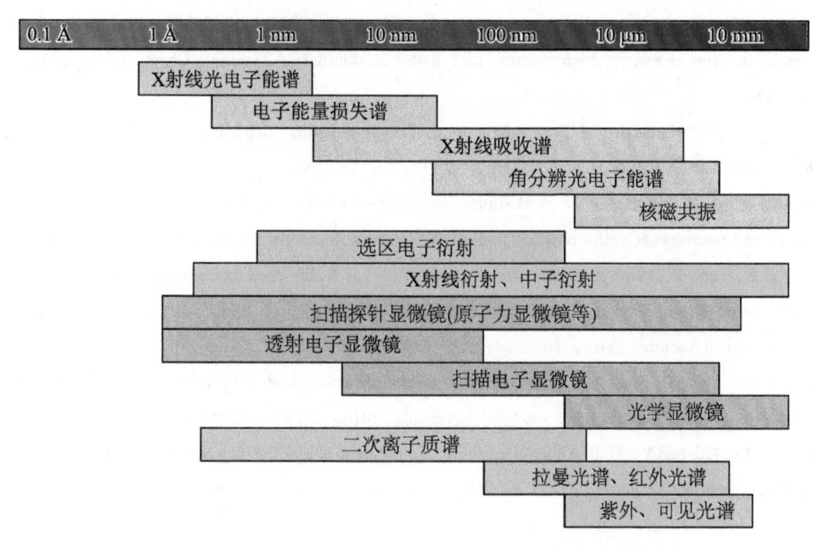

图 8.1 锂硫电池材料实验技术的空间分辨率分布图[1]

8.1.1 形貌表征

锂硫电池中多硫化物的穿梭效应以及锂枝晶的生长，严重阻碍着其实际应用。在过去的几十年里，各种形貌表征方法，如光学显微镜（optical microscopy）、扫描电子显微镜（scanning electron microscopy，SEM）、透射电子显微镜（transmission electron microscopy，TEM)、原子力显微镜（atomic force microscopy，AFM）等，被引入观测电池工作状态下内部形貌的演变中。通过形貌的表征，可对锂枝晶的生长、硫化锂的沉积等电池内部变化情况有一个直观的判断，为更有针对性地提出改进策略提供参考。

1. 光学显微镜

光学显微镜依靠可见光成像，分辨率在 0.1～0.2 μm 之间，远低于 SEM 和 TEM，很少用于电池拆解后表面形貌的微观表征。但光学显微镜操作方便、无须高真空环境、成本低、对样品不具破坏性，因此常被用于原位观测电池内部的动态演变过程。

1）正极

对于硫正极的研究，光学显微镜可用于观测电解液颜色的变化，这也是 SEM、TEM 等高分辨率显微镜所无法替代的功能。在锂硫电池的充放电过程中，单质硫、多硫化物、硫化锂之间相互转变，宏观上表现为电解液颜色的变化[2]。不同多硫化物溶液的颜色如图 8.2（a）所示[3]。斯坦福大学崔屹课题组利用自制的原位光学锂硫电池，观察了多硫化物在电池循环过程中的空间与时间分布情况，并验证了功能隔膜、改性正极等对多硫化物穿梭效应的抑制作用［图 8.2（b)］[4]。以时间分布为例，首次放电过程中，在 2.6～2.1 V 的高电压平台上，电解液颜色从无色到灰色再到棕黄色，并在高平台结束时呈现出最高的灰度［图 8.2（c)]。这说明在高平台结束时，可溶性的多硫化物（S_8^{2-}、S_6^{2-} 和 S_4^{2-}）浓度达到了最大值，而 S_8 则被耗尽。在进一步的放电过程中，电解液颜色逐渐变浅，灰度值下降，对应着可溶性的多硫化物转变为难溶的 Li_2S_2 和 Li_2S，并在正极上析出。放电结束时，电解液仍然呈现较浅的黄色，说明放电结束时多硫化物未完全转化。这部分损失的活性物质解释了为什么硫正极的实际放电容量远低于理论容量。而在充电过程中，电解液颜色逐渐加深，代表着多硫化物浓度的增大，直到充电结束，电解液仍未褪色，这意味着多硫化物未完全转化为 S_8［图 8.2（d)]。

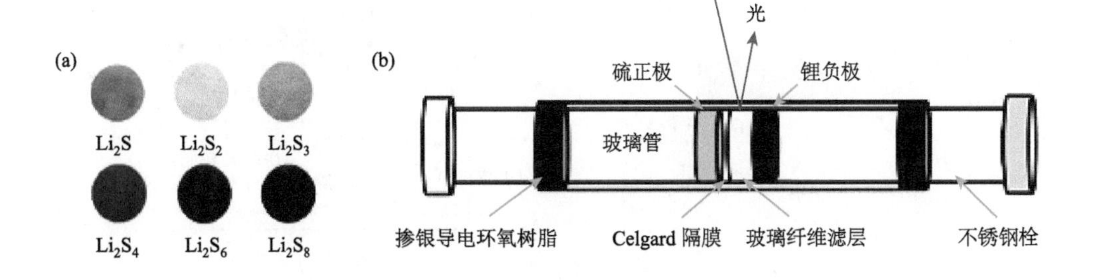

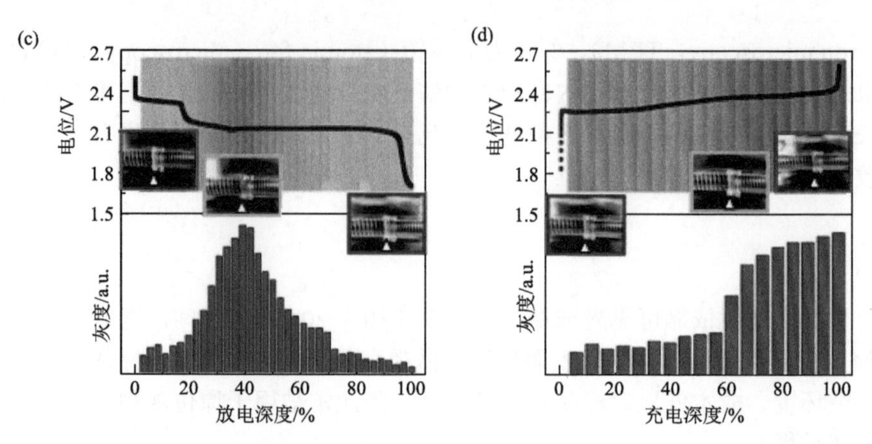

图 8.2 （a）各种多硫化物的颜色[3]；（b）光学原位锂硫电池；多硫化物在锂硫电池中不同空间与时间的分布情况：（c）放电过程，（d）充电过程[4]

2）负极

在负极侧的研究中，光学显微镜可用于观测枝晶的生长过程[5]。根据观察需要，研究者们构建了各种不同的原位可视电池，如“边对边”式、“面对面”式等（图 8.3）[6-9]。尽管它们形状各异，但都具有一个共同的特点，即需要有一个透明的可视窗口。毛细管、比色皿等实验室常见器皿均可用于构建简易的可视电池。

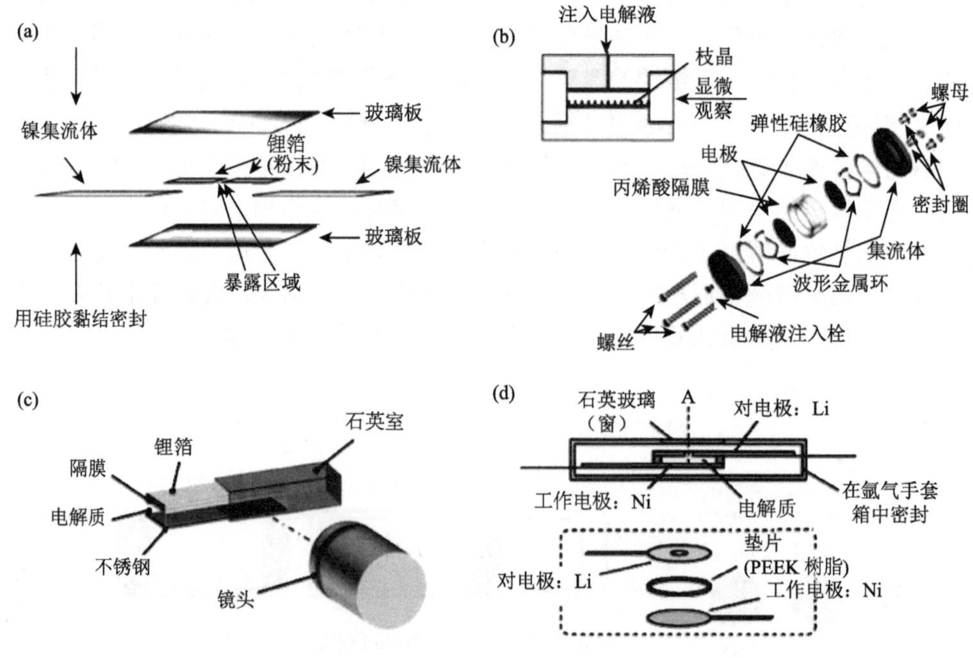

图 8.3 各类光学可视电池[6-9]

光学原位观测在枝晶生长机制的研究中起着重要的作用[10, 11]。Steiger 等通过细致的光学观测，对枝晶的针状生长和苔藓状生长给出了合理的解释[12-14]。研究者对比物理气相沉积法（PVD）蒸镀锂与在电解液中电沉积锂的两种表面形貌，均发现了针状锂的生长。据此可推测，针状（一维生长）锂的生长与锂离子的分布等外界因素无关，而是金属锂的内在生长特征，与锂原子在金属锂表面的移动和金属锂表面的杂质有关。这种一维的沉积易在金属锂表面的无机颗粒杂质上率先发生，随后锂原子嵌入枝晶的根部、缺陷和纽结等处，使得枝晶仅在一维方向生长［图 8.4（a)］[12]。在进一步的生长过程中，由于枝晶表面非均匀 SEI 的作用，枝晶可能向苔藓状（或灌木状）发展，即三维生长［图 8.4（b)］[13]。除了基础机理的研究，光学显微镜还可用于辅证新型电解液、人造 SEI 等对枝晶的抑制效果（图 8.5）[15]。

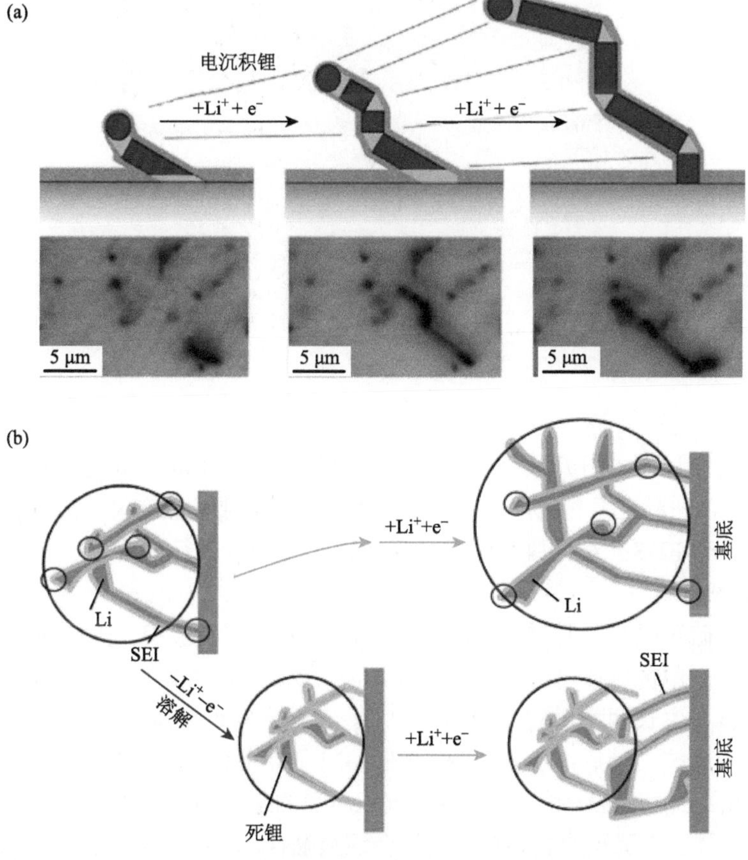

图 8.4　（a）一维针状生长[12]；（b）三维苔藓状生长[13]

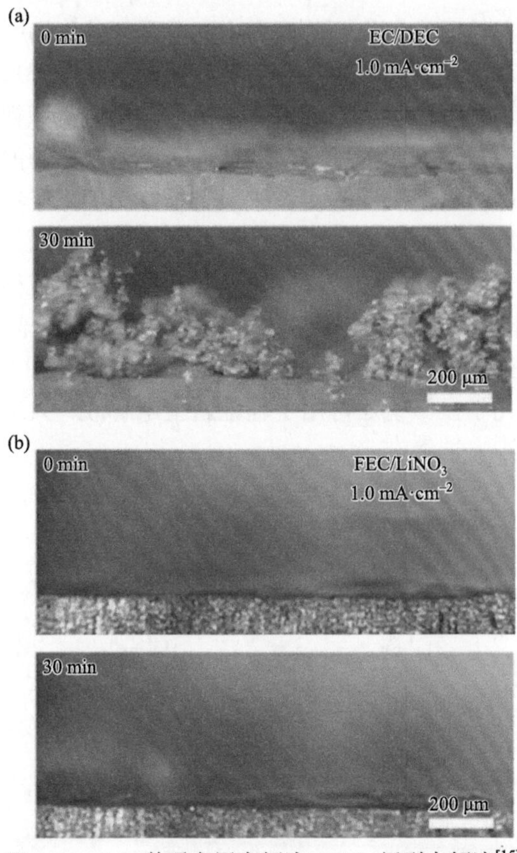

图 8.5　（a）普通商用电解液；（b）新型电解液[15]

EC：碳酸乙烯酯；DEC：碳酸二乙酯；FEC：氟代碳酸乙烯酯

2. 扫描电子显微镜

SEM 利用二次电子/背散射电子成像，分辨率可达 1 nm，是电池形貌表征中应用较为广泛的一种工具。此外，SEM 还可配合使用能量色散谱仪（energy dispersive spectrometer，EDS）对材料微区成分元素种类与含量进行分析。

1）正极

在研究硫正极时，常采用 SEM 观察 Li_2S 的电沉积形貌。美国麻省理工学院的蒋业明等采用恒压放电的方式研究了 Li_2S 在碳布集流体上的电沉积过程，明确区分了形核与生长两种形貌（图 8.6）[16]。在一定的过电位下，Li_2S 在碳纤维表面发生异相成核。其后，由于 Li_2S 极低的电子导率，其外延生长只能沿着 Li_2S/碳/电解液的三相界面发生，以获得电沉积所需的电子和锂离子，因而表现为“岛状”生长，且二维沉积的 Li_2S“岛屿”会逐渐融合，直到完全覆盖导电表面。对循环后的电池形貌进行表征，可对电池内部的穿梭情况有一个初步的判断。例如，清华大学张强课题组在拆解分析 2 C 循环后的电池时发现，采用掺氮石墨烯/镍铁层状双金属氢氧化物（LDH@NG）涂覆隔膜的电池正极 Li_2S 沉积较为均匀致密，而使用普通聚丙烯（PP）隔膜电池的硫正极则具有很多的孔洞，表明有大量的活性物质流失并腐蚀金属锂负极（图 8.7）[17]。这说明 LDH@NG 的引入很好地控制了穿梭效应。

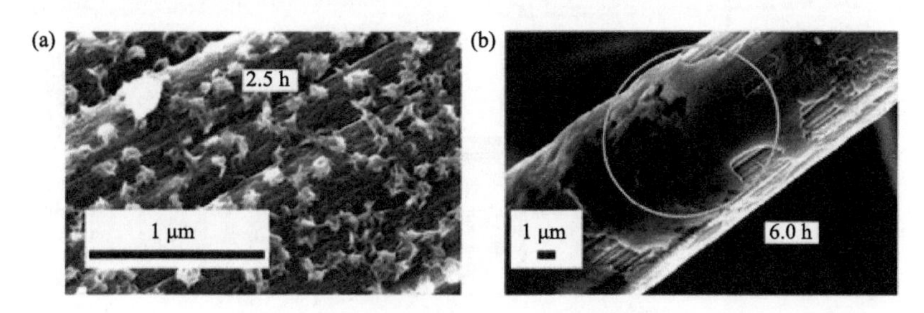

图 8.6 Li_2S 在碳布上的沉积形貌[16]

（a）形核；（b）“岛状”生长

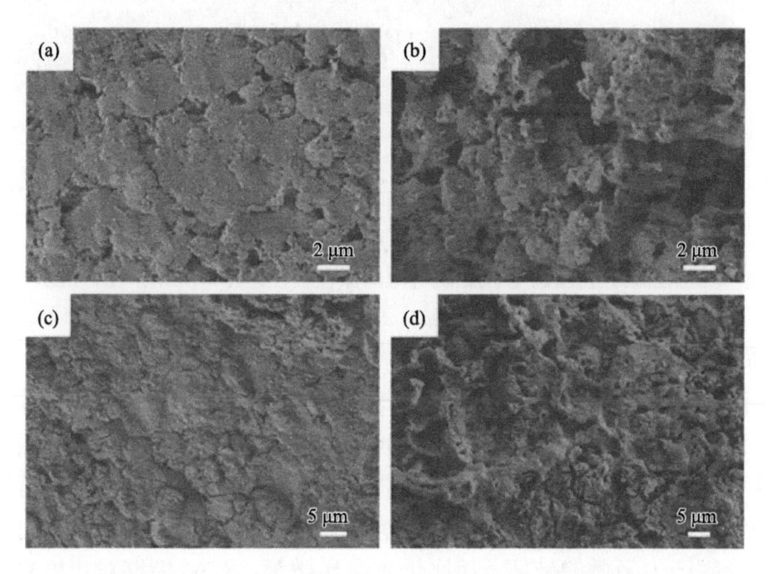

图 8.7 循环后电极表征：在 2 C 下循环 1000 圈后的硫正极（a）和锂负极（c）（LDH@NG 电池）；在 2 C 下循环 200 圈后的硫正极（b）和锂负极（d）（PP 电池）[17]

由于 SEM 的高真空环境和电子束成像原理，原位观测必须使用特制的电池。一方面，电池需有一个密封的环境，防止电解液在真空环境中挥发。另一方面，需留出特定的窗口，供电子束穿过（常用 SiN_x）。Marceau 等对锂|聚合物固态电解质|硫电池进行了整体的原位 SEM 分析（图 8.8）[18]。SEM 图和 EDX 图证明，在电压高于 2.3 V 时，单质硫可被观察到。结合紫外-可见光谱技术，包括多硫化物的溶解、表面钝化层的形成、单质硫颗粒以及多硫化物的迁移等现象均可被检测出。同时，这项研究也证明了聚合物固态电解质不能完全阻止活性硫的损失。

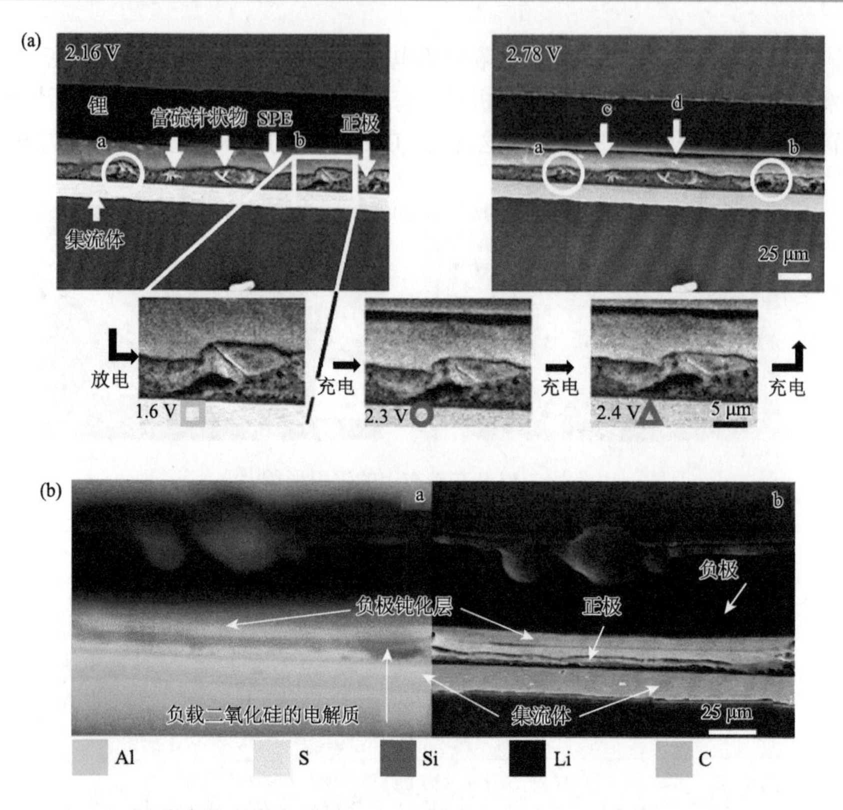

图 8.8 锂|聚合物固态电解质|硫电池的原位表征：（a）SEM；（b）EDX[18]

2）负极

在金属锂负极侧的研究中，SEM 的表征尤为重要。在非原位表征中，比较锂负极循环前后的表面形貌和截面变化，可得到枝晶的生长形貌、死锂层的厚度和负极的体积膨胀等信息。拆解所得的负极片一般先用相应的纯溶剂进行冲洗，洗去表面的锂盐，挥发完溶剂后利用密封容器转移到 SEM 腔内。制样过程不可避免地会对形貌产生轻微的破坏。相比于光学显微镜，SEM 能够对尺度更小的形核阶段进行追踪。斯坦福大学的崔屹等利用非原位 SEM 研究了不同电流密度下在铜集流体上锂的初始形核过程[19]。如图 8.9 所示，当电流密度较小时，锂的形核颗粒较大且分布稀疏。随着电流密度的增大，锂的形核颗粒逐渐变小，分布愈发均匀。这主要与不同电流密度所引起的过电位相关。经过统计发现，形核的尺寸与过电位成反比，而形核数量则与过电位的立方成正比，这为抑制锂枝晶的生长提供了指导。

原位 SEM 表征可对负极形貌的动态变化进行追踪，所以常被用于枝晶生长机理的研究[20-22]。例如，清华大学张跃钢团队利用原位电化学扫描电子显微镜（EC-SEM）研究了金属锂在液态电解液中的沉积/溶出行为（图 8.10）[23]。结果

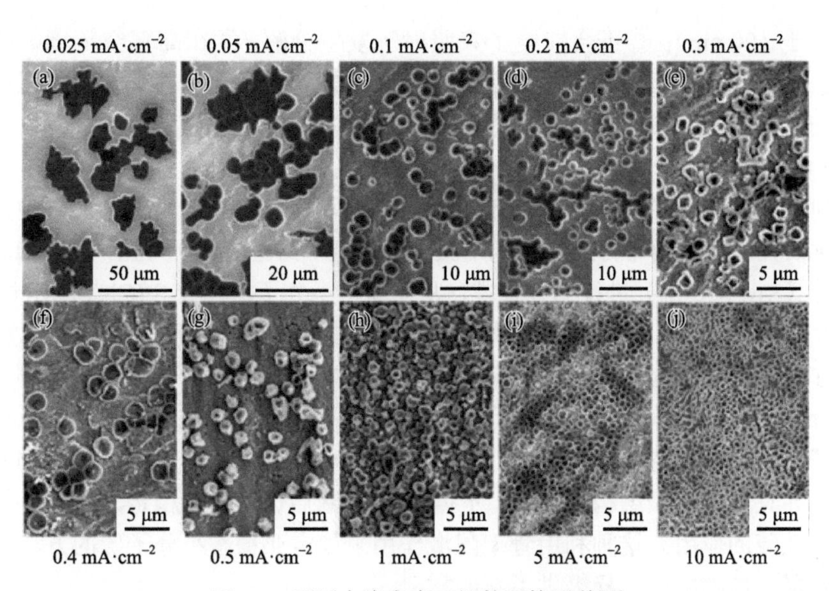

图 8.9 不同电流密度下锂的形核形貌[19]

表明，锂枝晶的生长速率以及形成机理与电解液添加剂具有密切联系。$LiNO_3$ 和 Li_2S_8 作为共添加剂加入醚类电解液中时，可有效抑制枝晶的生长。其中，$LiNO_3$ 的加入有助于形成稳定的 SEI，而 Li_2S_8 则是通过清除死锂来抑制枝晶生长，这有别于一般的 SEI 改性机理。

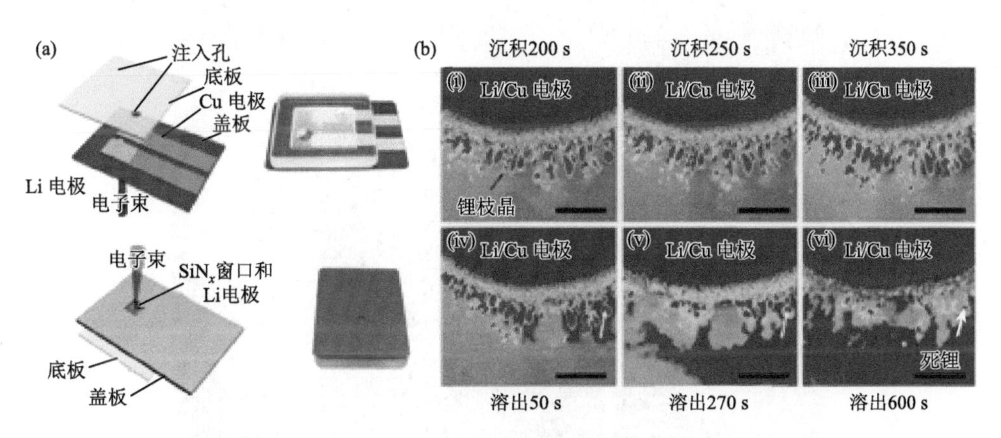

图 8.10 （a）用于原位 SEM 观察的电池；（b）锂沉积/溶出过程（图中比例尺为 20 μm）[23]

3. 透射电子显微镜

透射电子显微镜（TEM）利用透射电子成像，分辨率可达 0.1 nm。TEM 需要施加比 SEM 更高的加速电压（80～300 kV），使得电子束能够穿透样品，故 TEM 对制样要求更为严苛。一般地，测试样品应满足以下几个条件：①足够薄（厚度一般小于 100 nm)；②不会在电子束照射下发生分解；③在高真空环境中能保持稳定。相比于 SEM，TEM 不仅能够对形貌进行表征，还能够对材料的组成、晶面取向以及结构等方面进行分析，是常用的纳米材料表征技术。

1）正极

对比电池循环前后的 TEM 形貌，可判断正极材料的结构稳定性。中国科学院化学研究所郭玉国与万立骏等利用微孔碳骨架（孔径约为 0.5 nm）对亚稳态的小分子硫（S_2、S_3、S_4）进行物理限域，从而获得小分子硫正极 S/(CNT@MPC)[24]。如图 8.11 所示，结合 TEM、HRTEM、环形明场-扫描透射电子显微镜（ABF-STEM）、暗场 TEM 以及 EDX 谱图，可得到此种正极材料的晶面信息、元素分布等。由于环硫分子 $S_{5\sim8}$ 尺寸大于 0.5 nm，因此硫在此微孔碳骨架中沉积时仅能以亚稳态的小分子硫 $S_{2\sim4}$ 形式存在，如此便很好地避免了环硫分子所带来的多硫化物的穿梭效应，并且此种正极结构在 0.1 C 下循环 200 圈后仍能保持稳定，起到持续发挥储藏活性硫的作用。这种利用骨架限域作用来稳定亚稳态小分子硫的方法为锂硫电池正极活性物质的选择提供了新的材料。

TEM 还可用于验证正极材料对多硫化物的物理吸附、化学锚定等作用。例如，北京理工大学苏岳峰和杨文等采用多层聚电解质（PEMs）和石墨烯片（GS）对中空碳球/硫复合物进行表面包覆，很好地抑制了穿梭效应［图 8.12（a)］[25]。从高分辨率 TEM 图中可见，将正极材料在 Li_2S_4 溶液中浸泡过后，硫依然完好地

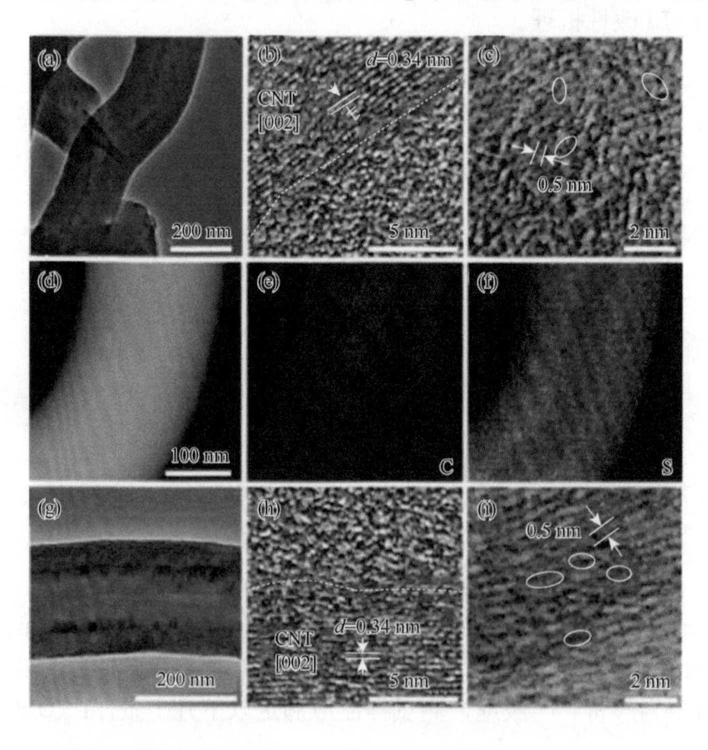

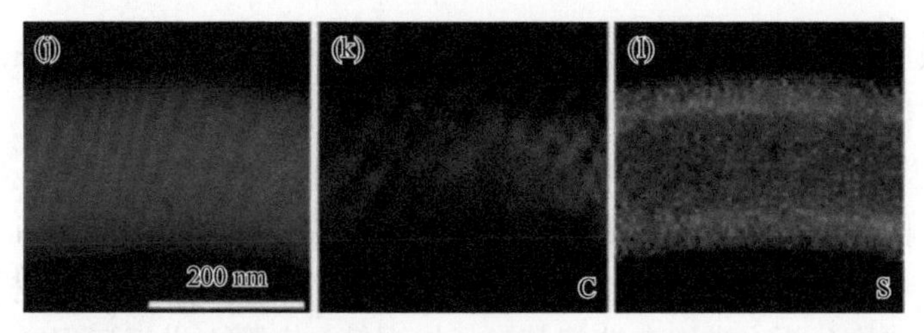

图 8.11　S/（CNT@MPC）正极循环前形貌：（a）TEM，（b）HRTEM，（c）ABF-STEM，（d）环形暗场 TEM，（e）、（f）EDX；0.1 C 循环 200 圈后的形貌：（g）TEM，（h）HRTEM，（i）ABF-STEM，（j）环形暗场 TEM，（k）、（l）EDX[24]

保留在经过表面改性后的正极材料中，而在普通的中空碳球/硫复合正极材料中，部分硫被电解液所侵蚀。一方面，表面改性层在静电作用下仅仅包覆在中空碳球表面，起到了物理屏障的作用；另一方面，表面改性层具有丰富的 SO_3^- 基团，可

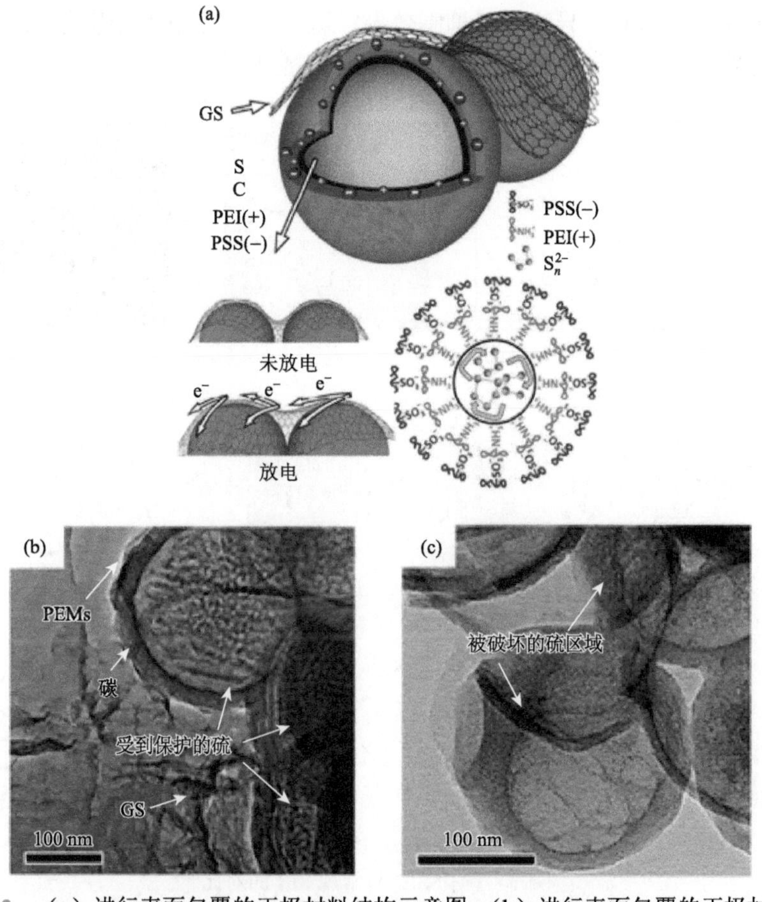

图 8.12　（a）进行表面包覆的正极材料结构示意图；（b）进行表面包覆的正极材料；（c）普通中空碳球/硫复合正极材料[25]

以对电解液中同样带负电荷的S_n^{2-}阴离子起到静电排斥作用，从而充当了一层具有选择透过性的保护膜。

2）负极

由于制样、加速电压等的影响，金属锂难以直接利用 TEM 表征。在一般的负极改进策略验证中，TEM 较少出现，但是可利用高分辨 TEM 对负极表面的 SEI 进行组成及结构分析。当锂在非锂基底（如铜等）表面上进行沉积脱出之后，SEI 会被留在基底表面。这一层 SEI 可以通过超声分散的方法分散到溶剂中再进行常规制样，即可进行 TEM 表征。例如，清华大学张强课题组利用高分辨 TEM 以及其他辅助表征手段，对比了在 Li_2S_x 与 $LiNO_3$ 的电解液中形成的硫化 SEI 与常规 SEI 之间的区别（图 8.13）[26]：一方面，Li_2S 的存在有效减小了硫化 SEI 中的晶粒尺寸，形成了多晶的马赛克结构；另一方面，常规 SEI 中的有机层比硫化 SEI 厚。有机层会降低 SEI 的离子导率，因此，硫化 SEI 保护下的金属锂负极表现出了较高的库仑效率和优异的枝晶抑制效果。这项工作为 SEI 的组成研究提供了一种新的思路，并为金属锂负极的实用化带来了曙光。

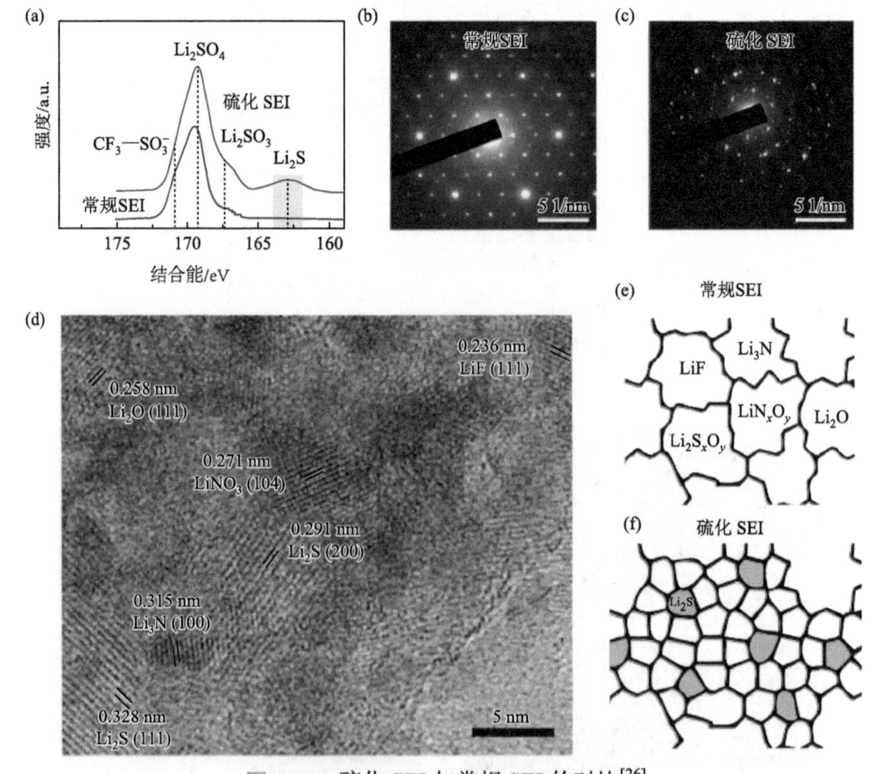

图 8.13 硫化 SEI 与常规 SEI 的对比[26]

（a）硫化 SEI 与常规 SEI 的 XPS 谱图；（b）常规 SEI 的 SAED 图谱；（c）硫化 SEI 的 SAED 图谱；（d）硫化 SEI 的 HRTEM 谱图；（e）常规 SEI 的结构示意；（f）硫化 SEI 的结构示意

结合类似于原位 SEM 中使用的特殊原位可视电池，TEM 可用于界面的演化机理研究，包括 SEI 形成，枝晶形核、生长等过程[27-30]。Kushima 等对不同过电位下枝晶的生长过程进行了观测（图 8.14）[31]。研究发现，在不同的过电位下，SEI 的生成速率影响着锂的沉积模式。在高过电位下，锂的沉积易形成一维的晶须状，而在较低的过电位下，锂的沉积可沿着电极的表面进行。在溶出过程中，根部生长的晶须锂的溶出速率与包覆在表面的 SEI 层厚度相关。由于根部的 SEI 最新生成，也最脆弱，此处锂离子的溶出最快。因此晶须锂容易发生根部断裂，从而形成漂浮在电解液中的死锂。原位 TEM 的观测结果可以为锂枝晶的生长模型提供有力的实验证据。

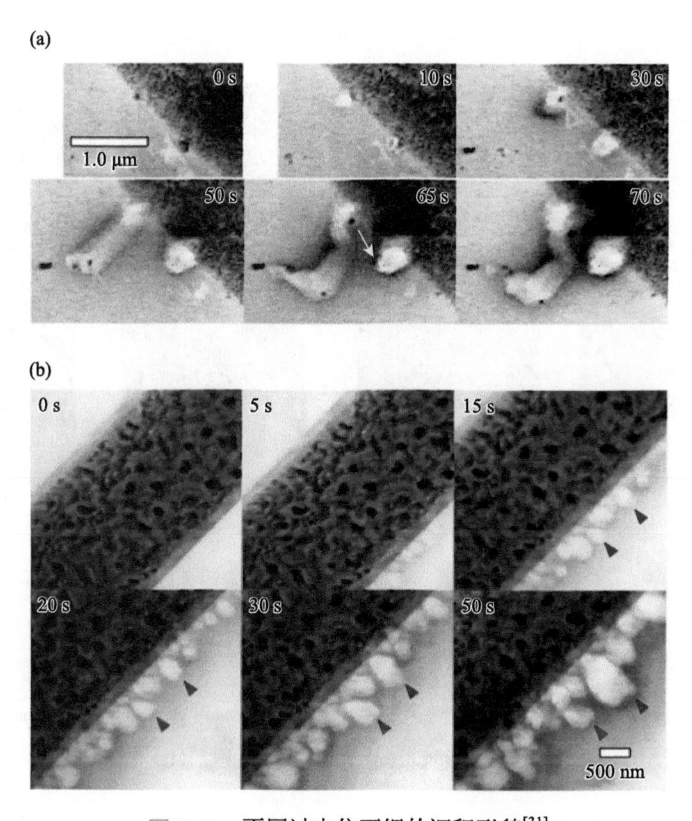

图 8.14　不同过电位下锂的沉积形貌[31]

（a）高过电位，“须状生长”；（b）低过电位，“表面生长”

4. 原子力显微镜

原子力显微镜（AFM）是通过检测针尖与样品表面之间微弱的原子间相互作用力来获得纳米级表面的形貌结构信息。这是一项非破坏性的检测方法，并可提供三维图像。相比于上述的 SEM 与 TEM，AFM 对检测环境要求不高，可在大气环境及液体环境中进行测试，且对样品制备的要求较低。

1）正极

联合其他测试手段，AFM 可用于研究正极界面性质、动态变化以及反应动力学。中国科学院化学研究所文锐和郭玉国等利用原位 AFM 探究了不可溶的 Li_2S_2 和 Li_2S 在正极/电解质界面上的形核、生长、沉积、溶解等动态过程（图 8.15）[32]。动态的形貌演变表明，在放电过程中，Li_2S_2 纳米颗粒从 2 V 开始形核生长，随后在 1.83 V 则发生快速的层状 Li_2S 的沉积。而在充电过程中，只有 Li_2S 从界面上消融，部分 Li_2S_2 未溶解，并会在后期循环中不断积累。这为锂硫电池循环性能衰减提供了最直接的证据。

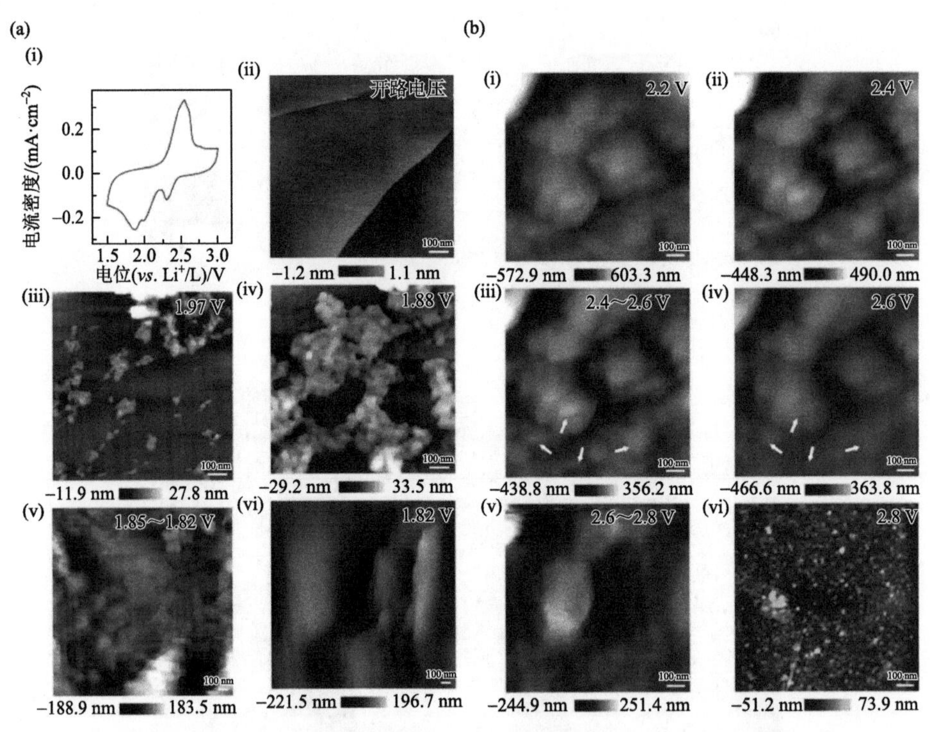

图 8.15　原位 AFM 形貌表征：（a）放电过程；（b）充电过程[32]

2）负极

AFM 具有纳米尺度的分辨率，不仅可用于表征负极锂沉积的形貌[33-35]，也可用于负极表面 SEI 的研究，包括形貌分析以及模量测试[36-39]。清华大学张强课题组利用 AFM 探究了锂与氟代碳酸乙烯酯（FEC）反应获得的人造 SEI 的形貌与结构[40]。相比于普通的锂片，FEC 浸泡过后的锂片表面十分平整［图 8.16（a）～（b)］。这说明 FEC 浸泡之后，锂片表面形成了一层均匀致密的人造 SEI。进一步对这一层 SEI 进行模量分析，可知该人造 SEI 有两层，下层为高模量的无机层，上层为低模量的有机层［图 8.16（c）～（d）］。在有机-无机复合 SEI 的保护下，负极的枝晶生长得到了有效的抑制。

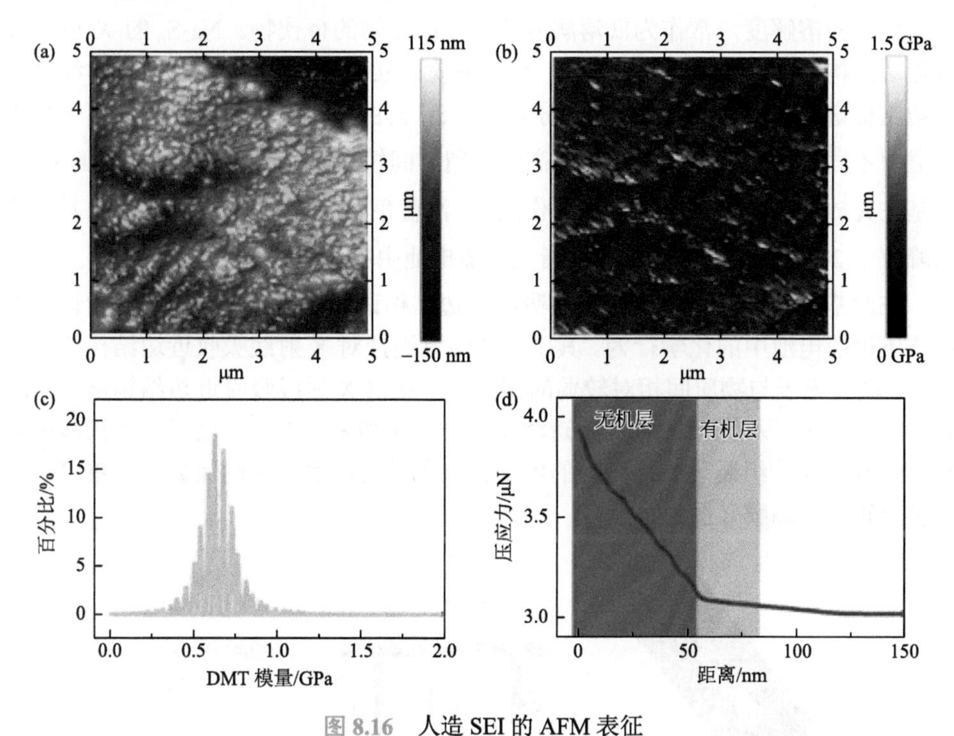

图 8.16 人造 SEI 的 AFM 表征

（a）普通锂片表面；（b）FEC 处理后的锂片表面；（c）（b）图区域的模量分布；（d）双层 SEI 的压应力曲线[40]

8.1.2 元素成分及价态研究方法

1. X 射线吸收光谱法

X 射线吸收光谱法是锂硫电池材料的重要研究方法。X 射线吸收谱由三部分组成：前缘吸收谱、X 射线吸收近边结构谱（XANES）和广延 X 射线吸收精细结构谱（EXAFS）。其中，XANES 与内层电子从低能级向高能级的跃迁有关，反映原子中的电子状态，样品无须结晶。XANES 可以指认每一组分的化学状态。在锂硫电池中，硫的 K-edge 谱图常用来表征含硫物种。多硫化物的二价阴离子除了在 2472.5 eV 存在硫元素的典型“白线”，还在 2470.5 eV 左右有峰出现，以此作为与 Li_2S 晶体（2474 eV 与 2476 eV）的区分。由于用于能量标定的标准物质不同，实测峰位置与标准值可能存在差别。

实验和理论研究都证实，S_n^{2-} 的谱图与多硫链的长度有关：两峰之间的面积比（主峰/峰前峰）随着链长度的增加而几乎线性增加。在 S_2^{2-} 的峰位置上，理论值和实验值出现了偏差：理论计算表明，S_2^{2-} 会在 2471 eV 处出现单峰；而实验上，由于潜在的歧化反应，化学合成的 Li_2S_2 出现了双峰。同时，钠的多硫化物具有相对高的溶解度，常作为低溶解度的锂多硫化物的替代物。Na_2S_n 的 X 射线吸收近边结构谱的规律与 Li_2S_n 相同，峰宽略宽。实验得到的 Na_2S_2 的 X 射线吸收近边结构谱也与计算的 Li_2S_2 谱十分吻合。S_n^- 自由基与二价多硫化物阴离子性质有显著不同。虽然自由基反应活性高、存留时间短，但检测 S_6^{2-} 歧化产生的 S_3^- 自由基在充放电机理讨论中仍有重要作用。在深蓝色素中相对稳定的 S_3^- 自由基的峰前峰位于 2468.5 eV，此峰常用来指认锂硫电池中的 S_3^- 自由基。

在此基础上，搭建原位 X 射线吸收近边结构谱（*in-situ* XANES）可指认工作状态下锂硫电池中的化学行为。其中需要注意锂盐对 X 射线吸收近边结构信号的干扰。高能光子与物质间相对较弱的相互作用使得 X 射线吸收近边结构谱对物质含量相对敏感。入射 X 射线的穿透深度可达几十微米，无法完全穿透正极和电解质。Gorlin 等[41]组装了一种巧妙的用于原位表征的电池，来确保数据采集可以覆盖整个正极和隔膜（图 8.17）。

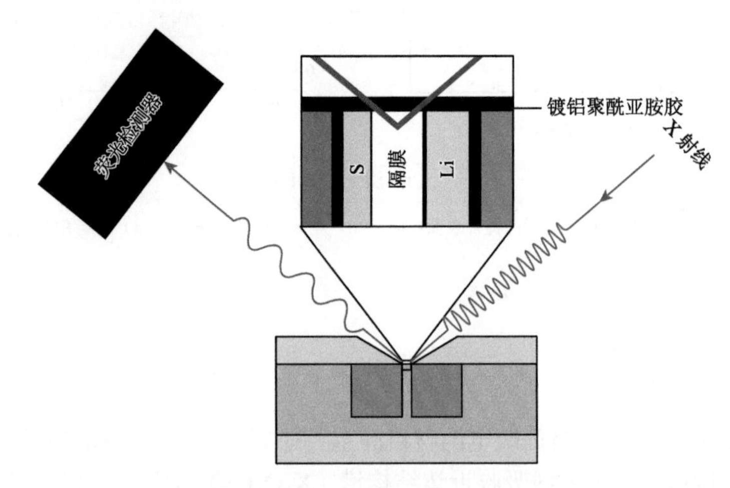

图 8.17　用于原位 X 射线吸收近边结构谱表征的电池设计（电池中所有组分的 X 射线荧光均可被检测）[41]

电池电解液中使用的锂盐会影响 X 射线吸收近边结构谱的测量。例如，LiTFSI 在 2478 eV 有强峰，为解释 X 射线吸收近边结构谱带来很大困难。因此，用于 X 射线吸收近边结构谱分析的电池多采用高氯酸锂（$LiClO_4$）作为锂盐，高氯酸锂对 X 射线吸收近边结构谱测量结果影响较小。虽然已知各阶多硫化物的谱图，但将其用于锂硫电池中的多硫化物量化分析还只局限在一种或两种二价多硫化物阴离子（图 8.18）[42]。而硫单质、Li_2S、S_3^- 自由基均可被分离出来并使用线性拟合法进行量化分析。

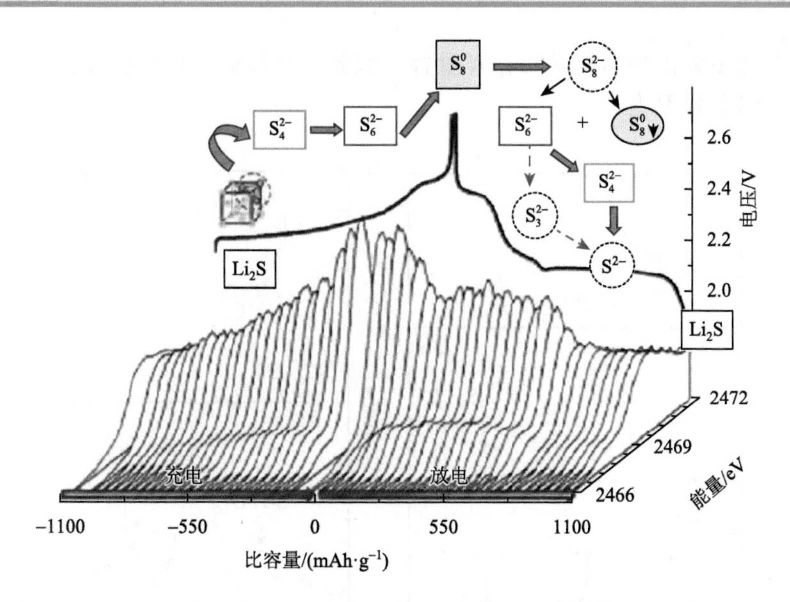

图 8.18　锂硫电池恒流充放电的原位 X 射线吸收近边结构表征与提出的反应机理[42]

2. 红外光谱法与拉曼光谱法

红外光谱是研究化合物在振动中偶极矩变化的光谱。红外光是波长在 700 nm～500 μm 之间的电磁波，其波长长、能量低，能引起物质分子发生振动或转动能级的跃迁。发生振动时，吸收的红外光有确定的波长，并会被转化为分子的振动能和转动能。红外光谱是由分子振动能级的跃迁产生的，反映了化合物中分子偶极矩的变化。傅里叶变换红外光谱仪噪声低、测量速度快、分辨率高、波数准确率高、光谱范围宽，从 20 世纪 70 年代以来便被广泛应用。

红外光谱分析法属于分子振动和转换光谱技术，是研究分子中原子振动的一种技术。除单原子分子及同核分子，凡能产生偶极矩变化的分子均可产生红外吸收，且与晶体的振动和转动有关。红外光谱的吸收频率、吸收峰的数目与强度均与分子结构有关，因此是有机化合物结构解析的重要手段之一。

拉曼光谱可以用来检测振动能级。在锂硫电池中，多硫化物的拉曼响应可以通过计算得到。通常，多硫化物阴离子的拉曼峰低于 550 cm^{-1}。长链通常带有更多的振动状态，因此通常随着多硫化物链长度的增加，拉曼峰数目也会增多，但这些峰的波长尚无明显趋势。在很多情况下，原位或非原位拉曼谱图中，S_8 峰位于 150 cm^{-1}、220 cm^{-1}、470 cm^{-1} 处，长链多硫化物 S_8^{2-} 和 S_6^{2-} 的峰约在 400 cm^{-1} 处，但更低阶的多硫化物如 S_3^{2-} 和 S_2^{2-} 等仍然难以检测（图 8.19）[43]。而 S_3^- 自由基在 525～535 cm^{-1} 处的拉曼峰的理论计算结果和实验值符合较好。事实上，在指认多硫化物的拉曼峰方面，国际上众多研究机构给出的结果并不完全一致，这是由于不同多硫化物的拉曼峰相互重叠。因此，目前通过原位拉曼光谱量化不同多硫化物仍十分困难。

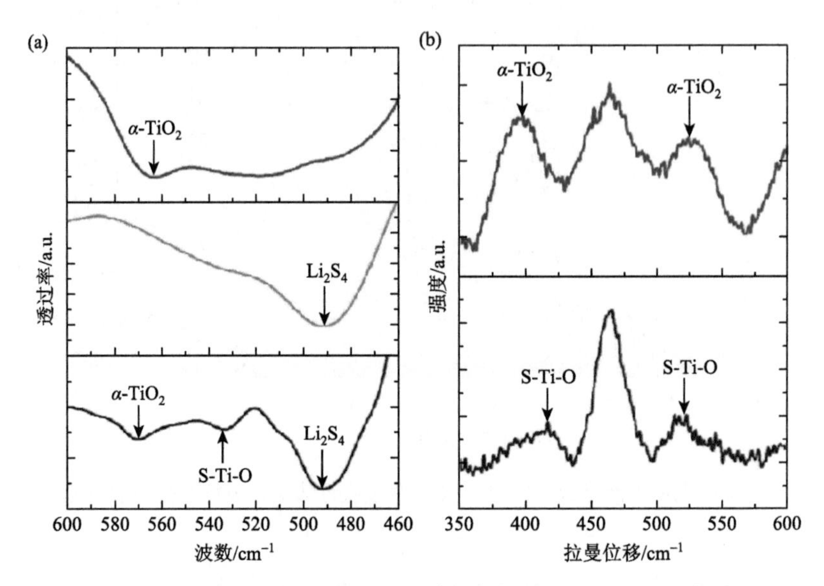

图 8.19 使用红外光谱与拉曼光谱表征锂硫电池硫正极材料：(a) α-TiO_2（蓝线）、Li_2S_4（橙线）与 Li_2S_4/TiO_2（黑线）复合物的傅里叶变换红外光谱图；(b) α-TiO_2（蓝线）与 Li_2S_4/TiO_2（黑线）复合物的拉曼光谱图[43]

3. 液相色谱法与质谱法

在锂硫电池中，液相色谱与质谱连用（LC-MS）是区分具有不同链长多硫化物的重要方法。反相高效液相色谱的保留时间随多硫化物阴离子的链长增加单调增加。结合质谱分析，便可指认液相色谱检测到的物质。使用液相色谱-质谱联用方法，除了无法区分 S_8 与 Li_2S_8 外，几乎不溶解的 Li_2S 也难以被检测，而其他多硫化物均可被直接检测。

为了避免成分指认受到歧化反应的影响，多硫化物被预先转化为更加稳定的甲基化/苄化多硫化物等。Kawase 等[44]检测了每一种多硫化物的含量（包括 Li_2S），并提出锂硫电池详细的充放电机理：高电压平台对应 S_8 与其他高阶多硫化物的转化，低电压平台则对应 S_3^{2-} 向 S_2^{2-} 和 S^{2-} 的转化。当 Li_2S_2 被还原为 Li_2S 时，放电停止（图 8.20）。

虽然众多研究者在检测多硫化物方面做出了很多重要贡献，但液相色谱-质谱联用法依然属于非原位表征方法，仍旧难以检测稳定性差的物质，如自由基等。实时监测锂硫电池中的所有多硫化物组分并计算其含量，依然十分困难。通常，研究者只选择其中的一种或几种多硫化物来检测并计算含量。基于前人工作，锂

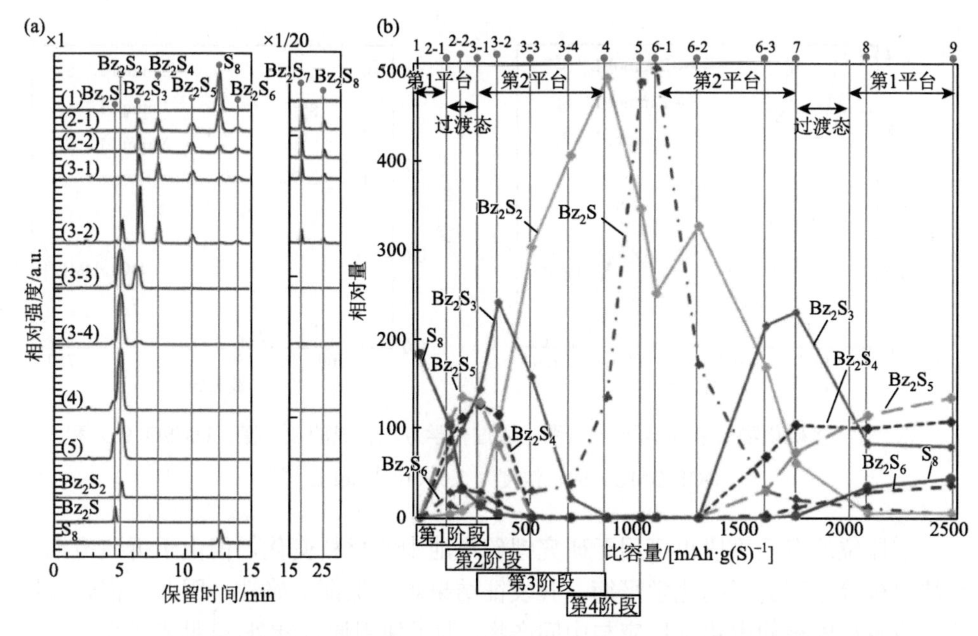

图 8.20　使用液相色谱-质谱联用法指认多硫化物时在不同充放电阶段的测试结果[44]

（a）液相色谱图；（b）从液相色谱图中得出的苄基多硫化物（Bz_2S_n）的相对量

硫电池中的放电反应可大致总结为：①高电压平台对应 S_8 分子向高阶多硫化物如 S_8^{2-} 和 S_6^{2-} 的转化；②两个放电平台之间的斜坡通常对应 S_4^{2-} 的形成；③低电压平台对应 S_4^{2-} 和 Li_2S_2 的还原。

4. 紫外-可见光谱

各阶多硫化物电子从最高占据轨道到最低未占轨道的跃迁在紫外-可见光范围内有大量吸收峰。因此紫外-可见光谱（UV-Vis）可用来指认锂硫电池中的多硫化物。通常，紫外-可见光谱与电化学方法结合，研究基于溶液的电化学反应；与基于第一性原理的计算方法相结合，则可准确指认多硫化物的吸收峰。单质硫在低于 300 nm 处有吸收峰，二价多硫化物阴离子的吸收峰在 350～500 nm 处，S_3^- 自由基在 620 nm 处有特征峰（图 8.21）[45]。

通常，长链多硫化物在较大波长处有较强的特征峰。例如，Li_2S_8 在 500 nm 处有特征峰，Li_2S_4 为 400 nm。这些特征对于表征硫元素的还原过程十分重要。尽管如此，由于单质硫在常见电解液（如 DMSO、DMF 等）中的溶解度较低，仅为 20 mmol·L^{-1}，并且分散液也不适合紫外-可见光谱分析，因此，针对光谱学与电化学分析的锂硫电池还须重新设计。

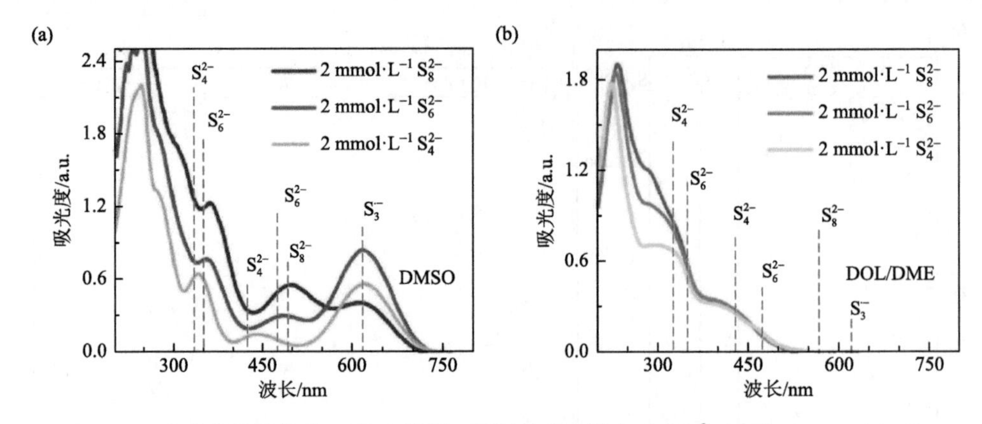

图 8.21 多硫化物的紫外-可见光谱图：通过化学方法合成的 S_n^{2-} 溶于 DMSO（a）和 DOL/DME（b），浓度为 2.0×10^{-3} mol·L^{-1}[45]

非原位的表征手段也可用于研究锂硫电池中的材料变化，但由于拆装电池、清洗电极等过程会影响化学平衡，其表征结果难以保证准确性。因此，需开发原位手段表征电极的电化学反应与中间产物。为了使用原位紫外-可见光谱表征实际锂硫电池中的化学反应，Dominko 等[46, 47]开发了反射模式，量化研究了化学合成的多硫化物溶液的紫外-可见光谱。

原则上，在锂硫电池中，多种化学与电化学反应同时发生。许多研究提出，高电压平台包括 S_8 分子和高阶多硫化物的还原反应，低电压平台对应低阶多硫化物的解离和 Li_2S 的沉积。因此，高电压平台反应迅速、极化较弱，低电压平台则受到化学反应的限制，通常在放电结束时还有未完全反应的多硫化物存留。

除了通过光谱学被广泛研究的多硫化物阴离子外，S_3^- 自由基也可以通过光谱学粗略指认。S_3^- 自由基与其他多硫化物自由基相比更加稳定，并在锂硫电池充放电反应中发挥重要作用。S_3^- 自由基具有独特的结构，在多种光谱学表征中都有信号，如 X 射线吸收近边结构谱（2468.5 eV）、紫外-可见光谱（620 nm）、拉曼光谱（525 cm^{-1}）。其检测灵敏度甚至高于多种多硫化物。电子顺磁共振/电子自旋共振技术提供了 S_3^- 自由基在二甲基亚砜（DMSO）、1, 3 二氧戊环/乙二醇二甲醚（DOL/DME）和四乙二醇二甲醚（TEGDME）中存在的证据。目前 S_3^- 自由基的含量难以用电子自旋共振技术测定。其作用机理可能和锂-空气电池中的 O_2^- 自由基相似。自由基在锂硫电池中的指认和作用机理还有待研究。

5. X 射线光电子能谱分析

X 射线光电子能谱（XPS）分析是一种对样品表面化学组成进行表征的手段。根据光电效应，光子可以诱发电子激发，激发出的电子的能量是光子能量与结合能的差值。通过测试光子能量与激发出的电子能量，两者相减即得到结合能。特定元素的结合能数值与键相对应，由结合能数值可以推算得到键合特征，进而分析表面化学组成。

在研究锂硫电池中的金属锂电极时，常见分析元素为锂、氟、氧、氮、硫、碳等。在分析结果时，会利用碳的最强峰进行校正，并对硫元素的 2p 峰进行 $2p_{1/2}$ 和 $2p_{3/2}$ 的分峰处理。1996 年，Aurbach 等[48]在研究石墨和金属锂在各种电解液中的性能时，利用 X 射线光电子能谱分析研究其表面生成的固液界面膜成分，发现固液界面膜的主要成分有 F、C、O、Li 等[49-56]。

图 8.22 给出了在含有硝酸锂的锂硫电池电解液中，金属锂第一圈循环沉积后表面的各种可能物质[2]。电解液中多硫化物的氧化会产生大量的氧-硫化物，这些物质会参与形成固液界面膜上的无机组分。在硫的分峰数据中，可以看到有机链的存在，参考前人的分析，这部分应该是固液界面膜上更加靠近电解液的部分，可能是电解液中的硫组分与添加剂一起被金属锂还原而形成的有机分子。

金属锂表面的 X 射线光电子能谱分析反映了电解液与金属锂反应的产物。硫 2p 谱图中的多硫化物可能是金属锂与 Li_2S_5 发生了氧化还原，$LiNO_3$ 也可能参与其中，产物残留在金属锂表面。氮 1s 图谱中还直接发现了 $LiNO_3$ 的峰位，这可能归属于硝酸锂在锂负极表面的结晶。

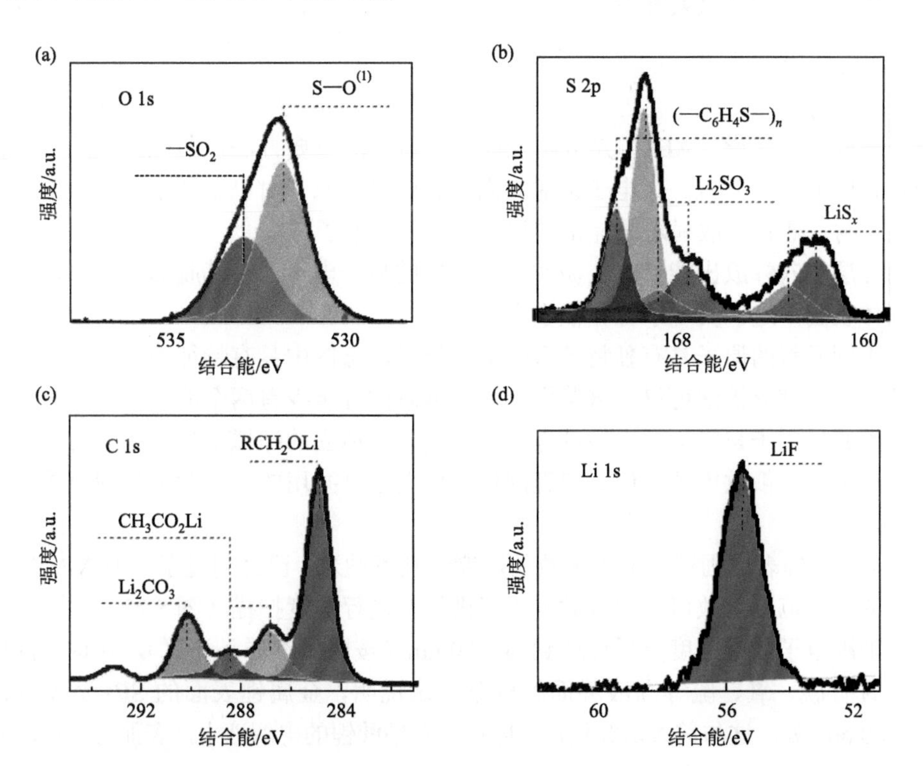

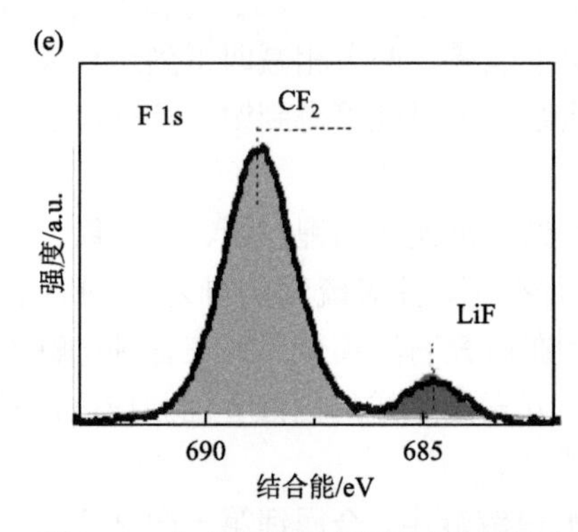

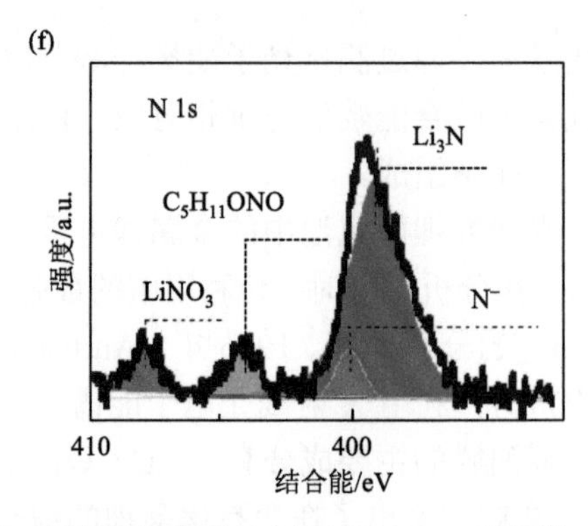

图 8.22　含有硝酸锂电解液的锂硫电池中第一圈循环沉积的金属锂表面 XPS 谱图[2]

图（a）中（1）代表 Li_2SO_3 和 Li_2SO_4 中的 S—O 键[2]

在锂负极表面，同样也发现了 Li_2CO_3、Li_3N 等物质的存在。这些物质被证明对金属锂负极有保护作用，从而常被用来修饰锂负极，实现性能提升。然而，通常由于金属锂样品在制样过程中与空气有短暂的接触，所以不能完全保证锂表面发现的碳化物、氮化物等是在沉积过程中形成的固液界面膜成分。但高精度 XPS 分析依然展现了很多固液界面膜的可能组分，为进一步推断形成固液界面膜的化学反应原理提供了重要参考。

6. 俄歇电子能谱分析

俄歇电子能谱（AES）是分析表面化学特性的重要方法，通过刻蚀还可进行一定程度的深度分析。当电子束射向固体表面时，原子对电子产生弹性散射与非弹性散射，非弹性散射造成能量转移，发出二次电子与 X 射线。当外壳层电子填补内壳层空穴释放出能量时，激发了外壳层的另一电子，使其脱离原子核，逃逸出固体表面，这一类电子称作俄歇电子。

不同元素的原子具有独特的俄歇电子能量，谱图中具有特征的俄歇峰，因而俄歇电子能谱分析法可以用来鉴别元素。俄歇过程至少有两个能级和三个电子参与，因此氦原子与氢原子无俄歇电子。原则上，孤立的锂原子最外层只有一个电子，也不产生俄歇电子，但金属锂固体中价电子是共用的，因此金属锂可以发生俄歇跃迁。

通常，锂表面固液界面膜大致的厚度为几百纳米，已经超过了一般 XPS 所能扫描的深度范围，故可采用俄歇电子能谱技术进行深度扫描（图 8.23）[2]。

俄歇电子能谱深度分析可达到约 180 nm（按照标准样品计算），在这个深度下一直有碳、氧、硫等固液界面膜成分。这说明，金属锂表面的 SEI 至少延伸到 180 nm 处。这与前人研究相符，即在含有硝酸锂的电解液中，表面有较厚的固

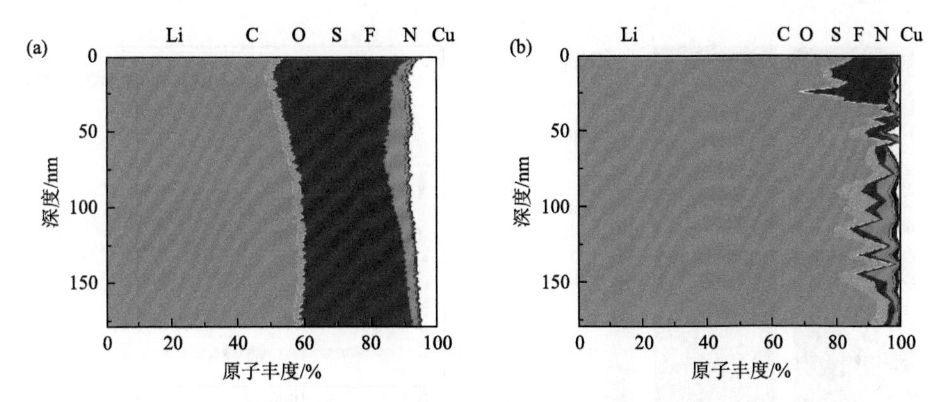

图 8.23　含有硝酸锂电解液的锂硫电池中沉积金属锂的深度刻蚀 AES 谱图[2]

（a）第一次循环后；（b）第十次循环后

液界面膜。在多次循环后，约 20 nm 处会出现转折点：表层硫元素（橙色）的含量较少，氧元素（蓝色）含量很多；底层硫元素的含量突然增加，氧元素含量突然减少。这很可能表明固液界面膜微观上有两层结构，靠近表面的一层含碳、氧等有机、无机物较多，在该层以下有硫化物相对集中的中间层，主要成分是多硫化物，深层可见氧元素和硫元素的渐变分布。

7. 二次离子质谱

二次离子质谱（SIMS）通过电离的氩气或氧气等离子体轰击样品表面，探测样品溢出的离子团或荷电离子来检测样品成分。其中，飞行时间二次离子质谱（TOF-SIMS）空间分辨率高，可分辨同位素，但对样品有破坏性。

使用二次离子质谱可对金属锂表面及体相进行化学组成分析[57]。图 8.24 给出了在含有硝酸锂、锂多硫化物的电解液中金属锂的三维组成。有机成分 CH_2CO^- 和无机成分 S^-、F^-随深度增加呈现明显的双层分布，表明在电解液中金属锂表面呈现出表层和内层组成的双层结构。尤其表面 F^-与体相中差异巨大，表明电解液中的硝酸锂和锂多硫化物协助形成了含氟表面层。

8.1.3　材料结构研究方法

1. 原位 X 射线衍射技术

在物质的微观结构中，原子间和分子间的距离（1～10 Å）正好在 X 射线的波长范围内，物质对于 X 射线的散射和衍射可传递出物质微观结构方面的信息。当 X 射线照射在某物质（晶体或非晶体）表面时，会产生不同程度的衍射现象。由于被测物质的组成、晶型、分子内成键方式、分子构型、构象等特性独一无二，该物质产生的衍射图谱具有独特的衍射花样。

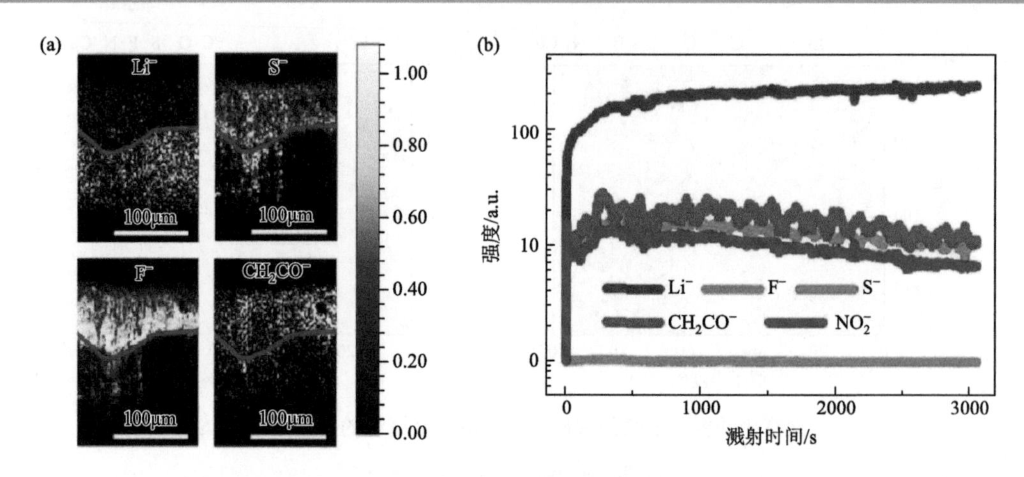

图 8.24 使用飞行时间二次离子质谱表征金属锂电极中化学成分分布[57]

（a）在金属锂表面固液界面膜中 Li^-、S^-、F^-和 CH_2CO^-的分布，蓝线区分了金属锂表面层与体相；（b）Li^-、S^-、F^-和 CH_2CO^-的归一化信号强度随深度分布

X 射线衍射方法测试过程中无污染、所需样品数量少、对样品的破坏性微小、测试简单快捷、对结构和缺陷灵敏测量精度高、能得到有关晶体完整性的大量信息。因此，X 射线衍射分析法作为材料结构和成分分析的一种现代科学方法，在锂硫电池中也有广泛应用。多晶 X 射线衍射可以应用于物相定量与定性分析，测定晶体结构参数及相关的物理量，如晶体的密度、热膨胀系数、宏观应力等，精确测量物质微观结构的微小变化等。同时，X 射线衍射方法能够进行无损测试，故可以用来进行原位观测。

锂硫电池作为动态系统，原位 X 射线衍射可以分析充放电状态中的物质转化过程。通常采用同步辐射 X 射线源，其可提供更高的光强，在短时间内得到高质量衍射谱。

为了明确锂硫电池放电产物，Nelson 等[58]首次在锂硫电池中开展了原位 XRD 研究［图 8.25（a）］。在 C/8 的倍率下，使用常见的 LiTFSI + DOL/DME 电解液，在放电终止区，通过原位表征手段在锂硫电池中未监测到 Li_2S，而使用非原位表征手段则检测到了 Li_2S。这表明，Li_2S 在放电结束时呈现无定形态，结晶的 Li_2S 仅在放电过程结束后的一段时间内才能形成。然而，还有一些研究表明，在第二个放电平台出现了硫化锂的纳米晶。不同的研究者给出了不同的检测结果。Waluś 等[59]在整个低平台都观测到了硫化锂［图 8.25（b）］。Schneider 等在低平台的中部检测到了硫化锂的存在。Lowe 等[60]直到低平台结束（大于 80%放电深度）都没有发现硫化锂。所有检测到的硫化锂都呈现标准的立方结构，颗粒直径小于 10 nm，在充电深度 80%时完全消失。

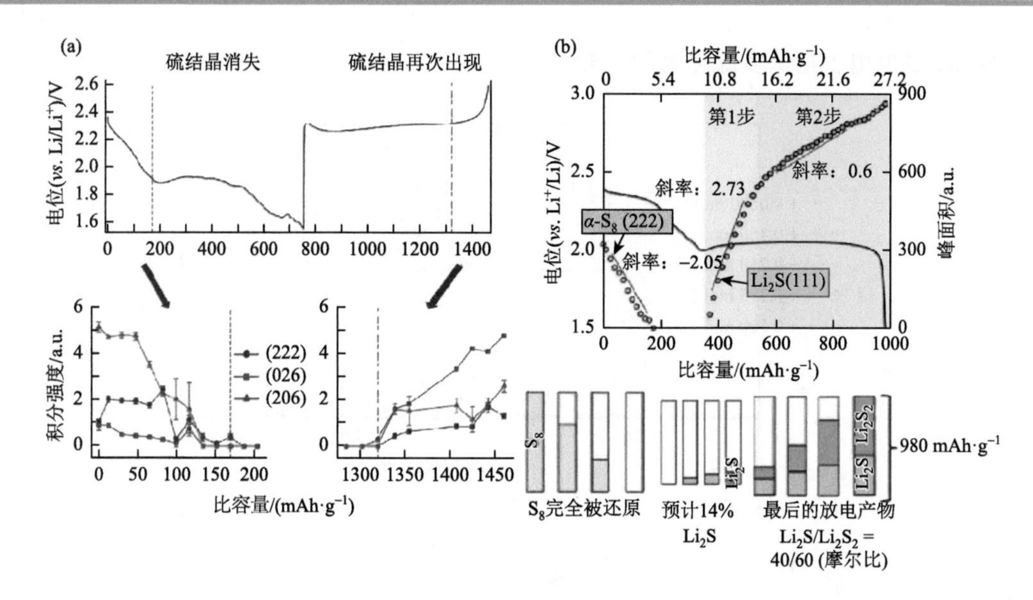

图 8.25　原位 X 射线衍射谱[59]

（a）硫在整个充放电过程中的整体衍射峰强度及对应的充放电曲线，锂硫电池循环倍率为 C/8；
（b）首次恒流放电电压曲线与最强峰物种

对于充电产物斜方 α-S_8，其在首次放电平台后几乎消失。值得注意的是，一些研究表明，重结晶的硫单质以另一种同素异形体的形式存在，即单斜 β-S_8。在室温下，α-S_8 是热力学稳定相，β-S_8 的存在说明 α 相的生成相比于 β 相在动力学上可能更加缓慢。将电池静置一段时间后，部分 β-S_8 相转变为 α-S_8 相，一些研究者还检测到无定形硫的生成。这些转变可能是由于 β-S_8 相的亚稳特性，并且平衡态下具体的物质组成与电池内部的化学环境密切相关。

2. 核磁共振技术

在锂硫电池中，^6Li 和 ^7Li 核磁共振（NMR）都可以用来区分可溶性多硫化物与固态 Li_2S。与固态样品不同，液态核磁共振谱通常在−1～0.2 ppm 出现单峰。峰位置取决于多硫化物浓度、链长度、电解液组成等（图 8.26）[61]。溶剂化锂离子和与多硫化物阴离子相互作用的锂离子的快速转化，造成了核磁共振谱图中锂盐与多硫化物响应峰的重叠。See 等发现，随着多硫化物链长减小与浓度增加，锂核的共振峰向高频移动。然而，由于峰位置对浓度十分敏感，不同多硫化物仍然很难通过核磁共振技术区分。因此，原位或非原位核磁共振技术只能将可溶性多硫化物作为一个整体来研究。在整个电化学充放电过程中都能检测到多硫化物的峰，这表明硫正极较低的放电容量可能是由于多硫化物的不完全转化。目前 ^{33}S

NMR 很少用于指认多硫化物的研究。

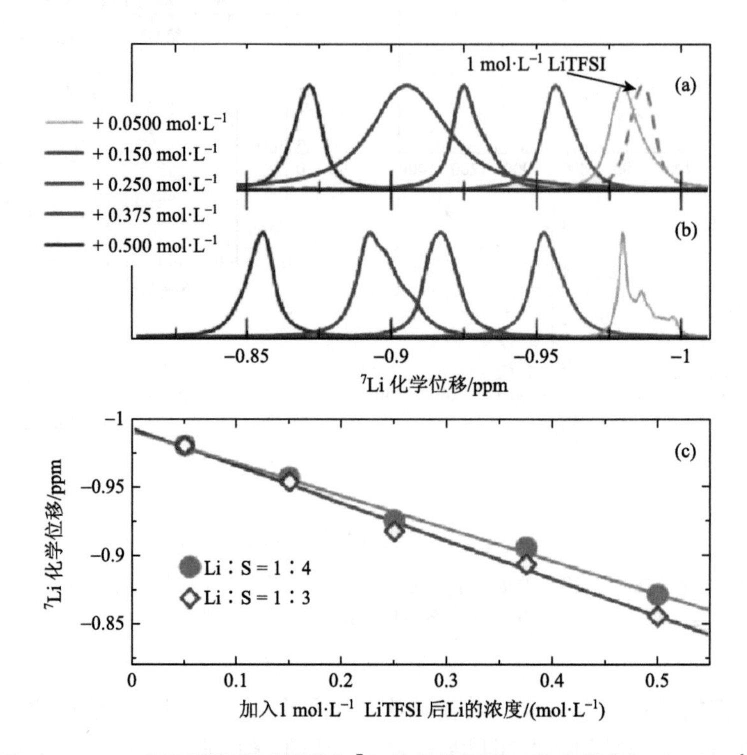

图 8.26 Li_2S_n 在不同浓度下的液态 ^7Li 核磁共振谱，其余组分为 1 mol·L^{-1} LiTFSI + DOL/DME[61]

（a）Li：S 为 1：4 下不同多硫化物浓度时的 NMR；（b）Li：S 为 1：3 下不同多硫化物浓度时的 NMR；（c）不同 Li：S 比例下化学位移与 Li 浓度的关系

3. 中子衍射与中子深度分析

锂硫电池中涉及的锂元素原子量小，当锂硫电池材料中存在较大原子时，X 射线由于涉及光子与原子核外电子的相互作用，核外电子数目多的原子易产生强峰，干扰锂元素的测定。

中子衍射通常是指中子（热中子）流通过试样时发生的衍射。入射中子与试样物质的原子核相互作用时，它遭受不同原子核散射的散射强度不是随原子序数单调变化的函数。这样，中子衍射就特别适合于确定点阵中轻元素的位置（X 射线衍射灵敏度较低）和其邻近元素的位置（X 射线衍射不易分辨）。所以，中子衍射常用于晶体结构中轻元素的定位工作。中子与原子核直接作用，作用强度对特定的原子为特定值。中子对锂十分敏感。当然，中子衍射也应用于结构相变、择优取向、晶体形貌、位错缺陷和非晶态等方面的研究。此外，中子比 X 射线具有更高的穿透性，因而更适于需用厚容器的高温/低温/高压等条件下的结构研究。因此，基于中子与锂原子核作用的中子衍射（ND）与中子深度分析（NDP）在锂硫电池研究中发挥着重要作用。

中子与锂原子核相互作用存在半波损失，因而锂离子的中子散射长度为负值（-0.214×10^{-12} cm），而大多数过渡金属中子散射长度为正值，因此可研究离子占位问题。Arbi 等[62]使用中子衍射研究了固态电解质 $Li_{1+x}Ti_{2-x}Al_x(PO_4)_3$ 中的锂元素位置，并通过数据反演得到傅里叶图，给出材料中锂离子的准确占位（图 8.27）。Han 等[63]通过从室温到 600℃不同温度下的中子衍射分析，结合最大熵计算方法，在实验上给出了锂离子在石榴石结构固态电解质 $Li_7La_3Zr_2O_{12}$ 中的三维传输路径。虽然中子衍射是研究锂元素的极佳方法，但其主要缺点是需要特殊的强中子源，而且常常由于源强不足需要较大块的试样和较长的数据收集时间。目前正在发展的散裂中子源等可提高中子通量，有望缩短实验时间。

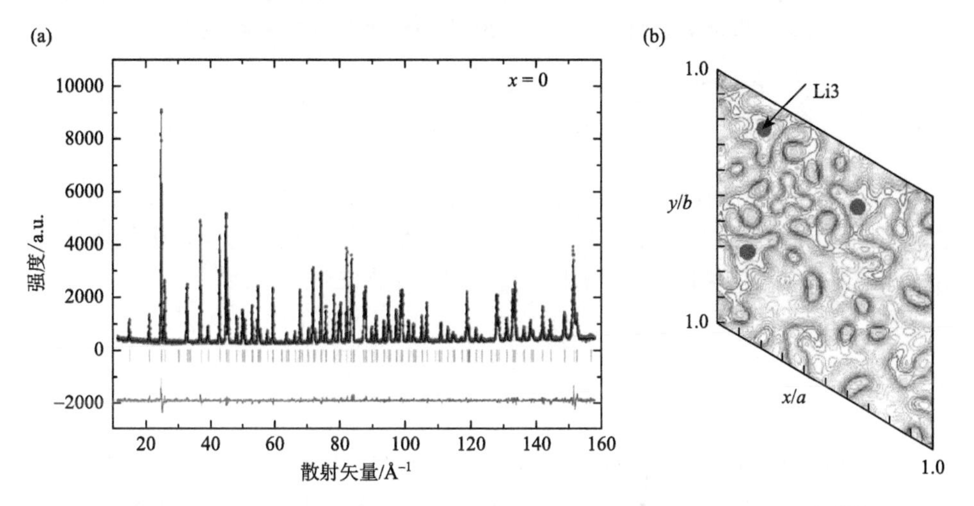

图 8.27　使用中子衍射研究固态电解质 $Li_{1+x}Ti_{2-x}Al_x(PO_4)_3$ 中锂元素分布[62]

（a）$Li_{1+x}Ti_{2-x}Al_x(PO_4)_3$（$x=0$）的中子衍射谱；（b）傅里叶图显示在 M1（0,0,0）面上锂离子占位

近年来，中子深度分析，尤其是原位中子深度分析结合同位素方法，可研究工作状态下金属锂负极的沉积、溶解过程。Lv 等[64]通过引入同位素 ^{6}Li 与中子深度分析结合，原位分析金属锂的充放电过程，探讨了金属锂形核与枝晶生长机理。根据锂元素在空间的分布，定量解析电解质、电流等因素对金属锂沉积形貌的影响，揭示了锂硫电池常用的铜集流体中存在不可逆的微克级金属锂沉积/脱出，进而影响金属锂沉积过程（图 8.28）。

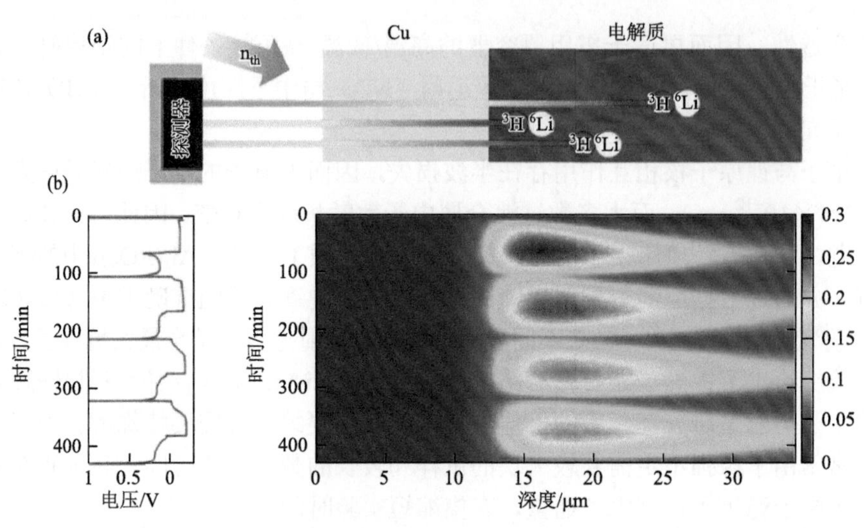

图 8.28 （a）使用中子深度分析探测锂金属电极充放电过程示意图；（b）使用中子深度分析原位测量金属锂负极四个充放电周期的相对锂密度与深度关系图[64]

8.2 锂硫电池电化学研究方法

电化学研究方法在锂硫电池的机理探究、性能表征方面起着不可或缺的作用。通过简单的电化学图谱，可对电池内部的界面反应、过程动力学、极化情况等做出快速的判断。本节将对一些常用的电化学研究方法进行介绍[65]。

8.2.1 研究电极与电解质材料的通用方法

1. 线性电位扫描法

线性电位扫描法，即在电解液静止的状态下，控制工作电极的电位，使其随时间做线性变化，记录相应电流的变化。根据线性扫描的不同形式，主要可分为：①施加单程线性扫描［图 8.29（a）］，称为线性扫描伏安法（linear sweep voltammetry，LSV）；②施加三角波扫描［图 8.29（b）］，相比于 LSV 多了反向扫描过程，该种方法称为循环伏安法（cyclic voltammetry，CV）。

1）线性扫描伏安法

LSV 常用于测定电解液的电化学窗口。初始时，由于无氧化或还原反应的发生，仅可观察到较小的非法拉第电流。随着扫描电位的升高（降低），电解液将发生氧化反应（还原反应），可观察到电流快速增大，则此时为电解液的高压窗口（低压窗口）。例如，以金属锂为负极，不锈钢片为正极，组装纽扣电池，可研究 Al 掺杂 $Li_{6.75}La_3Zr_{1.75}Ta_{0.25}O_{12}$ 填料对于 PEO 电解质（PLL 电解质）电化学窗口的扩宽效果（图 8.30）[66]。

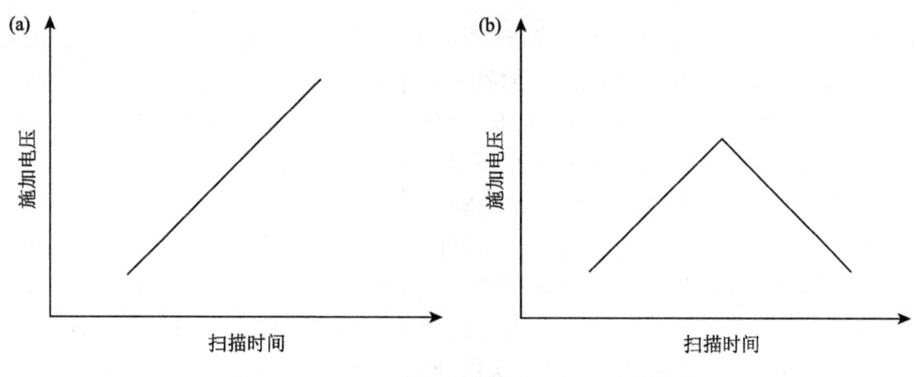

图 8.29　（a）单程线性扫描；（b）三角波扫描

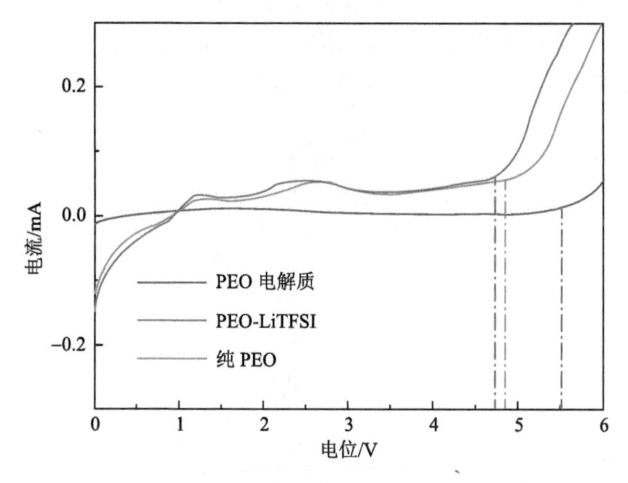

图 8.30　不同固态电解质的电化学窗口[66]

2）循环伏安法

CV 的用途则更为广泛，对峰的数量、电位、峰强以及峰位间距等进行分析可获得众多电化学信息[67]。其典型的扫描曲线如图 8.31 所示。正向扫描开始时，

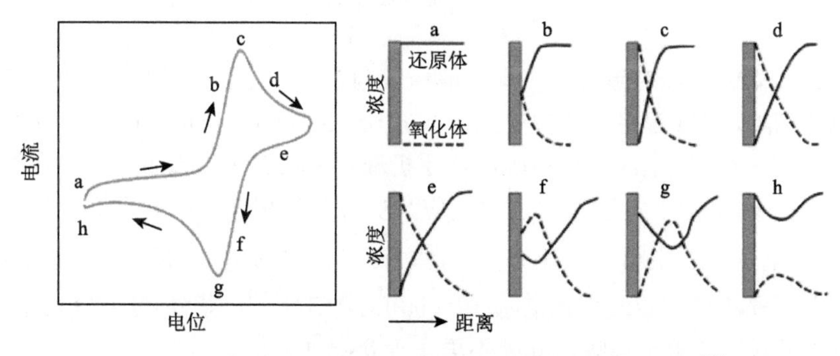

图 8.31　典型 CV 曲线及工作电极表面浓度变化示意图[68]

由于电位远高于氧化电位，仅有非法拉第电流通过。一旦电位达到氧化电位附近，氧化反应开始并产生法拉第电流。随着电位增加，反应物（还原体）在电极表面的浓度不断下降，而电流则不断增加，当达到峰值电位时，电极表面反应物浓度降为零，受物质传递限制，反应速率下降，表现出电流下降。反向扫描时，过程相似，最终展现出典型的具有双峰的 CV 图[68]。

利用 CV 曲线，可对锂硫电池中的氧化还原反应机理进行探究。如图 8.32 所示，硫的氧化还原反应过程为在不同的电压下发生的多步骤反应。这在 CV 图中被清晰地显示为四个氧化还原峰，分别归属于不同的反应。放电过程，还原峰 1（Red Ⅰ）代表 S_8 单质被还原为长链多硫化物 Li_2S_n，对应电池循环过程中较短的放电高平台；还原峰 2（Red Ⅱ）代表多硫化物 Li_2S_n 继续被还原为短链多硫化物 Li_2S_2/Li_2S，对应电池循环过程中较长的放电低平台。充电过程中，氧化峰 2（Ox Ⅱ）对应 Li_2S_2/Li_2S 被氧化成 Li_2S_n，氧化峰 1（Ox Ⅰ）则对应于 Li_2S_n 被氧化为 S_8。

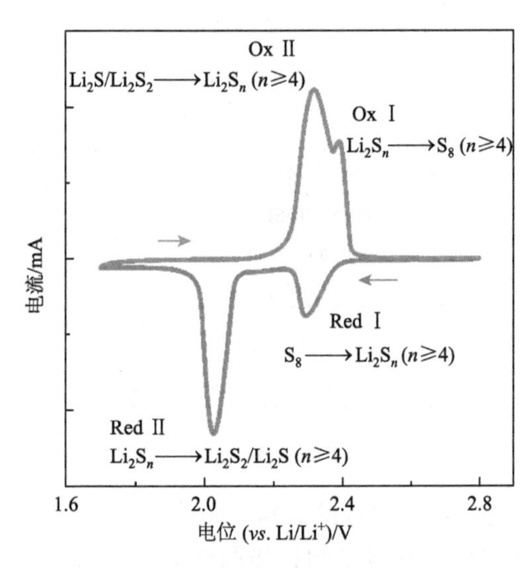

图 8.32 锂硫电池循环伏安曲线

单独的 CV 曲线对硫还原机理的解释较为有限，更详细的探究需结合其他表征手段。例如，Wu 等将原位拉曼光谱（*in situ* Raman spectroscopy）与循环伏安法相结合，探究锂硫电池正极中硫的还原机理（图 8.33）[69]。结果表明，在约 2.4 V（*vs.* Li/Li^+）的电位下发生首次还原反应，S_8 开环形成 S_8^{2-}，随后在约 2.3 V（*vs.* Li/Li^+）的电位下发生第二次还原反应，短链多硫化物 S_4^{2-}、S_4^-、S_3^- 和 $S_2O_4^{2-}$ 产生。也有研究者将高效液相色谱-质谱（HPLC-MS）[70]，紫外-可见分光光度计等与 CV 技术联用，限于篇幅，此处不再一一介绍[71]。

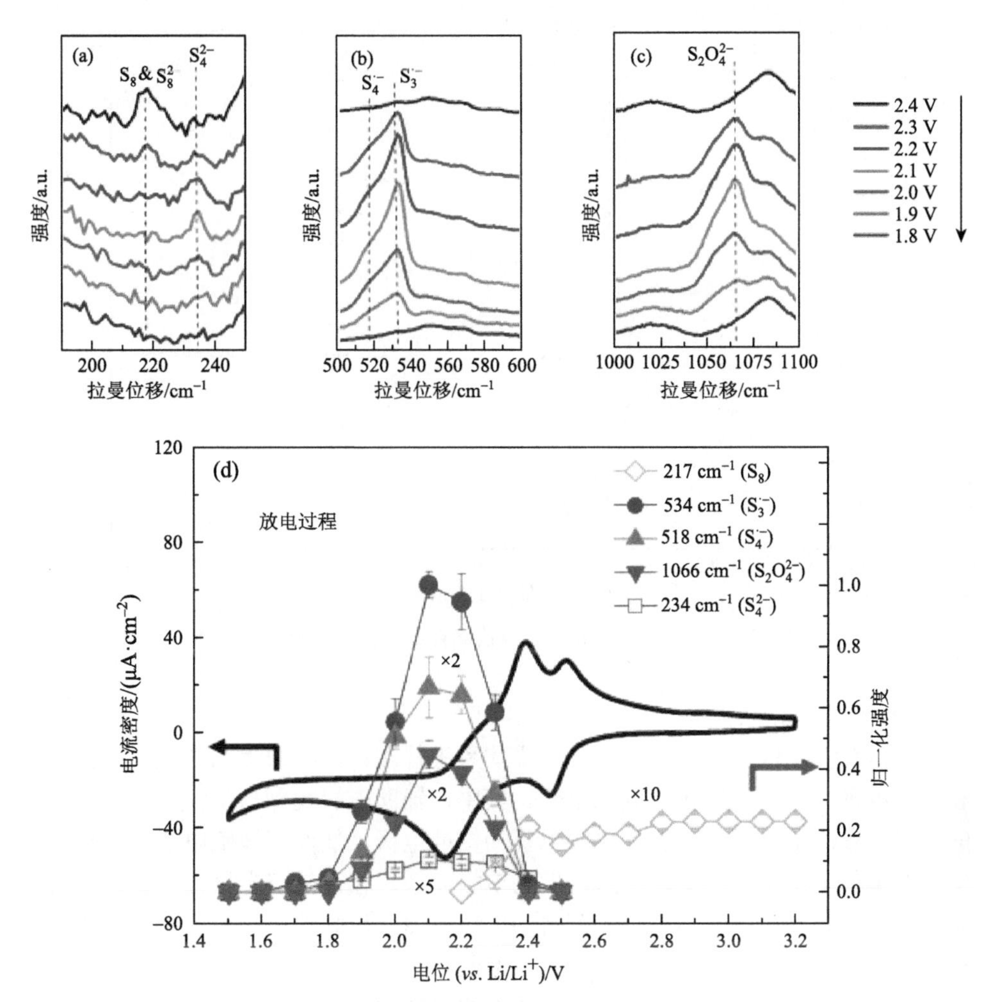

图 8.33 原位拉曼光谱与循环伏安法联用[69]

除了将 CV 应用于机理的分析，还可将其用于检验新引入的锂硫电池优化策略的有效性。对峰电位和峰电流进行分析，可判断该策略对电池极化、反应动力学等的影响。例如，Li 等利用导电的聚苯胺（PANI）聚合物材料对硫碳复合正极进行包覆（记为 PANI@S/C），形成了独特的核壳结构，有效提升了正极的电化学性能[72]。如图 8.34 所示，PANI@S/C 正极的两个还原峰电位在 2.28 V 和 2.04 V（*vs*. Li^+/Li），略高于普通的 S/C 复合正极（2.24 V 和 1.98 V）。这说明 PANI 包覆后的正极具有相对低的极化电压和优良的反应可逆性。此外，普通的 S/C 复合正极的氧化峰电流在循环后快速下降，而 PANI 包覆后的正极氧化峰电流则在 4 个循环内保持相对稳定。这说明 PANI 的包覆可有效提升正极的循环稳定性。

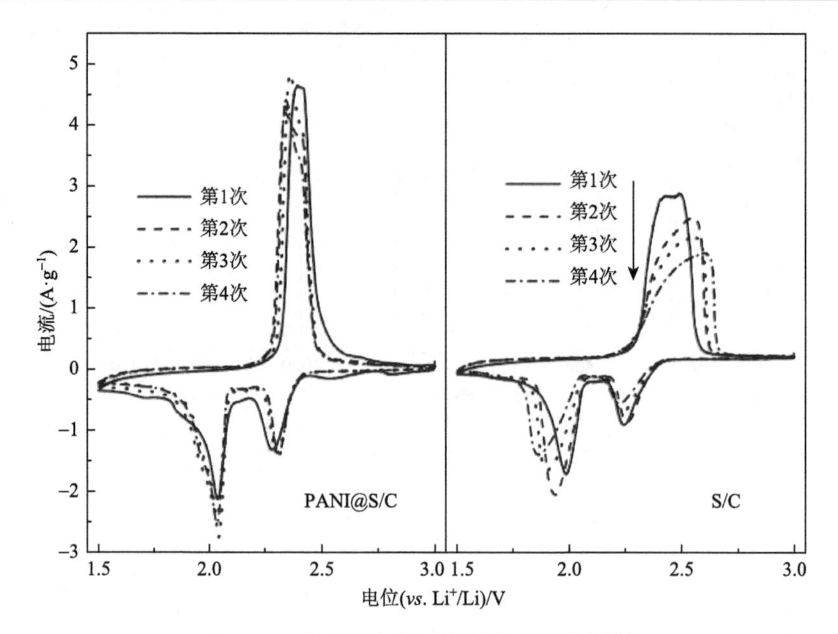

图 8.34 硫正极包覆后的性能改善效果[72]

3）测试体系的选择

通常线性电位扫描法需基于三电极体系进行测试，即由参比电极、工作电极和辅助电极（对电极）构成测试电路。其中，辅助电极起到与工作电极构成回路的作用，参比电极则作为测量电极电位的基准电极。然而在锂硫电池的实际应用中，通常基于纽扣电池进行测试，即两电极体系。相比于三电极体系，两电极体系无法获得单电极的实际电位，测得的电化学曲线反映的是两个电极叠加的响应行为，无法研究某一特定电极的性质。但是，仍可利用两电极体系定性或半定量研究电极内部的电化学行为。在扫描速率相同的体系中，辅助电极（如金属锂）电位保持相对稳定的情况下，对工作电极的电化学过程进行分析也具有一定的参考价值。

需要注意的是，在采用线性电位扫描法时，扫描速率的设置应当合理。尽管峰电位与本体浓度和扫描速率无关，但峰电流却受扫描速率影响。扫描速率越快，峰电流将越大，且与扫描速率的二分之一次方成正比。因此，若扫描速率过快，则易掩盖部分较弱的氧化还原峰，失去部分信息；而扫描速率过慢，则可能出现较多杂峰，导致难以辨识。研究者采用线性电位扫描法时，应当从实际情况出发，选取合适的扫描速率。

2. 电化学阻抗谱

给电化学系统施加一个小幅度的交流电位波，记录交流电位与电流信号的比值（阻抗）随正弦波频率的变化，或者是阻抗的相位角随频率的变化，这种技术被称为电化学阻抗谱（EIS）。前述的线性电位扫描法对系统施加的扰动大，常使电极偏离平衡状态，而 EIS 测得的则是系统在稳态时对扰动的响应，可以避免对系统产生较大的影响，从而大大简化系统中的动力学和扩散行为[73]。

1）电极/电解质界面电化学过程的研究

在锂硫电池的研究中，通常采用 Nyquist 图形式展示结果，较少用 Bode 图。需要注意的是，作 Nyquist 图时，横纵坐标的标度应当一致。典型的 Nyquist 图如图 8.35（a）所示。图中，x 轴为电池的实部阻抗 R_{re}，y 轴为电池的虚部阻抗 R_{im}。x 轴截距为电池的欧姆阻抗 R_{Ω}，包括电池壳、电解质等电池器件的直流阻抗；而低频区的斜率在零到无穷大之间的直线对应电池的无限扩散阻抗，即 Warburg 阻抗 Z_W，斜率越大表示电池内部的离子扩散越快；中频区是研究重点关注的区域，呈现为一个半圆，对应电极界面处的电荷（电子/离子）转移阻抗 R_{ct}，半圆越大，R_{ct} 越大。根据该界面特性，可将其等效为包含欧姆电阻、界面双电层电容 C_d 和因氧化还原反应带来的电荷迁移以及物质扩散而产生的法拉第阻抗 Z_F（包含 R_{ct} 和 Z_W）的电路模型［图 8.35（b)］。进行 EIS 测试后，选取合理的等效电路模型，利用相关软件（如 Zview）进行拟合，可获得定量数据，用于详细分析界面行为。

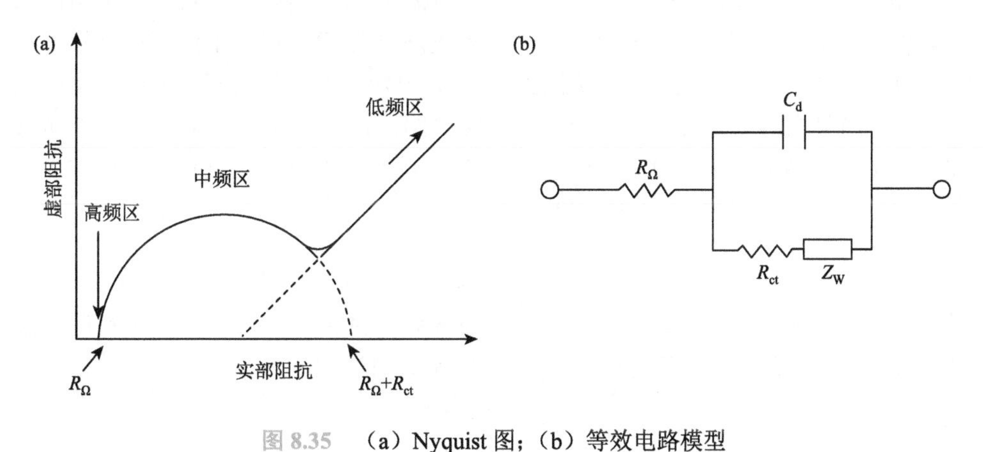

图 8.35 （a）Nyquist 图；（b）等效电路模型

例如，彭翃杰等曾采用 EIS 测试研究骨架材料极性对于 S_6^{2-} 至 S_4^{2-} 转变反应动力学的影响（图 8.36）[74]。以 2.50 mol·L^{-1} [S] Li_2S_6 + TEGDME 为电解液，分别以碳纸（CP）和负载 TiC 的碳纸（CP-TiC）为电极制备对称电池。EIS 的电压振幅为 10 mV，频率范围为 0.1～10000 Hz。结果表明，引入极性骨架材料 TiC 后，电荷传递阻力相比于纯 CP 减小了 70%以上，这说明 TiC 可以促进 S_6^{2-} 至 S_4^{2-} 转变的液-液反应。

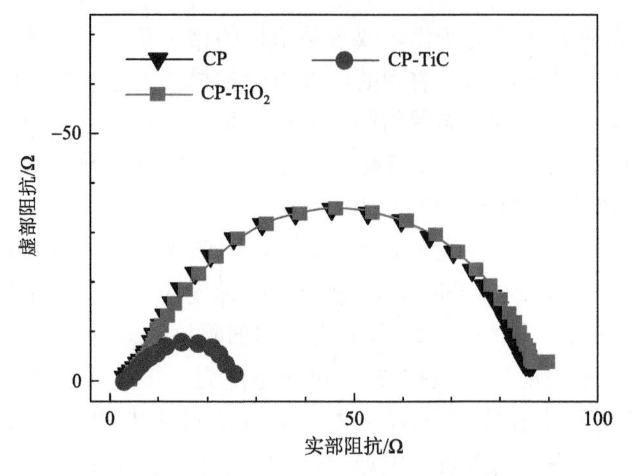

图 8.36 Li_2S_6对称电池的 EIS 谱图[74]

2）电解质电导率的测定

EIS 不仅广泛应用于电极/电解质界面电化学过程的研究，还可用于电解质电导率的测定。通常采用阻塞电极法进行测试。所谓阻塞电极，即离子不能穿过电极/电解质界面进行电化学反应，也就是电荷转移阻抗 R_{ct} 为无穷大，类似于理想极化电极。常见的 Pt 电极、Au 电极等惰性电极均可作为阻塞电极，若无惰性电极，也可使用不锈钢片进行测试。阻塞电极|电解质|阻塞电极的电池测试体系可等效为 *RC* 串联电路。*R* 为电解质的电阻，*C* 为电极与电解质之间的界面双电层电容。EIS 的测试频率通常在 1 MHz～0.1 Hz 之间，振幅选在 10 mV 左右，具体可根据实验结果进行调整。阻抗谱图上实轴的交点即为电解质的电阻 *R*。进一步根据式（8-1）可计算得到电解质的电导率。

$$\sigma = \frac{l}{SR} \tag{8-1}$$

式中，σ 为电解质的电导率，$S \cdot cm^{-1}$；l 为电解质的厚度，cm；S 为电解质的面积。此外，测试不同温度下电解质的电导率可获得活化能参数［式（8-2）］。

$$\sigma = Ae^{-\frac{E_a}{k_B T}} \tag{8-2}$$

式中，A 为指前因子；k_B 为 Boltzman 常量；T 为热力学温度；E_a 为表观活化能。以 $\ln\sigma$ 对 $1/T$ 作图，测量其斜率即可得到 E_a 的数值。

电导率是固态电解质研究中的一项重要评价指标。例如，Qu 等利用 EIS 对新设计的一种新型的多功能三明治结构聚合物电解质（聚合物/非纺织纤维素/纳米碳，记为 NCP-CPE）进行电导率的测试，如图 8.37 所示[75]。从横轴上的交点可以读出，液态电解质和 NCP-CPE 的本体阻抗分别为 0.78 Ω 和 0.60 Ω。利用式(8-1)可计算得到液态电解质的电导率为 1.8×10^{-3} $S \cdot cm^{-1}$，而 NCP-CPE

的电导率则为 2.3×10^{-3} S·cm^{-1}，表现出了高于普通液态电解质的电导率，具有良好的应用前景。

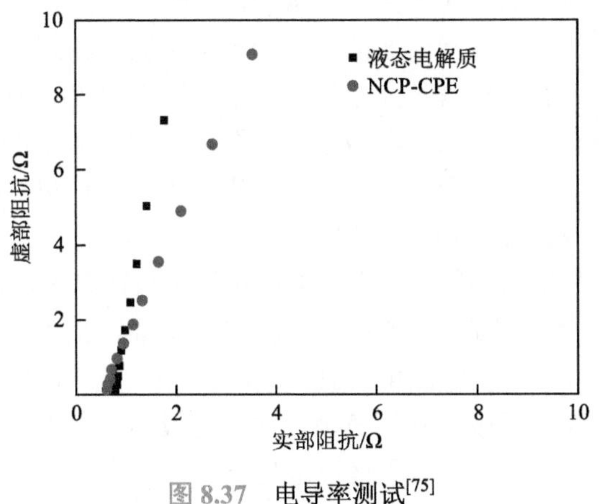

图 8.37　电导率测试[75]

3. 电位阶跃法

通过控制工作电极的电位在一恒定值或按预先确定的规律变化，测量电极电流或电量随时间的变化，进而计算相关电化学参数的方法称为电位阶跃法。若测量电流随时间的变化，则又称为计时电流法或计时安培法；若测量电量随时间的变化，则又称为计时电量法。电位阶跃法的基本电位波形分为单电位阶跃［图 8.38（a)］和双电位阶跃［图 8.38（b)］。

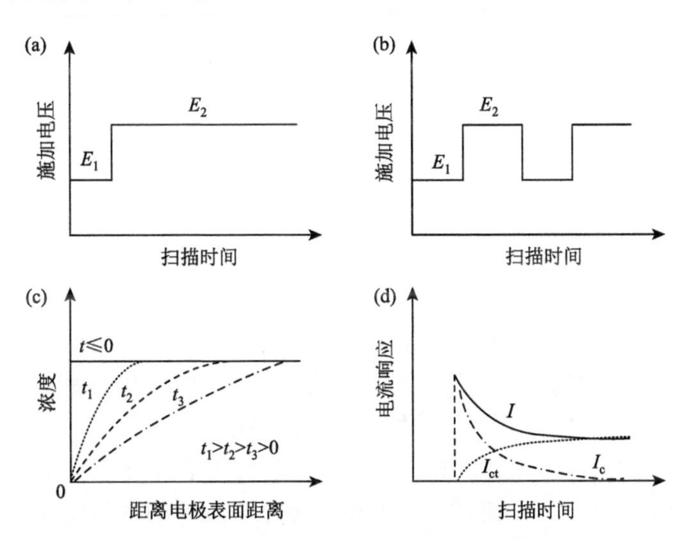

图 8.38　（a）单电位阶跃；（b）双电位阶跃；（c）单电位阶跃下在不同时刻的浓度分布；（d）单电位阶跃下电流与时间的关系曲线

1）单电位阶跃法

采用单电位阶跃法时，施加的电位阶跃幅度应尽量小，一般可选在 10 mV 以下。待测试电化学体系的电荷交换阻抗 R_{ct} 和双电层电容 C_d 应不随电位变化，近似为常数。电位突跃时，电极表面的浓度分布与电流响应如图 8.38（c）～（d）所示。响应电流为双电层充电电流 I_c 与法拉第电流 I_{ct} 之和。双电层充电电流在电压施加瞬间达到最大值，随后逐渐减小，直至降为零，即双电层充电结束。而法拉第电流则会逐渐增大，直至一稳定值，电极整体达到稳态。结合相应的等效电路进行分析，即可得到 R_{ct} 与 C_d 的数值。

将其与电化学阻抗谱相结合，可测得电解质中的锂离子迁移数。以 Li|电解质|Li 对称电池为测试体系，施加一恒定电压 ΔV 的瞬间，正负离子在电场作用下分别向负极与正极迁移。初始电流可由式（8-3）导出。随着时间的推移，锂离子可在电场作用下持续地从正极迁移至负极，并在电极界面发生氧化还原反应。而阴离子则不同。锂电极相对于阴离子来说是阻塞电极，阴离子无法在锂电极/电解质界面上发生氧化还原反应，反而会在正极/电解质界面积聚，形成强大的负电场，抑制阴离子的迁移。此时，体系的电流全部由锂离子的运动所贡献，稳态电流可由式（8-4）表示。因此，分别利用单电位阶跃法和电化学阻抗谱测定初始电流 I_0 和稳态电流 I_{ss}，初始电极反应电阻 R_0 和稳态电极反应电阻 R_{ss} 之后，即可获得电解质中锂离子的迁移数［式（8-5）］。

$$I_0 = \frac{\Delta V}{R_0 + \dfrac{k}{\sigma}} \tag{8-3}$$

$$I_{ss} = \frac{\Delta V}{R_{ss} + \dfrac{k}{t_+ \sigma}} \tag{8-4}$$

$$t_+ = \frac{I_{ss}(\Delta V - I_0 R_0)}{I_0(\Delta V - I_{ss} R_{ss})} \tag{8-5}$$

式中，k 为电池常数，包含电解质厚度和面积；σ 为离子导率；t_+ 为离子迁移数。

2）恒电位间歇滴定技术

恒电位间歇滴定技术（potentiostatic intermittent titration technique，PITT）是给电极施加瞬时变化的恒定电压，同时记录电流随时间变化的测量方法。PITT 法广泛用于锂离子电池中锂离子化学扩散系数的测定。

在锂硫电池的研究中，PITT 法可用于确定 Li_2S 在给定表面上初始形核所需的过电位（图 8.39）[76]。测试采用两电极体系，金属锂为对电极，碳纤维布为工作电极。本节比较了纯碳纤维布［图 8.39（a）、（d）］和分别涂有氧化铟锡［ITO，图 8.39（b）、（e）］、铝掺杂氧化锌［AZO，图 8.39（c）、（f）］的碳纤维布作为工作电极的 PITT 实验结果。ITO 和 AZO 作为导电氧化物，应该具有比碳纤维布更低的成核能垒和较小的过电位。从开路电压开始，工作电极的电位以 5 mV 步进降低，当电流下降到低于 C/400 时截止。在液液转化区（2.3 V 和 2.16 V 之间，对应图中的阴影部分），电流在每个电压平台中都维持单调降低的过程，这是由于没有发生可溶性多硫化物转变为不溶硫化锂的相变过程。出现电流峰值的第一个平台代表着能够引发 Li_2S 形核和生长所需的最小过电位。由此判断，碳纤维布、ITO 和 AZO 所需的最小 Li_2S 形核过电位分别为 90 mV、70 mV 和 30 mV。

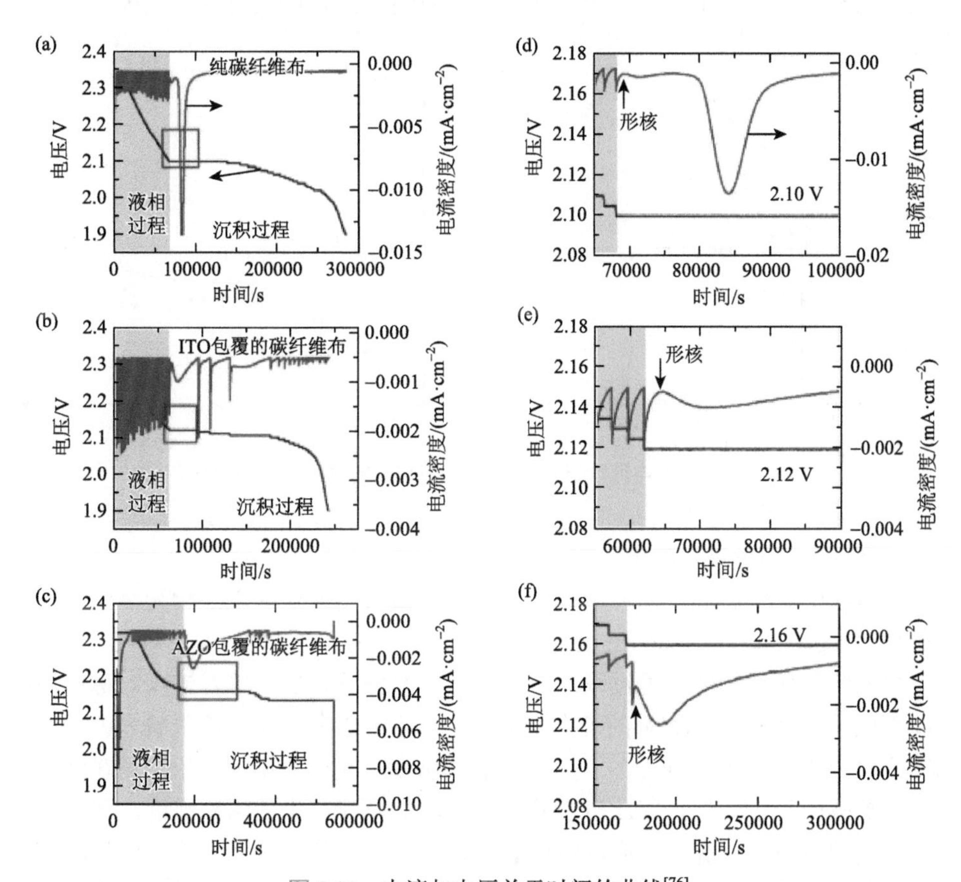

图 8.39　电流与电压关于时间的曲线[76]

（a）、（d）纯碳纤维布；（b）、（e）ITO 包覆的碳纤维布；（c）、（f）AZO 包覆的碳纤维布

4. 电流阶跃法

通过控制工作电极的电流在一恒定值或按预先确定的规律变化，测量电极电位随时间的变化，进而计算相关电化学参数的方法称为电流阶跃法[77]。

1）单电流阶跃法

对静置系统施加一恒定的阶跃电流信号，即为最简单的单电流阶跃法［控制信号如图 8.40（a）所示］。典型的电压响应信号如图 8.40（b）所示，对此响应曲线做简单的定性分析：①*AB* 段，施加阶跃电流瞬间，双电层、浓度梯度来不及建立，电位的突跃由欧姆电阻引起；②*BC* 段，双电层开始充电，电化学反应开始发生，由于电荷传递的滞后性而产生电化学极化过电位；③*CD* 段，随着电化学反应的进一步进行，浓度梯度逐渐建立，产生浓差极化过电位；④*DE* 段，电极表面反应物被耗尽，发生完全浓差极化，此时双电层开始快速充电，电极电位发生突变。

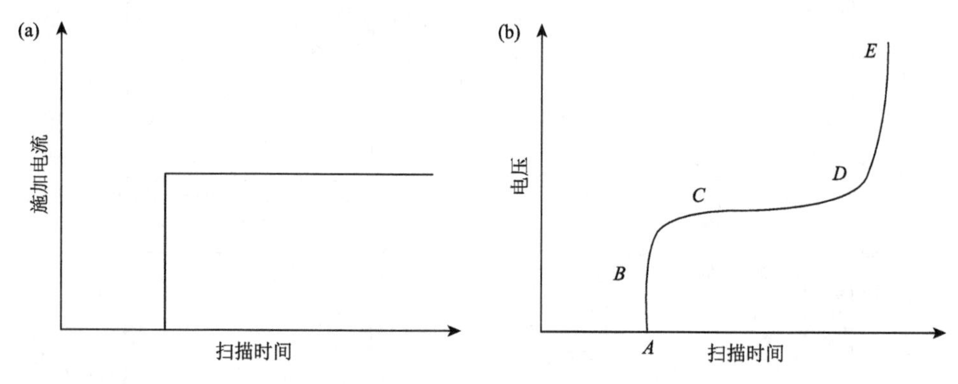

图 8.40 （a）单电流阶跃控制信号；（b）单电流阶跃典型响应信号

2）恒电流间歇滴定技术

对电化学系统施加周期性电流，观察电位随时间变化的方法称为恒电流间歇滴定技术（galvanostatic intermittent titration technique，GITT）。通过 GITT 法可定性研究电池循环过程中传质过程对反应动力学的影响。Chen 等对锂锂对称电池施加周期性的持续时间为 15 s 的恒定电流，中间间歇期为 3min，用于研究锂负极侧死锂层对传质过程的影响[78, 79]。在中间的间歇期，无电流施加，浓度场在此段时间自发扩散而趋于均匀，因此可消除前一步施加电流产生的浓度梯度，即消除了传质引起的过电位。在下一次电流施加前，该电池可被认为处于稳态。从图 8.41 可见，在锂锂对称电池的循环初期，锂表面无死锂层堆积，传质阻力较小，因此采用恒电流法和采用 GITT 法所产生的电压曲线形状相近。而在循环后期，由于死锂层的累积，传质阻力增大，采用普通恒电流法时，过电位大且曲线形状由两边尖峰形转变成了弧形。相反，采用 GITT 法时，由于中间 3min 的间歇期消除了传质阻力带来的影响，过电位的大小以及曲线的形状均与循环初期相同。这说明，在电池的循环初期，过电位主要由电化学极化控制，而在循环后期，则主要受传质所造成的浓差极化影响。

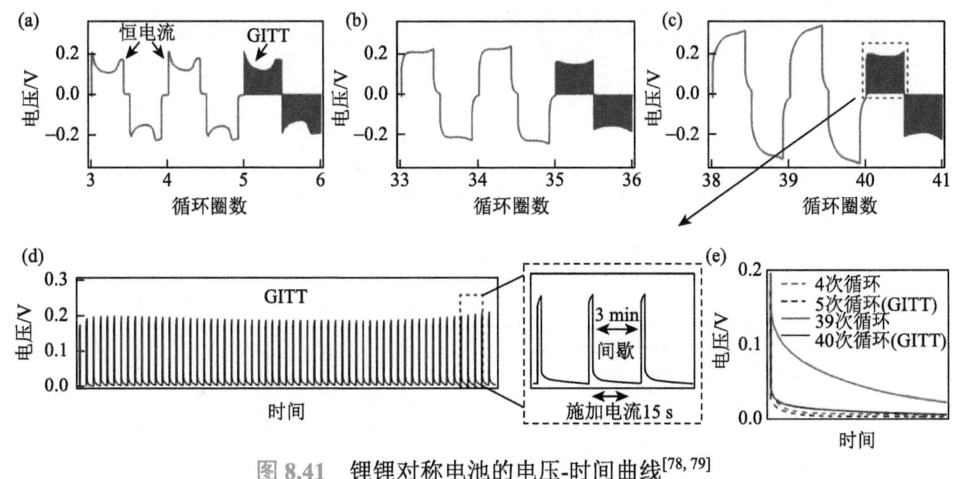

图 8.41　锂锂对称电池的电压-时间曲线[78, 79]

（a）5 次循环；（b）35 次循环；（c）40 次循环；（d）和（e）GITT 测试

8.2.2　半电池研究方法

1. 电极效率研究方法

库仑效率（coulombic efficiency，CE）是表征电池循环效率的重要参数，定义为电池中放电容量与同循环中充电容量之比。对于金属锂电池，设计除去全电池中活性正极（如锂硫电池的硫正极）的电池，只有金属锂在铜箔上的嵌入与脱出。电池正极为铜箔，负极为金属锂。电池放电过程，即负极失电子，负极的金属锂被氧化为锂离子，锂离子经过电解液进入铜箔一侧，在铜箔上沉积下来。这个过程即为“嵌锂”，也称“放电”。相反地，当铜箔上的金属锂失电子变为锂离子，从铜箔上脱出回到负极侧的金属锂表面，被还原变回锂原子。这样的过程，即为“脱锂”，即从铜箔上脱出金属锂，也称“充电”。电池中，金属锂一侧，活性物质远远过量，所以影响电池各方面性能的主要是铜箔一侧[80-83]。

库仑效率定义为铜箔上脱出的锂的容量与铜箔上嵌入的锂的容量之比，对于铜箔一侧来说，即为脱锂与嵌锂的摩尔比，也就是金属锂的利用率。不同体系下金属锂的利用率是不同的，表现为电池的库仑效率的差异，如图 8.42 所示。

在不同电流密度下充放电，即在动力学上人为推动或延缓化学反应过程，能够表征金属锂负极的稳定程度。在实际电池使用中，一般希望能够快速充放电，在最短的时间内获得最高的容量。但目前电池难以实现极快充放电。主要原因在于，即使通过大电流人为加速反应，还是很难完全打破热力学上的平衡态，造成大量中间产物残留或无法利用所有活性物质。对于锂负极来说，大电流也更容易造成不均匀的沉积，如枝晶生长、大量死锂堆积等[2]。

从电池充放电曲线中可以看出具体的电化学过程。在使用添加硝酸锂的 LiTFSI + DOL/DME 电解液中，金属锂半电池第 10 圈和第 30 圈的充放电曲线见图 8.43[2]。

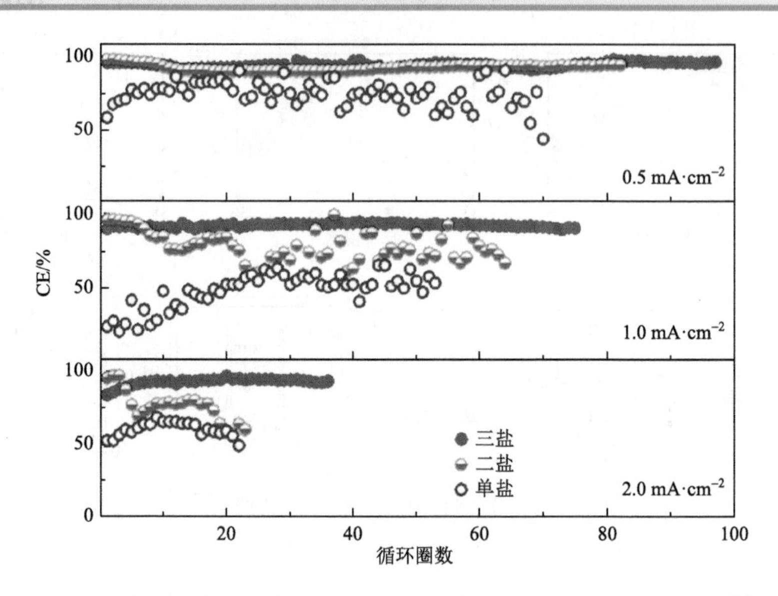

图 8.42 金属锂半电池在不同电流密度和电解液中电池循环效率对比[2]

内嵌图为局部放大，显示充放电极化电压差。ΔV 显示的数字为充电和放电的电压差值，即极化电压值。这个值越大，说明充放电过程偏离平衡电位程度越大，动力学上的阻力对电池的影响越明显。图中充放电电流均为 0.5 mA·cm^{-2}，面积比容量（嵌锂量）均为 0.5 mAh·cm^{-2}。单独分析一圈循环，从放电平台开始，对应充放电曲线下侧的曲线。初始电压是锂与铜箔之间的电压，大致为 1 V 左右。施加电流后，开始放电过程，锂离子从负极脱出，在铜箔一侧沉积。沉积后电压变成了锂与锂之间的电压，理论电压为零，但由于负极侧过量金属锂和铜箔侧锂表面性质不同，仍会有电压差。平台处代表锂离子的沉积过程，此过程一直持续到人工设置的比容量 0.5 mAh·cm^{-2}。

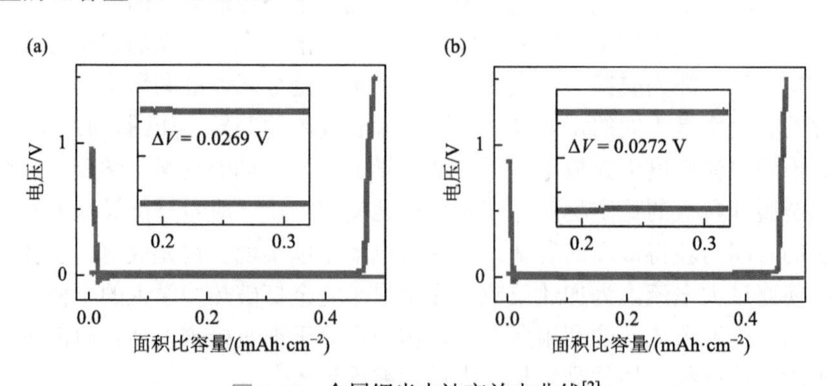

图 8.43 金属锂半电池充放电曲线[2]

（a）第 10 次循环；（b）第 30 次循环；内嵌图为充放电极化电压差

必须指明的是，半电池性能与最终全电池性能虽然有一定关联，但由于电极对电化学环境的敏感性，两者存在性能偏差。尤其对于锂铜半电池体系，铜箔显著影响金属锂的沉积和脱出性能，因此多用于对电解液组分和无锂结构负极的初步表征测试。

2. 锂电极界面极化研究方法

锂硫电池和半电池所表现出来的性质，无论是电化学上的库仑效率，还是具体的电极形貌，都与金属锂负极的沉积与溶解过程有关。而金属锂沉积与溶解，都发生在锂与电解液之间的固液界面膜上。研究锂电极/电解质界面性质，有助于更加深刻地理解锂负极性质，也有利于从机理上解释相关问题。

1）锂锂对称电池循环极化表征

为了单独研究金属锂负极固液界面膜的性质，避开其他界面的影响，可采用锂锂对称电池构型。在对称电池中，金属锂是电池中唯一的电极材料。因此，在恒电流充放电下，极化电压的变化可以反映这个体系循环过程中的界面稳定性和锂离子传输阻力等特性[84-86]。

在锂硫电池常规电解液与添加硝酸锂后构成的双盐电解液中，对比锂锂对称电池循环结果（图 8.44）[2]：在循环过程中，双盐电解液的极化电压小，且非常稳定。随着充放电过程的进行，极化电压越来越小，最终趋向于一个稳定值。这说明，在循环过程中，金属锂电极表面阻力随充放电变化非常有限。对于锂硫电池常规电解液来说，充放电之间的极化电压差值较大且非常不稳定。在充放电过程中，由于枝晶生长或出现粉化，金属锂表面的固液界面膜可能出现破裂，露出金属锂，裸露的金属锂表面导电性极好，锂离子可以直接沉积，几乎省去了穿过固液界面膜的传质过程。此过程电化学上的表现为极化电压突然降低，更加接近平衡电极电位。

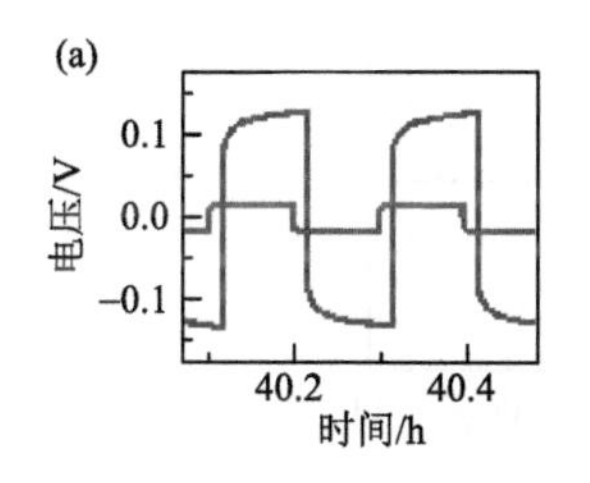

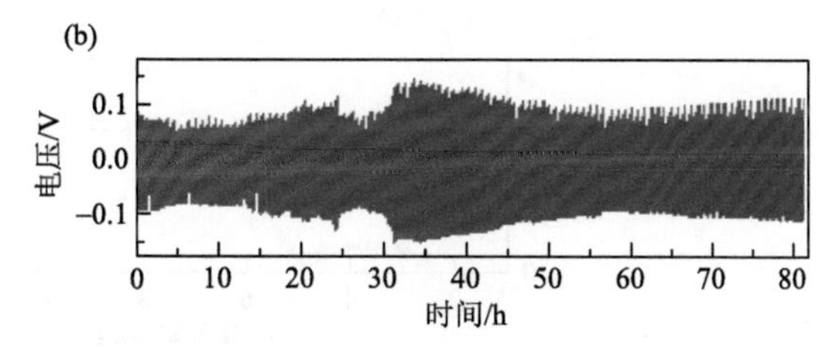

图 8.44　锂锂对称电池循环极化曲线图[2]

红线：含有硝酸锂与 LiTFSI 的 DOL/DME 电解液；蓝线：常规锂硫电池电解液 LiTFSI + DOL/DME 电解液；（a）为（b）的局部放大图

然而，破碎的固液界面膜导致新鲜的金属锂暴露，一旦裸露的金属锂暴露在电解液中开始锂离子沉积或溶解过程，它又会迅速形成新的 SEI 膜。尤其当之前的电化学过程使金属锂大量出现粉化现象时，增大的表面积就会消耗更多的电解液和金属锂，造成实际全电池中活性物质减少。另外，电解液的消耗也可能改变离子导率，造成电池内部发生不可逆的转变。

2）锂锂对称电池循环阻抗表征

在锂锂对称电池中，引入循环阻抗测试（EIS）可进一步研究在不同电解液中固液界面膜的特性，阻抗图表征了锂离子在电池中传输所受到的阻力。在电池循环之前，金属锂与电解质之间的固液界面是锂电极阻抗的主要来源。通常在首圈循环之后，阻抗迅速下降。这说明，一旦循环开始，电池内部结构会被调整到更加有利于离子传输的状态。电子与离子传输的阻力在化成阶段迅速下降。

锂锂对称电池的循环阻抗谱见图 8.45（a）[2]。图中靠近原点的半圆属于扫描高频区，此时，动力学基本不影响阻抗，主要衡量金属与电解液的离子传输性质。半圆的半径越大，说明阻抗越大，锂离子传输阻力大。半径相当的阻抗谱，一般而言，说明锂离子传输阻力相近。在扫描低频区域，即图中所示半圆后面的直线部分，这里由于扫描频率低，电化学过程不占主导，动力学上的扩散过程是控制步骤。因此图中半圆后的低频区域主要衡量锂离子在电池中的扩散阻力。

锂锂对称电池阻抗可使用软件拟合，通常 R_{Ω} 在高频区域出现，代表电子输运的欧姆阻抗。R_{ct} 出现的频率较低，代表锂离子的输运阻抗，即电荷转移阻抗。CPE 模拟电容行为。Z_W 为 Warburg 阻抗，可以调整相位角［图 8.45（b）］。

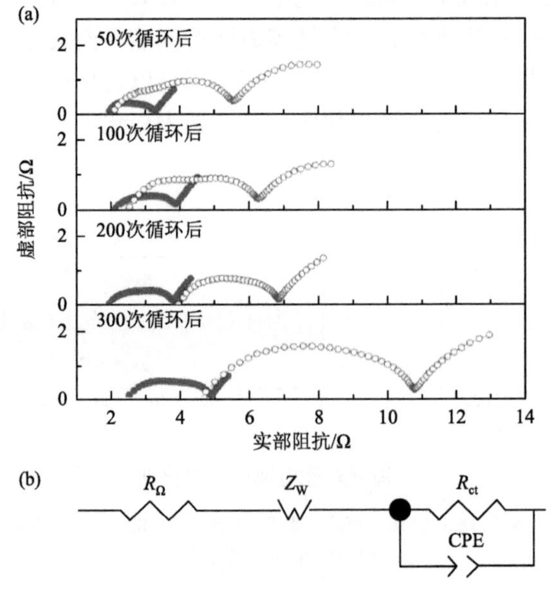

图 8.45 锂锂对称电池循环阻抗谱与电化学拟合电路[2]

8.3 理论研究方法

近些年以来，量子化学计算、分子动力学模拟、相场等理论方法的兴起与成熟为锂硫电池的研究提供了新的表征手段，从微观层面深刻揭示了锂硫电池中活性物质存在形态、理化性质及其与宿主材料之间的相互作用关系、充放电机理等。本节将主要讨论第一性原理计算、分子动力学模拟和相场理论在锂硫电池中的应用。

8.3.1 第一性原理计算

第一性原理计算，广义上指所有基于量子力学原理，以量子力学为基础的计算。目前，常用的第一性原理计算方法主要包括：Hartree-Fock（HF）自洽场方法、密度泛函理论（DFT）、准粒子（GW）近似、Car-Parrinello 方法、从头算分子动力学（AIMD）、量子蒙特卡洛方法（QMC）等[87]。其中，密度泛函理论在实际应用中应用最为广泛。

第一性原理计算可以用于理解分子的几何结构、电子结构，分子之间相互作用关系，反应过程的动力学及热力学，从而可以从电子、分子层面上探究锂硫电池中的微观机理。特别地，第一性原理计算可以与先进表征手段相结合，协同探讨锂硫电池中关键科学问题。具体而言，第一性原理计算在锂硫电池中的应用主要体现在：①理解 S_8 分子及其放电产物的结构及相关物理化学性质；②放电中间物种及产物的指认；③研究多硫化物相互转化关系/充放电机理；④研究多硫化物与正极宿主材料之间相互作用关系。

理解 S_8 分子及其放电产物的结构包括其基本的物理化学性质，以及范德瓦耳斯力、溶剂化对其结构的影响。早在 2013 年，南开大学的陈军等[88]采用量子化学计算方法，研究了 S_8 分子、多硫化物、Li_2S 分子及多硫化物/Li_2S 团簇的结构信息，发现低阶多硫化物能形成更加稳定的团簇，并且考虑了溶剂化作用的影响。低阶多硫化物容易形成团簇这一结论也被美国西北太平洋国家实验室的 Vijayakumar 等[89]报道，他们还进一步计算了多硫化物在电解液中的 X 射线吸收近边结构谱，并与实验结果相对照，进一步说明计算结果的可靠性。除了基本几何结构，美国宾夕法尼亚州立大学的 Shang 等[90]还研究了声子、光学、弹性及相关热力学性质，并比较了不同密度泛函以及范德瓦耳斯力对计算结果的影响，发现范德瓦耳斯力校正对 S_8 分子及高阶多硫化物的计算十分重要。斯坦福大学的崔屹等[91]在研究多硫化物与正极材料之间相互作用时，同样发现范德瓦耳斯力校正对计算二者之间的结合能影响很大，特别是 S_8 分子与非极性宿主材料作用时化学吸附很弱，主要是物理吸附，范德瓦耳斯力占主导作用。

第一性原理计算还可以与先进表征方法相结合，指认多硫化物的存在。锂硫电池放电过程中，Li_2S_2是唯一一个固相中间产物，其存在性一直是一个比较有争议的问题。相比于其他碱金属的二硫化物，Li_2S_2晶体难以合成，因而锂硫电池中Li_2S_2的指认存在较大的困难。Kao[92]、Wang 等[88]、Kawase 等[93]、Zaghib 等[94]采用计算的方法研究了Li_2S_2的晶体结构，Assary 等[95]计算了非水系电解液中Li_2S_2的结构。他们的结果表明，Li_2S_2的结构是介稳的，最终会分解为Li_2S。这也说明了为什么少有报道锂硫电池中检测到Li_2S_2。与Li_2S_2相类似，多硫化物自由基同样在实验中难以检测，但可能在充放电机理中发挥着十分重要的作用。Kaskel 等[96]则首先通过量子化学计算得到各种多硫化物自由基在四氢呋喃溶剂中的拉曼图谱，并将其与实验结果对照，从而能更好地指认实验观测到的拉曼峰。在此基础上，他们开展锂硫电池充放电过程中的原位拉曼光谱实验，根据峰强度的变化推测充放电过程中各种多硫化物浓度的变化，从而不仅检测到了锂硫电池工作中各种多硫化物自由基的存在，也探讨了锂硫电池充放电的机理。与原位拉曼光谱相类似，美国加利福尼亚大学伯克利分校的 Balsara 等[97]结合理论计算与 X 射线吸收光谱，探究了锂硫电池中的S_3^-自由基以及相关反应机理。他们首先计算了各种多硫化物阴离子、自由基的 X 射线吸收光谱，并在电子层面上详细分析了S_3^-自由基 X 射线吸收光谱各个峰对应的电子跃迁；紧接着实验测定不同电位条件下的 X 射线吸收光谱，并用计算结果进行拟合，从而得到各种多硫化物在不同电位时的浓度，进而推测锂硫电池可能的充放电机理。

上述多硫化物指认的工作不少已经涉及锂硫电池充放电机理的探讨，其主要思路为：首先通过理论计算得到各种多硫化物相关的物理化学性质（X 射线吸收光谱、拉曼光谱、红外光谱等)；再通过相关原位实验得到相应的实验结果；然后，结合计算与实验，定性或定量分析不同电位条件下多硫化物浓度的变化，从而推测充放电机理。除此之外，还有部分其他理论工作探讨多硫化物之间相互转化关系，从而探讨充放电机理。例如，美国阿贡国家实验室的 Assary 等[98]采用高精度计算化学方法计算了各种多硫化物分子、离子以及Li_2S和S_8分子的电子亲和能、吉布斯自由能、还原电位等，从而得到各个可能的多硫化物转化反应的吉布斯自由能变，根据吉布斯自由能变确定该反应在实际中可能发生的概率，进而推断锂硫电池可能的放电机理。据此他们提出了锂硫电池可能的放电机理（图 8.46)。但这一机理仅仅从热力学的角度出发得到，与实际可能存在一定的偏差。

穿梭效应是锂硫电池中另一个普遍关心的科学问题，许多正极材料设计的一个重要目标就是抑制多硫化物的穿梭效应。也正因此，许多锂硫电池正极相关计算也围绕着如何理解多硫化物与正极材料之间相互作用关系，从而更好地设计硫宿主材料。石墨烯[99-104]，碳纳米管[105-109]，C_3N_4[110]，有机高分子[111-114]，各种金属氧化物[115-123]、硫化物[124-128]、氮化物[129-132]、碳化物[133, 134]以及它们的杂化物[135-137]

Li_2S_8的形成								
反应物	反应 ⟶							产物
S_8	S_8^{1-}	S_8^{2-}	$2Li^+$	Li_2S_8	$Li_2S_8^{2-}$	$2Li^+$	Li_2S_7	Li_2S
				Li_2S_8	$Li_2S_8^{2-}$	$2Li^+$	Li_2S_6	Li_2S_2
				Li_2S_8	$Li_2S_8^{2-}$	$2Li^+$	Li_2S_5	Li_2S_3
				Li_2S_8	$Li_2S_8^{2-}$	$2Li^+$	Li_2S_4	Li_2S_4
				Li_2S_7	$Li_2S_7^{2-}$	$2Li^+$	Li_2S_6	Li_2S
				Li_2S_7	$Li_2S_7^{2-}$	$2Li^+$	Li_2S_5	Li_2S_2
				Li_2S_7	$Li_2S_7^{2-}$	$2Li^+$	Li_2S_4	Li_2S_3
				Li_2S_6	$Li_2S_6^{2-}$	$2Li^+$	Li_2S_5	Li_2S
				Li_2S_6	$Li_2S_6^{2-}$	$2Li^+$	Li_2S_4	Li_2S_2
				Li_2S_5	$Li_2S_5^{2-}$	$2Li^+$	Li_2S_4	Li_2S
				Li_2S_5	$Li_2S_5^{2-}$	$2Li^+$	Li_2S_3	Li_2S_2
				Li_2S_4	$Li_2S_4^{2-}$	$2Li^+$	Li_2S_3	Li_2S
				Li_2S_4	$Li_2S_4^{2-}$	$2Li^+$	Li_2S_2	Li_2S_2

多硫化物

反应物	反应 ⟶				产物
S_8^{2-}	R_9	S_3^{1-}	S_3^{2-}	$2Li^+$	Li_2S_3
S_8^{1-}	R_{20}	S_2^{1-}	S_2^{2-}	$2Li^+$	Li_2S_2
S_8^{2-}	R_{12}	S_4^{1-}	S_4^{2-}	$2Li^+$	Li_2S_4
S_8^{1-}	R_{20}	S_6	S_6^{1-}	S_6^{2-}	
S_6^{1-}	R_{34}	S_2^{1-}	S_2^{2-}	$2Li^+$	Li_2S_2
S_6^{1-}	R_{35}	S_4^{1-}	S_4^{2-}	$2Li^+$	Li_2S_4
S_6^{2-}	R_{25}	S_3^{1-}	S_3^{2-}	$2Li^+$	Li_2S_3
S_4^{2-}	R_{42}	S_3^{2-}		$2Li^+$	Li_2S_3

多硫化物阴离子

图 8.46　锂硫电池放电机理，每一行代表一个可能发生的反应[98]

被广泛应用于锂硫电池正极。第一性原理计算主要围绕多硫化物分子与这些宿主材料相互作用时的几何结构、电子结构、电荷转移、结合能等进行计算。对于碳材料体系，清华大学张强等[99, 104]以石墨烯纳米条带为模型体系，系统研究了不同掺杂对吸附多硫化物的结合能（E_b）的影响，提出纳米碳掺杂的火山型曲线，解释了特定 O、N 掺杂官能团对多硫化物有较好的吸附作用，从而能抑制穿梭效应的原因（图 8.47）。在此基础上，作者借鉴氢键的概念，进一步提出了锂硫电池中“锂键”的概念，探讨多硫化物与 O、N 等掺杂位点相互作用的化学本质，指认这是一种偶极-偶极相互作用[138]。对于金属氧化物体系，斯坦福大学的崔屹等[139]提出了多硫化物在氧化物基底上吸附与扩散之间平衡的概念，在原有强调吸附的认知上，强调了扩散对于正极宿主材料的重要作用。对于金属硫化物体系，清华大学张强等[140]提出类元素周期律，解释了不同过渡金属化合物吸附多硫化物具有差异性的原因。

8.3.2　分子动力学模拟

分子动力学模拟可以大致分为经典的分子动力学模拟和从头算分子动力学模拟。前者采用拟合得到的势函数描述体系中粒子之间的相互作用，而后者使用量子力学描述体系中电子和原子核的状态，从而将经典的牛顿力学扩展到薛定谔方程。相对于第一性原理计算，分子动力学模拟能够提供微观体系的动力学性质，

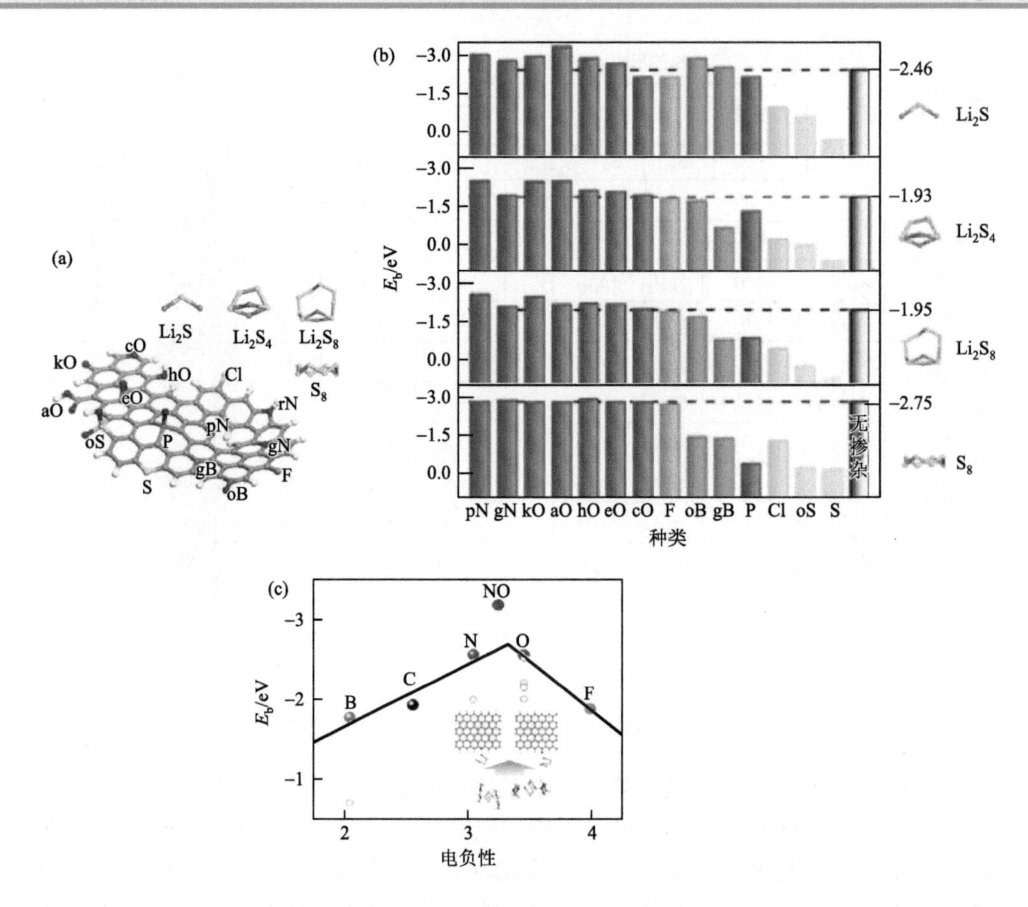

图 8.47 硫正极纳米碳材料杂原子掺杂理性设计策略：（a）纳米碳材料杂原子掺杂形式及硫化锂、多硫化物、S_8分子空间构型；（b）不同掺杂构型吸附硫化锂、多硫化物和S_8的强度；（c）杂原子掺杂纳米碳材料吸附Li_2S_4的火山型曲线[99]

采用经典的方法还可以模拟更大体系。在锂硫电池领域，目前分子动力学模拟主要用来研究电解液体系的微观变化以及电解液与电极材料之间的界面相互作用。

美国加利福尼亚大学的 Persson 教授等[141]采用经典的分子动力学模拟方法研究了锂硫电池电解液的溶剂化行为，发现低阶多硫化物在 DOL/DME 电解液中倾向于生成团簇结构，而高阶多硫化物在 DOL/DME 电解液中溶解度更高。这一结果对理解多硫化物在电解液中的溶解行为具有重要的作用。美国得克萨斯农业机械大学的 Perla B. Balbuena 和清华大学张强教授等[142-144]则采用从头算分子动力学模拟的方法研究了锂硫电池中电解液在锂负极表面的分解行为。Chen 等发现，DOL 和 DME 等常规有机电解液溶剂会在锂负极表面自发地发生分解反应，甚至产生乙烯等可燃性气体[143]。而且，溶剂分子一旦与电解液中的离子形成离子-溶剂结构，其最低未占分子轨道（LUMO）能级便会降低，从而更容易在锂负极表面发生还原反应[142]。Burgos 和 Liu 等[144, 145]则研究了电解液中硫在锂负极表面分解形成 Li_2S 的过程，并详细分析了键长变化、电荷转移以及分解机制。Camacho-Forero 和 Nandasiri 等[146, 147]研究了电解液中盐阴离子和各类添加剂在锂负极表面分解形成 SEI 的过程及 SEI 的变化。

8.3.3　相场理论

相场理论是一种研究相变等结构演化过程中动态界面追踪问题的介观尺度模拟理论，其广泛应用于合金凝固、晶粒生长、电化学沉积、多组分扩散等问题研究。相场理论中，通过引入一个连续变量序参数 ξ 来描述动态变化的界面问题，如 $\xi=0$、$\xi=1$ 以及 $0<\xi<1$ 分别表示液相、固相、液固界面。借助这一序参数 ξ，可以使模拟过程中的如组分浓度、化学能、自由能等变量实现界面处的数值连续化，进而实现相界面动态变化的数值模拟。相场模型是建立在界面扩散的基础之上的，其动态界面的演化过程可用连续性方程表示，即 Cahn-Hilliard 非线性方程和时间依赖的 Ginzburg-Landau 方程[148, 149]。

在锂硫电池中，相场理论常用于金属锂负极的形貌模拟。美国宾夕法尼亚州立大学的 Long-Qing Chen 教授等采用基于 Butler-Volmer 非线性电化学动力学的相场模型研究了不同初始成核点对金属锂枝晶生长的影响（图 8.48）[150]。研究发现，当电压绝对值越小或初始成核点越扁平时，金属锂枝晶更易生长为纤维状或棒状形貌；当电压绝对值越大或初始成核点越尖锐时，金属锂枝晶更易生长为多分支的树枝状形貌。美国伊利诺伊大学芝加哥分校的 Farzad Mashayek 等也采用相场理论模拟研究了 SEI 对金属锂枝晶生长形貌的影响[151]。相场理论模型也在考虑热效应的枝晶生长、结构金属锂负极的机械阻挡等研究方向得到应用[152, 153]。

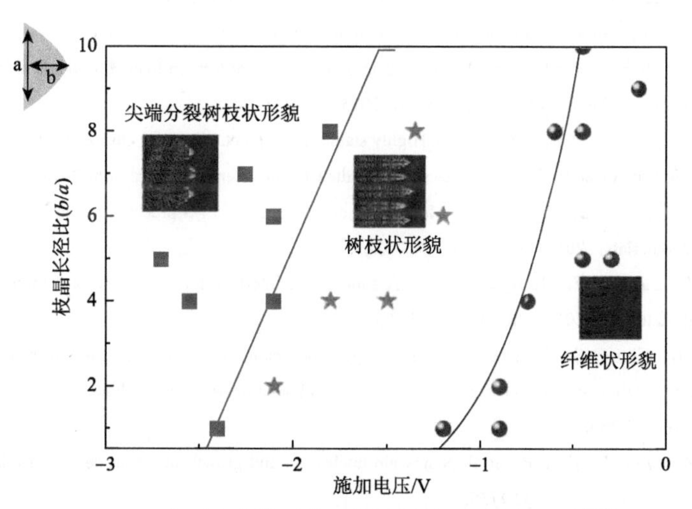

图 8.48　电压和成核形貌对金属锂枝晶形态的影响[150]

参考文献

[1] 李文俊，褚赓，彭佳悦，等. 锂离子电池基础科学问题（XII）——表征方法. 储能科学与技术，2014，(6)：642-667.

[2] Zhao C Z，Cheng X B，Zhang R，et al. Li_2S_5-based ternary-salt electrolyte for robust lithium metal anode. Energy Storage Materials，2016，3：77-84.

[3] Xu N，Qian T，Liu X，et al. Greatly suppressed shuttle effect for improved lithium sulfur battery performance through short chain intermediates. Nano Letters，2017，17（1）：538-543.

[4] Sun Y M，Seh Z W，Li W Y，et al. In-operando optical imaging of temporal and spatial distribution of polysulfides in lithium-sulfur batteries. Nano Energy，2015，11：579-586.

[5] 沈馨，张睿，程新兵，等. 锂枝晶的原位观测及生长机制研究进展. 储能科学与技术，2017，6（3）：345-360.

[6] Kim W S，Yoon W Y. Observation of dendritic growth on Li powder anode using optical cell. Electrochimica Acta，2004，50（2-3）：541-545.

[7] Sano H，Sakaebe H，Matsumoto H. Observation of electrodeposited lithium by optical microscope in room temperature ionic liquid-based electrolyte. Journal of Power Sources，2011，196（16）：6663-6669.

[8] Aryanfar A，Brooks D J，Colussi A J，et al. Quantifying the dependence of dead lithium losses on the cycling period in lithium metal batteries. Physical Chemistry Chemical Physics，2014，16（45）：24965-24970.

[9] Li W Y，Yao H B，Yan K，et al. The synergetic effect of lithium polysulfide and lithium nitrate to prevent lithium dendrite growth. Nature Communications，2015，6：7436.

[10] Hong Y S，Li N，Chen H S，et al. In operando observation of chemical and mechanical stability of Li and Na dendrites under quasi-zero electrochemical field. Energy Storage Materials，2018，11：118-126.

[11] Nishikawa K，Mori T，Nishida T，et al. *In situ* observation of dendrite growth of electrodeposited Li metal. Journal of the Electrochemical Society，2010，157（11）：A1212-A1217.

[12] Steiger J，Kramer D，Monig R. Mechanisms of dendritic growth investigated by *in situ* light microscopy during electrodeposition and dissolution of lithium. Journal of Power Sources，2014，261：112-119.

[13] Steiger J，Kramer D，Monig R. Microscopic observations of the formation，growth and shrinkage of lithium moss during electrodeposition and dissolution. Electrochimica Acta，2014，136：529-536.

[14] Steiger J，Richter G，Wenk M，et al. Comparison of the growth of lithium filaments and dendrites under different conditions. Electrochemistry Communications，2015，50：11-14.

[15] Zhang X Q，Chen X，Cheng X B，et al. Highly stable lithium metal batteries enabled by regulating the solvation of lithium ions in nonaqueous electrolytes. Angewandte Chemie International Edition，2018，57（19）：5301-5305.

[16] Fan F Y，Carter W C，Chiang Y M. Mechanism and kinetics of Li_2S precipitation in lithium-sulfur batteries. Advanced Materials，2015，27（35）：5203-5209.

[17] Peng H J，Zhang Z W，Huang J Q，et al. A cooperative interface for highly efficient lithium-sulfur batteries. Advanced Materials，2016，28（43）：9551-9558.

[18] Marceau H，Kim C S，Paolella A，et al. In operando scanning electron microscopy and ultraviolet-visible spectroscopy studies of lithium/sulfur cells using all solid-state polymer electrolyte. Journal of Power Sources，2016，319：247-254.

[19] Pei A，Zheng G Y，Shi F F，et al. Nanoscale nucleation and growth of electrodeposited lithium metal. Nano Letters，2017，17（2）：1132-1139.

[20] Li W J，Zheng H，Chu G，et al. Effect of electrochemical dissolution and deposition order on lithium dendrite

formation：A top view investigation. Faraday Discussions，2014，176：109-124.

[21] Nagao M，Hayashi A，Tatsumisago M，et al. *In situ* SEM study of a lithium deposition and dissolution mechanism in a bulk-type solid-state cell with a Li_2S-P_2S_5 solid electrolyte. Physical Chemistry Chemical Physics，2013，15（42）：18600-18606.

[22] Orsinia F，Pasquier A D，Beaudouin B，et al. *In situ* SEM study of the interfaces in plastic lithium cells. Journal of Power Sources，1999，81-82：918-921.

[23] Rong G L，Zhang X Y，Zhao W，et al. Liquid-phase electrochemical scanning electron microscopy for *in situ* investigation of lithium dendrite growth and dissolution. Advanced Materials，2017，29（13）：1606187.

[24] Xin S，Gu L，Zhao N H，et al. Smaller sulfur molecules promise better lithium-sulfur batteries. Journal of the American Chemical Society，2012，134（45）：18510-18513.

[25] Wu F，Li J，Su Y F，et al. Layer-by-layer assembled architecture of polyelectrolyte multilayers and graphene sheets on hollow carbon spheres/sulfur composite for high-performance lithium-sulfur batteries. Nano Letters，2016，16（9）：5488-5494.

[26] Cheng X B，Yan C，Peng H J，et al. Sulfurized solid electrolyte interphases with a rapid Li^+ diffusion on dendrite-free Li metal anodes. Energy Storage Materials，2018，10：199-205.

[27] Mehdi B L，Qian J，Nasybulin E，et al. Observation and quantification of nanoscale processes in lithium batteries by operando electrochemical（S）TEM. Nano Letters，2015，15（3）：2168-2173.

[28] Leenheer A J，Jungjohann K L，Zavadil K R，et al. Lithium electrodeposition dynamics in aprotic electrolyte observed *in situ* via transmission electron microscopy. ACS Nano，2015，9（4）：4379-4389.

[29] Wang X F，Zhang M H，Alvarado J，et al. New insights on the structure of electrochemically deposited lithium metal and its solid electrolyte interphases via cryogenic TEM. Nano Letters，2017，17（12）：7606-7612.

[30] Sacci R L，Dudney N J，More K L，et al. Direct visualization of initial SEI morphology and growth kinetics during lithium deposition by *in situ* electrochemical transmission electron microscopy. Chemical Communications，2014，50（17）：2104-2107.

[31] Kushima A，So K P，Su C，et al. Liquid cell transmission electron microscopy observation of lithium metal growth and dissolution：Root growth，dead lithium and lithium flotsams. Nano Energy，2017，32：271-279.

[32] Lang S Y，Shi Y，Guo Y G，et al. Insight into the interfacial process and mechanism in lithium-sulfur batteries：An *in situ* AFM study. Angewandte Chemie International Edition，2016，55（51）：15835-15839.

[33] Zhang Y J，Bai W Q，Wang X L，et al. *In situ* confocal microscopic observation on inhibiting the dendrite formation of a-CN_x/Li electrode. Journal of Materials Chemistry A，2016，4（40）：15597-15604.

[34] Mogi R，Inaba M，Iriyama Y，et al. *In situ* atomic force microscopy study on lithium deposition on nickel substrates at elevated temperatures. Journal of the Electrochemical Society，2002，149（4）：A385-A390.

[35] Shen C，Hu G H，Cheong L Z，et al. Direct observation of the growth of lithium dendrites on graphite anodes by operando EC-AFM. Small Methods，2018，2（2）：1700298.

[36] Trinh N D，Lepage D，Ayme-Perrot D，et al. An artificial lithium protective layer enables the use of acetonitrile-based electrolytes in lithium-metal batteries. Angewandte Chemie International Edition，2018，57（18）：5072-5075.

[37] Wang M Q，Huai L Y，Hu G H，et al. Effect of LiFSI concentrations to form thickness-and modulus-controlled SEI layers on lithium metal anodes. The Journal of Physical Chemistry C，2018，122（18）：9825-9834.

[38] Li G X，Gao Y，He X，et al. Organosulfide-plasticized solid-electrolyte interphase layer enables stable lithium metal anodes for long-cycle lithium-sulfur batteries. Nature Communications，2017，8（1）：850.

[39] Wan G J，Guo F H，Li H，et al. Suppression of dendritic lithium growth by *in-situ* formation of a chemically stable and mechanically strong solid electrolyte interphase. ACS Applied Materials & Interfaces，2017，10（1）：593-601.

[40] Yan C，Cheng X B，Tian Y，et al. Dual-layered film protected lithium metal anode to enable dendrite-free lithium deposition. Advanced Materials，2018，30（25）：1707629.

[41] Gorlin Y，Siebel A，Piana M，et al. Operando characterization of intermediates produced in a lithium-sulfur battery. Journal of the Electrochemical Society，2015，162（7）：A1146-A1155.

[42] Cuisinier M，Cabelguen P E，Evers S，et al. Sulfur speciation in Li-S batteries determined by operando X-ray absorption spectroscopy. The Journal of Physical Chemistry Letters，2013，4（19）：3227-3232.

[43] Evers S，Yim T，Nazar L F. Understanding the nature of absorption/adsorption in nanoporous polysulfide sorbents for the Li-S battery. The Journal of Physical Chemistry C，2012，116（37）：19653-19658.

[44] Kawase A，Shirai S，Yamoto Y，et al. Electrochemical reactions of lithium-sulfur batteries：An analytical study using the organic conversion technique. Physical Chemistry Chemical Physics，2014，16（20）：9344-9350.

[45] Zou Q，Lu Y C. Solvent-dictated lithium sulfur redox reactions：An operando UV-vis spectroscopic study. The Journal of Physical Chemistry Letters，2016，7（8）：1518-1525.

[46] Patel M U M，Dominko R. Application of in operando UV/Vis spectroscopy in lithium-sulfur batteries. ChemSusChem，2014，7（8）：2167-2175.

[47] Patel M U M，Demir-Cakan R，Morcrette M，et al. Li-S battery analyzed by UV/Vis in operando mode. ChemSusChem，2013，6（7）：1177-1181.

[48] Aurbach D，Markovsky B，Shechter A，et al. A Comparative study of synthetic graphite and Li electrodes in electrolyte solutions based on ethylene carbonate-dimethyl carbonate mixtures. Journal of the Electrochemical Society，1996，143（12）：3809-3820.

[49] Xiong S，Diao Y，Hong X，et al. Characterization of solid electrolyte interphase on lithium electrodes cycled in ether-based electrolytes for lithium batteries. Journal of Electroanalytical Chemistry，2014，719（0）：122-126.

[50] Xiong S Z，Xie K，Diao Y，et al. Characterization of the solid electrolyte interphase on lithium anode for preventing the shuttle mechanism in lithium-sulfur batteries. Journal of Power Sources，2014，246（0）：840-845.

[51] Ahn Y，Jeong Y，Lee D，et al. Copper nanowire-graphene core-shell nanostructure for highly stable transparent conducting electrode. ACS Nano，2015，9（3）：3125-3133.

[52] Rosenman A，Elazari R，Salitra G，et al. The effect of interactions and reduction products of $LiNO_3$，the anti-shuttle agent，in Li-S battery systems. Journal of the Electrochemical Society，2015，162（3）：A470-A473.

[53] Zhang Y J，Wang W，Tang H，et al. An *ex-situ* nitridation route to synthesize Li_3N-modified Li anodes for lithium secondary batteries. Journal of Power Sources，2015，277（0）：304-311.

[54] Wu J Y，Ling S G，Yang Q，et al. Forming solid electrolyte interphase *in situ* in an ionic conducting $Li_{1.5}Al_{0.5}Ge_{1.5}(PO_4)_3$-polypropylene（PP）based separator for Li-ion batteries. Chinese Physics B，2016，25（7）：103-107.

[55] Qian J，Henderson W A，Xu W，et al. High rate and stable cycling of lithium metal anode. Nature Communications，2015，6：6362.

[56] Liu C Y，Ma X D，Xu F，et al. Ionic liquid electrolyte of lithium bis(fluorosulfonyl) imide/*N*- methyl-*N*-propylpiperidinium bis（fluorosulfonyl）imide for Li/natural graphite cells：Effect of concentration of lithium salt on the physicochemical and electrochemical properties. Electrochimica Acta，2014，149：370-385.

[57] Cheng X B，Yan C，Chen X，et al. Implantable solid electrolyte interphase in lithium-metal batteries. Chem，2017，2（2）：258-270.

[58] Nelson J，Misra S，Yang Y，et al. In operando X-ray diffraction and transmission X-ray microscopy of lithium sulfur batteries. Journal of the American Chemical Society，2012，134（14）：6337-6343.

[59] Waluś S，Barchasz C，Colin J F，et al. New insight into the working mechanism of lithium-sulfur batteries：*In situ* and operando X-ray diffraction characterization. Chemical Communications，2013，49（72）：7899-7901.

[60] Lowe M A，Gao J，Abruña H D. Mechanistic insights into operational lithium-sulfur batteries by *in situ* X-ray diffraction and absorption spectroscopy. RSC Advances，2014，4（35）：18347-18353.

[61] See K A，Leskes M，Griffin J M，et al. Ab initio structure search and *in situ* ^{7}Li NMR studies of discharge products in the Li-S battery system. Journal of the American Chemical Society，2014，136（46）：16368-16377.

[62] Arbi K，Hoelzel M，Kuhn A，et al. Structural factors that enhance lithium mobility in fast-ion $Li_{1+x}Ti_{2-x}Al_x(PO_4)_3$ （$0 \leqslant x \leqslant 0.4$）conductors investigated by neutron diffraction in the temperature range 100～500 K. Inorganic Chemistry，2013，52（16）：9290-9296.

[63] Han J，Zhu J，Li Y，et al. Experimental visualization of lithium conduction pathways in garnet-type $Li_7La_3Zr_2O_{12}$. Chemical Communications，2012，48（79）：9840-9842.

[64] Lv S，Verhallen T，Vasileiadis A，et al. Operando monitoring the lithium spatial distribution of lithium metal anodes. Nature Communications，2018，9（1）：2152.

[65] Bard A J，Faulkner L R. 电化学方法原理和应用. 北京：化学工业出版社，2005.

[66] Zhao C Z，Zhang X Q，Cheng X B，et al. An anion-immobilized composite electrolyte for dendrite-free lithium metal anodes. Proceedings of the National Academy of Sciences of the United States of America，2017，114（42）：11069-11074.

[67] 聂凯会，耿振，王其钰，等. 锂电池研究中的循环伏安实验测量和分析方法. 储能科学与技术，2018，7（3）：539-553.

[68] 藤嶋昭，相澤益男，井上徹. 电化学测定方法. 陈震，姚建年译. 北京：北京大学出版社，1995.

[69] Wu H L，Huff L A，Gewirth A A. *In situ* Raman spectroscopy of sulfur speciation in lithium-sulfur batteries. ACS Applied Materials & Interfaces，2015，7（3）：1709-1719.

[70] Zheng D，Zhang X R，Wang J K，et al. Reduction mechanism of sulfur in lithium-sulfur battery：From elemental sulfur to polysulfide. Journal of Power Sources，2016，301：312-316.

[71] Zheng D，Wang G W，Liu D，et al. The progress of Li-S batteries-understanding of the sulfur redox mechanism：Dissolved polysulfide ions in the electrolytes. Advanced Materials Technologies，2018：1700233.

[72] Li G C，Li G R，Ye S H，et al. A polyaniline-coated sulfur/carbon composite with an enhanced high-rate capability as a cathode material for lithium/sulfur batteries. Advanced Energy Materials，2012，2（10）：1238-1245.

[73] 凌仕刚，许洁茹，李泓. 锂电池研究中的EIS实验测量和分析方法. 储能科学与技术，2018，7（4）：732-750.

[74] Peng H J，Zhang G，Chen X，et al. Enhanced electrochemical kinetics on conductive polar mediators for lithium-sulfur batteries. Angewandte Chemie International Edition，2016：12990-12995.

[75] Qu H T，Zhang J J，Du A B，et al. Multifunctional sandwich-structured electrolyte for high-performance lithium-sulfur batteries. Advanced Science，2018，5（3）：1700503.

[76] Fan F Y，Chiang Y M. Electrodeposition kinetics in Li S batteries：Effects of low electrolyte/sulfur ratios and deposition surface composition. Journal of the Electrochemical Society，2017，164（4）：A917-A922.

[77] 凌仕刚，吴娇杨，张舒，等. 锂电池基础科学问题（XIII）——电化学测量方法. 储能科学与技术，2015，4（1）：83-103.

[78] Chen K H，Wood K N，Kazyak E，et al. Dead lithium：Mass transport effects on voltage，capacity，and failure of lithium metal anodes. Journal of Materials Chemistry A，2017，5（23）：11671-11681.

[79] Wood K N，Kazyak E，Chadwick A F，et al. Dendrites and pits：Untangling the complex behavior of lithium metal anodes through operando video microscopy. ACS Central Science，2016，2（11）：790-801.

[80] Adams B D，Zheng J，Ren X，et al. Accurate determination of Coulombic efficiency for lithium metal anodes and lithium metal batteries. Advanced Energy Materials，2018：1702097.

[81] Wang J G，Xie K，Wei B. Advanced engineering of nanotructured carbons for lithium-sulfur batteries. Nano Energy，2015，15：413-444.

[82] Guo J C，Yang Z C，Archer L A. Aerosol assisted synthesis of hierarchical tin-carbon composites and their application as lithium battery anode materials. Journal of Materials Chemistry A，2013，1（31）：8710-8715.

[83] Cao R，Xu W，Lv D，et al. Anodes for rechargeable lithium-sulfur batteries. Advanced Energy Materials，2015，5（16）：1402273.

[84] Duan H，Yin Y X，Shi Y，et al. Dendrite-free Li-metal battery enabled by a thin asymmetric solid electrolyte with engineered layers. Journal of the American Chemical Society，2018，140（1）：82-85.

[85] Li N W，Shi Y，Yin Y X，et al. A flexible solid electrolyte interphase layer for long-life lithium metal anodes. Angewandte Chemie International Edition，2018，57（6）：1505-1509.

[86] Xiong S，Xie K，Diao Y，et al. On the role of polysulfides for a stable solid electrolyte interphase on the lithium anode cycled in lithium-sulfur batteries. Journal of Power Sources，2013，236（0）：181-187.

[87] 陈翔，侯廷政，彭翃杰，等. 第一性原理计算在锂硫电池中的应用进展评述. 储能科学与技术，2017，6（3）：500-521.

[88] Wang L，Zhang T，Yang S，et al. A quantum-chemical study on the discharge reaction mechanism of lithium-sulfur batteries. Journal of Energy Chemistry，2013，22（1）：72-77.

[89] Vijayakumar M，Govind N，Walter E，et al. Molecular structure and stability of dissolved lithium polysulfide species. Physical Chemistry Chemical Physics，2014，16（22）：10923-10932.

[90] Shang S，Wang Y，Guan P，et al. Insight into structural，elastic，phonon，and thermodynamic properties of α-sulfur and energy-related sulfides：A comprehensive first-principles study. Journal of Materials Chemistry A，2015，3（15）：8002-8014.

[91] Zhang Q，Wang Y，Seh Z W，et al. Understanding the anchoring effect of two-dimensional layered materials for lithium-sulfur batteries. Nano Letters，2015，15（6）：3780-3786.

[92] Kao J. Li_2S_2 and Li_2S：An *ab initio* study. Journal of Molecular Structure，1979，56：147-152.

[93] Ling M，Yan W，Kawase A，et al. Electrostatic polysulfides confinement to inhibit redox shuttle process in the lithium sulfur batteries. ACS Applied Materials & Interfaces，2017，9（37）：31741-31745.

[94] Feng Z，Kim C，Vijh A，et al. Unravelling the role of Li_2S_2 in lithium-sulfur batteries：A first principles study of its energetic and electronic properties. Journal of Power Sources，2014，272：518-521.

[95] Assary R S，Curtiss L A，Moore J S. Toward a molecular understanding of energetics in Li-S batteries using nonaqueous electrolytes：a high-level quantum chemical study. The Journal of Physical Chemistry C，2014，118（22）：11545-11558.

[96] Hagen M，Schiffels P，Hammer M，et al. *In-situ* Raman investigation of polysulfide formation in Li-S cells. Journal of the Electrochemical Society，2013，160（8）：A1205-A1214.

[97] Wujcik K H，Pascal T A，Pemmaraju C D，et al. Characterization of polysulfide radicals present in an ether-based electrolyte of a lithium-sulfur battery during initial discharge using *in situ* X-ray absorption spectroscopy experiments and first-principles calculations. Advanced Energy Materials，2015，5（16）：1500285.

[98] Assary R S，Curtiss L A，Moore J S. Toward a molecular understanding of energetics in Li-S batteries using

nonaqueous electrolytes：A high-level quantum chemical study. The Journal of Physical Chemistry C，2014，118（22）：11545-11558.

[99] Hou T Z, Chen X, Peng H J, et al. Design principles for heteroatom-doped nanocarbon to achieve strong anchoring of polysulfides for lithium-sulfur batteries. Small，2016，12（24）：3283-3291.

[100] Zhou G，Paek E，Hwang G S，et al. Long-life Li/polysulphide batteries with high sulphur loading enabled by lightweight three-dimensional nitrogen/sulphur-codoped graphene sponge. Nature Communications，2015，6：7760.

[101] Zhou G，Yin L C，Wang D W，et al. Fibrous hybrid of graphene and sulfur nanocrystals for high-performance lithium-sulfur batteries. ACS Nano，2013，7（6）：5367-5375.

[102] Peng H J，Liang J，Zhu L，et al. Catalytic self-limited assembly at hard templates：A mesoscale approach to graphene nanoshells for lithium-sulfur batteries. ACS Nano，2014，8（11）：11280-11289.

[103] Zhou G，Paek E，Hwang G S，et al. High-performance lithium-sulfur batteries with a self-supported，3D Li_2S-doped graphene aerogel cathodes. Advanced Energy Materials，2016，6（2）：1501355.

[104] Hou T Z，Peng H J，Huang J Q，et al. The formation of strong-couple interactions between nitrogen-doped graphene and sulfur/lithium(poly)sulfides in lithium-sulfur batteries. 2D Materials，2015，2（1）：014011.

[105] Ma L，Zhuang H L，Wei S，et al. Enhanced Li-S batteries using amine-functionalized carbon nanotubes in the cathode. ACS Nano，2016，10（1）：1050-1059.

[106] Fu Y，Su Y S，Manthiram A. Highly reversible lithium/dissolved polysulfide batteries with carbon nanotube electrodes. Angewandte Chemie International Edition，2013，52（27）：6930-6935.

[107] Jin C，Zhang W，Zhuang Z，et al. Enhanced sulfide chemisorption using boron and oxygen dually doped multi-walled carbon nanotubes for advanced lithium-sulfur batteries. Journal of Materials Chemistry A，2017，5（2）：632-640.

[108] Wu F，Magasinski A，Yushin G. Nanoporous Li_2S and MWCNT-linked Li_2S powder cathodes for lithium-sulfur and lithium-ion battery chemistries. Journal of Materials Chemistry A，2014，2（17）：6064-6070.

[109] Kim H，Lee J T，Yushin G. High temperature stabilization of lithium-sulfur cells with carbon nanotube current collector. Journal of Power Sources，2013，226：256-265.

[110] Liang J，Yin L，Tang X，et al. Kinetically enhanced electrochemical redox of polysulfides on polymeric carbon nitrides for improved lithium-sulfur batteries. ACS Applied Materials & Interfaces，2016，8（38）：25193-25201.

[111] Li Y, Yuan L, Li Z, et al. Improving the electrochemical performance of a lithium-sulfur battery with a conductive polymer-coated sulfur cathode. RSC Advances，2015，5（55）：44160-44164.

[112] Liu J，Qian T，Wang M，et al. Molecularly imprinted polymer enables high-efficiency recognition and trapping lithium polysulfides for stable lithium sulfur battery. Nano Letters，2017，17（8）：5064-5070.

[113] Liu X，Xu N，Qian T，et al. Stabilized lithium-sulfur batteries by covalently binding sulfur onto the thiol-terminated polymeric matrices. Small，2017，13（44）：1702104.

[114] Wu F，Zhao E，Gordon D，et al. Infiltrated porous polymer sheets as free-standing flexible lithium-sulfur battery electrodes. Advanced Materials，2016，28（30）：6365-6371.

[115] Patil S B，Kim H J，Lim H K，et al. Exfoliated 2D lepidocrocite titanium oxide nanosheets for high sulfur content cathodes with highly stable Li-S battery performance. ACS Energy Letters，2018，3（2）：412-419.

[116] Liu Y，Qin X，Zhang S，et al. Fe_3O_4-decorated porous graphene interlayer for high-performance lithium-sulfur batteries. ACS Applied Materials & Interfaces，2018，10（31）：26264-26273.

[117] Hu N，Lv X，Dai Y，et al. SnO_2/Reduced graphene oxide interlayer mitigating the shuttle effect of Li-S batteries. ACS Applied Materials & Interfaces，2018，10（22）：18665-18674.

[118] Liu S T，Zhang C，Yue W B，et al. Graphene-based mesoporous SnO_2 nanosheets as multifunctional hosts for high performance lithium-sulfur batteries. ACS Applied Energy Materials，2019，2（7）：5009-5018.
[119] Zhong Y，Yang K R，Liu W，et al. Mechanistic insights into surface chemical interactions between lithium polysulfides and transition metal oxides. The Journal of Physical Chemistry C，2017，121（26）：14222-14227.
[120] Li Z，Guan B Y，Zhang J，et al. A compact nanoconfined sulfur cathode for high-performance lithium-sulfur batteries. Joule，2017，1（3）：576-587.
[121] Tao X，Wang J，Ying Z，et al. Strong sulfur binding with conducting magnéli-phase Ti_nO_{2n-1} nanomaterials for improving lithium-sulfur batteries. Nano Letters，2014，14（9）：5288-5294.
[122] Ma L，Chen R，Zhu G，et al. Cerium oxide nanocrystal embedded bimodal micromesoporous nitrogen-rich carbon nanospheres as effective sulfur host for lithium-sulfur batteries. ACS Nano，2017，11（7）：7274-7283.
[123] Wu F，Pollard T P，Zhao E，et al. Layered $LiTiO_2$ for the protection of Li_2S cathodes against dissolution: mechanisms of the remarkable performance boost. Energy & Environmental Science，2018，11（4）：807-817.
[124] Wang S，Chen H，Liao J，et al. Efficient trapping and catalytic conversion of polysulfides by VS_4 nanosites for Li-S batteries. ACS Energy Letters，2019，4（3）：755-762.
[125] Ma L，Wei S，Zhuang H L，et al. Hybrid cathode architectures for lithium batteries based on TiS_2 and sulfur. Journal of Materials Chemistry A，2015，3（39）：19857-19866.
[126] Pang Q，Kundu D，Nazar L F. A graphene-like metallic cathode host for long-life and high-loading lithium-sulfur batteries. Materials Horizons，2016，3（2）：130-136.
[127] Yuan Z，Peng H J，Hou T Z，et al. Powering lithium-sulfur battery performance by propelling polysulfide redox at sulfiphilic hosts. Nano Letters，2016，16（1）：519-527.
[128] Li Z，Zhang S，Zhang J，et al. Three-dimensionally hierarchical $Ni/Ni_3S_2/S$ cathode for lithium-sulfur battery. ACS Applied Materials & Interfaces，2017，9（44）：38477-38485.
[129] Sun Z，Zhang J，Yin L，et al. Conductive porous vanadium nitride/graphene composite as chemical anchor of polysulfides for lithium-sulfur batteries. Nature Communications，2017，8：14627.
[130] Ma L，Yuan H，Zhang W，et al. Porous-shell vanadium nitride nanobubbles with ultrahigh areal sulfur loading for high-capacity and long-life lithium-sulfur batteries. Nano Letters，2017，17（12）：7839-7846.
[131] Zhong Y，Chao D，Deng S，et al. Confining sulfur in integrated composite scaffold with highly porous carbon fibers/vanadium nitride arrays for high-performance lithium-sulfur batteries. Advanced Functional Materials，2018，28（38）：1706391.
[132] Li C，Shi J，Zhu L，et al. Titanium nitride hollow nanospheres with strong lithium polysulfide chemisorption as sulfur hosts for advanced lithium-sulfur batteries. Nano Research，2018，11（8）：4302-4312.
[133] Cai W，Li G，Zhang K，et al. Conductive nanocrystalline niobium carbide as high-efficiency polysulfides tamer for lithium-sulfur batteries. Advanced Functional Materials，2018，28（2）：1704865.
[134] Fang R，Zhao S，Sun Z，et al. Polysulfide immobilization and conversion on a conductive polar MoC@ MoO_x material for lithium-sulfur batteries. Energy Storage Materials，2018，10：56-61.
[135] Liang X，Rangom Y，Kwok C Y，et al. Interwoven MXene nanosheet/carbon-nanotube composites as Li-S cathode hosts. Advanced Materials，2017，29（3）：1603040.
[136] Zhou G，Zhao Y，Manthiram A. Dual-confined flexible sulfur cathodes encapsulated in nitrogen-doped double-shelled hollow carbon spheres and wrapped with graphene for Li-S batteries. Advanced Energy Materials，2015，5（9）：1402263.
[137] Peng H J，Huang J Q，Zhao M Q，et al. Nanoarchitectured graphene/CNT@ porous carbon with extraordinary

electrical conductivity and interconnected micro/mesopores for lithium-sulfur batteries. Advanced Functional Materials，2014，24（19）：2772-2781.

[138] Hou T Z，Xu W T，Chen X，et al. Lithium bond chemistry in lithium-sulfur batteries. Angewandte Chemie International Edition，2017，56（28）：8178-8182.

[139] Tao X，Wang J，Liu C，et al. Balancing surface adsorption and diffusion of lithium-polysulfides on nonconductive oxides for lithium-sulfur battery design. Nature Communications，2016，7：11203.

[140] Chen X，Peng H J，Zhang R，et al. An analogous periodic law for strong anchoring of polysulfides on polar hosts in lithium sulfur batteries：S-or Li-binding on first-row transition-metal sulfides？. ACS Energy Letters，2017，2（4）：795-801.

[141] Rajput N N，Murugesan V，Shin Y，et al. Elucidating the solvation structure and dynamics of lithium polysulfides resulting from competitive salt and solvent interactions. Chemistry of Materials，2017，29（8）：3375-3379.

[142] Chen X，Shen X，Li B，et al. Ion-solvent complexes promote gas evolution from electrolytes on a sodium metal anode. Angewandte Chemie International Edition，2018，57（3）：734-737.

[143] Chen X，Hou T Z，Li B，et al. Towards stable lithium-sulfur batteries：Mechanistic insights into electrolyte decomposition on lithium metal anode. Energy Storage Materials，2017，8：194-201.

[144] Burgos J C，Balbuena P B，Montoya J A. Structural dependence of the sulfur reduction mechanism in carbon-based cathodes for lithium-sulfur batteries. The Journal of Physical Chemistry C，2017，121（34）：18369-18377.

[145] Liu Z，Bertolini S，Balbuena P B，et al. Li_2S film formation on lithium anode surface of Li-S batteries. ACS Applied Materials & Interfaces，2016，8（7）：4700-4708.

[146] Camacho-Forero L E，Smith T W，Bertolini S，et al. Reactivity at the lithium-metal anode surface of lithium-sulfur batteries. The Journal of Physical Chemistry C，2015，119（48）：26828-26839.

[147] Nandasiri M I，Camacho-Forero L E，Schwarz A M，et al. *In situ* chemical imaging of solid-electrolyte interphase layer evolution in Li-S batteries. Chemistry of Materials，2017，29（11）：4728-4737.

[148] Guyer J E，Boettinger W J，Warren J A，et al. Phase field modeling of electrochemistry. Ⅰ. Equilibrium. Physical Review E，2004，69（2）：021603.

[149] Guyer J E，Boettinger W J，Warren J A，et al. Phase field modeling of electrochemistry. Ⅱ. Kinetics. Physical Review E，2004，69（2）：021604.

[150] Chen L，Zhang H W，Liang L Y，et al. Modulation of dendritic patterns during electrodeposition：A nonlinear phase-field model. Journal of Power Sources，2015，300：376-385.

[151] Yurkiv V，Foroozan T，Ramasubramanian A，et al. Phase-field modeling of solid electrolyte interface（SEI）influence on Li dendritic behavior. Electrochimica Acta，2018，265：609-619.

[152] Foroozan T，Soto F A，Yurkiv V，et al. Synergistic effect of graphene oxide for impeding the dendritic plating of Li. Advanced Functional Materials，2018，28（15）：1705917.

[153] Yan H H，Bie Y H，Cui X Y，et al. A computational investigation of thermal effect on lithium dendrite growth. Energy Conversion and Management，2018，161：193-204.

第9章 锂硫电池实用化

锂硫电池实用化研究是继基础研究后的重要环节，也是考验锂硫电池能否真正商业化的关键。在基础研究中，针对锂硫电池中硫正极导电性差、体积形变大，多硫化物的穿梭效应以及锂负极失效的问题，科研工作者提出了一系列解决方案，并在纽扣电池中获得初步的验证，锂硫电池的循环寿命和库仑效率均获得稳步提升。然而纽扣型锂硫电池的性能提升基本是在低硫面载量、低硫质量分数、较高液硫比、低倍率和负极金属锂的容量过量 100 倍以上的条件下实现的。在以上条件下，锂硫电池中存在的许多问题无法暴露，对锂硫电池实用化缺乏指导意义。因此，开展锂硫电池的实用化研究对推动锂硫电池的发展十分重要。

9.1 软包型锂硫电池

现有的商业化锂离子电池根据封装形式的差异主要分为三种形态：圆柱型、方型和软包型。其中，圆柱型和方型锂离子电池采用金属材料作为外壳，也统称为硬壳电池。软包电池则采用铝塑膜封装。由于特定的包装与结构的不同，三种电池在技术性能方面有所差异，各自具备一定的优劣势。圆柱型和方型锂离子电池开发早，相应的电池管理系统（BMS）的研究更加深入，在当下的动力电池中应用广泛。软包电池目前主要应用在消费电子领域，其市场占有率已经超过 60%。与硬壳电池相比，软包电池具有设计灵活、质量轻、内阻小、不易爆炸、循环次数多、能量密度高等特点。其中，软包电池最大的优势在于能在现有技术水平上提升电池的能量密度。软包电池比同等容量的铝壳电池轻 20%，比同样尺寸的铝壳电池容量高 50%。此外，软包电池能够减少电池自耗电、延长使用寿命，并具有设计灵活性。软包电池的不足之处在于，包装材料铝塑膜机械强度不及硬壳电池、成本较高、标准化程度较低。

由于锂硫电池正处于研发初级阶段，为满足研发需要，电池结构、电极组成和结构以及电池容量须根据需求灵活设计，且要组装简单。圆柱型和方型电池工艺成熟、标准化程度高，不断调整工艺参数需要付出高额成本，无法满足灵活设计的需求。而软包电池可根据需求灵活设计，并且可在实验室中实现小规模组装，能满足锂硫电池实用化研究的需求。此外，作为高比能二次电池的代表，锂硫电池最具前景的应用是在消费电子领域，如无人机等。而消费电子领域中，软包电池应用最广。因此，目前锂硫电池实用化器件基本为软包电池。

软包型锂硫电池的工艺流程与软包型锂离子电池基本相当，因此可以借鉴软包型锂离子电池的工艺流程。但由于电池体系及工作原理的不同，软包型锂硫电池的生产工艺具有自身的独特性，主要有：①工艺流程上，锂硫电池中为降低电池非活性物质材料的质量、提升电池能量密度，负极一侧可不采用铜集流体，而直接使用锂片作为负极。因此，为保证外接电路的通畅，锂负极上极耳的连接显得尤为重要。②化成工艺上，锂硫电池组装完成后即处于带电状态，而锂离子电池组装完成后处于不带电状态，因此其化成工艺也完全不同。③操作环境上，锂硫电池中使用对水敏感的活泼金属锂作为负极，因此对于组装环境要求更高。④组装工艺上，对于叠片和卷绕工艺的选择来说，锂硫电池受正负极限制，在目前条件下叠片使用较多。

软包型锂硫电池单体的能量密度可超过 400 $Wh \cdot kg^{-1}$，相比于锂离子电池具有明显的优势。但是现阶段软包型锂硫电池还处于研究初期，要达到更高的能量密度还需要不断优化现有电池结构、电极组成和液硫比等条件。另外，电池的循环寿命、库仑效率以及倍率性能也需要继续提升。从电池系统的角度上，锂硫电池的电池管理系统也区别于现有的锂离子电池管理系统。因此，如果要提升锂硫电池系统的能量密度，要综合考虑电池系统的结构和功能设计。

9.2　高比能锂硫电池设计原则

根据锂硫电池体系的特点，锂硫电池要想实现超越 400 $Wh \cdot kg^{-1}$ 的能量密度目标，正极方面需要在硫面载量、硫含量、液硫比及硫利用率等指标上满足一系列要求。具体如下：

（1）硫面载量大于 6 $mg \cdot cm^{-2}$。出于高能量密度的考虑，硫面载量只有在大于 6 $mg \cdot cm^{-2}$ 时，才有机会实现超越 400 $Wh \cdot kg^{-1}$ 的目标。在电极极片有限厚度的要求下，实现硫面载量大于 6 $mg \cdot cm^{-2}$ 的目标，需要在正极导电网络设计和多硫化物限域、吸附及催化方面优化电极结构，保证硫的高效利用并避免活性物质流失。

（2）硫含量大于 70 wt%。在锂硫电池中，出于提升正极导电性和降低多硫化物流失的目的，需要在正极中引入一定量的非活性物质，如导电碳、黏结剂和催化剂等，从而增加电池自重，降低电池整体的能量密度。因此，为了保证电池的能量密度，硫正极中的硫含量须大于 70%，这同样对正极中导电网络设计和多硫化物限域、吸附及催化效果提出较高的要求。

（3）液硫比小于 3 mL·g^{-1}。在基于液态电解液的锂硫电池中，离子扩散显著影响着电池的动力学和性能。虽然在较高液硫比条件下，电解液对电极的润湿良好，并且电解液中溶解的多硫化物浓度较低，可以有效发挥电极性能，减小对电解液本身性质的影响，保证电池稳定性，但是较高液硫比使得电池质量中电解液占比增加，降低了电池能量密度。为保证高能量密度，锂硫电池中需控制其液硫比小于 3 mL·g^{-1}。

（4）硫利用率大于 80%。由于硫及其放电产物硫化锂本身不导电，加之在放电过程中多硫化物溶解造成活性物质流失，硫的利用率很低。锂硫电池在研究初期基本是作为一次电池使用，难以循环。随着碳基导电网络的发展，锂硫电池实现了可逆充放电，硫的利用率也在逐渐提升。但在较高硫面载量时，硫的利用率依旧很难保证。在高能量密度的要求下，需要在考虑硫面载量的同时保证硫的利用率大于 80%，这才能够使得硫正极相比锂离子电池正极更具竞争力。

以上要求是与圆柱型 18650 锂离子电池参数和能量密度对比后提出的[1, 2]，对高比能锂硫电池的设计具有指导意义。高比能锂硫电池需要同时满足所有要求才能实现，这在目前看来是十分严峻的。此外，降低锂硫电池中非活性物质质量也是提升能量密度的有效途径。锂硫电池在实现高能量密度的同时，作为一种实用化的二次电池，其循环寿命和倍率性能也是重要的参数，需同样加以考量。

9.3 高活性材料的实现途径

为了保证锂硫电池高能量密度目标的实现，就要充分发挥硫活性物质的性能，需要解决两大问题：①硫及放电产物硫化锂导电性差；②多硫化物溶解引起的穿梭效应。此外金属锂负极的保护，对于锂硫电池性能的提升也十分重要。但目前在软包层面对金属锂保护的报道极少，在此主要涉及提升硫正极活性的途径。软包电池中，除了合理设计硫正极组成外，在放大过程中，极片的均匀性和一致性也是保证硫正极活性的重要因素。因此，下面主要讨论两种提升硫正极活性的途径，即硫正极组成设计（即浆料制备）和涂布工艺。整个软包型锂硫电池组装示意图如图 9.1 所示。

9.3.1 硫正极组成设计和规模浆料制备

锂硫电池正极中的硫目前存在两种形态，即分子硫和聚合硫。分子硫，即直接采用单质硫（S_8）作为活性物质，其在放电过程中先后经历高阶多硫化物和低

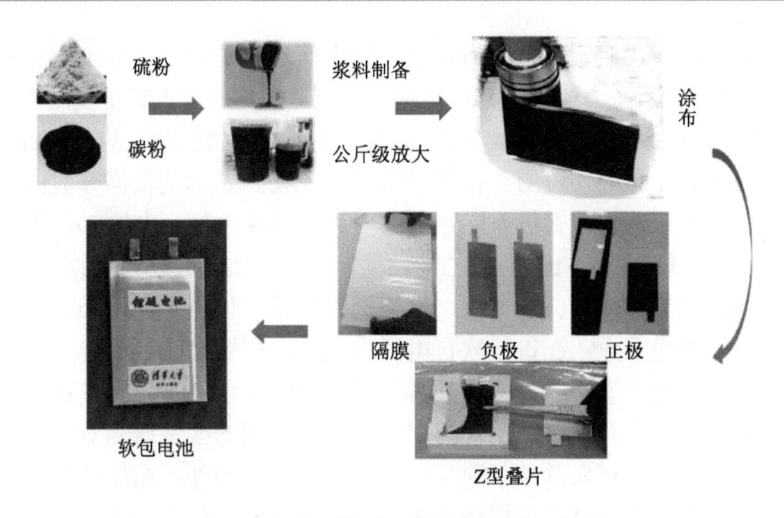

图 9.1　软包型锂硫电池组装流程示意图

阶多硫化物，最后生成硫化锂。聚合硫，即利用聚合物链上的硫作为活性物质，其在放电过程中只经历低阶多硫化物阶段。相比于聚合硫形态，单质硫形态具有更高的放电比容量和能量密度。因此，基于单质硫形态的硫正极在软包电池中更具有吸引力。

硫电极一般由单质硫、导电剂和黏结剂三部分组成。除此之外，集流体和隔膜对硫正极性能也具有重要影响，可以视作正极的一部分，本书其他章节详细讨论了在基础研究中导电剂、黏结剂、隔膜及集流体等组分对硫正极性能的影响，在此不再赘述。本节主要讨论软包电池中通过合理设计硫正极组分及规模浆料制备来提升硫正极性能的问题。

相比于基础研究中使用的纽扣电池，软包电池面积大、容量大，需要保证极片的均匀性和一致性。此外，软包电池还要考虑能量密度和成本等，在这些指标的约束下，其组成及测试条件更加苛刻。因此，软包电池研发与基础研究中使用纽扣电池研发具有明显区别：①纽扣电池中某些材料及方法应用到软包电池时，考虑到能量密度、成本和工艺复杂性后，不再实用，因此没有应用价值。②纽扣电池的组成和测试条件温和，各组分的生产厂家和批次对硫正极活性影响不大。但在软包电池中，受能量密度和成本约束，其组装和测试是在苛刻条件下进行的。而且硫正极活性对各组分的生产厂家和批次十分敏感。因此，在进行软包电池研发时，需注意其与纽扣电池的不同之处，在此基础上进行有效研发。

在综合考虑能量密度、成本和工艺复杂性等各项条件后，碳硫复合正极成为当下锂硫软包电池研究的主要对象。在碳硫复合正极中，碳主要用于构筑高效的导电网络，并用于物理吸附或限域多硫化物。为了提升硫正极的活性并考虑到大面积极片制备的一致性，碳材料的种类、比表面积、颗粒度、导电性和孔径等都需要仔细筛选和优化。合适的碳材料有利于碳硫复合粉的放大制备及后续的浆料制备、涂布等。碳硫复合正极中黏结剂主要用于保证活性物质和碳的紧密接触，实现导电网络的畅通，有的还可用于化学吸附多硫化物。黏结剂根据分散液的不同可分为有机系和水系两类。有机系黏结剂主要为聚偏氟乙烯（PVDF），水系黏结剂主要有羧甲基纤维素（CMC）、苯乙烯-丁二烯橡胶（SBR）及聚丙烯酸（PAA）。以上黏结剂制备工艺成熟、成本低，可大规模使用。但是不同种类黏结剂在软包电池中的性能体现不一，在进行软包电池设计时，需要比较、筛选。有机系黏结剂需要使用有毒且成本高的*N*-甲基吡咯烷酮（NMP）作为分散液，在放大过程中需要考虑安全、环保及循环利用等问题。以上黏结剂的改性研究对于提升锂硫软包电池的性能也具有重要意义。除了导电剂碳和黏结剂外，添加适量的催化剂对于缓解多硫化物溶出和提升电极动力学性能也具有十分重要的意义。

除碳硫复合正极组成设计之外，浆料制备工艺对于提升硫正极性能也十分重要。目前硫正极浆料的制备主要有以下流程：首先将碳粉和硫粉在干燥固态条件下充分混合；然后在一定温度下进行热熔将硫粉注入碳粉的多孔结构中，之后冷却得到碳硫复合粉体（热熔环境、冷却环境和速率以及混粉顺序对于复合正极性能发挥和一致性具有十分重要的影响）；再将碳硫复合粉体与预先准备好的黏结剂的分散液溶液进行彻底搅拌，从而得到硫正极浆料。浆料黏度可作为评价混浆质量的一个参考指标，适宜的混浆工艺可保证活性物质组分在涂布过程中均匀分布。因此，搅拌状态对于极片的性能影响也很大，需要选择合适的搅拌器并设置合适的搅拌工序。以上以碳硫复合正极为例，讨论了锂硫软包电池中合理设计硫正极组成和浆料制备过程中提升正极活性需要考虑的因素，对于其他类型的硫正极具有借鉴意义。

9.3.2 涂布工艺

电极涂布可借鉴锂离子电池中电极涂布的工艺，可采用喷涂式、逆转辊涂式或刮板式涂布设备。涂布环境，如温度、风量、走速等，极大地影响硫正极的活性和质量水准。通常生产双面电极时，需要在另一面进行二次涂布。基于不同的电池需求，正极中硫的载量可进行调控，现阶段单面硫载量在 1～5 $mg\cdot cm^{-2}$ 可实现高效的硫利用率（＞80%），而在大于 5 $mg\cdot cm^{-2}$ 时，硫的利用率很低，直接导致电池循环性能差。另外，可以通过对极片进行辊压来调控极片达到合适厚度。不同制造商对辊压机的压力和速度要求不同，若辊压操作不当，将会影响电池的组装和电极性能的发挥。在锂硫电池中，涂布工艺也是降低电解液使用量的重要方法。例如，通过调控涂布工艺，可实现不同特性浆料的上下有序层状分布，便于电解液浸润。因此，硫正极的涂布工艺需要纳入整个电池制造过程中考虑，做合理平衡才能最大程度发挥电极性能。

由于现阶段硫正极浆料制备、涂布工艺仍处于研发阶段，各研究机构并没有相关数据公开。合适的浆料制备、涂布工艺将随着锂硫电池的不断发展而逐渐成熟并形成行业标准。

9.4　降低电解液用量的途径

9.4.1　电解液比例特征

在锂硫电池的纽扣体系测试中，研究人员[3]发现，当电解液和活性物质硫（液硫比）的比例介于 10～20 $mL \cdot g^{-1}$ 时，电池循环初期多硫化物的溶解能够得到抑制，电池前期容量的快速衰减也会相应减缓，有利于维持电池的长续航寿命。该研究结果作为一项被接受的结论而被广泛用于锂硫电池的科学研究中，逐渐成为纽扣电池领域的注液标准。然而，在实际的锂硫电池器件中，尤其是在锂硫的软包体系中，即使是采用 10 $mL \cdot g^{-1}$ 的液硫比，锂硫电池的能量密度也会大大降低。

基于目前软包电池研究进展，综合考虑电解液、正负极活性物质、集流体、极耳及铝塑壳之间的用量关系，对能量密度为 300 $Wh \cdot kg^{-1}$ 的锂硫电池进行量化分析，得到液硫比为 5 $mL \cdot g^{-1}$ 锂硫体系各成分的质量占比如表 9.1 所示。

表 9.1　300 $Wh \cdot kg^{-1}$ 锂硫软包电池各成分质量分数

电池配件成分	质量分数/%
正极活性物质硫（双面面载量 10.4 $mg \cdot cm^{-2}$）	25
负极锂片（50 μm）	17
电解液（液硫比 = 5 $mL \cdot g^{-1}$）	42
隔膜（聚丙烯膜，25 μm）	3
正极集流体（铝箔，10 μm）	5
极耳（镍箔，10 μm）	1
铝塑壳	7

表 9.1 反映出在液硫比为 5 $mL \cdot g^{-1}$ 的体系中，电解液的质量分数依然占到 42%。如果把液硫比降低到 2.5 $mL \cdot g^{-1}$ 或者 2 $mL \cdot g^{-1}$ 时，其能量密度能达到 380 $Wh \cdot kg^{-1}$ 或 410 $Wh \cdot kg^{-1}$，因此降低电解液用量对于提升软包电池质量能量密度起到关键作用。

降低电解液用量在提升电池初始能量密度的同时也带来了电池循环寿命的问题。电池在循环的过程中不断消耗电解液中的溶剂、锂盐或添加剂成分，致使电池的极化电压增大，甚至电池失效。盲目地减少电解液用量来提升电池能量密度是不合理的。研究表明[4]，在锂硫电池器件中，随着电解液比例的下降，电池的首次放电容量及循环寿命都有不同程度的下降，液硫比越低，容量下降趋势越明显，电池的寿命也越短，如图 9.2 所示。

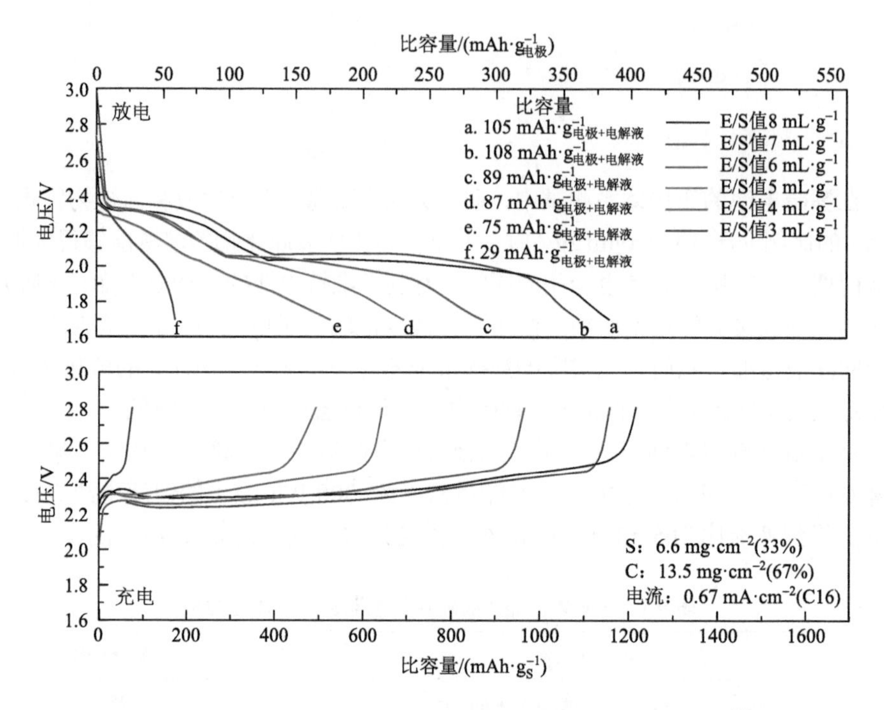

图 9.2 锂硫软包电池中液硫比 E/S 值与初始比容量的关系[4]

相比于纽扣电池的循环寿命动辄可达 1000 次循环的情况，目前文献及新闻报道范围内，安时级锂硫软包电池（单面活性硫面载量＞5.0 mg·cm^{-2}）的循环寿命基本集中在 30～150 次。究其原因，电解液的消耗是关键因素，其消耗路径可归纳为三个方面：一是金属锂负极在首次循环过程中参与形成固态界面膜，须消耗一定量的电解液，导致电解液含量降低。循环过程中有很多因素导致电解液的消耗，例如，软包电池中大电流条件下金属锂表面电流密度不均匀，形成不同强度的电场，部分区域优先沉积金属锂，产生应力造成固态界面膜破碎，从而需要消耗新鲜电解液构筑新电极界面等。二是放电过程中高阶多硫化物（Li_2S_x，$4<x<8$）部分溶解在电解液中，造成溶液黏度增加，锂离子移动困难，电池的极化电压增大，动力学性能降低。三是目前锂硫电池中使用的锂盐为双三氟甲基磺酰亚胺锂（LiTFSI），该锂盐在醚类体系下易导致正极铝集流体的腐蚀，发生额外的反应。因此如何平衡电解液用量、电池能量密度、电池循环寿命和添加剂比例

是锂硫电池器件走向市场亟须解决的问题。

9.4.2　稳定电极界面

在锂硫电池软包中，针对电解液不断被消耗的难题，有几种可行的操作方案，用来保证在减少电解液用量的同时维持电池的初始容量和循环寿命。一是金属锂电极表面的抛光与再沉积[5]，通过物理或者化学抛光技术实现金属锂表面的平整，再通过小电流的电化学沉积形成稳定的界面保护膜，该方案重点解决金属锂初始表面不均匀所引发的问题。二是在金属锂的表面构筑人工固态界面膜，构筑方法在前文中已提及，其中液相化成法和气相蒸镀法具备应用到产业中的潜力。人工固态界面膜的存在隔绝了电解液与金属锂电极，避免不稳定固液界面的接触，从而缓解电解液的分解。三是寻找合适的电解液添加剂，利用少量添加剂作为循环过程中的牺牲剂，在电极表面优先分解生成稳定的电极界面。硝酸锂是目前发现的锂硫电池中最为重要的添加剂，其他的氟化有机试剂，如氟代碳酸乙烯酯等被发现也能构筑金属锂表面稳定电极界面。该方案因具有简单的可操作性并且易于推广使用，是锂硫电池实现商业化的优先选择。四是采用涂碳隔膜和涂碳集流体，涂碳技术在抑制锂硫电池的穿梭效应和集流体的腐蚀上发挥了重要作用，间接减少电解液分解，延长电池循环寿命。

9.4.3　新型电解液体系

除了醚类电解液体系之外，新型电解液如砜类溶液也被尝试用于锂硫电池软包中；酯类电解液虽在使用微孔碳硫正极材料的纽扣电池中有文献发表，但目前在锂硫电池器件中的报道还未见到；固态硫化物软包电池因硫化物固态电解质的很多基础问题还未研究清楚，如硫化物对空气、锂金属的稳定性，实际应用中的电化学窗口，硫化物的纯度对离子导率的影响等，所以距离软包实用化尚有一段距离，中国科学院宁波材料技术与工程研究所和国内部分企业正在努力攻克技术难关。固液混合电解液体系和凝胶电解液体系兼顾了电池的安全性和循环性，也吸引了更多的科研工作者进行深入的探索。

9.4.4　工艺方面的考虑

工艺改进是在材料体系升级和改进之外降低电解液用量的重要方式。通过浆料和涂布工艺的设计，可制备得到具有一定结构的正极片，便于电解液润湿，如多级孔结构等。另外，辊压致密化也是提升电极致密度并降低电解液用量的一种方式。降低电解液用量是一个综合课题，需要多种方式结合才能实现。

9.5 锂硫电池器件进展

随着对锂硫电池基础科学问题研究的不断深入，人们对锂硫电池体系的理解不断完善，锂硫电池器件的发展也取得了长足进步。目前国际上具备锂硫电池 3 Ah 级及以上软包器件生产实力的有中国科学院大连化学物理研究所、中国科学院化学研究所、清华大学、北京理工大学、中南大学等，美国的 Sion Power 公司、Polyplus 公司，英国 OXIS 公司以及韩国三星公司、土耳其盖布泽科技大学等。其中，Sion Power 公司 2010 年创造了锂硫电池供能无人机（晚上供电，白天依靠太阳能充电）连续飞行 14 天的记录，为锂硫电池在特殊领域的发展注入了强劲动力；OXIS 公司也于 2014 年报道了能量密度超过 300 $Wh \cdot kg^{-1}$ 的锂硫聚合物电池，该公司拥有锂硫电池的多项专利和关键难题的解决方案；中国科学院化学研究所 2015 年展出了 0.5～30 Ah 容量级的锂硫电池软包，其能量密度介于 350～450 $Wh \cdot kg^{-1}$，循环次数大于 50 次；中国科学院大连化学物理研究所 2016 年发展出 39 Ah 容量级、能量密度高达 616 $Wh \cdot kg^{-1}$ 的锂硫电池组，为目前全球范围内能量密度最高的锂硫二次电池；2018 年，已有多家单位研制成功能量密度超过 300 $Wh \cdot kg^{-1}$ 的 3～5 Ah 级锂硫软包电池，并取得 50 次以上循环寿命。

从锂硫电池器件推进的时间轴上看，其发展处于起步期，循环寿命、充电时间的限制也进一步制约着产品推向市场。令人欣喜的是，人们已经逐渐看到锂硫电池在储能领域的曙光。2018 年 8 月美国前能源部部长、诺贝尔物理学奖获得者、斯坦福大学物理学教授朱棣文在首届世界科技创新论坛上也提到，其团队正在进行锂硫电池的研发，未来有望实现 5 min 充电让汽车跑 150 英里［1 mi(英里)≈1.6 km］。相信在世界范围内众多行业科研工作者和企业工作者的奋发努力下，锂硫电池能在未来不远的时间普及到千家万户。

参考文献

[1] Hagen M，Hanselmann D，Ahlbrecht K，et al. Lithium-sulfur cells：The gap between the state-of-the-art and the requirements for high energy battery cells. Advanced Energy Materials，2015，5（16）：1401986.

[2] Chung S H，Chang C H，Manthiram A. Progress on the critical parameters for lithium-sulfur batteries to be practically viable. Advanced Functional Materials，2018，28（28）：1801188.

[3] Zhang S S. Improved cyclability of liquid electrolyte lithium/sulfur batteries by optimizing electrolyte/sulfur ratio. Energies，2012，5（12）：5190-5197.

[4] Hagen M，Fanz P，Tübke J. Cell energy density and electrolyte/sulfur ratio in Li-S cells. Journal of Power Sources，2014，264：30-34.

[5] Gu Y，Wang W W，Li Y J，et al. Designable ultra-smooth ultra-thin solid-electrolyte interphases of three alkali metal anodes. Nature Communications，2018，9（1）：1339.

第10章 特殊构型锂硫电池与柔性锂硫电池

锂硫电池的构造通常由如前所述的单质硫正极、隔膜、电解液、金属锂负极等组分层状堆叠而成。实际上，在电池的宏观尺度上进行设计，还可以发挥电池体系中各部分的特殊优势，改变电池中固有的缺陷，实现特殊的应用。特殊构型的锂硫电池主要通过构建除金属锂和单质硫以外的其他电极体系实现，例如，可以将硫化锂或者液态的多硫化物作为充放电的起始物质，或是采用非金属锂的负极体系来解决金属锂负极的一系列短板。

为了拓展锂硫电池碳基材料良好机械特性的优势，满足将来在柔性电器中的应用，各种柔性的锂硫电池被广泛研究，这些柔性锂硫电池可在可穿戴设备、折叠电子仪器等方面有很大的发展前景。

10.1 特殊电极体系

传统的锂硫电池通常以金属锂和单质硫作为充放电的起始物质，以实现较大的整体能量密度，在电池设计的过程中，也可以将正负极的活性物质用其他体系取代。例如，将正极侧的充放电起始物质改为多硫化物溶液或者硫化锂，或者将负极侧以非金属锂的负极，如石墨负极、硅碳负极等来取代传统的金属锂。

采用特殊电极体系主要有两方面的好处，其一是具有作为测试平台的重要价值。例如，采用多硫化物溶液作为电极材料时，可以较为清晰地研究多硫化物溶液在液固转换方面的特性以及各种吸附、催化材料与其之间的相互作用。其二，采用特殊电极体系可以在舍弃一部分理论能量密度的情况下保证电池的稳定性。例如，用硅负极取代金属锂负极，尽管其能量密度有所降低，但由此即可避免金属锂负极的枝晶生长等的一系列问题，在工业应用上提供了额外之选。

10.1.1 特殊正极体系

锂硫电池通常是基于单质硫和碳的复合物构建的正极体系，事实上，除单质硫以外，充放电各阶段的活性物质存在形式都可以作为充放电的起始物质，由此便可以构建基于正极电解液的多硫化物正极体系和以硫化锂作为充放电起始物质的硫化锂正极体系。

以硫化锂作为充放电起始物质具有显著的优缺点，一方面，硫化锂作为电极活性物质时，由于其物性与单质硫存在较大的差异，在一些单质硫难以适应的加工方式下，硫化锂制备电极的途径提供了一种较好的可行性。另一方面，硫化锂晶体中硫原子和锂原子的相互作用较强，在充电起始时电解液中没有可溶的多硫化物来催化硫化锂的氧化，因此充电起始时会达到极高的过电位，甚至可能超过电解液的分解电位，这为硫化锂正极的应用造成了困难，需通过一定的纳米化等手段增大硫化锂的活性。此外，硫化锂由于在空气中不稳定，其制备需要在干燥和低氧的环境下完成，因此难以像硫正极一样被大量普及。

硫化锂的熔点和沸点相对硫而言高了很多，在一些涉及高温的电极原位制备过程中，若以硫为活性物质，在高温处理下则会气化，使用硫化锂则可避免活性物质的挥发。例如，Yushin 等在柔性电极制备中采用了先将硫化锂与聚合物复合，再进行高温碳化处理制备碳硫化锂复合电极的工艺[1, 2]。该工艺中，由于聚合物的孔道和化学结构可调控的空间大，易于实现与硫化锂较好的复合，硫化锂颗粒的纳米化设计也降低了电化学阻抗，因此电极整体呈现出较好的电化学性能，0.05 C 下可达到接近理论容量的性能，且循环稳定性极好，0.5 C 下循环 100 圈后容量保持率为 97%。

硫化锂正极首次充电过电位较大的问题可通过在电解液中添加适当的氧化还原调控剂予以解决。锂硫电池中，氧化还原中间态的多硫化物分子本身就是一种调控剂，因此，硫化锂正极搭配的正极侧电解液中可适当添加一定浓度的多硫化物溶液，并在充电的第一圈以极小的倍率进行充电，经过一定圈数的活化之后，硫化锂正极可以较稳定地循环。除了多硫化物分子以外，其他氧化还原调控剂也可用于锂硫电池的活化，这些氧化还原调控剂应当具有与硫的充放电过程相匹配的氧化还原电位。目前有所应用的体系包括二茂铁系分子的衍生物等无机化合物和一些共轭醌、酰亚胺等的有机化合物[3-5]，这些分子在电解液中溶解，充电时可先在电化学界面氧化到较高的价态，并扩散到硫化锂纳米颗粒的表面，在电化学惰性的硫化锂/电解液表面发生化学氧化还原过程，将硫化锂氧化为可溶性的多硫化物。由此可实现硫化锂的充分氧化，降低电池充电的过电位。

多硫化物溶液也可作为充放电的起始物质，此时电池的正极包括导电集流体和骨架，正极侧的电解液中包含多硫化物，经过首圈的放电或充电，多硫化物转化为固态的硫或硫化锂，并沉积在导电骨架上。使用多硫化物溶液单独作为起始物质进行充放电时，可以保证电池内部化学环境相对单一，从而有利于对单一沉积过程或电化学转化行为进行分析。例如，Chiang 和 Helms 等开发的一系列形核测试的手段就利用多硫化物溶液作为测试电池的起始物质，研究了不同导电界面和化学环境下多硫化物沉积的形核生长过程[4]。

多硫化物溶液作为充放电起始物质时，由多硫化物扩散引起的穿梭效应较为明显，在匹配性设计时，应考虑通过吸附、阻挡等手段控制多硫化物在正负极之间的扩散和反应，或者对负极界面进行一定的保护，以避免穿梭效应造成库仑效率的下降和电池循环能力的衰减。此外，由于多硫化物的溶解度有限，制备时需保证足够的电解液的量，这对于降低电解液的量以提高电池能量密度来说是一个阻力。实际应用当中可以将多硫化物溶液搭配硫正极或硫化锂正极使用。

多硫化物溶液和其他氧化还原中间体还可以用来构建锂硫液流电池[6-8]。液流电池的工作原理和以上提到的各种电池模型都有较大差别，其核心是由正负极和隔膜构建的电化学反应器，活性物质通过液体物流输送到电化学反应器中，经反应后再储存到容器中。在液硫电池的锂硫正极中，反应物必须是液体，因此能够参与反应的活性物质只能是可溶性的多硫化物，其只能在高阶多硫化物与低阶多硫化物之间循环反应，理论容量相对较低。

多硫化物液流电池的充放电能力可通过一类氧化还原介质来改善，某些有机分子，如紫罗碱、二茂金属化合物等，具有与硫正极相当或略有差别的电化学氧化还原平台[7]。可以利用这些可溶性的中间体来实现多硫化物到固相产物的转化。例如，在反应液中添加氧化还原平台较高的氧化还原中间体，并在储罐中添加硫单质存储器。此时，在充电过程中，氧化还原中间体可先被氧化到高价态，再流动到储罐中将多硫化物氧化为硫，并沉积在硫单质的存储器中，即可实现液流电池中硫单质到多硫化物的转化。放电时，低阶多硫化物可以歧化硫，保证电池正常的充放电。这一类液流电池的优势在于易放大，且在大规模应用时成本较低。但在工业上，多硫化物的存储安全性等还需要进一步的研究。

另一类特殊的正极体系是基于硫的同素异形体的正极体系，这些体系中，包括物理限域的短硫链（S_2～S_4）[9]和共价结合的有机硫[10]。这一类体系和普通锂硫电池的本质区别在于，其电化学放电不涉及多硫化物中间体过程。因此，这样的正极体系不会产生多硫化物溶解带来的一系列问题，可以使用碳酸酯类等的电解液进行搭配。

2010 年，短硫链或小分子硫（S_2～S_4）首先在锂硫电池中有所应用[11]。在这一类体系中，硫被限制在微孔或原子级的碳层中，其呈现出单平台的电化学行为，与通常的锂硫电池相差甚远，且通常拥有非凡的循环稳定性。然而，目前有多种理论来解释这一现象。一种观点认为，在极微孔（孔径在 0.5 nm 以下）中亚稳态的 S_2～S_4 能通过强空间限域作用被有效稳定。Guo 的研究组甚至将这一机理用于解释单壁 CNT 限域的长硫链的电化学性能[12]。通过这种机理对应容易推理得到，这一类正极体系在碳酸酯类电解液或醚类电解液中都应该呈现单平台[13]。此外，其他研究组发现，孔径大于 0.5 nm 甚至超过 S_2～S_4 等小分子硫同素异形体的尺寸时，微孔碳也可产生单平台的电化学行为，这需要新机理来进行解释。一种准固态的机理由此提出，其认为在孔的周围形成了正极电解液的中间相，可将硫密封并保护硫免受电解液的侵蚀。该机理表明，即使是普通的硫分子也可以实现该现象[14]。Wang 及其同事将热解的聚丙烯腈用于包裹硫，较早得到了这一类锂硫电池正极体系[15]。它们制备的碳硫复合物的硫含量低于 42%，其中单分散的硫原子与高分子骨架共价结合，避免了多硫化物的产生。该材料表现出不同寻常的循环稳定性。经过三维集流体等的设计，该类材料在循环稳定性方面具有很大的领先优势。

除了其循环稳定性比基于 S_8 的正极好得多，拥有单平台电化学性能的硫同素异形体因其所需的电解液较少，液硫比很低，理论上在提高能量密度方面有着巨大优势。由于不需要多硫化物的溶解，电解液的用量原则上可以和锂离子电池一样低。因此，设备整体的能量密度大致可以用和锂离子电池相同的经验标准，根据正极材料的能量密度推算。假设该材料整体的最高比容量约 600 $mAh \cdot g^{-1}$，平均放电电压约 1.8 V，电极的能量密度算得 1080 $Wh \cdot kg^{-1}$，这比最先进的锂离子电池材料（700～900 $Wh \cdot kg^{-1}$）更高。如果硫含量进一步提高且电化学机理不变，这样的优势将更加突出。然而，对这种硫正极材料而言，其也有一定的劣势，一方面，第一圈相对较低的库仑效率（小于 80%）是一大问题，会导致活性物质的损失，可能需要额外的活性材料、锂或电解液来弥补，这会增加设备总的质量从而降低比容量。目前的研究还没有相应解释。另一方面，由于包裹硫需要相当质量的碳，材料中硫的含量通常难以提高至 60%，使得电极的比容量难以提高。因此，这一类基于特殊硫同素异形体的正极体系还有许多技术难题需要克服，以实现最终的规模化应用。

10.1.2 非金属锂负极体系

锂硫电池最常用的金属锂负极具有极高的能量密度，能够很好地与高能量密度的正极相匹配。然而，金属锂体系也有很多十分难以解决的问题，这一部分在前面已有讨论。在金属锂成熟应用之前，尤其是在一些早期的研究中，使用其他的嵌锂电极等用作负极是一种可行的替代方案。对于前述的硫化锂等特殊正极体系，还应当匹配脱锂的负极。

除了金属锂以外，硅碳电极、硬碳负极等电极体系也具有较高的理论容量，可以与正极的硫相匹配，Scrosati 研究组在相关方面进行了一些实验。例如，其利用硅负极配合硫化锂正极构建锂硫电池，该负极的比容量在 0.2 $A \cdot g^{-1}$ 的电流密度下可达 600 $mAh \cdot g^{-1}$ 以上，可和正极共同构建高能量密度的锂硫电池[16]。普通锂离子电池常用的锂石墨负极尽管容量较低，但其研究成熟、工艺简单、稳定性好，因此也可用于锂硫电池的组装，该研究组使用石墨负极制备锂硫电池同样获得了稳定的全电池，硫化锂石墨电池的理论能量密度为 1000 $Wh \cdot kg^{-1}$，比常规的锂离子电池仍然高出许多。

在对固态电解质的研究中，由于固体的空间位移难以发生，电极在充放电过程中的体积变化容易造成电解质与负极的接触不良，因此，单纯的金属锂负极与固态电解质的匹配性较差，为此在研究中可选用充放电过程体积变化较小的体系来装配固态的全电池。例如，Scrosati 等以锡碳复合物用作负极来搭配固态电解质[17]。在充电过程中，硫化锂正极脱锂，锂离子在负极还原形成锂和锡的合金。由于锡微粒与碳的复合较好，体积膨胀和导电性的问题都得到了解决，该负极体系能稳定地配合正极进行充放电。该固态电池在 0.2 C 下可循环近 100 圈，正极比容量为 152 $mAh \cdot g^{-1}$。

10.2 柔性锂硫电池的材料体系

柔性电池的研究对实际应用具有重要的价值，随着电子、机械技术的不断发展，更加轻便、小巧、可穿戴的电子设备将被广泛应用，在这些设备中，可折叠、可收卷、可塑造成任意形状的电化学储能器件是极为重要的[18]。例如，贴片式的柔性器件组装的生物传感器可轻便地监控我们的健康状况，可折叠的柔性平板电脑可以更加方便我们的办公，可收卷弯折的家电可以大大节省我们的住房空间。未来，柔性设备甚至可以与衣物、身体等复合，实现强大的功能。

在各类已有的电化学储能器件中，锂硫电池在柔性、轻便的电池设计中具有独特的优势。一方面，锂硫电池具有极高的理论能量密度，远远高于锂离子电池的极限，在实际应用中，同样大小的一块电池，锂硫体系相比锂离子电池等体系可提供更持久的理论续航能力，保证器件的正常运作，节约设备空间，这是柔性轻薄设备应用的重要要求。另一方面，锂硫电池的硫正极通常基于机械性能较好的碳基材料，负极的金属锂经过特殊的处理也可以具有很好的机械性能。因此，锂硫电化学储能器件在柔性设备中具有较好的应用前景。

对柔性的锂硫电池而言，其对材料的设计提出了较高的要求，相对于传统的电池体系而言，其必须在强烈的机械应力作用之后，包括重复地弯折、折叠或者拉伸挤压，保持原有的电化学性能。再者，电池的所有部件，包括正极、负极、隔膜、电解质、集流体等，都必须具有足够的柔性，以承受机械形变。此外，各个部件还必须在机械作用下保持良好的相互作用，以维持电子和离子的通路。

在一般的锂硫电池体系中，隔膜通常采用多孔的聚合物，这一材料本身就是具有柔性的，而像正极铝箔和负极铜箔这类集流体相对较脆，提供的柔性相对有限，因此无法直接在柔性锂硫电池中使用，柔性锂硫电池通常不使用金属集流体。同时，为了避免各种挤压作用下电解液流动导致的性能降低问题，采用柔性的固态电解质较为适宜。大体上，在讨论柔性锂硫电池及其材料设计时，主要关注材料的以下性能：机械性能，如拉伸强度、屈服极限、杨氏模量等参数；在机械作用下的电化学性能；强烈机械作用下电池的安全性。由于电池本身是一个复杂的系统，柔性锂硫电池的正常工作又依赖各组分的严格匹配，任何部分的缺陷都会导致短板效应，因此各部分在材料设计上都必须充分达到较好的机械和电化学性能。以下将从电池体系中常用的碳基柔性体系、聚合物基柔性体系以及半固态柔性体系三类材料体系出发，探讨其在柔性锂硫电池各组分中的作用。

10.2.1 碳基柔性体系

碳基材料的基本结构以碳原子之间的共价键为基础，碳原子可以以 sp^3、sp^2、sp 等多种杂化形式构建三维、二维、一维、零维等各种维度和空间结构的材料。这一特殊性质使得碳材料具有极为多变的性能特性，例如，材料的硬度可从石墨的很软到金刚石的极硬。低维碳材料中，碳原子之间具有极强的共价键和较弱的分子间相互作用，因此可以构建同时具有较好强度和柔性的高性能材料，如一些石墨烯和碳纳米管的复合物等。因此，基于碳基柔性材料构建的电极，尤其是锂硫电池碳硫复合物正极，是柔性锂硫电池的首选成分。

1. 一维碳基纳米材料与柔性锂硫电池正极

一维碳材料，是指在一个维度上能够无限延伸的线状分子所构成的材料，其中，碳纳米管是最典型的一维碳材料。1992 年，Iijima 等的相关工作开启了碳纳米管的研究热潮，碳纳米管在纳米材料和纳米技术领域得到了广泛的应用[19]。一方面，碳纳米管可以看作是石墨烯卷成的管状材料，其管壁层数从一层到数十层，可以具有不同的厚度。其中，碳原子以接近 sp^2 的杂化形式通过共价键相互连接，这使得碳纳米管具有良好的机械性能、化学性能、电性能和热稳定性。在电池中，以碳纳米管构建的导电网络可以取代炭黑等传统的导电剂，甚至具有更优异的电子传输能力。另一方面，作为一维材料，碳纳米管拥有特殊的分子尺寸、很高的比表面积和表面原子占比，因此，碳纳米管可以经过真空抽滤[20]、自组装[21]、打印[22]、手涂[23]和旋涂[24]等方法编织成各种宏观状态的材料，包括片材[25]、碳纳米管阵列材料[26]、碳纳米管海绵[27]、碳纳米管纤维[28]等。这些宏观材料通常具有三维的导电网络和良好的机械柔性，因此在柔性电极材料中备受关注。从碳纳米管的制备工业上看，经过二十多年的发展，碳纳米管的宏观制备发展迅速，其成本已经降低至每公斤不足千元，年产量可达万吨，这为碳纳米管材料在柔性锂硫电池等储能领域的商业应用提供了极大的方便。

碳纳米管材料在制备柔性锂硫电池正极时，其面临的主要挑战一是要将碳纳米管构建成机械稳定且导电的网络，二是要保证正极活性材料在碳纳米管表面均匀稳定地分散。在碳硫复合正极的发展历程中，Döerfler 和 Barchasz 等首先用阵列碳纳米管和硫复合制备的正极来制备锂硫电池，他们制备的碳纳米管硫复合正极尽管缺乏柔性，但为随后的一系列工作提供了基础[29, 30]。

为了得到均匀、稳定的碳纳米管材料，在以分散法制备时需要保证碳纳米管的分散性，这就需要在碳纳米管材料的制备过程中添加足够的表面活性剂或者使用一定的表面处理工艺，以增强分子之间的相互作用，碳纳米管与硫的复合可采用氧化还原法得到，也可以采用熔融灌硫的方法。例如，Manthiram 组就采用自组织的方法，从分散液中一锅法制备了硫和碳纳米管的复合物。他们将碳纳米管分散于硫代硫酸钠的溶液中，并使用异丙醇和其他表面活性剂，再通过向混合体系中添加盐酸来歧化硫代硫酸钠制备硫和碳纳米管的复合物，得到硫和碳纳米管的复合柔性正极[31]。他们制备的复合柔性正极不含其他黏结剂和集流体，可在含硫量 40%，1.0 C 循环的情况下获得 1352 $mAh \cdot g^{-1}$ 的比容量，并在循环 100 圈后具有 68%的容量保持率。表面处理工艺，如将碳纳米管氧化等，也可以提供类似表面活性剂的作用，Liu 等就将碳纳米管在酸溶液中回流制备了表面具有氧化缺陷的碳纳米管，其具有较好的亲水性，可在水溶液中制备成柔性材料，再经熔融灌硫得到碳硫复合正极[32]。其在 0.1 C 下，65%的硫含量时得到了 1100 $mAh \cdot g^{-1}$ 的比容量，并在循环 100 圈后具有 67%的容量保持率。

上述方法虽然在柔性正极的制备上取得了巨大的成效，但是其工艺上有一定的缺陷，即无论是添加表面活性剂还是进行表面氧化处理，都会破坏碳纳米管材料固有的导电性，对电子传输产生一定的影响。基于此，一些如模板法等较为复杂的方法可用于碳硫复合物的组装制备。例如，Zhou 等就采用了阳极氧化铝（AAO）模板，先在模板表面进行硫化处理，再用气相沉积的方法在其上生长碳纳米管，随后将模板去掉，经进一步成膜就得到了结构规整、具有柔性的碳纳米管和硫的复合正极（图 10.1）[33]。该法制备的复合正极可以承受高达 10 MPa 的应力，并可以实现拉伸率 9%，导电性也非常好，经过上万次的弯折试验后电导率高达 8.0 $S \cdot cm^{-1}$。由于其规整且适宜的纺织结构，该电极在很高的充放电倍率下也可以实现良好的导电性能，大约在 3.6 C 的倍率下，含硫 50%时具有 520 $mAh \cdot g^{-1}$ 的可逆放电比容量。

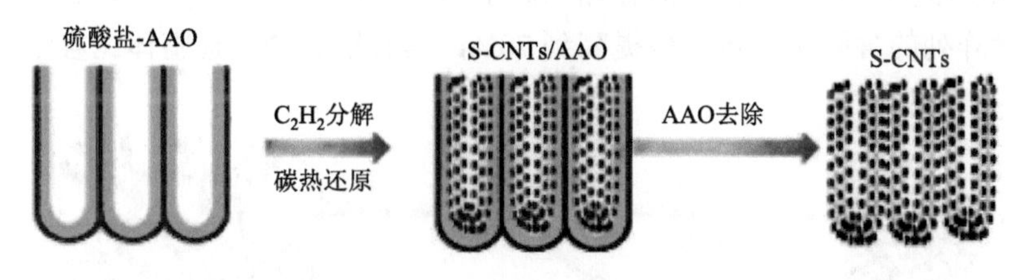

图 10.1　一种模板法制备碳纳米管硫柔性正极的工艺

从合成方法学上讲，以上方法中柔性骨架的制备和硫的复合是在制备过程中同时完成的，实际上也可以将柔性骨架的制备和硫的复合工艺分离。例如，在 Yuan 等的工艺中[34]，采用了不同的碳纳米管来实现硫的复合与柔性骨架的制备，他们采用导电性好的短多壁碳纳米管（MWCNT）与硫进行复合，用长程定向碳纳米管阵列（VACNT）组织柔性骨架，再将两者进行复合，得到了具备柔性骨架且与硫复合良好的碳纳米管硫正极（图 10.2）。该电极中，两种碳纳米管分别提供长程和短程的电子传输作用，使得材料整体的导电性较好，短碳纳米管良好的复合能力和长碳纳米管良好的机械性能使得材料整体同时具备优良的电化学性能和柔性机械性能。采用该工艺制备的电极在 6.3 $mg\cdot cm^{-2}$ 的高硫面载量和 54% 的硫含量下，经 0.05 C 循环 150 次后仍然具有 700 $mAh\cdot g^{-1}$ 的比容量，远远高于不采用该复合工艺的对照组。

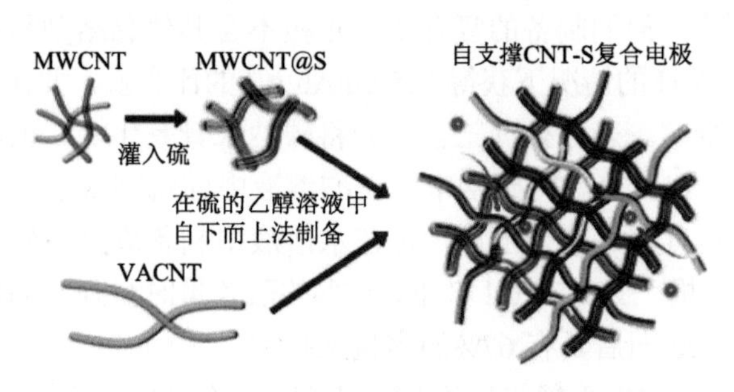

图 10.2 长短碳纳米管的复合骨架工艺

碳纳米管的生长工艺的不断发展为其在碳硫复合正极等体系中的应用提供了更多可能，一些特殊的碳纳米管，如在硅基板上生长的超顺排碳纳米管阵列（SACNT），可实现很高的纯度、均匀性和取向性，经过超声制备后得到的三维网络具有很好的孔道结构和导电性，再经其他手段将硫与之复合即可得到柔性碳纳米管硫正极。例如，Sun 等采用溶液法从硫的乙醇溶液中在超顺排碳纳米管阵列表面生长硫纳米晶，再经制备得到碳纳米管硫复合柔性正极（图 10.3）[35]。该材料中，硫纳米颗粒在碳纳米管表面分散均匀良好，材料正极柔性也较好，比容量在 10 C 下也能达到 879 $mAh\cdot g^{-1}$，其中硫的含量为 50%。超顺排碳纳米管阵列经空气中氧化还可以刻蚀出很多介孔，可供硫的存储和离子的导通，添加这一步工艺后，超顺排碳纳米管阵列的含硫量可进一步提高到 70%，具有很高的电极整体比容量。

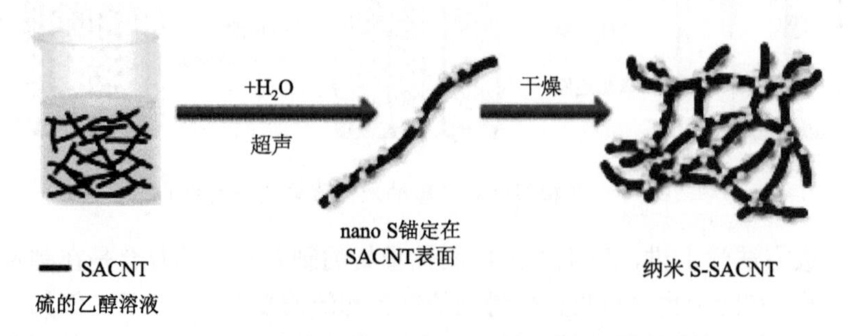

图 10.3 超顺排碳纳米管阵列制备硫碳纳米管复合物

其他的碳纳米管制品，如碳纳米纤维、碳纳米管泡沫等，许多都具有较好的三维结构、机械性能和电性能，因此也可用于碳硫复合正极的制备，有的在工艺上独具优势。例如，Manthiram 等通过将碳纳米管和碳纳米纤维层层堆叠，实现了 11.4 $mg\cdot cm^{-2}$ 的超高硫面载量[36]。Giebeler 等则采用电喷热解工艺制备得到的碳纳米管泡沫来制备柔性正极，该工艺舍弃了制备碳纳米管柔性正极常用的溶液法，有利于今后的工业放大和实际生产[37]。复合工艺上，除了硫，也可以采用硫化锂、有机硫、聚合物硫等来与碳纳米管复合，制备柔性正极。例如，Fu 等简单地将硫化锂的溶液渗入碳纳米管纸上制备了自支撑的硫化锂碳纳米管复合正极，该材料中纳米硫化锂在碳纳米管纸中均匀分散，可实现 0.1 C 下 359 $mAh\cdot g^{-1}$ 的电极整体比容量，在硫化锂正极中性能较好[38]。碳纳米管和硫的复合物还可以进一步与其他材料复合，以得到更好的稳定性等，这一部分在聚合物基柔性材料中将会提到。

以上论述了碳纳米管各种结构调控方法，以及通过碳硫复合设计工艺制备碳纳米管和硫复合柔性正极的手段和特点，除此之外，一些化学官能团化的修饰，如多原子掺杂等，也能够在一定程度上影响柔性正极的材料性质，这些化学修饰可改变材料表面的极性，增强其与活性物质的相互作用，从而在保持材料整体柔性的情况下提高碳硫复合的能力。这一类材料设计原理和一般锂硫电池相同，已在前述低维复合正极材料中详细论述。

碳纳米管这样的一维碳基材料，其优势总结如下：其一是具有良好的导电性；其二是具有很强的化学稳定性；其三，其内连通的骨架和空隙能够保证电子和离子的快速转运；其四是具有良好的机械稳定性和柔性；其五是易于修饰和复合，能够较好地在机械和化学作用下保持较好的充放电性能。一维碳基材料在柔性正极的设计中主要需要考虑骨架的柔性问题和硫在导电网络中的均匀分散问题，各种工艺围绕这两方面问题提供了相应的解决办法。

2. 二维碳基纳米材料构建的锂硫电池柔性正极体系

二维材料，指的是在两个维度上可以宏观延伸，在第三个维度上厚度极小的材料。二维碳基材料主要包括石墨烯、石墨炔等及其相应的衍生物等。在柔性体系中，主要应用的是石墨烯及其衍生物。石墨烯材料自 2004 年被 Novoselov 等发现后，迅速成为纳米材料研究中的热点[39]。石墨烯作为二维材料具有单原子层的厚度，因此具有十分特殊的物理和化学性质。就电池体系而言，石墨烯巨大的比表面积、良好的电化学稳定性和高度的导电性、极大的化学调控空间、较好的机械性能和复合制备的性能赋予了其极大的应用价值。在石墨烯/硫柔性正极的制备过程中，硫颗粒的存在可以防止石墨烯片层在干燥过程中紧密堆叠导致的电化学活性界面减小，石墨烯片层又可以防止硫颗粒的聚集导致的分散不好，二者相复合可以较容易制备出性能良好的柔性锂硫电池正极。

石墨烯最早由 Wen 等首先用于柔性锂硫正极[40]，该研究组在石墨烯分散液中用硫代硫酸钠法制备了石墨烯/硫复合材料，再经抽滤得到了石墨烯/硫纸状正极（图 10.4），该正极含硫 67%，可在循环 100 圈后保持 600 $mAh \cdot g^{-1}$ 的比容量，相应的倍率为 0.1 C。这一工艺与上一小节所描述的碳纳米管硫正极的制备比较类似。

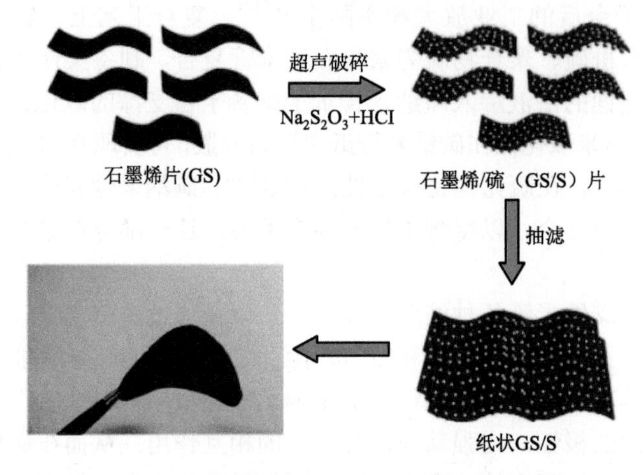

图 10.4　一种石墨烯/硫复合柔性锂硫电池正极

石墨烯相比于碳纳米管，其化学可调控的范围较大，典型的衍生物，如氧化石墨烯，可以很方便地作为材料合成的前驱体。氧化石墨烯相比石墨烯来说，含有丰富的含氧官能团，片层亲水性良好，可以很容易地均匀分散以制备复合物，随后再经过还原即可得到柔性的石墨烯/硫复合物。由于氧化石墨烯的极性较强，与硫的复合更好，制备得到的柔性正极具有更好的电化学性能。许多石墨烯/硫复合物的制备工艺都采用氧化石墨烯或者还原氧化石墨烯来作为前驱体。例如，Wang 等将硫纳米颗粒生长于氧化石墨烯上，经过冻干得到单层氧化石墨烯和硫的复合物，再经过热处理还原即得到石墨烯/硫复合柔性正极[41]，该正极中石墨烯和硫层状分布，石墨烯层为硫纳米颗粒提供了良好的电子运输路径，该电极在 0.06 C 下循环 200 圈后可保持 560 $mAh \cdot g^{-1}$ 的电极比容量。

硫化锂等非单质硫也可用于石墨烯基柔性正极的制备，例如，可将硫化锂的溶液滴入多孔的冻干石墨烯纸中，经干燥后，即得到石墨烯/硫化锂柔性正极（图 10.5）[42]，其电极整体比容量可高达 615 $mAh \cdot g^{-1}$。相比具有集流体和黏结剂的传统正极，这一体系的性能优势明显。

类似于碳纳米管柔性正极中利用已有的碳纳米管骨架制备复合硫的工艺，一些石墨烯构成的三维材料也可以直接制备柔性正极。Mai 和 Xu 等就采用了三维石墨烯海绵来沉积硫，当把硫纳米颗粒沉积到石墨烯的表面后，再将石墨烯海绵切块压实，就得到了紧致的柔性石墨烯/硫复合正极。该正极可在 0.9 C 下循环 600 圈后保持接近 600 mAh·g^{-1} 的比容量[43]。Li 和 Cheng 等甚至直接将传统的碳硫复合浆料夹在两层石墨烯膜之间，就得到了柔性的锂硫电池正极（图 10.6），该正极的三明治结构可在 0.9 C 下循环 300 圈后保持 390 mAh·g^{-1} 的电极比容量[44]。

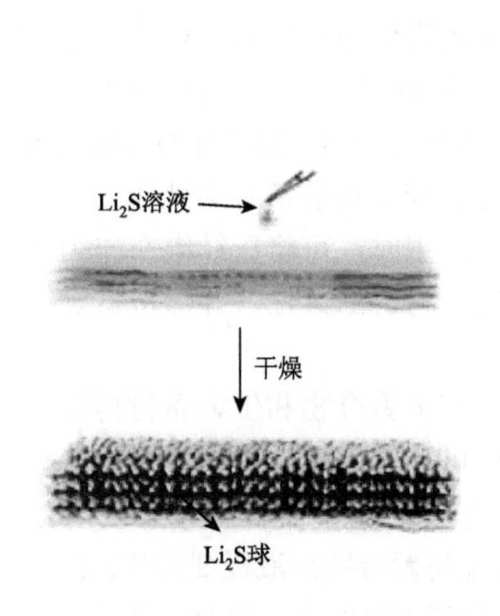

图 10.5　一种石墨烯/硫化锂复合柔性正极的制备工艺

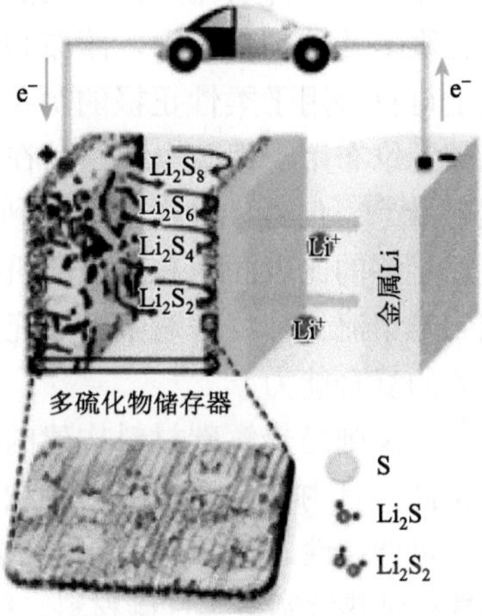

图 10.6　石墨烯/硫/石墨烯三明治结构柔性正极用于锂硫电池

类似于碳纳米管，石墨烯材料在化学结构上也有一系列的调控空间来增强其与硫的复合作用，提升电化学性能。一方面，石墨烯的尺寸可以进行调控，如制备石墨烯纳米带，增加具有强极性的边缘部分的比例。另一方面，可以进行掺杂和官能团化来固定硫，其本质和非柔性的锂硫电池体系类似，参看前面相应章节内容。

石墨烯材料在制备柔性正极中的整体优势主要是以下几方面。第一，其具有很高的比表面积供电子和离子的传输。第二，可以具备丰富的含氧官能团，这些官能团能够改善界面性能，有利于在溶液中的分散和组装，以及与硫的复合。第三，石墨烯作为二维材料与碳纳米管相比，其导电网络连接更加紧密、稳定，能够实现从点、面、体的电子和离子传输。第四，石墨烯的片层一方面柔性强，能够适应各种形变，另一方面又可通过二维的限域作用限制硫活性物质的运动，保证电极整体结构的稳定。从应用的角度讲，石墨烯材料尽管易于组装、机械性能和电化学性能优异且可调控空间巨大，但其本身的制备相比碳纳米管的规模化生产能力来说较为困难，一般需通过气相沉积或特殊的剥离工艺才能制备出规整、片层大、纯净、缺陷少的石墨烯原材料，这对锂硫电池低成本的要求构成了一定的影响。

3. 三维多孔碳基材料与碳基复合材料构建锂硫电池柔性体系

除以上所述的低维碳材料外，具有不同宏观和微观结构的许多三维的碳基材料也能够用作锂硫电池柔性正极。这一类碳基材料具有多种多样的空间结构和孔道，碳原子以各种杂化形式组成的共价键构建成三维网络。

三维多孔碳基材料中，碳布和碳纸的价格较为低廉且具有一定的柔性，因此理论上可直接用于柔性正极的制备。例如，Aurbach 等就首先将负载了单质硫的活化碳纤维布用于锂硫电池，其在 0.09 C 下循环可在 80 圈后保持 800 $mAh \cdot g^{-1}$ 的比容量[45]。但是，这样直接得到的复合物通常硫含量较低且柔性较弱，其碳材料缺乏足够的比表面积和适宜的机械性能。在应用时，可将碳纤维布作为支撑材料或三维集流体，将普通浆料填充入内，来实现材料的柔性，并保持良好的导电性和硫的复合能力。

另一类则是热解碳材料构建的柔性体系，许多聚合物和生物质材料都具有相当的柔性，且内部具有一定的组织结构，由此可通过前驱体的设计来实现碳材料结构的可调控性。其中，较为重要的一种设计方法是采用通过静电纺丝的方法制备的柔性纤维热解制备柔性碳材料。静电纺丝法是将聚合物溶液极细的喷流注入高压电场，在流动过程中，纤维旋转缠绕，最后干燥得到纤维布。这种方法得到的材料近似为一维碳材料堆叠形成的三维结构，尽管无法实现碳纳米管的纳米尺寸，但已经能够为材料提供足够的柔性。Yu 等首先报道了由这一类静电纺丝法制备的碳纤维材料得到的锂硫柔性正极，该工艺中，其先将碳纳米管和聚丙烯腈制备成前驱体溶液，再经过静电纺丝制备出柔性前驱体，之后经过碳化、活化得到多孔的热解碳-碳纳米管复合碳纤维布，再经硫的复合即可制备碳硫复合柔性正极（图 10.7）[46]。该工艺得到的碳纤维同时具有微米尺度上一维的宏观形貌，以及纳米尺度上多孔碳材料的三维网络，是一类多尺度的材料设计体系。

基于柔性有机前驱体的设计方法还可以直接采用一些现成的纤维制品作为原料，如棉布、羊毛这样的材料，使用这些材料作为原料时，在成本控制和制备的难度上具有很大的优势。以纤维素基材料为例，纤维素在自然界中储量非常丰富，长纤维组成的材料也具有非常好的柔性，如棉麻等，纤维素的碳化也很容易实现。Miao 等提出的工艺就将棉纤维制备的碳材料用于锂硫电池，获得了较好的性能，在 C/40 的较低倍率下可实现 6.7 $mg \cdot cm^{-1}$ 的高硫面载量和 673 $mAh \cdot g^{-1}$ 的电极整体比容量[47]。该体系主要的缺点仍然是材料低比表面积对电子导通产生的影响，若是能提高体系的导电性，倍率性能有望进一步提高。为了解决这一问题，可以沿用前述骨架碳材料与导电碳材料复合使用的思路，即以棉麻等有机化合物碳化得到的柔性碳材料作为骨架，负载高比表面积高导电性的碳纳米管和炭黑等碳材料，再与硫进行复合，这样既能保持体系的柔性，又保证了足够的电子导电性。Fang

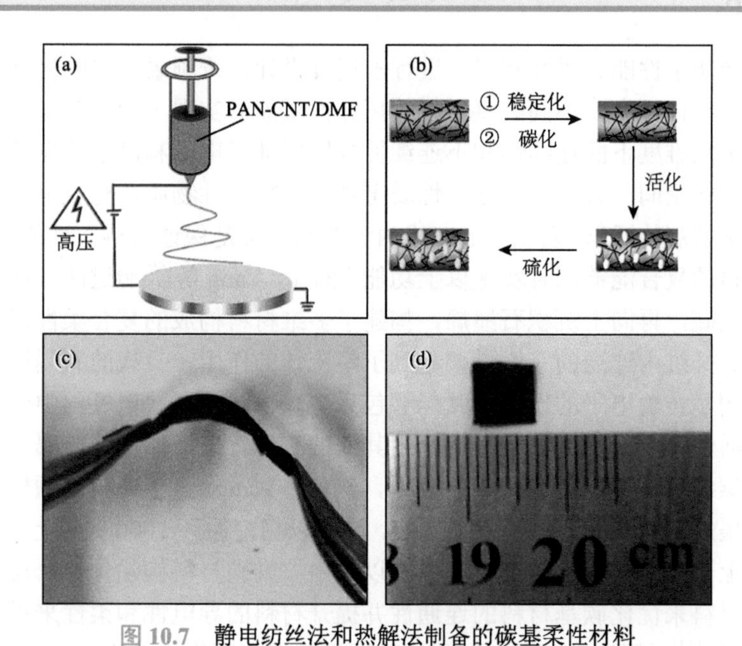

图 10.7 静电纺丝法和热解法制备的碳基柔性材料

（a）静电纺丝法制备过程示意图；（b）热解法制备过程示意图；（c）制备出碳材料的柔性展示；（d）碳材料的尺寸展示

等就使用棉纤维碳化得到的中空碳纤维泡沫与硫碳浆料复合，制备了柔性的锂硫电池正极，获得了较好的性能，电极整体的比容量甚至可在 0.1 C 下 21.2 mg·cm^{-2} 的极高硫面载量下达到 814 mAh·g^{-1}，相当具有竞争力[48]。其工艺也较为简单，仅包含碳化、涂布等工艺，不涉及溶液抽滤等，易于大规模生产。在工艺的层面，碳化和硫的复合过程也可以改变顺序，即先硫化再高温处理，这一类工艺需要避免高温下活性物质的损失，因此一般使用硫化锂作为起始的活性物质，将硫化锂与聚合物柔性材料复合，再进行高温碳化。前述 Yushin 等用硫化锂和多孔聚合物制备复合材料，再经碳化制备硫化锂碳电极的工艺就是这一类方法中的典型[49]，其制备的电极具有良好的电化学性能。

由各种商用三维柔性碳材料和聚合物碳化得到的三维碳骨架材料在骨架制备工艺上具有显著的优势，方便大规模制备，原料来源十分广泛。从有机物和聚合物材料碳化得到的碳材料通常保留了合适的网状结构，具有良好柔性和不错的导电性。这些材料的结构，包括碳原子的杂化、孔道、组装形式、官能团化等，都易于调控，并能够与其他碳材料复合，达到更好的电化学性能与机械性能。

4. 碳基材料的复合设计与柔性正极

以上从原料、生产工艺、性能方面讨论了利用不同维度的碳材料制备锂硫柔性正极的特点。在实际的锂硫电池中，电子和离子的传输是一个从微观到宏观的多尺度过程，为此我们应当利用不同碳材料在不同尺度下的特性，主要是孔道、导电性、导离子性能、柔性网络，进行多尺度设计，兼顾柔性与电化学性能。

对材料设计而言，不同维度材料的拓扑性质能够实现不同的功能。例如，低维材料在不同维度下的连续性和不连续性分别保证了电子和离子的良好通路；二维材料的面将空间一分为二，这一性质可用于保护活性物质在充放电过程和机械作用下产生宏观的迁移；宏观上的三维内连通网络又是保证材料柔性的重要因素。多维度材料的复合能够同时实现以上功能。例如，Yang 等[50]通过两步法先在碳纤维表面负载硫，再向上沉积石墨烯，构建了多维材料构成的复合柔性硫正极，该正极中，碳纤维内连通的三维骨架起到了集流体的作用，负载的石墨烯在较小的尺度下起到了传输电子的作用，并能够包裹硫，以防止充放电过程中硫的溶解和扩散造成活性物质的损失。类似地，用其他的三维骨架，如泡沫金属、碳纳米管纤维代替碳纤维布也能取得较好的效果，例如，Wang 等[51]采用超顺排碳纳米管阵列和石墨烯的复合物制备柔性硫正极，其可以稳定循环 1000 圈以上。除上述在三维骨架上负载二维石墨烯工艺，也可以先由二维碳材料构建骨架，再用碳纳米管等一维材料来优化碳基材料的连通性并提升材料的导电性和柔性来进行复合。Wu 和 Liu 等[52]采用这种工艺，利用氢碘酸还原氧化石墨烯并将硫代硫酸钠歧化，得到还原氧化石墨烯和硫的复合物，再进一步与碳纳米管复合，得到了多维碳材料复合的柔性硫正极（图 10.8），其拉伸强度和杨氏模量较与碳纳米管复合的工艺有了显著提升，分别达到了 72MPa 与 9.7GPa，导电性也成倍增加。

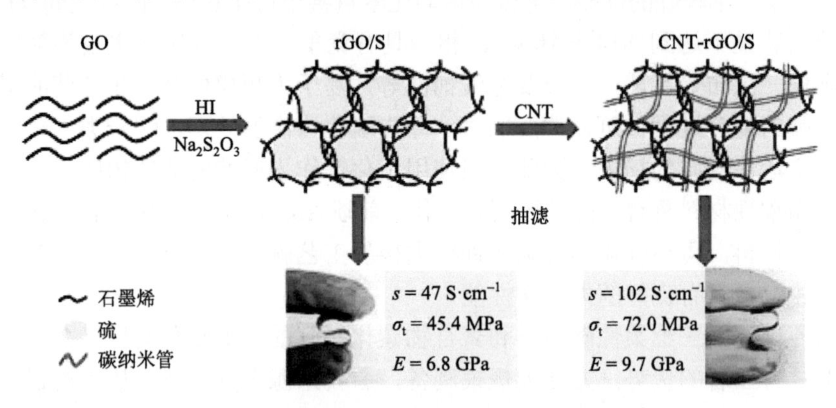

图 10.8　一种多维度碳基材料构建的柔性硫正极

基于三维柔性骨架的碳基材料还可以利用前述章节提到的各种有机或无机材料与碳骨架复合的工艺，构建复合的柔性正极，以利用各种吸附或催化转化的活性材料的优势，提升锂硫电池的性能。

多维度碳基材料的复合设计对于柔性锂硫电池正极的构建而言是相当重要的。通过多维度碳材料的复合，易将各材料的优势发挥出来，制备出同时具有柔性、高导电性、高比表面积等利于电池循环性能的正极体系，并在柔性体系中解决多硫化物扩散等锂硫电池常见问题造成的影响，甚至利用各种材料在制备和应用中的协同效应或者耦合作用同时提升各种材料的性能。这些体系中，低维纳米材料充分发挥了高比表面积、高电化学活性、可调控的纳米结构等优势，与三维骨架的柔性、多孔特性结合起来，将柔性锂硫电池正极的性能向着实用化不断推进。

5. 碳基材料构建的锂硫电池柔性锂金属负极和固态电解质界面

在柔性锂硫电池中，每个电池部件都要求具有柔性的设计，负极也不例外。锂硫电池的负极因容量的匹配性，通常使用锂金属负极，锂金属虽然常直接用作柔性锂硫电池的测试部件，但其本身的柔性有限，同时自身在充放电过程中会造成“死锂”沉积、锂枝晶生长等问题，因此要用作柔性负极还需要很多结构和物化特性的复合设计。在复合设计中，柔性骨架材料与正极类似，不仅要有化学惰性，还需要能够抵御剧烈的活性物质溶解沉积变化。

碳基材料，作为化学结构较为稳定、导电性较好且机械性能很好的一类材料，自然也是锂金属负极柔性骨架的首选材料。锂金属碳基负极的主要构建方法包括熔融灌锂法、辊压、预沉积等方法，这些方法分别通过流体、压力、电场等的作用将金属锂复合到骨架上。以熔融灌锂的方法为例，Cui 等[53]将熔融的金属锂灌入还原氧化石墨烯层状泡沫中，制备了柔性复合锂金属负极。该材料中，二维层状还原氧化石墨烯提供了较好的机械支撑作用，同时，其上的含氧官能团提供了较好的亲锂性，使得锂金属很容易地在骨架内部形核生长。还原氧化石墨烯层还进一步起到了阻挡金属锂枝晶生长的作用。

固态电解质界面是锂金属领域研究的一大方向，锂金属在电池体系中充放电，其表面的金属锂会与电解液中的组分发生反应，生成一层无机的多晶固态电解质界面，其组分包括氧化物、氮化物和一些难溶解的锂盐。这一层固态电解质界面对锂的循环稳定性具有十分显著的影响。在机械应力下，这一层界面很容易被破坏，导致锂的进一步破坏和枝晶生长，电池的性能下降。通过人为构建一层柔性的固态电解质界面覆盖于锂金属电极之上，可以有效抑制锂的不可逆沉积与枝晶生长问题。

作为固态电解质界面层的柔性材料必须具有极好的防刺穿性能，以阻止锂枝晶生长，同时，该材料又必须能够导通锂离子，且具有相当大的离子导率。部分碳基材料较好的机械性能为固态电解质界面提供了较好的材料选择。例如，Cui 等[54]以聚苯乙烯微球为模板构建了中空碳球组成的薄膜，该薄膜的杨氏模量可达 200 GPa，且具有相当的柔性，为柔性锂金属电池的开发提供了良好的选择。

在锂金属柔性负极中，碳基材料因其较好的机械性能和导电性而具有较大的应用空间。经过适当的表面处理，碳基柔性骨架还可以具有良好的亲锂性。由此构建的柔性正极不仅具有相当的柔性，金属锂本身的一些沉积和枝晶生长方面的问题也能够得到很大程度缓解。在固态电解质方面，碳基材料由于具有较好的机械性能，尤其是部分碳基材料具有较大的杨氏模量和剪切模量，可构建同时具有宏观柔性和微观刚性的固态电解质薄膜。

10.2.2 聚合物基柔性体系

聚合物材料是由一类小分子单体通过共价键相互连接构建的分子量极大的分子组成的材料。与小分子或者原子构成的材料不同，聚合物材料的单个分子可以具有大量的构象，一般可以弯曲，且分子链间可以产生滑移，因此，聚合物材料通常能在适宜温度下展现出充满柔性的特殊物理性质。由于聚合物分子链构象熵的效应，聚合物材料还可以具有很显著的弹性。聚合物材料通常柔性十足，具有完全可调控的化学性能和微观物理结构，难以具有较好的电子导电能力，因此在柔性电化学器件中常作为固态电解质基质材料和正负极体系的辅助材料。以下将分别讨论聚合物基柔性体系在柔性电池各部件中发挥的作用。

1. 柔性锂硫电池正极中的聚合物基柔性材料

聚合物基柔性材料在柔性正极制备中主要有两类工艺，其一是作为前驱体，制备导电柔性碳材料，这一部分在 10.2.1 节有讨论，此处主要介绍聚合物直接在正极材料中的应用。通常聚合物材料的导电性相对碳材料较差，因此在锂硫电池中仅依靠聚合物复合硫来构建柔性正极是不可能的。聚合物在柔性正极中的主要作用一方面是通过聚合物的黏结作用增强柔性电池的机械稳定性，另一方面是利用一些柔性很强的聚合物来增加正极的柔韧程度。

10.2.1 节讨论了许多有良好韧性的碳基材料，事实上还有许多在常规锂硫电池中大量应用的碳基材料，如炭黑、一些介孔碳等，这些材料在宏观上难以编织构建成柔性导电网络，因此可利用聚合物的黏结性能，将这些碳材料复合构建成不依赖金属集流体的自支撑锂硫柔性正极。Kaskel 等[55]和 Li 等[56]先后将聚四氟乙烯用于黏结硫和多孔碳、导电剂的复合物。通过简单的热压等工艺，聚合物即可将碳硫复合物牢牢黏结在一起，构建柔性的锂硫电池正极。按照这一方法，常规锂硫电池中黏结性能较好的聚合物黏结剂均可用于这一体系，尤其是海藻酸钠、阿拉伯胶[57, 58]这一类极性较强、柔性较好的生物多糖分子。

除黏结作用以外，聚合物在柔性锂硫电池中还能够起到包裹硫的物理限域作用，增强电池的稳定性。和普通锂硫电池类似，与碳基材料复合的一些极性聚合物还可以起到对多硫化物化学吸附的作用。例如，Kong 等[59]用聚乙烯吡咯烷酮来处理纳米硫和超顺排碳纳米管阵列的复合物，由于聚乙烯吡咯烷酮对硫颗粒的包覆有稳定效应，正极材料的机械性能相比未添加高分子时有了巨大的改善。又如，Cheng 等[60]在石墨烯硫柔性正极的设计基础上，在石墨烯的层间填入了具有较强极性和黏结性的高分子，显著提升了正极的循环性能和机械性能（图 10.9），其中，由于硫的限域，多硫化物的溶解得到了很好的控制，库仑效率在没有添加剂硝酸锂的情况下达到了 97%，电极的比容量达到了 635 mAh·g^{-1}。聚合物对碳硫复合物物理结构和化学效应的多重作用对柔性正极的结构和稳定性的提升具有重要意义。

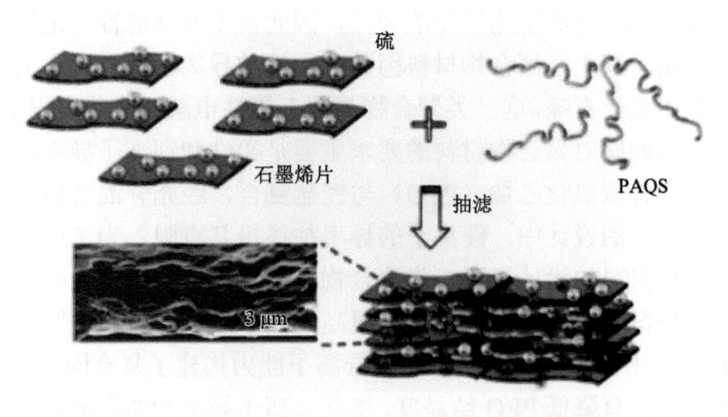

图 10.9　聚合物材料在柔性正极中的应用示例

尽管大多数高分子难以导电，但目前仍发现有一些导电性较好的功能高分子。从白川英树等发现聚乙炔以来，多种导电高分子已经在光电、储能等器件中有所应用。这些具有导电性的高分子代替聚偏氟乙烯等物质应用于锂硫电池这样的体系时，导电的聚合物可以更好地维持电子的通路，提升电极的电化学性能。目前，聚吡咯、聚噻吩等导电高分子体系在常规锂硫电池和柔性锂硫电池中均有所报道，这些应用中通常仍然添加炭黑等导电剂以保证活性物质有充分的界面来反应。

在极少数报道中，硫和聚合物在无碳材料添加的情况下制备了柔性硫电极，但限于导电性的问题，这样的电极难以提高倍率性能和硫含量等指标，与实际应用的距离较大。

以上讨论了聚合物作为功能材料提供黏结性、化学吸附性等的应用。相对应地，仅将聚合物作为物理柔性结构支撑材料也是可行的。最简单的工艺中，将石墨烯等碳材料和浆料先后涂覆在柔性电池隔膜上就构建了柔性硫正极。Ren 和 Cheng 等[61]的报道中则将生长石墨烯的泡沫镍作为模板制备了表面覆盖石墨烯的聚硅烷泡沫。通过浆料的填充，即制备了以聚硅烷柔性基质为支撑、具有丰富孔道结构的多尺度复合柔性硫正极。

总而言之，聚合物材料的可加工性良好，可以使用涂布、辊压、预成型、溶液法等多种方式成型制备，一些通用聚合物来源广泛，价格便宜。在化学结构上，聚合物作为有机材料十分易于调控，并具有对多硫化物的吸附性等多功能的特性。这些特性使得聚合物仅作为添加剂或者支撑材料就能显著提升柔性电池体系的循环性能和机械性能。

2. 聚合物材料与柔性固态电解质

电解质在电池体系中扮演着电子绝缘和离子导通的作用，锂硫电池的电解质体系在前面的章节已有详细介绍。在柔性电池中，液态的体系容易在机械应力下发生不均匀的流动，造成电池性能的破坏，因此需要对其进行一定的固化设计，构建固态电解质。其中，聚合物材料因其可调控的导离子能力和本征的柔性而在柔性固态电池中备受青睐，这一类聚合物基固态柔性电解质也具有很好的安全性。

柔性固态电解质对聚合物材料的要求主要是柔性和锂离子导率，最简单的设计思路中，人们将聚氧化乙烯（PEO）与锂盐复合，经充分混合后即可制备柔性固态电解质。这样的设计中，锂离子的导率往往极其有限。为了进一步提高离子导率，依照复合材料的设计思路，将聚合物作为骨架，以非柔性的锂离子导体为增强导电性的材料进行复合，可以获得更高的离子导率。Lin 等[62]将铝土矿纳米颗粒用作填料，利用填料与 PEO 界面的导离子能力构建了复合固态电解质。该电解质中填料同时具有降低 PEO 结晶度、增强锂离子导率和增强电解质机械强度的作用。

在固态电解质的聚合物体系选择中，上述的 PEO 具有柔软的链段和较好的锂盐溶解性，再加上价格相对便宜，制备简单，成为首选的聚合物。除了 PEO 以外，硅烷类的聚合物也具有较好的柔性，这些聚合物通过常用的接枝、交联等手段进行设计，可以进一步增大导离子的能力和柔性。例如，Liu 和 Wang 等[63]将生物多糖用环氧乙烷的硅烷衍生物来代替 PEO 制备了柔性固态电解质。其中，交联的网状结构提供了较强的柔性，多糖丰富的官能团提供了较好的亲锂性，有利于提升锂离子的导率。该固态电解质相比 PEO 锂盐混合物而言，其离子导率可提高大约三个数量级，锂离子的迁移数可达 0.8，并在室温下实现了较好的锂硫电池循环（0.1 C 下循环 100 圈的比容量可达 864 $mAh \cdot g^{-1}$）。

在固态电解质的柔性设计中，聚合物也可以作为骨架，并填充电解液，构建凝胶电解质，这一类电解质兼具一定的柔性和接近液态体系的导离子能力，在下面半固态柔性体系中将有所介绍。

10.2.3 半固态柔性体系

半固态柔性体系，是由液态材料和骨架材料凝胶化而构建的兼具固态和液态材料性质的一类体系，在锂硫电池中，半固态柔性体系主要用于电解质的构建。其优势主要在于接近液态体系的离子导率，不过半固态体系由于包含了大量电解液，其安全性相对于纯固态的体系而言有显著差异，机械性能也需要另加改善。

半固态柔性体系中，通过聚合物凝胶与无机填料复合构建的体系具有较好的机械性能和电化学性能。无机填料在体系中本身可以起到结构支撑的作用，无机填料表面的极性基团与聚合物的相互作用还可以起到物理交联、增强聚合物网络结构稳定性的作用，无机填料本身也能够吸附一定量的电解液，进一步增加了体系的稳定性。Zhang[64]将二氧化硅与 PEO 复合，并溶胀于电解液中构建了半固态柔性电解质。该电解质中液体的含量约 62%，离子导率在 30℃下可达约 10^{-4} S·cm^{-1}。Choudhury 等[65]则用乙撑硫脲交联聚环氧氯丙烷，并以氧化镁作为填料，制备了机械性能较好的凝胶电解质，该电解质的拉伸强度可达 1.2 MPa，断裂伸长率可达 600%。

半固态柔性体系中，导离子能力主要由电解液提供，作为柔性骨架的聚合物或无机填料的材料选择相比纯固态电解质要广泛很多。例如，Kang 和 He 等[66]将极易聚合与交联的四丙烯酸季戊四醇酯用于半固态电解质骨架的构建。他们将聚合单体加入电解液，制备好电池之后再加热引发聚合反应以原位制备半固态电解质。该电解质可在常温下达到与液态电解质相似的离子导率。Liu 等[67]则在此基础上进一步改进，以静电纺丝法制备了聚甲基丙烯酸甲酯布来用作支撑材料，在其上制备半固态电解质。在这样的体系中，聚甲基丙烯酸甲酯网络提供长程的结构支撑作用，聚四丙烯酸季戊四醇酯提供凝胶化和短程结构支撑的作用，整个电解质体系具有良好的机械性能。

总而言之，半固态柔性电解质体系的制备过程中，聚合物材料通常是必要的，其主要起到溶胀电解液、防止电解液析出的作用，同时交联网络提供必要的柔性。这一类材料柔性的强化主要通过增大分子链间的交联强度，或者使用强度较高的聚合物或无机填料、骨架等进行复合。

10.3 柔性锂硫电池的封装和测试

如上所述，柔性锂硫电池的制备需要各部件均具有充分的柔性。为了充分体现器件的柔性，柔性锂硫电池的封装和测试技术也是极为重要的。锂硫电池的封装手段主要有铝塑包装、热塑性聚合物包装，以及纤维型锂硫电池的线式包装。

铝塑包装柔性锂硫电池的组装方式和软包电池类似，即用内壁涂覆聚烯烃的铝箔来包装折叠好的电池材料组装体，之后经过热压，铝箔内壁的聚烯烃相互接触的部分连接在了一起，随后经过电解液的填充和进一步的抽气封口，即将柔性锂硫电池组装完成，该工艺与常规锂硫电池中的软包电池一致，但通常为了保证柔性，包装不宜太厚。实际上铝塑壳仍然较硬，在未来的生物贴片型器件中应用还有一定的困难。

使用聚硅氧烷包装材料等柔软且轻薄的聚合物膜组装的柔性锂硫电池则更具柔性，该工艺中，聚硅氧烷薄膜将电池的柔性正极、隔膜、负极依次堆叠的部件包裹其中。由于聚硅氧烷等聚合物薄膜比铝塑包装更为柔软，整个电池可以做得很薄且极具柔性，甚至可以拉伸、折叠、卷曲等。对于某些可折叠的柔性锂硫电池，如果可以给定折叠的位置，可以实现设定折痕线，在折叠处由于电池的扭转可达到180°，对电池材料柔性的要求非常高，在此处的电池结构可与其他部分不同。例如，Koratkar 等[68]设计的柔性电池，在折痕处只有隔膜和正负极柔性的集流体，活性物质则只在折痕的外部。该电池在应用中如果按设定的折痕进行折叠，则可较好地保持电池的容量和稳定性。

纤维型锂硫电池与以上的平面形状有较大差别，在这一类电池中，电池呈线状同轴的形状，电池的正极、负极和隔膜分别位于电池的外层、轴心和内层。这种一维构型的电池具有很强的形变能力，可以卷曲缠绕、弯折、扭转等，对各种应用环境下的空间要求都能够满足，甚至能够直接编织进纤维布中。纤维型锂硫电池中，若以负极作为轴心，则通常使用锂线作为核心，隔膜或固态电解质卷曲包裹负极，再由柔性正极包裹中间的部分。若正极在轴心，则可将正极材料做成一束纤维并包裹隔膜或固态电解质，再包裹负极构建柔性电池。类似的构型如 Peng 等[69]的方案，其将硫和介孔碳的复合颗粒通过湿法纺丝与碳纳米管纤维复合，经过收卷成束即得到了纤维型硫电极，进一步封装即得到纤维型锂硫电池，该电池的线载量约 0.2 mg·cm^{-1}，初始比容量可达 1075 mAh·g^{-1}，并可在各种弯曲、扭转的机械应变下维持放电能力（图 10.10）。

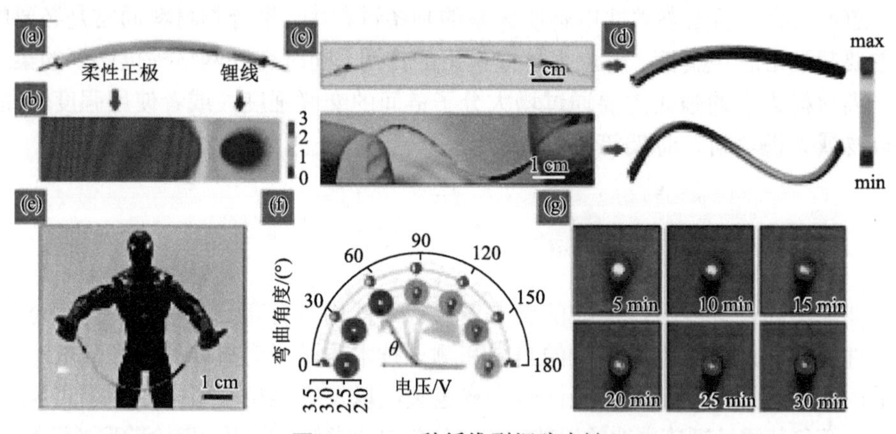

图 10.10　一种纤维型锂硫电池

柔性电池的结构组成图（a）与相应组分分布图（b）；柔性电池弯曲实验（c）与弯曲应力（d）示意图；（e）纤维型锂硫电池柔性展示；（f）不同弯曲角度下的电池性能展示；（g）纤维型锂硫电池为 LED 灯持续供电

纤维型锂硫电池的组装通常使用热缩管包装材料。热缩管是一类聚合物材料经过机械成型得到的管状材料，在加热时由于材料内部的应力恢复而发生收缩，从而将内部的电极材料牢牢包裹在一起。

柔性锂硫电池与普通锂硫电池最大的区别在于柔性，因此，在柔性锂硫电池的测试当中也需要包含针对锂硫电池柔性的系统测试方法。在许多研究中，柔性的测试都以材料弯曲的照片来定性说明，对于工业生产而言这是显然不足的。我们需要采用严格的物理量和测试方法来表征柔性电池材料的机械性能。

拉伸测试是柔性电池材料的重要测试方法，大体而言，是将具有一定截面积且形状均匀的材料进行缓慢的拉伸，并测试拉伸过程中的应力变化。通常，拉伸测试可获得三个重要的物理量，即拉伸强度、断裂伸长率和杨氏模量。杨氏模量指的是在微小的应变下应力随单位应变的变化，可以较好地描述材料在正应力下的弹性和形变能力。拉伸强度则是指材料在拉伸过程中所能承受的最大应力，可以认为是表征柔性电池材料承受拉力的能力的物理量。断裂伸长率则是指材料在拉伸直至断裂时的形变程度，可用来表征材料抗应变的能力。材料经受应力后，还应测试形变回复率，以表征材料的塑性。

除了拉伸以外，对材料的弯曲过程也应当进行考量，在穿戴设备等的应用过程中，柔性电池可能会承受较大的弯曲形变。在测试时，可以用弯曲的角度、曲率等描述承受弯曲应变的能力。材料弯曲的性能可用弯曲模量来表示。

除此之外，材料抗剪切的能力也可以进行表征，即测试材料的剪切模量等。对于纤维型电池，还可以测试扭曲、缠结等多种应变下的材料性能。

柔性电池除了本身需具备机械性能外，在反复的应变下还需保持电化学性能的稳定，这就需要进行定量的重复形变实验。通常可以规定反复给电池施加一定的应变并复原的次数，测试电池在有应变和消除应变，以及反复施加应变恢复后的容量变化情况。柔性电池的理想状态应当是能在反复施加应变的情况下保持自然状态下的原有容量。

10.4 小结

特殊构型的锂硫电池和柔性锂硫电池作为锂硫电池的特殊设计体系，分别赋予了锂硫电池丰富的材料匹配能力和应用能力。特殊构型锂硫电池中，以非单质硫构建的正极，或是以非纯锂片的负极巧妙地避开了某些材料在制备和使用过程中与活性物质的匹配性问题，同时为锂硫电池的开发提供了新的体系和工艺。柔性锂硫电池是锂硫电池为满足高比能可穿戴、可弯折设备的需求而开发的一类锂硫体系，柔性锂硫电池的材料设计需要兼顾材料柔性骨架的搭建与电化学结构的保持，柔性锂硫电池对电池中的各部分都有严格的柔性和电化学要求，也为各种电池组件的设计带来了许多挑战，有待在将来的研究中进一步优化。

参考文献

[1] Wu F, Lee J T, Zhao E, et al. Graphene-Li_2S-carbon nanocomposite for lithium-sulfur batteries. ACS Nano, 2016, 10 (1): 1333-1340.

[2] Wu F, Magasinski A, Yushin G. Nanoporous Li_2S and MWCNT-linked Li_2S powder cathodes for lithium-sulfur

and lithium-ion battery chemistries. Journal of Materials Chemistry A，2014，2（17）：6064-6070.

[3] Frischmann P D，Gerber L C H，Doris S E，et al. Supramolecular perylene bisimide-polysulfide gel networks as nanostructured redox mediators in dissolved polysulfide lithium-sulfur batteries. Chemistry of Materials，2015，27（19）：6765-6770.

[4] Gerber L C H，Frischmann P D，Fan F Y，et al. Three-dimensional growth of Li_2S in lithium-sulfur batteries promoted by a redox mediator. Nano Letters，2016，16（1）：549-554.

[5] Meini S，Elazari R，Rosenman A，et al. The use of redox mediators for enhancing utilization of Li_2S cathodes for advanced Li-S battery systems. Journal of Physical Chemistry Letters，2014，5（5）：915-918.

[6] Li J F，Yang L Q，Yuan B Y，et al. Combined mediator and electrochemical charging and discharging of redox targeting lithium-sulfur flow batteries. Materials Today Energy，2017，5：15-21.

[7] Xu S，Cheng Y，Zhang L，et al. An effective polysulfides bridgebuilder to enable long-life lithium-sulfur flow batteries. Nano Energy，2018，51：113-121.

[8] Rao R P，Adams S. Membranes for rechargeable lithium sulphur semi-flow batteries. Journal of Materials Science，2016，51（11）：5556-5564.

[9] Xin S，Gu L，Zhao N H，et al. Smaller sulfur molecules promise better lithium-sulfur batteries. Journal of the American Chemical Society，2012，134（45）：18510-18513.

[10] Duan B，Wang W，Wang A，et al. Carbyne polysulfide as a novel cathode material for lithium/sulfur batteries. Journal of Materials Chemistry A，2013，1（42）：13261-13267.

[11] Zhang B，Qin X，Li G R，et al. Enhancement of long stability of sulfur cathode by encapsulating sulfur into micropores of carbon spheres. Energy & Environmental Science，2010，3（10）：1531-1537.

[12] Yang C P，Yin Y X，Guo Y G，et al. Electrochemical（de）lithiation of 1D sulfur chains in Li-S batteries：A model system study. Journal of the American Chemical Society，2015，137（6）：2215-2218.

[13] Li Z，Yuan L，Yi Z，et al. Insight into the electrode mechanism in lithium-sulfur batteries with ordered microporous carbon confined sulfur as the cathode. Advanced Energy Materials，2014，4（7）：1301473.

[14] Markevich E，Salitra G，Rosenman A，et al. The effect of a solid electrolyte interphase on the mechanism of operation of lithium-sulfur batteries. Journal of Materials Chemistry A，2015，3（39）：19873-19883.

[15] Wang J，He Y S，Yang J. Sulfur-based composite cathode materials for high-energy rechargeable lithium batteries. Advanced Materials，2015，27（3）：569-575.

[16] Hassoun J，Kim J，Lee D J，et al. A contribution to the progress of high energy batteries：A metal-free，lithium-ion，silicon-sulfur battery. Journal of Power Sources，2012，202：308-313.

[17] Hassoun J，Scrosati B. A high-performance polymer tin sulfur lithium ion battery. Angewandte Chemie International Edition，2010，49（13）：2371-2374.

[18] Peng H J，Huang J Q，Zhang Q. A review of flexible lithium-sulfur and analogous alkali metal-chalcogen rechargeable batteries. Chemical Society Reviews，2017，46（17）：5237-5288.

[19] Ajayan P M，Iijima S. Smallest carbon nanotube. Nature，1992，358（6381）：23.

[20] Ng S H，Wang J，Guo Z P，et al. Single wall carbon nanotube paper as anode for lithium-ion battery. Electrochimica Acta，2005，51（1）：23-28.

[21] Lee S W，Yabuuchi N，Gallant B M，et al. High-power lithium batteries from functionalized carbon-nanotube electrodes. Nature Nanotechnology，2010，5（7）：531-537.

[22] Kaempgen M，Chan C K，Ma J，et al. Printable thin film supercapacitors using single-walled carbon nanotubes. Nano Letters，2009，9（5）：1872-1876.

[23] Hu L B，Choi J W，Yang Y，et al. Highly conductive paper for energy-storage devices. Proceedings of the National Academy of Sciences of the United States of America，2009，106（51）：21490-21494.

[24] Jiang K L，Li Q Q，Fan S S. Nanotechnology：Spinning continuous carbon nanotube yarn-carbon nanotubes weave their way into a range of imaginative macroscopic applications. Nature，2002，419（6909）：801.

[25] Ma W J，Song L，Yang R，et al. Directly synthesized strong，highly conducting，transparent single-walled carbon nanotube films. Nano Letters，2007，7（8）：2307-2311.

[26] Fan S S，Chapline M G，Franklin N R，et al. Self-oriented regular arrays of carbon nanotubes and their field emission properties. Science，1999，283（5401）：512-514.

[27] Gui X C，Wei J Q，Wang K L，et al. Carbon nanotube sponges. Advanced Materials，2010，22（5）：617-621.

[28] Zhang M，Atkinson K R，Baughman R H. Multifunctional carbon nanotube yarns by downsizing an ancient technology. Science，2004，306（5700）：1358-1361.

[29] Dörfler S，Hagen M，Althues H，et al. High capacity vertical aligned carbon nanotube/sulfur composite cathodes for lithium-sulfur batteries. Chemical Communications，2012，48（34）：4097-4099.

[30] Barchasz C，Mesguich F，Dijon J，et al. Novel positive electrode architecture for rechargeable lithium/sulfur batteries. Journal of Power Sources，2012，211：19-26.

[31] Su Y S，Fu Y Z，Manthiram A. Self-weaving sulfur-carbon composite cathodes for high rate lithium-sulfur batteries. Physical Chemistry Chemical Physics，2012，14（42）：14495-14499.

[32] Jin K K，Zhou X F，Zhang L Z，et al. Sulfur/carbon nanotube composite film as a flexible Cathode for lithium-sulfur batteries. Journal of Physical Chemistry C，2013，117（41）：21112-21119.

[33] Zhou G M，Wang D W，Li F，et al. A flexible nanostructured sulphur-carbon nanotubcathode with high rate performance for Li-S batteries. Energy & Environmental Science，2012，5（10）：8901-8906.

[34] Yuan Z，Peng H J，Huang J Q，et al. Hierarchical free-standing carbon-nanotube paper electrodes with ultrahigh sulfur-loading for lithium-sulfur batteries. Advanced Functional Materials，2014，24（39）：6105-6112.

[35] Sun L，Wang D T，Luo Y F，et al. Sulfur embedded in a mesoporous carbon nanotube network as a binder-free electrode for high-performance lithium sulfur batteries. ACS Nano，2016，10（1）：1300-1308.

[36] Qie L，Manthiram A. A facile layer-by-layer approach for high-areal-capacity sulfur cathodes. Advanced Materials，2015，27（10）：1694-1700.

[37] Ummethala R，Fritzsche M，Jaumann T，et al. Lightweight，free-standing 3D interconnected carbon nanotube foam as a flexible sulfur host for high performance lithium-sulfur battery cathodes. Energy Storage Materials，2018，10：206-215.

[38] Fu Y Z，Su Y S，Manthiram A. Highly reversible lithium/dissolved polysulfide batteries with carbon nanotube electrodes. Angewandte Chemie International Edition，2013，52（27）：6930-6935.

[39] Novoselov K S，Geim A K，Morozov S V，et al. Electric field effect in atomically thicarbon films. Science，2004，306（5696）：666-669.

[40] Jin J，Wen Z Y，Ma G Q，et al. Flexible self-supporting graphene-sulfur paper for lithium sulfur batteries. RSC Advances，2013，3（8）：2558-2560.

[41] Wang C，Wang X S，Wang Y J，et al. Macroporous free-standing nano-sulfur/reduced graphene oxide paper as stable cathode for lithium-sulfur battery. Nano Energy，2015，11：678-686.

[42] Wang C，Wang X S，Yang Y，et al. Slurryless Li_2S/reduced graphene oxide cathode papefor high-performance lithium sulfur battery. Nano Letters，2015，15（3）：1796-1802.

[43] Lin C，Niu C J，Xu X，et al. A facile synthesis of three dimensional graphene sponge composited with sulfur

nanoparticles for flexible Li-S cathodes. Physical Chemistry Chemical Physics，2016，18（32）：22146-22153.

[44] Zhou G M，Pei S F，Li L，et al. A graphene-pure-sulfur sandwich structure for ultrafast，long-life lithium-sulfur batteries. Advanced Materials，2014，26（4）：625-631.

[45] Elazari R，Salitra G，Garsuch A，et al. Sulfur-impregnated activated carbon fiber cloth as a binder-free cathode for rechargeable Li-S batteries. Advanced Materials，2011，23（47）：5641-5644.

[46] Zeng L C，Pan F S，Li W H，et al. Free-standing porous carbon nanofibers-sulfur composite for flexible Li-S battery cathode. Nanoscale，2014，6（16）：9579-9587.

[47] Miao L X，Wang W K，Yuan K G，et al. A lithium-sulfur cathode with high sulfur loading and high capacity per area：A binder-free carbon fiber cloth-sulfur material. Chemical Communications，2014，50（87）：13231-13234.

[48] Fang R P，Zhao S Y，Hou P X，et al. 3D interconnected electrode materials with ultrahigh areal sulfur loading for Li-S batteries. Advanced Materials，2016，28（17）：3374-3382.

[49] Wu F X，Zhao E B，Gordon D，et al. Infiltrated porous polymer sheets as free-standing flexible lithium-sulfur battery electrodes. Advanced Materials，2016，28（30）：6365-6371.

[50] Yang Z Z，Wang H Y，Zhong X B，et al. Assembling sulfur spheres on carbon fiber with graphene coated hybrid bulk electrodes for lithium sulfur batteries. RSC Advances，2014，4（92）：50964-50968.

[51] Huang X D，Sun B，Li K F，et al. Mesoporous graphene paper immobilised sulfur as a flexible electrode for lithium-sulfur batteries. Journal of Materials Chemistry A，2013，1（43）：13484-13489.

[52] Chen Y，Lu S T，Wu X H，et al. Flexible carbon nanotube-graphene/sulfur composite film：Free-standing cathode for high-performance lithium/sulfur batteries. The Journal of Physical Chemistry C，2015，119（19）：10288-10294.

[53] Liang Z，Lin D C，Zhao J，et al. Composite lithium metal anode by melt infusion of lithium into a 3D conducting scaffold with lithiophilic coating. Proceedings of the National Academy of Sciences of the United States of America，2016，113（11）：2862-2867.

[54] Zheng G Y，Lee S W，Liang Z，et al. Interconnected hollow carbon nanospheres for stable lithium metal anodes. Nature Nanotechnology，2014，9（8）：618-623.

[55] Thieme S，Bruckner J，Bauer I，et al. High capacity micro-mesoporous carbon-sulfur nanocomposite cathodes with enhanced cycling stability prepared by a solvent-free procedure. Journal of Materials Chemistry A，2013，1（32）：9225-9234.

[56] Li H X，Gong Y，Fu C P，et al. A novel method to prepare a nanotubes@mesoporous carbon composite material based on waste biomass and its electrochemical performance. Journal of Materials Chemistry A，2017，5（8）：3875-3887.

[57] Ni W，Cheng J L，Li X D，et al. Multiscale sulfur particles confined in honeycomb-like graphene with the assistance of bio-based adhesive for ultrathin and robust free-standing electrode of Li-S batteries with improved performance. RSC Advances，2016，6（11）：9320-9327.

[58] Ghosh A，Manjunatha R，Kumar R，et al. A facile bottom-up approach to construct hybrid flexible cathode scaffold for high-performance lithium-sulfur batteries. ACS Applied Materials & Interfaces，2016，8（49）：33775-33785.

[59] Kong W B，Sun L，Wu Y，et al. Binder-free polymer encapsulated sulfur-carbon nanotube composite cathodes for high performance lithium batteries. Carbon，2016，96：1053-1059.

[60] Chen C Y，Peng H J，Hou T Z，et al. A quinonoid-imine-enriched nanostructured polymer mediator for lithium-sulfur batteries. Advanced Materials，2017，29：1606802.

[61] Chen Z P，Ren W C，Gao L B，et al. Three-dimensional flexible and conductive interconnected graphene networks grown by chemical vapour deposition. Nature Materials，2011，10（6）：424-428.

[62] Lin Y，Wang X M，Liu J，et al. Natural halloysite nano-clay electrolyte for advanced all-solid-state lithium-sulfur batteries. Nano Energy，2017，31：478-485.

[63] Lin Y，Li J，Liu K，et al. Unique starch polymer electrolyte for high capacity all-solid-state lithium sulfur battery. Green Chemistry，2016，18（13）：3796-3803.

[64] Zhang S S. A concept for making poly(ethylene oxide) based composite gel polymer electrolyte lithium/sulfur battery. Journal of the Electrochemical Society，2013，160（9）：A1421-A1424.

[65] Choudhury S，Saha T，Naskar K，et al. A highly stretchable gel-polymer electrolyte for lithium-sulfur batteries. Polymer，2017，112：447-456.

[66] Liu M，Zhou D，He Y B，et al. Novel gel polymer electrolyte for high-performance lithium-sulfur batteries. Nano Energy，2016，22：278-289.

[67] Liu M，Jiang H R，Ren Y X，et al. *In-situ* fabrication of a freestanding acrylate-based hierarchical electrolyte for lithium-sulfur batteries. Electrochimica Acta，2016，213：871-878.

[68] Li L，Wu Z P，Sun H，et al. A foldable lithium-sulfur battery. ACS Nano，2015，9（11）：11342-11350.

[69] Fang X，Weng W，Ren J，et al. A cable-shaped lithium sulfur battery. Advanced Materials，2016，28（3）：491-496.

第11章 锂硫电池应用探索

在前面的章节中，我们介绍了锂硫电池的材料与电池的设计原理。相比于其他电池体系，锂硫电池主要有以下方面的优势：首先，其具有较高的质量能量密度和体积能量密度，尤其适用于对设备质量和体积敏感的智能或移动设备；其次，用于锂硫电池正极材料的硫单质储量丰富，价格低廉，适宜用作低成本的大规模储能材料。此外，锂硫电池与其他电池体系相比，在工作温度区间、充放电平台等方面都有特殊性，因此在高低温电池等特殊应用环境下有发展的空间，以下将就部分锂硫电池的潜在应用平台进行讨论。

11.1 宇航卫星

宇航卫星上有诸多电子设备，它们的正常运转离不开电源，电源失灵也是造成卫星出现故障的原因之一。宇航卫星上的电源通常有太阳能电源、化学电源、核电源等[1]。太阳能电源为卫星的正常运转提供了大部分的能量，然而，当卫星进入地影期，无太阳光照时，需要其他电源补充。相较于燃料电源、核电源，蓄电池拥有充放电特性，能在有太阳光照时充电储能，在地影期为卫星的正常运转提供电能。

相较于低轨道地球卫星（LEO），地球同步轨道卫星（GEOS）由于有长达 92 天的地影期和更长的运行周期，对于蓄电池的能量密度、循环寿命以及存储寿命有更高的要求。此外，蓄电池还需要适应宇航卫星所处的极端条件，如恒加速度、冲击、振动、高低温、热真空等[2]。

相较于包括铅酸蓄电池、镉镍电池和氢镍电池在内的传统蓄电池，锂离子电池具有高能量密度、高工作电压以及自放电率低等诸多优点，成为继镉镍电池、氢镍电池之后的第三代空间储能电池。2000 年 11 月英国首次在 STRV-1d 小型卫星上采用锂离子电池。截止至 2016 年末，全球共几百颗卫星采用了锂离子电池作为卫星上的储能电源。例如，法国 Saft 公司共计发射了 227 颗采用锂离子电池作为储能电源的卫星[1]。

宇航卫星上空间有限，同时需要严格控制卫星质量，因此有必要进一步探寻高质量能量密度、高体积能量密度的蓄电池，锂硫电池即为一种极佳的选择。不过为了满足长时间的太空运行，锂硫电池的循环寿命还应进一步提升以满足卫星的需要。

11.2 无人机

无人驾驶飞机简称“无人机”，在军用和民用方面的作用日益凸显。无人机通常采用蓄电池或太阳能电池[3]，由于无人机需要克服自身重力做功，对于电池的能量密度要求极高。另外，由于要实现迅速加大油门达到最高速度，无人机对于电池的功率密度要求也非常高。因而，以高能量密度、高功率密度著称的锂硫电池是作为无人机电源的一种理想选择。

早在 2010 年，Sion Power 公司就曾将锂硫电池应用于大型无人机并创下了飞行高度最高（2×10^4 m 以上）、滞留时间最长（14 d）和工作温度最低（−75℃）三项无人机飞行的世界纪录。国内的广东猛狮新能源科技股份有限公司通过与新加坡合作，也实现了锂硫电池样品在无人机上的应用。虽然这仅是锂硫电池在无人机上应用的初步尝试，但随着研究的深入，锂硫电池固有的高能量密度和高功率密度特性有望在未来大范围地应用在无人机上。

11.3 极端低温电源

由于在低温情况下，锂离子在活性材料中扩散慢，电解液的离子导率急剧下降等，锂离子电池的工作温度范围通常为−20～60℃，而铅酸蓄电池的低温性能也不尽如人意，难以满足一些特殊情况下对于电池的要求，如南北极科考、高空作业、登山等。

2015 年 9 月，Hyperdrive Innovation 公司与 OXIS 能源公司共同宣布开展一项专门研发超低温锂硫电池的项目[4]，通过采用超低温情况下可工作的电解液和改善电池管理系统以及电池封装技术，研发出在零下 80℃仍然可以工作的可充电电池。

11.4 电动汽车

能源和环境问题推动了各国对电动汽车的研制。相较于燃油车，电动汽车不仅有助于降低温室气体的排放，还能形成分布式能源网络结构，有望在未来起到对电网的削峰填谷的作用。此外，对于中国而言，发展电动汽车更是刻不容缓。汽车工业是国家的支柱产业之一，燃油车技术在西方国家已有百年历史，我国已经难以超过西方技术，但对于电动汽车而言，我国与其他国家处于同一起跑线。因此，发展新能源电动汽车是我国从汽车大国迈向汽车强国的必由之路。

动力电池是电动汽车的心脏，受限于动力电池能量密度和成本，续航里程问题极大阻碍了电动汽车的普及。目前市面上的动力电池大多为钴酸锂电池或磷酸铁锂锂离子电池，但受其理论能量密度的限制，这类体系的能量密度难以达到单体电池 350 $Wh \cdot kg^{-1}$ 的要求，更不用说之后对于单体电池 500 $Wh \cdot kg^{-1}$ 的动力电池需求。锂硫电池的高能量密度特征则能满足人们对于长续航动力电池的期望，再加上较低的电极材料成本，锂硫电池有望在未来的高比能动力电池市场上占据一席之地。但锂硫电池的安全性、循环寿命短等是其实现大规模应用亟待解决的问题。

11.5 智能设备

手机、笔记本电脑等智能设备的诞生与革新改变了人们的生活方式。智能设备的功能越来越繁多，外形越来越轻薄，但续航能力一直难以得到有效提升，电池的性能成为智能设备发展革新的瓶颈。相较于目前市面上智能设备所普遍采用的锂离子电池，锂硫电池的理论能量密度近乎其 3～5 倍，有望大幅度提升智能设备的续航能力。近些年来，柔性锂硫电池方面也取得一些进展，有望实现高比能柔性锂硫电池，以满足未来人们对于可穿戴电子设备和可植入医疗设备等柔性电子设备的需求。

11.6 规模储能

在科学技术日益发展、物质水平逐年跃进的今天，人们对于能源的需求显著提升。2017 年度能源消费量已达 135 万亿吨石油当量。然而，目前人们对于能源需求的来源主要为以石油、煤、天然气为代表的化石能源，占 88%左右[5]。化石能源长达数亿年的再生周期，意味着其在可预期时间内的枯竭成为必然结果。此外，化石能源转化为二次能源的过程中带来的大量温室气体如二氧化碳、甲烷和有机氟化物等，给环境带来了巨大影响。温室气体使得地球平均温度逐年上升，造成全球变暖，引起海水膨胀、海洋变暖，引发海平面上升、冰川融化，进而极端高温、极端低温、暴雪、干旱、强降水等极端气候现象的出现概率随之上升[6, 7]。

基于上述考虑，人们迫切需要开发可再生能源，如风能、水能、光能等。各国政府对于可再生能源的开发力度持续加大，2017 年，全球可再生能源发电量增长了 17%[5]。然而，由于可再生能源不连续、不稳定、并网难等因素导致的放弃风电、光电等情况时有发生。因而可再生能源发电占比量的持续增长，需要借助大规模储能系统与新能源发电协调优化运行，从而促使可再生能源顺利入网。再加上我国未来特高压交直流混合电网的建设，使得电网结构的运行愈加复杂，储能所特有的功率控制和能量搬移能力能改善可再生能源可调可控性，从而提升新型电网的安全可靠运行能力。因此，大规模储能是实现可再生能源普及应用、解决能源问题的关键。

由于不受季节、地域限制，能量利用率高，电池储能是规模储能中极具竞争力的一种，各国也纷纷加紧推动电池用于规模储能的研究落地。2018 年 7 月 18 日，在江苏镇江，我国首个 10 万千瓦级锂离子电池储能电站正式并网运行，开启了我国大型电池储能电站商业化运行的新阶段。这个规模电池储能电站如同一个城市“充电宝”，可以在用电高峰时放电，在用电低谷时充电储能，在突发事故时作为备用电源，实现不受地域、季节限制的规模储能，对电力进行灵活稳定的调用[8]。

由于锂离子电池理论能量密度的限制，势必要研制能量密度更高的新体系以满足人们对于规模储能的需求。锂硫电池具有极高的理论能量密度和较低的材料成本，是极具竞争力的替代体系之一。然而，如何提升锂硫电池安全性，持续降低实用化锂硫电池的成本是其在未来广泛应用于规模储能势必要解决的问题。

参 考 文 献

[1] 邵爱芬，王振波，王琳，等. 通信技术卫星二号锂离子蓄电池组的特性和应用研究. 储能科学与技术，2018，7（2）：345-352.

[2] 王志飞，罗广求. 空间锂离子电池寿命影响因素以及寿命预计. 电源技术，2013，37（8）：1336-1338.

[3] 赵保国，谢巧，梁一林，等. 无人机电源现状及发展趋势. 飞航导弹，2017，（7）：35-41.

[4] OXIS and Hyperdrive in project to develop battery for Antarctic applications. http://www.renewableenergyfocus.com/view/42969/oxis-and-hyperdrive-in-project-to-develop-battery-for-antarctic-applications/. 2015.

[5] BP 世界能源统计年鉴. https://www.bp.com/content/dam/bp-country/zh_cn/Publications/2019SRbook.pdf. 2018.

[6] Chu S，Cui Y，Liu N. The path towards sustainable energy. Nature Materials，2017，16（1）：16-22.

[7] 苏京志，温敏，丁一汇，等. 全球变暖趋缓研究进展. 大气科学，2016，40（6）：1143-1153.

[8] 超大型“充电宝”我国最大规模电网储能电站投运. http://scitech.people.com.cn/n1/2018/0720/c1057-30160061.html.2018.

关键词索引